湖北科学技术史

王玉德 著

荆楚文库编纂出版委员会
湖北科学技术出版社

湖北科学技术史

HUBEI KEXUE JISHU SHI

图书在版编目 (CIP) 数据

湖北科学技术史 / 王玉德著.

— 武汉：湖北科学技术出版社，2021.12

ISBN 978-7-5352-9318-3

Ⅰ. ①湖…

Ⅱ. ①王…

Ⅲ. ①自然科学史－湖北

Ⅳ. ① N092

中国版本图书馆 CIP 数据核字（2021）第 239644 号

策　　划：秦　艺　李慎谦

责任编辑：秦　艺　傅　玲

整体设计：范汉成　曾显惠　思　蒙

美术编辑：喻　杨

责任校对：罗　萍

责任印制：刘春尧

出版发行：湖北科学技术出版社（中国·武汉）

地　　址：武汉市雄楚大道 268 号

电　　话：027-87679468　邮政编码：430070

录　　排：武汉书成图文有限公司

印　　刷：湖北新华印务有限公司

开　　本：720mm×1000mm　1/16

印　　张：27.25

字　　数：376 千字

版　　次：2021 年 12 月第 1 版　2021 年 12 月第 1 次印刷

定　　价：128.00 元

《荆楚文库》工作委员会

主　　任：王蒙徽

副 主 任：李荣灿　王艳玲　许正中　梁伟年　肖菊华
　　　　　尹汉宁　郭生练

成　　员：韩　进　陈　亮　卢　军　陈树林　龙正才
　　　　　雷文洁　赵凌云　谢红星　陈义国

办公室

主　　任：陈树林

副 主 任：张良成　陈　明　李开寿　周百义

《荆楚文库》编纂出版委员会

主　　任：王蒙徽

副 主 任：李荣灿　王艳玲　许正中　梁伟年　肖菊华
　　　　　尹汉宁　郭生练

总 编 辑：章开沅　冯天瑜

副总编辑：熊召政　陈树林

编委（以姓氏笔画为序）：　朱　英　刘玉堂　汤旭岩
　　　　　阳海清　邱久钦　何晓明　陈　伟　陈　锋
　　　　　张良成　张建民　周百义　周国林　周积明
　　　　　宗福邦　赵德馨　郭齐勇　彭南生

《荆楚文库》编辑部

主　　任：周百义

副 主 任：周凤荣　周国林　胡　磊

成　　员：李尔钢　邹华清　蔡夏初　王建怀　邹典佐
　　　　　梁莹雪　丁　峰

美术总监：王开元

出版说明

湖北乃九省通衢，北学南学交会融通之地，文明昌盛，历代文献丰厚。守望传统，编纂荆楚文献，湖北渊源有自。清同治年间设立官书局，以整理乡邦文献为旨趣。光绪年间张之洞督鄂后，以崇文书局推进典籍集成，湖北乡贤身体力行之，编纂《湖北文征》，集元明清三代湖北先哲遗作，收两千七百余作者文八千余篇，洋洋六百万言。卢氏兄弟辑录湖北先贤之作而成《湖北先正遗书》。至当代，武汉多所大学、图书馆在乡邦典籍整理方面亦多所用力。为传承和弘扬优秀传统文化，湖北省委、省政府决定编纂大型历史文献丛书《荆楚文库》。

《荆楚文库》以“抢救、保护、整理、出版”湖北文献为宗旨，分三编集藏。

甲、文献编。收录历代鄂籍人士著述，长期寓居湖北人士著述，省外人士探究湖北著述。包括传世文献、出土文献和民间文献。

乙、方志编。收录历代省志、府县志等。

丙、研究编。收录今人研究评述荆楚人物、史地、风物的学术著作和工具书及图册。

文献编、方志编录籍以 1949 年为下限。

研究编简体横排，文献编繁体横排，方志编影印或点校出版。

《荆楚文库》编纂出版委员会

2015 年 11 月

目　　录

绪　言

一、相 关 概 念

撰写这本《湖北科学技术史》，当然要先把一些概念梳理清楚，如科技、科技史、湖北等，借此对全书做一个铺垫。

1. 科技

科技是科学与技术的合称。

科学，这个概念有广义和狭义之分。

广义的科学，泛指人类认识世界的活动，是关于自然、社会和思维的知识体系，是人们认识自然、改造自然的结晶。它主要包括自然科学和社会科学两大类。狭义的科学，指自然科学。英国学者丹皮尔从词源的角度做过考证，他说："拉丁语词'scientia'（scire，学或知）就其最广泛的意义来说，是学问或知识的意思。但英语词'science'却是 natural science（自然科学）的简称。虽然最接近的德语对应词'wissenschaft'仍然包括一切有系统的学问，不但包括我们所谓的'science'（科学），而且包括历史、语言学及哲学。所以，在我们看来，科学可以说是关于自然现象的有条理的知识，可以说是对于表达自然现象的各种概念之间的关系的理性研究。"①我们现在通常所说的科学，主要指自然科学。

自然科学，也有广义和狭义之分。

广义的自然科学，泛指基础科学和技术科学。基础科学研究自然界本

---

① W. C. 丹皮尔. 科学史及其与哲学和宗教的关系：上册[M]. 李珩，译. 北京：商务印书馆，2009：10.

身的事物及规律,如物理学、化学、生物学、天文学等。技术科学是研究技术运用的,如建筑学、冶金学等。有些学科,如医学、工程力学等,则介于两者之间。狭义的自然科学,仅指基础科学。

当代有些学者提出古代没有科学,中国古代也没有科学,其依据是:近代意义的科学是500年来才有的科学。恩格斯讲过:“精确的自然研究只是在亚历山大里亚时期的希腊人那里才开始,而后来在中世纪由阿拉伯人继续发展下去;可是真正的自然科学只是从15世纪下半叶才开始,从这时起它就获得了日益迅速的进展。”①

然而,这些学者没有注意到,近代科学是由古代科学逐渐发展起来的。恩格斯也曾说过:“必须研究自然科学各个部门的顺序发展。首先是天文学——游牧民族和农业民族为了定季节,就已经绝对需要它。天文学只有借助于数学才能发展。因此也开始了数学的研究。——后来,在农业发展的某一阶段和在某个地区(埃及的提水灌溉),特别是随着城市和大型建筑物的出现以及手工业的发展,力学也发展起来了。不久,航海和战争也都需要它。——力学也需要数学的帮助,因而它又推动了数学的发展。这样,科学的产生和发展一开始就是由生产决定的。”②恩格斯甚至认为古代比起近代,在自然知识的某些方面有胜过之处。他说:“虽然18世纪上半叶的自然科学在知识上,甚至在材料的整理上高过了希腊古代,但是,它在理论地掌握这些材料上,在一般的自然观上却低于希腊古代。”

显然,科学是个渐进的过程,“科学”一词的含义是不断发展和变化的。正如英国学者梅森曾说:“科学就是人类在历史上积累起来的,有关自然界的相互联系着的技术、经验和理论知识的不断发展活动。……如果我们要说明科学的过去情形和科学在历史上的成就,我们就会发现很难找

---

① 恩格斯. 社会主义从空想到科学的发展[M]//中共中央马克思恩格斯列宁斯大林著作编译局. 马克思恩格斯选集:第三卷. 北京:人民出版社,1972:418.

② 恩格斯. 自然辩证法:第三分册[M]. 中共中央马克思恩格斯列宁斯大林著作编译局,译. 北京:人民出版社,1971:191.

到一种能简洁表示的适用于一切时间和地点的科学定义。”①

笔者的基本观点是：既然有近代的科学技术，当然就有古代的科学技术。中国古代是有科学技术的，而且是丰富的。② 本书中，我们采用的是广义的科学技术概念。既然大家对科学技术的定义不同，有宽有窄，我们就没有必要围绕“中国古代有没有科学技术”而卷入无休止的争议。

2. 科技史

人类社会的每一个国家都有本国的科技与文明，科技与文明决定着这个国家在人类社会的地位与贡献，决定着这个国家的过去与声誉，决定着其民众的自尊心与自信心，影响着这个国家的现在与未来。

我国古代并无“科学”一词，仅有“科”字。《论语·八佾》记载：“射不主皮，为力不同科，古之道也。”《说文解字》中“科，程也。从禾，从斗。斗者，量也”。程是用于分等级的计量单位。可见，科就是类，等级的意思。这与拉丁文“familia”（科）、英文“family”（科）的意思相近。在西方，“科”是生物分类系统上所用等级之一，如门、纲、目、科、属、种。尽管我国古代没有“科学”一词，但科学知识还是有的，技术更是非常丰富的。

所谓技术，先秦时期已有“技”字。《尚书·周书·秦誓》记载：“人之有技，若己有之。”《荀子·富国篇》有“故百技所成，所以养一人也”。“技术”二字，于《史记·货殖列传》出现连用，“医方诸食技术之人，焦神极能，为重糈也”。（医家、方术等靠技术吃饭的人，动尽脑筋，为获取食物。）古代社会倡导读书，目的是要读书人当圣贤，而不是当技工。传统技术与“劳力者”的实践关系紧密，不被社会所重视，也是中国古代学术文化的悲哀。

---

① 斯蒂芬·F. 梅森. 自然科学史[M]. 上海外国自然科学哲学著作编译组，译. 上海：上海人民出版社，1977：562.

② 笔者 1984 年在华中师范大学开设中国科技史课，在当时的课堂上就有“中国古代没有科技”的争议。直到现在，学术界还有人认为中国古代只有博物学，没有科技史。其实，中华民族历史悠久，疆域辽阔，人口众多，怎么可能没有科技史？先民总结出来的二十四节气、人体经络学说怎么可能以“博物”二字界定？

在石器时代,社会上就有了各种技术,如盖房、播种、烧陶等,但还没有科学,数学、物理学、生物学等科学知识还不是以独立的姿态存在,而是孕育在早期的技术中。如人们烧陶,这是技术,但这个技术里萌生了力学、矿物学、化学等方面的知识。没有技术活动,很难设想有科学的发生。科学的发生依赖于技术的进步。进入文明社会,科学才慢慢地从技术中分化出来。

我国先民的科学探索精神是很了不起的,《楚辞》中有一些涉及自然知识的句子,如天文:"夜光何德,死则又育?"地理:"东西南北,其修孰多?"气象:"蓱号起雨,何以兴之?"季节:"何所冬暖?何所夏寒?"建筑:"璜台十成,谁所极焉?"战国时期的屈原在《楚辞·天问》中提出的这些问题,反映了先民对未知科学的思考。

在人类历史上,科技与文明一直是并行的。如果说文明是一个整体,那么可以说科技是文明的一部分。科技的数量与质量直接决定着文明的水平,有多么发达的科技就有多么发达的文明。当科技只发展到石器与木器的程度时,文明也就只能是石器文明或木器文明。

然而,文明绝不止科技,不限于科技,文明的内涵与外延极其宏阔。文明是文化进化的表现,是文化精华的总和。文明像一个巨大的胞体,包裹着科技,孕育着科技,为科技提供平台,使科技成长并发挥作用。科技像个火车头,拉动着文明前行。文明为科技火车头提供着能量,提供了基础。

在人类社会,每一种文明都有独特的科技。如游牧文明在草原科学、动物科学、气象科学等方面有特长;农耕文明在种植科学、土壤学、物候学等方面有特长;工业文明在机械科学、动力科学等方面有特长。这些特长源于自然环境,源于经济生活,源于人的认识与创造。因此,文明与科技归根到底是由自然环境、历史条件、社会发展水平所决定的。欲了解科技,就必须了解文明,了解文明背后的历史与社会。

3. 湖北

谈到湖北科学技术史,就有必要从科技视野谈谈湖北的名称。湖北有"荆楚""鄂"等不同的名称,分别体现了不同的自然知识,具有生物学或植物学意义。

古代的江汉沼泽及小丘长满刺木，人们称之为荆。“荆”与“楚”同义，在汉代许慎的《说文解字》中，“荆”释为“楚”，“楚”释为“荆”，“荆”“楚”二字互训。湖北在古代有许多荆棘与楚木，故被称为特定的地名——荆楚。《诗经·商颂·殷武》记载：“维女荆楚，居国南乡。”这说明3000年前就已经把湖北这块地面称为荆楚。湖北一直有荆山，盘亘在省境西北部，呈北西—南东走向。因古代的荆山上长满了荆条（灌木），故名。荆山的主峰聚龙山，海拔1852米，在保康县境内。荆山之下有沮水，俗称荆山沮水。荆山沮水孕育了早期的湖北文化。

古代，湖北盛产一种水生动物——扬子鳄，故先民称湖北为鄂。“鄂”字是由“鳄”字演变而来，“鄂”的古字是“噩”，像个捕兽器，木枝之间夹住了张口之兽。“阝”旁与土墩有关，土墩即阜，至今在湖北的河湖旁边还有许多阜。在今鄂州的西山有很大的捕鳄土墩，所以，那一带长期被称为鄂州。现在的武昌，在宋代曾经被称为鄂州。现在的鄂州，古代曾经称为武昌。两地都用过武昌、鄂州之名。在随枣走廊，曾经发现了鄂国的器物。唐代，鄂岳观察使的治所在鄂州（今武汉市武昌区）。鄂岳观察使管理6个州：鄂州、沔州、安州、黄州、蕲州、岳州，有25个县。其范围是一个跨数州而类似于省的军、政区域。“鄂”字由地名升格为跨州政区名称，这是湖北省简称“鄂”的先导。

湖北在洞庭湖以北，简称为湖北。洞庭湖在长江以南，与云梦泽有关。《墨子·公输》记载：“荆之地，方五千里；宋之地，方五百里，此犹文轩之与敝舆也。荆有云梦，犀兕麋鹿满之，江汉之鱼鳖鼋鼍为天下富；宋所为无雉兔鲋鱼者也，此犹粱肉之与糠糟也。”

西汉的司马相如在《子虚赋》专门描述了楚国七泽之一的云梦泽。文章写得很美，说云梦泽的资源非常丰富、风景特别美，以至于唐代的李白读了《子虚赋》之后，发愿要到云梦泽看看。春秋时代的云梦泽主体在今江陵以东，江汉之间。南边以荆江为界，后来分割成许多小湖，宋时已无云梦泽。有人认为：云梦泽地跨长江南北，江北为云，江南为梦。今湖北的京山市以南，枝江市以东，蕲春县以西，湖南省北境华容县以北都属云梦泽。

湖北省，得名于宋代。北宋初，始以洞庭为界，分荆湖南路、荆湖北路，荆湖北路，简称湖北路，湖北省省名始于此。北宋太宗雍熙年间（984—987），荆湖南路、荆湖北路又合二为一，称荆湖路。太宗至道三年（997年），又一分为二为荆湖南路、荆湖北路。南宋高宗绍兴元年（1131年），又改为荆湖东路、荆湖西路。第二年，罢东、西路，仍分南、北路。南路治潭州（在今湖南省长沙市）；北路治鄂，不久改治江陵。荆湖北路的范围，自湖以北至于荆山，西包沅澧二水流域之地。因此，有学者认为湖北的历史应当从宋代开始。宋代以前的湖北这块土地不能称为湖北。

元代，今湖北境内大体长江以南大部分地区，包括今鄂西南清江下游长阳土家族自治县以东，属于湖广行省；长江以南清江流域即今恩施土家族苗族自治州属于四川行省。今湖北境内大体长江以北大部分地区属于河南江北行省。其中设在江陵的荆湖北道宣慰司属于河南江北行省。

明代，湖广布政使司简称楚省。明初改从元代承袭而来的“湖广行中书省”为“湖广承宣布政使司”（俗称湖广省），并对其过大的辖区进行调整。

明神宗万历年间，以洞庭湖为界划分“洞庭以北”和“洞庭以南”两个学政区，并分别在省会武昌和长沙府分立“学道”官署。凡此，均为清代湖北、湖南两省区的划分奠定了基础。

清代，湖广布政使司（省）分立为左、右二布政使司（省）。由于两湖共置一个总督，故湖北与湖南仍然共称为“楚省”。康熙三年（1664年）春三月，湖北、湖南二省剥离。《清实录》记载：“康熙三年甲辰春……三月……甲戌……以湖广武昌、汉阳、黄州、安陆、德安、荆州、襄阳、郧阳八府，归湖广巡抚管辖。以长沙、衡州、永州、宝庆、辰州、常德、岳州七府，郴、靖二州，归偏沅巡抚管辖。”

本书所述湖北历史，指今湖北版图上的历史。研究的范围包括今天湖北行政区划的范围。值得说明的是，湖北古代的版图与今天的版图略有差异。如原属四川夔州府的建始县是清乾隆元年（1736年）划入湖北的，原属安徽安庆的英山县是 1932 年划入湖北的。这些地区也应当置于湖北科学技术史的研究范围。

二、湖北的环境

欲了解一个地区某一时段的科学技术,必得先了解当时特定的自然环境,还要了解其社会环境,科技正是附着于自然与社会基础上发展起来的。尽管自然环境在不同的时期不会有太大的变化,但气候、灾害等因素仍有不同,这些因素直接影响科技。还有,王朝政治、历史基础、人群移动、时代走向等社会因素在不同时期也是有变化的,也会直接影响科技。因此,有必要对古代湖北的自然环境与社会环境做概括性的归纳。

1. 地理

地理包括地形、地势、土地等内容。

地形是自然环境中基本不变或很少变化的要素。湖北的地形,不论是先秦时期,还是明清时期,都是一样的,只会在局部地区有些微小的异动,不会有大的变化。尽管如此,谈到区域文化,不能不论及地形。湖北境内的地形有多样性。在全省总面积中,山地占 56%,丘陵占 24%,平原、湖区共占 20%。山地、丘陵、平原、湖区是有所差异的。

湖北的地表呈马蹄状,西、北、东三面高,中间低,向南敞开,四周的河流内倾注入长江。有学者认为,大致以光化(老河口)经南漳到宜昌一线为界分为鄂东、鄂西两大部分。① 湖北的北边有高大的秦岭,南边有高大的南岭。襄阳以北与南阳平原形成南襄平原。湖北中部有江汉平原,有云梦泽变迁形成的湖沼。大山大岭中间一大块地方,就是湖湘区域。湖北的西北部是秦岭东延部分(即武当山脉)和大巴山脉的东段(即神农架、荆山、巫山),海拔均在 1000 米以上。神农架最高峰神农顶海拔 3106.2 米,有华中第一峰之称。湖北的西南是云贵高原的东北延伸,有巫山、大娄山和武陵山,虽然海拔在 1500 米以上,但山顶有平地,具有高原特征。湖北

---

① 李孝聪. 中国区域历史地理[M]. 北京:北京大学出版社,2004:233.

的东南有幕阜山脉。湖北的东北有桐柏山和大别山,是秦岭余脉。历史上,湖北与外省的交往,在东、北、西三个方向有几个主要的通道。如从宜昌到巴蜀,从鄂东到江西,从鄂北进入信阳和南阳(有鸡公山要隘)。鄂西北有小路或汉水可进入汉中。湖北人容易与湖南人交往,陆路开敞,也可以由河湖泛舟。因此,湖北文化有开放性,也有封闭性。在湖北的山区,文化长期处于相对封闭之中。

湖北的地势,山区与平原之间的落差大,使得文化呈现出多层次。湖北处于中国地势第二级阶梯和第三级阶梯的过渡阶段。鄂西属二级阶梯,江汉平原和鄂东丘陵属三级阶梯。鄂西神农架有海拔 2500 ~ 3106.2 米的群峰,而江汉平原的监利市地势接近海平面,鄂东黄梅县有些地方的海拔不到 9 米。地势的落差大,造就了物种的多样性,还特别有利于现代的水电业。江汉平原是湖北的“摇窝底”,汉水从宜城进入江汉平原,水势缓曲,史称“曲莫如汉”。缓和的长江与汉水带给江汉平原大量泥沙,使原有湖泊变成陆地。

湖北的土地,据统计,20 世纪下半叶湖北省的耕地面积占全省土地面积的 27%,林地面积占 32.5%,草地面积占 14.85%,园地面积占 0.86%。① 湖北土壤的状况,以及土地的使用性质,对农作物、植物、农业技术是有一定影响的。

湖北地处亚热带北缘,全省除高山地区外,大部分为亚热带季风性湿润气候。植物类型具有明显的过渡性质,兼有暖温带和亚热带的特点。湖北自然植被分为针叶林、阔叶林、灌丛、水生植被四个植被型组。② 特定气候条件下的植物分区,决定着人们对植物的认识与利用。

2. 区位居中

湖北地处华中腹地,秦岭以南、长江中游。地跨东经 108°21′42″ ~

① 湖北省地方志编纂委员会. 湖北省志:地理(下)[M]. 武汉:湖北人民出版社,1997:669.

② 湖北省地方志编纂委员会. 湖北省志:地理(下)[M]. 武汉:湖北人民出版社,1997:869.

116°07′50″、北纬 29°01′53″~33°06′47″。秦岭与淮河构成了中国南北分界线。湖北西北部接壤的陕西属于西部地区,湖北东部接壤的安徽属于东部地区,湖北正好在中国的中部。中国南方最长的河流是长江,长江流域文化是中国南方文化的主脉,湖北正处于长江中游。

清代的顾祖禹在《读史方舆纪要》一书中很看重湖北的区位优势。他认为天下重心是襄阳,天下东南的重心是武昌。这两个重心重叠在湖北,对湖北的文化与科技是有影响的。历史上,诸葛亮隐居隆中,洪秀全与曾国藩拼死争夺湖北,张之洞眷念湖北,都是因为湖北居天下之中。地缘优势的价值绝不亚于地下资源优势的价值。湖北又处于经济发达地区比较中心的位置,距北京、广州、上海、成都、西安、南宁等大城市都在 1000 千米左右。这对于文化交流是很有利的。1922 年 8 月底,梁启超在位于武昌的中华大学做《湖北在文化史上之地位及其将来之责任》①的演讲,他认为湖北地处南北要冲,是两种文化的媒介。自汉迄明,湖北仅居中流。文化受到四方摧残,不易保存。湖北地处内陆,难免有些封闭。1992 年,有学者曾把中国分为 6 个经济圈,将湖北置于中原经济圈,与山西、河南、江西、安徽、湖南为伍。这个经济圈不靠海,不沿边,经济条件基础差,腾飞要晚一些。但是,在立体交叉的现代社会,沿海地区的优势逐渐丧失,而中部的地缘优势已经不亚于沿海地区了。居中,使湖北在科技上有着充分交流、四面传播的特点。

湖北省内的区位也值得一提。鄂西北与鄂东南的文化有差异,鄂中与周边的文化也有差异。此外,发达地区与落后地区、交通便捷地区与闭塞地区、城市与农村、商业区与矿冶区、山区与湖区也都有差异。在谈论湖北科技时,不能不考虑这些区位差异。

湖北这样的地理对湖北的科技是有影响的。有地理的差异,就有文化与科技的差异。湖北有山区文化、丘陵文化、平原文化、江河文化、湖泊文化。文化不同,就意味着观念不同、民性不同、风物不同以及发明创造成就

① 梁启超. 湖北在文化史上之地位及其将来之责任[N]. 国民新报,1922-09-01.

的不同。不可能设想秦汉时期鄂西南山区与荆州平原的文化是一样的,也不可能设想湖北海拔2000多米的地区与海拔几十米的地区的文化一样。正如不同的海拔高程就有不同的植物一样,湖北从神农架到洪湖有3000米的海拔落差,这对湖北的科学技术是有潜在影响的。

本书各章在涉及具体的科学技术时,还会谈到环境与科学技术的关系。

三、湖北历史沿革

论述湖北科学技术史,不能不了解湖北的历史沿革。

在湖北这块土地上,早在50万年前就生活着郧阳猿人。在20余万年前,在今长阳土家族自治县境内居住着"古人"。在宜都城背溪等地发现了距今约8000年的新石器时代文化。①

在长江西陵峡两岸和汉水以西发现了距今约6000年的"大溪文化"。因与四川巫山大溪文化遗址相近而得名,其特征是定居的农业、大量的石器、红色的陶器,大约属于母系氏族的繁荣时期。

距今约5000年,湖北有屈家岭文化和石家河文化。在京山市境内最先发现的屈家岭文化(覆盖荆山、武当山、桐柏山、大别山),属于父系氏族社会,以蛋壳彩陶为代表,至今在当地还时常发现石工具、彩陶纺轮等。石家河文化是在天门市境内石家河镇以北3千米处首次发现的新石器时代文化,比屈家岭文化要晚,但有关联。在襄阳有雕龙碑遗址,与神农炎帝的传说时期相吻合。据《史记》记载,在将近5000年前的时候,炎黄发生大战,神农炎帝南迁,他带领部族发展农耕,在湖北做出重要贡献。

夏代的奠基人大禹以治水闻名,他在湖北多处有传说。武汉市汉阳龟山临江处的晴川阁就是过去的大禹庙,先民长期在此祭祀大禹。

商代的势力发展到湖北,现存于武汉市黄陂区的盘龙城就是商代的城

① 近年,考古学家在恩施土家族苗族自治州发现了200万年前的"建始人",湖北是人类最早的摇篮之一。

堡。商末,在鄂西北分布着一些小国,曾经参与伐商的战役。

周代,鄂西北的诸侯国与中原有密切联系。楚人在“筚路蓝缕”中,创造了早期的农业文明。春秋战国时期,楚国强盛时占有天下的半壁江山,与秦国一争高下。

秦灭楚以后,湖北地区主要为南郡和江夏郡。周边的一部分属汉中、南阳、长沙、黔中郡。汉武帝以后,湖北隶属于荆州。东汉末年到三国时期,湖北是天下的战场,境内发生了赤壁之战、夷陵之战等战役,吴、魏分治湖北。长江中下游各地间交往增多,水路是当时的重要交通,促进了造船业的发展。六朝时,湖北主要被称为荆州。隋开皇九年(589 年),把郢州改为鄂州。

唐代设有荆湖北路,始有湖北名称。元代以长江为界,北边属河南江北行省,南边属湖广行省。元代湖北的政治文化中心在鄂州,当时有鄂省之称。明代设湖广布政使司。明初与明末出现人群移动,有“江西填湖广,湖广填四川”之风潮,还有“湖广熟,天下足”之民谣,说明湖北的经济地位日益突出。

清康熙三年(1664 年),湖广行省分为湖北、湖南两省,始有湖北行政区划。咸丰皇帝经常称湖北为鄂省。晚清,张之洞督鄂,使湖北成为近代工业与文教的发祥地。1911 年发生武昌起义。国学家章太炎倡导在武昌建都,革命家孙中山倡议一都(武汉)四京[北京、南京(广州)、东京(南京)、西京(重庆)],这些都说明武汉在中国近代格局中的重要地位。

民国年间,武汉曾经设有国民党政府,抗日战争时期成为抗战的中心之一,人才云集,促进了湖北的科技文化发展。

以湖北历史为背景,顺便对湖北的科学技术做一个基本的评估。纵观湖北科学技术史,史前时期的湖北科技与中华民族的科技发生是同步的,甚至处于相对前列的位置。以屈家岭、石家河文化遗址为代表的新石器时代技术,为中华文明曙光提供了闪亮的基础。春秋战国时期,楚国合并了众多的诸侯国,综合利用资源优势,创造了科技的辉煌。秦汉以降,中国的政治中心不在湖北,而战争却连绵不断,人口流动,科技处于低谷。唐宋时期,湖北科技逐渐复苏。明代的湖北科技有了新的气象,特别是在中医方面有了新的高点。到了晚清,在欧风美雨的刺激下,湖北的科学技术又开始迈向前列。武汉成为继上海、广州之后的文化经济重镇。湖北科学技术的主要贡献在于农业、医学、手工艺等方面。

四、湖北文化对科技的影响

科技从属于文化,文化决定着科技,有必要从湖北文化的整体视野,考察其对科技的影响。

1. 以农耕为主体

从总体上说,历史上的湖北文化不是游牧文化、商业文化,而是农耕文化。湖北绝大多数人都从事农业。在湖北的平原、丘陵、山地、河湖里,农民以种田为主,间或渔猎。湖北农耕最突出的特征是"饭稻羹鱼",这是司马迁在《史记·货殖列传》中对楚地的归纳。因此,湖北历史上所有的科学技术都与农业有关,农业科学技术相对发达。

远古时,湖北有农业发明始祖神农,东周时有许行及其农学派。历史上,南朝刘宋时期的戴凯之撰《竹谱》,唐代陆羽撰《茶经》,清代康熙年间陈大章撰《诗传名物集览》、乾隆年间李元撰《蠕范》,这些科技书籍都与农耕有关,不是偶然的。

农耕民族重视民生。农民定居,必然产生实用的建筑技术。楚地有大量的村庄,还有许多的城池。如纪南城,城垣周长约 15. 5 千米,城内总面积约 16 平方千米。1984 年,在潜江发现楚国章华台遗址,推测是楚君的行宫。湖北还有荆州城、襄阳城。这些城池在建筑技术方面有独到之处。

农耕民族重视蚕桑。农民栽桑、养蚕、织丝、制衣,这些都是农业技术的一部分。楚人生产的丝绸质地好,丝帐轻而薄,工艺先进。湖北的纺织技术在全国有一席之地。

湖北是内陆省份,所有的县都是农业县。内陆型的农耕县域,其科技状况与农业需求相适应,一切发明创造都围绕农业,农民容易满足现状,农业文明长期没有什么变化。以安陆为例,这是一个有 2000 多年历史的农业县，农民一直依附于土地，春播秋获，用牛耕地，用镰收割；采用二十四节气指导农事；有简易的农田水利。计算用算盘。最高的建筑不过两三层。镇上仅有几家碾米厂、榨油厂、酒厂，都是为农业及居民生活服务的。人们穿着黑色土布。在河里、井里挑水，烧灶做饭，点煤油灯。这种情况，一直持续到农耕文明的解体，到20世纪下半叶才逐渐改变。

2. 以丰富的资源为前提

一个地方，有什么样的资源，就有相应的经济文化，就有相应的科学技术。湖北有丰富的自然资源，对科学技术的发展有一定的影响。湖北的资源与物产在一定程度上决定着技术发展的状况。

湖北东部有许多矿藏，早在先秦就是最重要的矿冶区。大冶市铜绿山的矿冶从未中断，为青铜文明提供了资源。考古在湖北发现了许多精美青铜器，这绝不是偶然。

湖北曾经有大量漆树，制漆业居全国前列。楚地雨水多，气候暖和，宜于漆树生长，因而漆器工艺发达，至今难以达到当时的水平。楚墓中出土的漆器，保存了几千年依旧相当精美，令人称叹。

湖北的中草药资源特别多，有利于中药学发展。传闻神农氏在神农架“尝百草”，发明医药。1983 年，在江陵张家山 247 号汉墓出土医学著作《脉书》。晋代名医王叔和本是山西人，战乱投奔刘表，侨居荆州襄阳。宋代名医庞安时著《本草补遗》《难经辨》，他著的《伤寒总病论》6 卷是研究《伤寒论》较早的专著，对后世影响很大。明清时期，湖北有一个杰出的医家群体：李时珍、万全、叶文机、杨际泰等，他们在中国医学史上有重要贡献。

湖北南部有大片竹林，于是竹器工艺特别发达。民间有普遍的种茶制造技艺，于是有《茶经》。显然，湖北的植物种类，直接影响着湖北历史上的发明。

湖北的淡水资源丰富，使湖北的科技深受水的影响，自成特色。因为水多，湖北宜于种水稻，人们吃稻米，很早就掌握了种稻技术。水多则水生物多，湖北人对于各种水产都较为了解，并且作为生活食物，如武昌鱼、巴河九孔藕、洪湖野鸭、嘉鱼菱角、咸宁莲子。湖北水利发达，人们缘水而居，必然要学会用水与治水，必然重视水利技术。在长江、汉江沿岸，湖北从未停止过修堤防汛。无数的人工河渠与水库，造福着湖北城乡。湖北人崇尚水，必然流行道家思想，道家思想对湖北医学、建筑等有一定的影响。

3. 以先秦的楚文化为突出亮点

历史上，科技的发展是曲折的，有高潮，也有低潮。湖北是楚文化发源地和中心地。楚文化是南方蛮夷文化与中原文化融合的区域性文化，可以与中原文化媲美，甚至可以与古希腊文化相提并论。楚学大家张正明先生认为中华南北文化差别的主要特征是凤龙齐舞、道儒互补、“骚”“诗”争妍、奇正相合。

湖北科技最大的亮点是青铜器、漆器、丝绸、建筑、农业、水利、中医等，这些都与楚文化分不开。先秦时期的楚国强大，在科技方面特别灿烂。湖北的地下埋藏着许多文物，有一个科技含量极其丰富的“地下荆楚”。荆州、宜昌、襄阳有不少楚国大墓，每次考古发现，都大大丰富了中国古代科技史的内容。

湖北的人才主要集中于先秦楚国和清末民初这两个时期，科技人才也主要是出现在这两个时期。“执其两端”，就可以清晰地把握湖北科技人才兴衰的规律。

4. 以省内各地文化异彩而纷呈

我国各省的文化均有不同特色，每个省内部的地区文化又有所不同。同理，湖北境内各地区科技发展不均衡，各有纷呈。

鄂东科技受长江下游文化的影响，并在矿冶方面有突出特色。大冶市铜绿山铜矿规模宏大，开采时间长久，被称为中国古代的矿冶之都。大冶之名，取意于“大兴炉冶”之意。晚清时，张之洞办洋务，一直把鄂东作为工业基地。

鄂南有山有水。崇阳县、通山县有崇山峻岭，嘉鱼县、赤壁市有平川湖泽。人们以农业为本，宗法观念浓厚。这一区域属于典型的农耕宗法社会。明清时期，蒲圻（今赤壁市）有羊楼洞等古街，产茶技术发达。

鄂西的清江是巴文化的重要发源地。今土家族就是巴人的后裔。这一地区的少数民族有众多的发明创造。宜昌是巴山与江汉平原之间的重镇,是巴楚文化的衔接机枢。

鄂北有许多关于神农炎帝的传说,且与发明创造有关。从随州到枣阳有一条大谷地,史称随枣走廊文化带,这里沉积着许多文化。如曾侯乙墓就是在这里发现的。近几年又发现了曾国的许多大墓,还在研究之中。襄阳是南北通道上的重镇,从山西、河南,到湖南,襄阳是一个战略要地。苏轼有诗云:“谁言襄阳野,生此万乘师。”

鄂中有屈家岭文化、楚文化、云梦泽文化。由于地处湖北腹地,且经济发达,这里从史前到当代,一直是最能代表湖北文化的地区。

省会武汉以武昌、汉口、汉阳三镇闻名,从三国开始,这里就是湖北文化的重镇,明清时期成为湖北文化的中心。到了近代,西方的科技传入,使湖北出现早期的现代工业。汉阳铁厂、湖北枪炮厂、湖北纺织四局一度代表着当时中国工业技术的最高水平。

显然,湖北文化因地区而有多样性,发明创造与科学技术也有多样性。

五、研究思路

1. 广泛查阅历史文献

古代史研究,必须言之有据。历史文献是古代信息的主要载体,是撰写科学技术史的主要依据。然而,中国古代文献一般不太重视对科学技术的记载,也几乎没有专门的科学技术史著作。加上,历史文献还有传抄错误,尤当认真辨析。尽管如此,研究古代科学技术史仍然不得不依赖历史文献与考据,从史料中发现信息,产生观点。

2. 重视考古新发现

迄今为止的学术研究,考古发现是最能令人信服的手段。如果有实物为证,有绝对可靠的地下出土资料,得出的结论才最有把握。湖北科学技术史在21世纪越来越受到重视,是因为湖北在考古方面的成果特别多,为湖北的科学技术史提供了丰富的佐证。

3. 以文化视野考察科技

研究科技,要注意时代背景,重视文化。

研究科技,必须高度注意科技哲学。中国古代科技哲学侧重讨论了世界的本源、物质与精神的关系、万事万物的规律。先哲提出的主要范畴有天人、气数、道器、阴阳、五行、太极、有无、因果等。中国科技哲学偏重于自然哲学,强调天道。《老子》说:“大道泛兮,其可左右。万物恃之以生而不辞,功成而不有。”又说:“道生一,一生二,二生三,三生万物。万物负阴而抱阳,冲气以为和。”这些思想对古代湖北科技有着重要影响。

4. 以务实的态度安排章节

撰写《湖北科学技术史》,理应先写科学,再写技术。然而,在中国古代,自然科学方面的成果是相当有限的,先民重视的是实用的技术。在撰写《湖北科学技术史》的过程中,笔者深感科学的内容太少,而技术的内容较多。写科学时,难为无米之炊;写技术时,往往与农业经济生活方式有千丝万缕的联系。于是,笔者决定在写每个时期的科学技术时,先写农业与水利,再写其他技术,最后写与科学相关的专题。有则写之,无则缺之。材料多则多写,材料少则少写。宁缺毋滥,不求整齐。

因此,本书各章的大概顺序是:时代背景;农业与水利技术;各种实用技术(建筑、制漆、纺织、造船、酿酒等);医学与养生;自然科学相关知识;人物与文献。

5. 尽量吸收已有的成果

撰写《湖北科学技术史》,笔者深感力不从心。因为,科学技术史的跨学科性质最强,而古代自然科学与技术科学的知识是笔者的短板。非得精通各方面科学知识的学人,才有可能独当重任。因此,笔者勉为其难,只能充分借鉴前人的学术成果,尽量搜集已经有的科技史著述,加以综合归纳。其实,哪怕是综合归纳,难度也很大。每个学科都有其独特的知识体系与话语体系,稍有不慎,就有可能出错。每当临纸捉笔,总是惶恐不安,如临深渊,如履薄冰。

时下,全国许多省都在编写该省的科技史,有的成果已经出版,可以借鉴。本书在撰写中,参考了傅海伦编著的《山东科学技术史》,由山东人民出版社 2011 年出版。该书按时间顺序(朝代)写,对每个时期的科学技术先做一番概论,涉及农业、纺织、制陶、漆器、冶炼、建筑、医学、酿酒、采煤、化工、天文学、算学等,再分别撰写这一时期的科学家及成就。既照顾到面,又突出点。

本书还参考了李晓岑著的《云南科学技术简史》,由科学出版社 2013 年出版。该书每章有一篇历史背景,有一篇该章小结。全书最后有一篇结束语,论述了该省科学技术的特点、科学发展的几个阶段、传统科技的影响。作者指出:西汉中期之前,云南科技有独具风格的地方性;从东汉到元代,多元性加强;明清时期出现了一批理论科学家;晚清到民国,融入世界科技之中。该书认为技术的发展占有突出地位,技术总是与生产发展的关系密切,农业技术占有重要地位,引进、包容、创造是重要内容。

我国很早就有中国科学技术史学会,国家办有中国科学院自然科学史研究所,每年都有许多学术成果,值得参考。本书参阅了潘吉星著的《中外科学技术交流史论》。该书挑选了中国古代 47 项科技项目,如造纸、印刷等,论述其在世界范围内的传播及影响,使我们增强了对中国古代科技的文化自信。其中说道:"虽说近代科学首先在文艺复兴后期的欧洲兴起并在此后传遍全球,但正如当代科学史大家李约瑟博士所说,如果没有中国等其他文化区科学技术的注入,单靠古希腊科学遗产和中世纪欧洲留下的零星资料,欧洲人是构筑不起近代科学大厦的……明末和明清之际中国思想界和科学界的王夫之、李时珍和宋应星等人的学术活动不一定与当时西方科学界有直接联系,但其学术水平不次于西方一流同行,同样推动着历史的前进。"①

笔者还参阅了卢嘉锡主编的《中国科学技术史》,其中一本《中国科学技术史 · 人物卷》收录了中国历史上 77 位科学家,湖北籍的科学家仅李时珍一人。这个比例令人失望,发人深思。

古人说过"非曰能之,愿学焉",愿以此句勉之!

---

① 潘吉星. 中外科学技术交流史论[M]. 北京:中国社会科学出版社,2012:1-2.

第一章　史前时期的湖北科技

史前,指人类社会在国家产生之前的漫长历史时期,也可称为人类的童年时期。我国学者把猿人与氏族社会、石器时代都称为史前,跨度从约 170 万年前到公元前 21 世纪。史前史是有正式历史记载之前中国境内人的发展史。针对史前史,不同的学科有不同的分类方法。考古学把远古分为旧石器与新石器时代。人类学把人类远古历史分为智人、新人阶段。社会学从婚姻形态把人类远古历史按群婚、族外婚、对偶家庭、一夫一妻制家庭等类别划分。这些划分形成了多维视野,有利于从多角度认识历史。

我国是人类文明最早发生地之一,中华文明孕育于本土。我国科学家在溧阳、垣曲发现了 4000 万年前的曙猿化石,即猴子祖先的化石,比在埃及找到的类似化石早 500 万年,说明中华大地是产生人类的摇篮。[①] 过去,外国人认为中国的水稻是从地中海传来的,现在我们也找到了中国 1 万年前的稻谷遗存。

正如每个人对婴儿时期的情况记不住一样,人类对自己最初的历史是不清楚的。但是人类总是极力想追忆最初的那一段历史,试图搞清楚那一段历史。尽管人类离自己的童年越来越远,但人类对童年的认识越来越近了。人类对科技的童年不可能有真正意义上的记忆,但可以通过考古发掘、古文献解读、民族学调查这三个途经了解先民的发明创造,从而窥测科技的源头。

---

① 宋健. 酬“断代工程”初遂[N]. 光明日报,2000 - 09 - 22.

第一节　考古所见史前湖北科技

湖北是长江中游史前文明的高地。湖北有一条连续不断的考古线索，即长江中游的江汉地区，先后发现了“郧阳人”“长阳人”的化石和大溪文化—屈家岭文化—石家河文化序列。这是我们认识史前湖北科技的主要依据。

一、旧石器时代的情况

在史前社会，人们以各种类型的石器为主要劳动工具，考古学称之为石器时代。石器时代分为旧石器时代与新石器时代，先民创造了以石器为特征的物质文明。

人类社会区别于猿群的特征是劳动，劳动创造了人本身，而劳动是从制造工具开始的。第一件工具是凝结着人类智慧和技能的结晶，它意味着人类开始了某种意义上的技术活动，意味着人类对自然界的正确认识，这就是科技的萌生。看起来，一把石刀是多么粗糙，几乎与自然石块没有多大区别，但它蕴藏着最初的力学、矿物学知识。打制石刀，要学会选择石料，要善于从不同角度改变石料形体，要学会最大限度利用石料，这对于先民而言该是多么复杂的过程。这以后，先民又学会了制陶。制陶表明人类对材料加工超出了改变几何形状的范围，开始改变材料的物理、化学属性。再以后，先民又认识了金属、水泥、玻璃等材料，并加以改造和利用。考镜源流，能说打制第一把石刀不是最初的科技活动吗?

科技史研究必须溯源辨流，美国科技史学者萨顿讲过:“任一历史必须以描述科学的萌芽为开端。这一萌芽是由人类学和考古学的研究而揭示的。早先的人类怎样发明和制造了工具? 他们怎样驯化野兽和学习农业的诀窍? 怎样获得了算术、几何、天文学的初步原理? 怎样找到对健康最有益的食物、治病最好的药物?”①

我国是人类的发源地之一,也是科技萌生最早的文明发生地之一。远在约170万年前,在云南地区就生活着元谋猿人。到约70万年前,在北京地区就生活着北京猿人。在北京猿人遗址,考古工作者发现了10多万件石器(石器是经过人工砸打而成的,有砍砸器、刮削器、夹状器),说明北京猿人已能够制造和使用简单的工具。

从猿人阶段到母系氏族公社出现,属于旧石器时代,其文化特征是以采集、渔猎为基本生存手段,用打削石块、石片的方法制造工具。考古学把距今约1万年的人类时代称为旧石器时代。旧石器时代又分为早期、中期、晚期。

湖北是早期猿人活动的地方,也是早期人类活动的地方,还是早期文化发生区。1984年,在湖北与重庆交界的巫山县龙骨坡发掘人类化石,包括一枚门齿和一段较为完整的人类下颌骨,经中外专家测定,其年代距今约200万年。②

1968—2000年,中国科学院古脊椎动物与古人类研究所在湖北建始县高坪龙骨洞进行了大小9次发掘,先后发现3枚猿人牙齿化石,以及有人工打击痕迹的骨制器。专家们认为,远古“建始人”的生活时代距今约200万年。

1976年,在郧西县安家乡神雾岭村白龙洞发现5枚猿人牙齿化石,考古学家确定其距今50万~20万年,称为“白龙洞人”。2004年,在郧西县的黄龙洞发掘出距今8.4万~5万年的“黄龙洞人”。

1989—1990年,在郧县的青曲弥陀寺、学堂梁子,分别出土了古人类颅骨化石,经古人类学家贾兰坡鉴定,命名为“郧县人”,属早期直立人,经

---

① G. 萨顿. 科学的历史[M]//金吾伦. 自然观与科学观. 北京:知识出版社,1985:397.

② 据《光明日报》2006年8月2日刊载的《长江流域是“中国人”的发源地》一文报道,中国科学院黄万波研究员认为长江流域大三峡是中华民族的摇篮,龙骨坡巫山猿人是最早的古人类。

测定距今100万年。值得注意的是，在发现头骨化石的地方也发现了手斧。“郧县人”的手斧代表着人类对工具的使用，说明至少在80万年前，我国的古人类就开始使用手斧。中国科学院古人类学家吴新智院士认为：“在同一个地点郧县连续发现两具比较完整的古人类头骨化石，还有郧县梅铺猿人，郧西县黄龙洞、白龙洞遗迹，与不远处的公王岭遗迹连为一体。这么小的区域，竟然集中了那么多的遗迹，全国唯一，世界少有。郧县文化遗产发掘成果丰厚，不愧为汉水中上游文化富集地区。这说明以郧县为中心的汉水中上游地区，至少是100多万年以来人类长期持续居住的宜居地。”①

1956年，在长阳县西南钟家湾村的一个龙洞，发现距今20万～10万年人的左上颌骨和牙齿，贾兰坡教授命名为“长阳人”。“长阳人”介于猿人和现代人之间，与北京猿人末期年代相当，是长江以南最早发现的远古人类之一。“长阳人”是人类进化发展于古人阶段的代表，填补了人类考古学“中更新世后期”和亚洲长江流域时空两个空白，也进一步否定了“中华文明西来说”。这项考古发现说明，长江流域以南的广阔地带也是中国古文化发祥地，是中华民族诞生的摇篮。1992年，在长阳土家族自治县鲢鱼山旧石器时代中期洞穴遗址中，又发现了几处面积较大的古人类用火遗迹，经测定，距今12万～9万年。为研究中国古人类的发展、分布以及这一时期本地区的古气候、环境、动物群的迁徙和人类的关系等一系列问题，增添了新的资料。

旧石器时代的人类主要居住在洞穴，在山区丘陵开始了最初的劳作。《墨子·辞过》云：“古之民未知为宫室时，就陵阜而居，穴而处。”如郧县（今郧阳区）梅铺龙骨洞、大冶市章山石龙头洞、长阳土家族自治县钟家湾龙洞。“长阳人”住在龙洞中，周围有大片竹林与草丛。竹林与草丛养活了竹鼠、熊猫、鹿、象等动物。“长阳人”狩猎这些动物，作为生活来源之一。这些说明人类童年时代不懂得建筑，他们在天然洞穴中生存。不过，

---

① 周兴明. 郧阳考古发现[M]. 武汉：湖北人民出版社，2012：1－2.

1992 年,在江陵县郢北村鸡公山发现一处旧石器时代遗址,发掘约 500 件石制品。这是极为罕见的平原地区旧石器时代遗址,其年代在 2 万 ~5 万年前。

以上说明,早在旧石器时代,湖北西部山区是人类文化的重要发源地,也是湖北先民发明创造的重要地区,是上古科学技术的活水源头。

二、新石器时代的情况

1. 早期的农业

距今约 1 万年,由旧石器时代向新石器时代过渡,人类社会进入一个重要的时期。史学家吴于廑认为:“从这个时期起,人类开始由食物采集者转变为食物生产者,包括以种植谷类为主的农业生产者和以繁殖畜类为主的牧业生产者,这是人类历史上生产发展的一次飞跃。由此开始,世界上先后出现了几个各具特色的农耕中心。最早的是西亚,在美索不达米亚周围地带,驯化了野生麦类,发展为种植小麦、大麦的农耕中心。其次是包括中国在内的东亚、东南亚。中国的黄河流域可能是一个独具特色的农耕中心,因为这里培育了稷,即小米。……中国长江以南以至东南亚、印度恒河一带,则是以培育水稻为特色。……还有一个中心是墨西哥,约在 7000 年前培育了玉米。”①

中华古代文明的主体是农业文明。农业文明的发生与发展,离不开适当的自然环境。辽阔的疆域是容纳农民的载体,肥沃的土地是发展农业的先决条件,充足的淡水是发展农业的保证。湖北有两条大河,一是长江,二是汉水。长江在湖北的流淌长度居各省之冠。汉水在湖北流淌七八百千米。先秦的《尚书》说楚地有“江、汉朝宗”,是指两大河流在湖北的汇合。史载“江汉沮漳,楚之望也”。湖北有众多的湖泊,号称“千湖之省”,湖泊周围是肥沃的平原。由于自然条件,湖北天然就是从事农耕的省份。历史上,在广袤的湖北大地,在江湖平原、丘陵山区,散布着数以万计的村落,农

---

① 吴于廑. 世界历史上的游牧世界与农耕世界[J]. 云南社会科学,1983:47 - 56.

民按血缘宗族关系居住，男耕女织，春播秋获，日出而作，日落而息，世世代代过着农耕生活，为创造早期的中华文明做出了贡献。

距今8000年左右，我国的母系氏族进入繁荣阶段。氏族由采集性的经济进步到生产性的自给经济，即从被动依赖自然界的食物转到积极主动地利用自然界的资源。其文化特征主要表现在两方面：一方面是有磨光石器，有装有木柄的石斧、石锄，有石或骨制成的箭头、矛头；另一方面是有最初的农业和饲养家畜。

新石器时代的湖北文化，有从山区向丘陵过渡的迹象。20世纪80年代初期，在湖北宜都城背溪等地发现了距今约8000年的新石器时代文化。① 遗址主要分布在鄂西山地和江汉平原的交接地带，多位于长江及其支流清江两侧的一、二级阶梯上。代表性的遗址有宜都城背溪、花庙堤、栗树窝、枝城北，枝江青龙山，秭归朝天嘴、柳林溪，宜昌路家河，巴东楠木园、店子头等。遗址中发现不少工具，除石器以外，还发现了以夹砂红陶为主的陶器。遗址中有用作原始纺织的纺轮和用作渔猎的石质网坠等，说明当时人们的手工业、禽畜养殖业和渔猎经济都已经达到一定的发展水平。遗址陶片中夹杂有大量的稻壳、稻谷和稻草，可以观察到稻谷壳形状细长、颗粒较大。经科学测定，发现城背溪文化遗址出土的水稻花粉与现代水稻花粉特征一致，证实属于人工栽培稻。这是目前世界上最为古老的人工培植水稻之一，表明湖北的原始农业技术已有了相当大的发展。

2. 大溪文化

20世纪中叶，在湖北西部发现了距今约6000年的“大溪文化”，东起鄂中南，西至川东，南抵洞庭湖北岸，北达汉水中游沿岸，主要集中在长江中游西段的西陵峡两岸地区。因与四川巫山大溪遗址相近而得名，其特征是定居的农业、大量的石器、红色的陶器，大约属于母系氏族的繁荣时期。大溪文化居民聚族而居。他们留下的居住遗址，往往见于靠近

---

① 城背溪文化是作为长江流域新石器时代中期区域文化代表之一的大溪文化的先导，所以有人又把它称为“前大溪文化”。

水源的高地下。房屋的基本特点是:“大多为地面上的建筑,形式分圆形、方形和长方形;半地穴式房屋,只有圆形的一种。地面起建的房子,往往先挖墙基槽及立柱洞,立柱后,用烧土碎块掺和黏土填实墙基槽,形成土筑墙根。再在立柱之间编扎竹片竹竿,里外抹泥,成为编竹夹泥墙。”“制石及制陶是大溪文化居民的两大手工生产部门。”①大溪文化的建筑形式一直延续到后世。

大溪文化主要采用石器工具。盖房工具主要是石头制成,当时已经发明了石斧、石锄、石铲,有了制造工具的初步技术。在属于大溪文化的长阳土家族自治县桅杆遗址上层和西寺坪遗址,出土了距今5000多年的石质和骨质生产工具,有锄、斧、锛、凿、钺、铲、锤、球、杵、臼、砧、镞、刀、锥、针、鱼钩、网坠、纺轮等。其中,有骨针圆径为0.15厘米、孔径仅0.08厘米。陶制生活用具有碗、钵、杯、盘、尊、盆、鼎、罐、缸、瓮、豆等。此外还出土有石环、石璧、石璜、石玦、玉玦、骨簪、绿松石等多种装饰品,有石雕生殖崇拜物——石祖和经过打制修整呈圆盘状的铺地石材等。在宜昌中堡岛遗址,在发掘的约200平方米的面积中,出土石器4500多件,另外还有2000多件残石器。② 这片遗址简直就是一个石器仓库。此外,在宜都红花套遗址出土过钻孔留下的完整岩芯,说明当时普遍使用了成熟的管钻技术。

大溪文化陶片上出现了许多刻画符号。据不完全统计,一共有300多个不同的符号。这些符号不仅有修饰的作用,可能还表达了特别的信息,为我们了解上古文化提供了资料。大溪文化遗址还出土了不少陶球,球上有各种不同的纹饰。这些陶球是作为装饰,还是用于投掷,不太清楚。③

3. 屈家岭文化

1954年,在湖北京山县屈家岭发现了长江流域新石器时代重要遗址,遗址年代距今5300~4500年,与大溪文化衔接,前后可延伸1500年。

---

① 张忠培,严文明. 中国远古时代[M]. 上海:上海人民出版社,2017:135-136.

② 刘玉堂,雷家宏,徐凯希. 荆楚经济史话[M]. 武汉:武汉出版社,2013:1.

③ 刘玉堂,张硕. 荆楚文明曙光[M]. 武汉:武汉出版社,2013:80-82.

1955 年、1989 年先后在这里开展了考古发掘。屈家岭属于大洪山的余脉，是一个海拔 50 米左右的山岗。遗址前有平坦的沃野，东西两面有河水南流。由于有山，就提供了狩猎的可能；有水，就提供了饮水、捕鱼的条件。先民在不会凿井的时代，只能临水而居，以便汲水与出行。村落建在台地上，低不至于淹，高不至于旱。

屈家岭一带长期生活着以种植水稻为主的原始农业氏族部落，属于父系氏族社会。考古发掘了多个居住点，发现红烧土中掺入了大量的稻谷壳和茎叶，面积达 500 平方米，这说明屈家岭水稻种植面积以及收获量巨大。这一带盛产的大米称为"桥米"，至今仍是知名品牌。

屈家岭文化的陶器发达，以手制为主，少量轮修，有陶轮、蛋壳陶。在屈家岭文化遗址出土了独具文化特色的典型器型，如壶形器、彩陶碗（杯）、双腹豆（碗、杯）、高领罐、缸等。最值得关注的是屈家岭文化中的彩陶，纹彩多为褐色或者黑色，内外彩兼有，流行网格纹、平行条纹、心形纹、旋涡纹等。有一种薄如蛋壳的彩陶器，表面涂晕彩，犹如云霞，极具美感。屈家岭文化中的部分陶器还有刻画图的痕迹，表明陶器制造中有两种起装饰作用的技术，即纹饰技术和刻画技术。当地还有一种草浆，涂在木上，就是早期的漆。

屈家岭文化时期出现了大型分间房屋建筑。建筑一般呈长方形，隔成几间。在湖北应城市城北星光村，考古发现屈家岭文化晚期的一个门板湾古城遗址。遗址处在大富水下游山地到平原之间，有河流环绕。从发现的房屋遗址，可见有较高的建筑水平。其中一处房屋是坐南朝北的庭院式建筑。北边的围墙旁有一开口处，是为院门，院门旁有一小房似为门房，其南边有一带有内走廊的土坯垒砌墙体的主体建筑，四开间，南北宽 7 米，东西长 16 米。现存墙体最高处 2 米有余，内外抹有很细的黄泥，每间房屋都有火塘的遗迹。考古专家刘森淼认为：这座房址是我们目前见到的保存最为完整的一座新石器时代的房址，其布局理念非常先进，是目前中国最早的庭院式建筑结构布局的实物遗址，可以说是当前农村中常见的庭院建筑的鼻祖。①

屈家岭文化早期的古城,荆州市阴湘城就是其中之一,是方圆数十里(一里等于500米)区域内的一个中心聚落。城墙横断面为梯形,由墙体和护坡组成,用土堆筑成斜坡状。墙体高8米,顶面宽约6.5米,底宽约30米。高大的城垣及深而宽的城壕是防御和进攻最为理想的人造工事。②

屈家岭文化分布广泛,类似的遗址在湖北已发现数百处,现已发掘了60余处。经过发掘的屈家岭文化遗址还有石首走马岭遗址,钟祥六合遗址,天门邓家湾、谭家岭和肖家屋脊遗址等。作为一种文化形态,屈家岭文化覆盖荆山、武当山、桐柏山、大别山,遍及几个省,北抵河南省西南部,南界到湖南澧县梦溪三元宫,西面到四川巫山。

1988年,国务院将屈家岭遗址公布为全国重点文物保护单位。2012年3月,湖北省委、省政府出台了《中共湖北省委湖北省人民政府关于支持荆门市加快创建"中国农谷"的意见》,明确以屈家岭管理区作为"中国农谷"的核心区。早在1978年2月,笔者在华中师范学院历史系读书时,担任中国古代史课程的徐俊老师带我们77级学生到此地做田野考察。当时拾到一些陶纺轮,交给了历史系文物室。2017年8月底,笔者与湖北省炎黄文化研究会的李子林、刘玉堂等一起到荆门屈家岭管理区联系开会事宜。从高速公路下来之后,进入农谷大道,天下着蒙蒙细雨,只见两边山峦起伏,植被葱茏,烟雾缥缈,如达仙境,堪称"天然氧吧"和"鄂中桃花源"。路边有一处院士村,颇为雅致,是为农业技术专家提供的研究基地。可见,屈家岭至今仍是我国农业科学研究的重要基地。

4. 石家河文化

1954年,因为开展水利工程建设,在今天门市境内石家河镇以北3千米处发现了石家河遗址。天门石家河遗址在京山屈家岭遗址以南,距离约

---

① 刘森淼.荆楚古城风貌[M].武汉:武汉出版社,2012:42.

② 荆州博物馆,福冈教育委员会.湖北荆州市阴湘城遗址东城墙发掘简报[J].考古,1997(5):1-10,24.

40 千米，是古人步行一天的距离。石家河文化应当是屈家岭文化的延伸，构成了上古的“屈 - 石文化圈”，但有新特色。学术界曾经把石家河文化归到屈家岭文化之中，随着考古的深入，认为石家河文化上接屈家岭文化，又别开一端，石家河文化应当单独作为一种文化，并被给予更高的认识。

1955 年起，考古工作者先后对石家河遗址进行过 10 余次系统挖掘。遗址群由 50 余处地点（三房湾、谭家岭等）构成，占地面积约 8 平方千米。推测距今 6500 年即有先民在此生活，距今 4300 年左右达到鼎盛时期。特别是 2014 年，在石家河古城核心的谭家岭遗址发掘出早于屈家岭文化时期的城垣与环壕，表明古城在距今约 5000 年时开始筑造，将石家河城址的建城史至少提前了 500 年。① 石家河遗址是长江中游地区已知分布面积最大、保存最完整、延续时间最长、等级最高的新石器时代聚落遗址。通过对石家河遗址考古发现，石家河文化已经处于文明的前夜，正在进入文明时代。

石家河古城雄伟壮观，位于遗址群的中心，是一座由城墙、城壕和外围台岗构成的古城，古城面积有 1.2 平方千米。以谭家岭为中心，内城的时间较早，外城是扩建的，有两层护城河，护城河宽七八米。在古城周边，还发现了 17 处城址，大体呈半月形分布在丘陵平原之间。严文明等考古学家曾经从建筑角度做过分析：“西部城墙经过解剖，得知系由夯土分两次或三次筑成，夯层厚薄不甚均匀，也没有明显的夯窝，只是土质坚硬，层理分明，内含少量屈家岭文化晚期的陶片。”②刘玉堂等认为石家河古城在技术方面有独到之处：第一，城池规模庞大，远超同期中原地区古城规模。第二，趋利避害，合理选择城址。第三，普遍采用夯实技术。夯实法就是指靠人力用工具将土一层层砸实的建筑方法。③

近些年，石家河遗址中出土的陶器、玉器受到较多关注，对器物中体现

---

① 夏静. 石家河遗址：长江中游的考古奇迹[N]. 光明日报，2018 - 09 - 30(10).

② 张忠培，严文明. 中国远古时代[M]. 上海：上海人民出版社，2010：468.

③ 刘玉堂，张硕. 荆楚文明曙光[M]. 武汉：武汉出版社，2013：149.

的技术展开了较多的研究。在石家河遗址发掘的陶器以陶塑品为主,数以千计的陶塑品,品种有人、鸡、鸟、犬、猪、象、猴、羊等十几种,生动活泼、小巧可人,说明当时的人有着对动物的仔细观察。这些陶塑品由专业的小陶器作坊生产,再转带或交换到各地去。人们大量制作并拥有这些陶塑品,可能与当时十分流行的信仰和巫文化有关。笔者曾两次到石家河遗址参观,注意到遗址出土有大量的红陶杯,数量之多,应该是用于商品交换。当时陶器制作分为两种方法,一种是盘泥条筑法,一种是快轮制陶法。在大溪文化时期,陶器生产比较原始,采用手工生产,故多采用盘泥条筑法来制陶。先将搓好的均匀的泥条一圈一圈盘绕起来,形成陶器的器身,再慢慢均匀修饰造型。这种陶器一般简单粗糙,造型单一。文明稍晚的屈家岭文化时期陶器的制作工艺普遍采用快轮制作。快轮制陶的原理是依靠车盘快速转动产生的强而均匀的离心力,以及双手的挤压和提拉,使车盘中心的泥坨直接变成所需的器形。快轮制陶法成本低廉、操作简单、应用广泛,极大地提高了生产效率,为制陶业由家庭手工业向专业化、社会化的生产转变提供了条件。

在石家河遗址还发现大量的玉器。早在1955年,在石家河城外的罗家柏岭发掘过一批玉器,现藏于国家博物馆的一件团凤造型的玉凤,被称为“中华第一凤”。2015年,在谭家岭遗址又发现各类玉器240余件,有玉佩、玉如意、玉管等,这些玉器普遍使用浅浮雕线刻技术。如玉虎长约3厘米,宽、高约1厘米,体积小,做工精。玉鹰的喙部仿佛是被镶嵌进去的,工艺复杂。还有人面雕像、兽面雕像、玉蝉、玉鸟、玦、璜形器等。玉制人头基本都具有“头戴冠帽、菱形眼、宽鼻、戴耳环和表情庄重”的特征,造型富于变化。这些玉制人头形象可能代表着石家河先民尊奉的神或巫师的形象。

石家河文化时期的工匠已经掌握了浮雕、圆雕、透雕的技法,用得最多的是浮雕。人头与兽面多是用浮雕手段完成的。玉鹰则用到了圆雕的手法。玉兽面的镂空处,还用到了透雕手法。中国考古学会理事长王巍,称这些玉器的工艺水平之高超令人震撼。圆雕、透雕等技艺较良渚文化的平面雕刻有很大进步,代表当时中国乃至东亚范围内琢玉技艺的最高水平。

中国社会科学院考古研究所研究员王仁湘评价说："这批玉器的发现，击碎了学者们构建的古玉体系，标志着一个史前玉作的巅峰，代表了一个中国玉文化发展空前绝后的时空坐标。"①

此外，在石家河遗址中还发现有铜块，说明石家河文化开始进入铜石并用时代。

2017 年，屈家岭与石家河遗址成功申报考古遗址文化公园。国家已经发行以石家河玉器为图案的邮票。

在 1983 年的全国文物普查中，发现了沙洋城河新石器时代遗址。2012—2017 年，对其进行了 5 次发掘和系统钻探，确认该遗址为屈家岭文化晚期至石家河文化早期的重要城址，面积约 70 万平方米。遗址中发现城垣、人工水系、大型建筑，从聚落形态的角度丰富了屈家岭文化与社会的内涵，亦为我们研究先民的建筑技术提供了实物。其中，王家塝墓地是迄今为止发现的规模最大、保存最完整的屈家岭文化墓地。2018 年度全国十大考古新发现公布，沙洋城河新石器时代遗址作为"长江中游的文明曙光"入选。

5. 随枣走廊上的文化

在屈家岭、石家河附近，即在天门、京山西北方位的随枣走廊（东北面为桐柏山，西南面为大洪山，中间是一条狭长的平原）上有着神农炎帝的传说，并发现雕龙碑遗址、冷皮垭遗址、西花园遗址等，均可间接了解先民的科学技术发展水平。

1957 年，湖北省文物普查，在今枣阳市鹿头镇北 3 千米的武庄村发现雕龙碑遗址。因遗址附近曾竖一块刻有飞龙的石碑，故名雕龙碑遗址。遗址总面积约 5 万平方米，距今约 6200 年，是长江流域与黄河流域交会地带保存较好的新石器时代氏族聚落遗址。在雕龙碑遗址，发现了水稻颗粒和稻壳，发现了石器锛、斧、凿、铲、耠、犁、镰、镢等生产工具，还发现了与现今农村耕地用的铁犁铧极为相似的石犁铧。

① 夏静. 石家河遗址：长江中游的考古奇迹[N]. 光明日报，2018-09-30(10).

雕龙碑遗址,从技术层面,有 4 点值得注意:第一,石灰。在雕龙碑遗址的房屋遗迹发现,内壁涂有 0.3 ~ 0.5 厘米厚的石灰泥。经中国社会科学院考古研究所测定,确定为经过人工烧制的石灰。据文献记载,汉代开始有人工烧制石灰,而雕龙碑遗址发现的人工烧制石灰,比文献记载至少早 3600 年,比周代流行的用黄土、沙子、白灰搅拌而成的"三合土"要早约 3000 年,比山西、河南龙山文化遗址的白灰地面早 1000 ~ 1500 年。第二,混凝土。在雕龙碑遗址发现具有"水泥"特征的混凝土,混凝土表层经过加工、打磨,平滑而坚硬,还有防水性、抗压性。第三,推拉门。在雕龙碑遗址建筑遗存 F19(19 号房址),共有 7 间屋和 8 个推拉门。门墙的内壁有沟槽,用于门的推拉。屋门已经不存在,但沟槽内留有炭化的朽木。第四,木骨洞。在雕龙碑遗址发现,有些墙体中有排列整齐的竖洞,考古学称之为木骨洞,它是用于加固墙体的。洞中原有木骨,年久而仅存洞穴。[①]

在随州三里岗发现冷皮垭新石器时代遗址。随州北有桐柏山拱峙,南有大洪山环列,河流纵横,土地肥沃,气候适宜,灌溉方便且少有旱涝之灾,是农耕的理想之地。在冷皮垭遗址出土有稻谷壳、石器、陶器,属于屈家岭文化中期。其中一件黑色陶豆,豆柄上有北斗七星图像,以 7 个透雕的小圆孔组成斗勺状,酷似北斗七星。据有关专家研究,甲骨文中关于鸟星和火星的记载,曾是我国天文学的最早资料。冷皮垭遗址出土豆柄上的天文图像,不仅把我国天文学历史提前到史前时期,而且是迄今为止世界上发现最早的天文资料。这一发现说明当时的随州原始农业已相当发达,人们能够根据气候的变化,种植季节性很强的农作物。

1983 年,在随州市淅河镇发现西花园遗址。房址居住面一般以红烧土铺垫,再涂抹白灰而成。出土大量生产工具,有骨镞、石刀、石铲、石斧、石凿、石锛、陶网坠、陶纺轮等。出土遗物按其文化内涵分为 4 期,从屈家岭文化晚期延续至石家河文化晚期。

在随枣走廊以西的房陵地区,1976 年在房县县城城关镇附近发现了

---

① 刘玉堂,张硕.荆楚文明曙光[M].武汉:武汉出版社,2013:160 - 162.

七里河遗址。遗址总面积有6万多平方米，有古房屋遗迹19处，墓葬26处，以及一大批陶器、石器和骨器，属于汉水中上游的丹江流域新石器文化。与七里河相关的还有羊鼻岭和樟脑洞等遗址。湖北省文物考古研究所考古专家王劲主持了七里河遗址的发掘工作，出版了《房县七里河》考古报告，为研究史前时期的房县历史提供了宝贵的资料。

此外，湖北还有蕲春易家山、郧阳青龙泉、当阳季家湖等地的文化遗址。①

综上，在进入国家文明之前，湖北大地很早就是先民的家园。从时间与空间的视野看，先是在西边有大溪文化，然后向东转移，在大洪山南麓有屈家岭文化，向南有石家河文化，向西北出现了雕龙碑文化等。换言之，在长江、汉水之间，先民曾经长期在江汉平原北缘的丘陵地区生活。然后在大洪山以南的京山以屈家岭作为集中生活区。其后，又向南发展出早期的城邦——石家河古城，时间长达几千年。与此同时，屈家岭文化向北发展出神农炎帝文化。显然，以屈家岭为中心的大洪山文化圈是5000年前新石器时代文化的高地，我们的先民在此创造了丰富多彩的史前文化。

第二节 古籍所见史前湖北科技

现存的传世古籍，都不是史前撰写的，即使商代的甲骨卜辞也只能零散地反映3000年前的历史。对于我国4000年前的史前阶段，传世古籍都只能是捕风捉影的追记，不能完全作为信史。不过，即便如此，我们也不能忽略传世古籍，毕竟传世古籍是古代先民对更早些历史时期信息的搜集，形成一套初步的认知。

从古籍看，先秦时期已经有对远古历史的记忆与猜测，如炎黄二帝的

---

① 考古学是一门严谨的科学，随着考古成果的增多，逐步揭开了没有文字的史前文明，让我们了解到湖北先民的发明创造。对于湖北科学技术史的研究，将来还得依赖考古的推进。考古的进步与科技史研究的进步，将是同步的。

传说。炎黄是中华民族的祖先。炎,指神农炎帝;黄,指黄帝。

一、神农炎帝的发明创造

炎帝,又称烈山氏、厉山氏。晋代的《帝王世纪》记载:“神农氏本起于烈山,或时称之。”按《三皇纪》注曰:“郑玄云:厉山,神农所起,亦曰有烈氏。皇甫谧曰厉山,今随之厉乡也。”《史记·五帝本纪》正义引《括地志》说:“厉山在随州随县北百里,山东有石穴。(曰)[昔]神农生于厉乡,所谓列山氏也。春秋时为厉国。”由此可知,神农炎帝活动在随枣走廊的厉山。

由于中国地域辽阔,区域文化纷繁,不少地方都有关于神农的传说,形成了“地域的神农”。在湖北、陕西、山西、山东、河南、湖南都流传有神农炎帝发明创造的传说。神农炎帝的贡献多与科学技术有关:第一,创作工具,如耒耜、弧矢;第二,种五谷;第三,发明医药;第四,推行纺织;第五,大兴陶器;第六,改进居舍。

神农的主要功绩在于围绕农业的一系列发明。神农从小就对农业有特别的兴趣,清徐文靖《竹书纪年统笺·前编》记载:“少典之君,娶于有蛴氏之女,女曰安登,生神农,三日而能言,七日而齿具,三岁而知稼穑。”神农特别注意观察,发明了种稻的方法。有史书记载了鸟衔谷而至,告诉神农如何种稻。这意味着神农的发明方法是仿生方法,种植的庄稼主要是水稻。《绎史》卷四《炎帝纪》引《周书》记载:“神农之时,天雨粟,神农遂耕而种之。”由这段话我们知道,当苍天飘来粟籽时,神农利用野生的小米种子发展农业。古代的神话小说《拾遗记》把炎帝发明农业的事迹做了生动的描述:“时有丹雀衔九穗禾,其坠地者,帝乃拾之,以植于田,食者老而不死。”

神农注重推广种稻技术。《管子·形势解》记载:“神农教耕生谷,以致民利。”为了提高生产力,神农发明了耒耜等农具。《周易·系辞下》记载:“包牺氏没,神农氏作,斫木为耜,揉木为耒,耒耨之利,以教天下,盖取诸《益》。”汉代的《白虎通·号》记载:“古之人民,皆食禽兽肉。至于神农,人民众多,禽兽不足,于是神农因天之时,分地之利,制耒耜,教民农作。”

神农何以能够发明农业？这当然是社会发展到一定程度的结果，而个人或部族在历史中的作用是不可忽略的。《绎史》记载："（神农）作陶冶斤斧，为耒耜锄耨，以垦草莽，然后五谷兴助，百果藏实。"《淮南子·主术训》记载："昔者神农之治天下也……春生夏长，秋收冬藏，月省时考，岁终献功，以时尝谷，祀于明堂。"

为了改善人们的生活环境，神农发明了水井技术。北魏郦道元《水经注·滠水》记载："（赐）水源东出大紫山，分为二水，一水西径厉乡南，水南有重山，即烈山也。山下有一穴，父老相传，云是神农所生处也，故《礼》谓之烈山氏。水北有九井，子书所谓神农既诞，九井自穿，谓斯水也。又言汲一井则众水动。井今堙塞，遗迹仿佛存焉。亦云赖乡（赖乡即是厉山），故赖国也，有神农社。赐水西南流入于滠，即厉水也。赐、厉声相近，宜为厉水矣。一水出义乡西，南入随，又注滠。滠水又南径随县，注安陆也。"可见当时郦道元看到了九井遗迹。盛弘之的《荆州记》也记载了神农九井在厉山北。在农耕社会，水井对于人们的定居是十分重要的，洗濯、浇灌都离不开水井，因而井的发明是一件大事。

神农时代是男耕女织的时代。《吕氏春秋·爱类》记载："神农之教曰：'士有当年而不耕者，则天下或受其饥矣；女有当年而不绩者，则天下或受其寒矣。'故身亲耕，妻亲织，所以见致民利也。"《商君书·画策》记载："神农之世，男耕而食，妇织而衣，刑政不用而治，甲兵不起而王。"《淮南子·齐俗训》记载："故神农之法曰：'丈夫丁壮而不耕，天下有受其饥者；妇人当年而不织，天下有受其寒者。'故身自耕，妻亲织，以为天下先。"

笔者认为，这些文献传说与考古发现结合起来，可以作为历史二重证据的依据：从空间上而言，雕龙碑遗址距随州烈山仅 60 千米，冷皮垭遗址距随州城仅 40 千米，与神农生于厉山的传说吻合；从时间上而言，这些遗址的时间距今五六千年，与神农活动的时间大致相同。神农炎帝传说中的发明创造，我们不能说都是在湖北境内发生的事情，也不能说湖北就没有这些事。不过，后世湖北的科学技术，正是在这样一些事情的基础上发展起来的。

传闻神农的女儿有瑶姬(巫山神女)、女娃(精卫)。他的子孙有火神祝融、水神共工、土神后土。在湖北有许多相关的传说故事,如女娃又传为女娲。女娲是中华民族传说中的创世始祖。相传女娲有五大功劳:一是抟土造人,创造了人类;二是炼石补天,拯救了人类;三是兄妹成婚,繁衍了人类;四是制定了婚姻制度,教化了人类;五是创造了笙簧音乐,娱乐了人类。在汉水的竹山县等地一直有女娲炼五色石补天的传说,由于竹山县盛产绿松石,民间还传说绿松石是女娲补天剩下的五色石。与竹山县相邻的竹溪县一直在打造女娲文化节,每年举行大规模祭祀活动。

二、黄帝的发明创造

汉代司马迁在《史记·五帝本纪》赞誉黄帝说:"东至于海,登丸山,及岱宗。西至于空桐,登鸡头。南至于江,登熊、湘。北逐荤粥,合符釜山,而邑于涿鹿之阿。迁徙往来无常处,以师兵为营卫。官名皆以云命,为云师。置左右大监,监于万国。万国和,而鬼神山川封禅与为多焉。……顺天地之纪,幽明之占,死生之说,存亡之难。时播百谷草木,淳化鸟兽虫蛾,旁罗日月星辰水波土石金玉,劳勤心力耳目,节用水火材物。"由这条材料可以得出两条结论,其一,黄帝到过长江、湘江一带,即到过湖北这块土地;其二,黄帝时代重视发明创造。

黄帝时代珍惜资源,尊重时间规律。《史记·五帝本纪》说道:"劳勤心力耳目,节用水火材物。"《史记正义》解释说:"言黄帝教民,江湖陂泽山林原隰皆收采禁捕以时,用之有节,令得其利也。"人们为了连绵不断地得到自然界的恩赐,就不应竭泽而渔。上古的圣贤已经认识到了这个最基本的道理,并以部落的习惯法的形式确定下来,开创了环保思想的源头。

黄帝时代特别重视发明创造。先秦典籍《世本·作篇》记载:"羲和占日。常仪占月。……臾区占星气。大挠作甲子。……隶首作算数。……伶伦造律吕。"《史记·历书》索隐引《世本》曰:"容成综此六术而著调历。"黄帝命令部下占日、占月、占星,命令臣子容成制历法,命令大挠造干支。这些说明黄帝时代已经注意天象、物候。《世本·作篇》还记载:“黄帝见百物始穿井。……黄帝造火食旃冕。……黄帝作冕旒。”黄帝身边聚集了许多各有专长的名医,如僦贷季善方脉,岐伯尝草药、治百病,俞拊精通外科,马师皇长于兽医,此外还有雷公、桐君都懂得医道。这些名医,都是湖北后世医学崇敬的偶像。

在传说中,黄帝的妻子叫嫘祖,是西陵之女。在今湖北远安县嫘祖镇有许多关于嫘祖的传说,说她教民养蚕织丝,是丝织的发明者。《史记·五帝本纪》记载:“黄帝……娶于西陵之女,是为嫘祖。嫘祖为黄帝正妃。”民间把嫘祖说成养蚕缫丝方法的创造者,北周以后祀嫘祖为“先蚕”(蚕神)。唐代赵蕤所题《嫘祖圣地》碑文称:“黄帝元妃嫘祖……生前,首创种桑养蚕之法、抽丝编绢之术,谏诤黄帝,旨定农桑,法制衣裳,兴嫁娶,尚礼仪,架宫室,奠国基,统一中原,弼政之功,殁世不忘。是以尊为先蚕。”湖北学术界多次举办嫘祖文化研讨会,纪念这位纺织之祖。传说农历三月十五日为嫘祖诞辰,每到这一天,以远安县为中心,方圆数百里的民众,自发集聚嫘祖镇举办庙会,朝拜祭祀,1400 余年来经久不衰。远安县从 1984 年开始举办以祭祀嫘祖为主题的大型嫘祖庙会。2018 年 4 月 30 日,以“大爱嫘祖、情怀丝路、诗画远安”为主题的嫘祖文化节在嫘祖镇嫘祖文化园隆重开幕,来自全国各地的 3 万余人参与共祭华夏人文女祖——嫘祖,祈福中华民族伟大复兴。湖北省黄冈市、武汉市黄陂区也有关于嫘祖的传说,说明嫘祖的传说遍及湖北各地。

《史记·封禅书》记载:“黄帝采首山铜,铸鼎于荆山下。”这句话如何解读?是否与湖北一带的荆山有关?是否可说明荆山一带就有了早期的冶铸?张良皋教授认为:“南阳盆地周围都是荆山,黄帝铸鼎处就在庸国边上,庸国的铸铜技术帮助黄帝打败蚩尤。”他的理由是:在郧县、郧西、竹山、竹溪一带,有铜、锡,是一个巨大的铜、锡共生矿区,古称“锡穴”,古代的庸国曾经是铸钟大国。“楚庄王三年兼并了庸国,他此时拥有的铜源就不止大冶一处,而是至少两处,几乎割断了中原全部铜源,更加强了楚国的武器装备。"①

第三节 先民草创的科技类别

前两节,已按时间顺序,从考古发现的角度、传世文献的角度对史前湖北的科学技术做了一番叙述。接下来,从科技的类别对史前湖北科技做简要归纳。

一、农耕与工具

通观人类历史,距今约1万年的时候,人类开始了农业革命,即由狩猎采集向定居的农业文明过渡。农业文明到来的标志有三点,一是栽培农作物,二是养动物,三是定居。人类的农业文明主要发生发展于北回归线至北纬35°之间的十几个纬度之内,我国正处于这一农业文明带。我国北方是旱作农业区,盛产耐寒耐旱的黍、稷、菽、麦。南方水土湿润,气候暖和,是稻作农业区,盛产稻米。

据世界粮食计划署统计,世界粮食作物主要有小麦、稻谷、玉米、大麦、高粱、燕麦、黑麦和粟等八种。我国古代对粮食作物有巨大贡献,先民把粮食称为五谷。五谷的说法没有定论,主要指黍、稷、菽、麦、稻(或有麻无稻)。《孟子·滕文公上》记载:"树艺五谷,五谷熟而民人育。"汉代赵岐注:"五谷谓稻、黍、稷、麦、菽也。"黍、稷都是属于"小米"。菽,即大豆,在周代被称作菽,秦汉以来才称为豆。麦,分为大麦和小麦。小麦是人类最早种植的粮食作物,在古埃及的石刻中已有栽培小麦的记载,约在史前晚期或于盘庚迁殷以前传入我国华北。玉米是墨西哥人最早培育的,明代才引入我国。

1. 稻作之源

诚如前述,长江中游有悠久的稻作栽培历史,可以追溯到近万年前。

---

① 张良皋. 巴史别观[M]. 北京:中国建筑工业出版社,2006:50-51.

考古发现湖北、湖南、江西、浙江等地共同构成了早期稻作栽培带，也可称为稻作农业文明带。

1993 年，严文明等考古学家在江西万年县仙人洞、吊桶环等史前遗址，通过植硅石和孢粉分析等科学测验，发现了距今 1.2 万年的野生稻石标本和距今 1 万～0.9 万年的栽培稻植硅石标本，这是目前所发现的世界上最早的水稻标本。[①] 湖北省文物考古研究所笪浩波研究员在其著作中指出："长江中游地区的距今 1 万年的史前遗址中发现的稻作遗存无论就时间上的连续性，还是分布密集程度，更或是材料的丰富，在全国都是引人注目的。"[②]

我国农业有悠久历史，早在旧石器时代已开始了采集经济，先民知道用各种植物充饥。20 世纪 80 年代，在与湖北交界的湖南澧县彭头山古文化遗址中出现了距今约 9000 年的稻作遗存。在澧县彭头山遗址发现的陶器是用稻谷壳掺和在陶土中制成的，其种稻的时间不迟于河姆渡文化。新石器时代的彭头山文化分布在湘西北的澧水下游，武陵山到洞庭湖平原的过渡地带。彭头山文化中的稻作遗存，说明当时已经进入锄耕农业的早期阶段。澧县县城西北 10 千米的车溪乡有新石器时代的城头山古城遗址。它坐落在当地的土阜之上，澧水的支流澹水从城南流过，城垣的东南西北各有一个缺口，是为城门。城内西部近中心有夯土台基，台基北部高南部低。[③]

在城背溪文化中，考古发现了大量的稻作遗存，主要是在遗址陶片中夹杂有大量的稻壳、稻谷和稻草。其稻谷壳形状细长、颗粒较大，与现代栽培稻接近。经科学测定，发现城背溪文化遗址出土的水稻花粉与现代水稻花粉特征一致，证实了城背溪遗址发现的稻谷应属于人工栽培稻。这是目

---

① 严文明. 农业起源与中华文明[N]. 光明日报,2009－01－08.

② 笪浩波. 长江中游文明化进程中的人地关系：以新石器时代为例[M]. 上海：上海古籍出版社,2013:121.

③ 张之恒. 中国新石器时代考古[M]. 南京：南京大学出版社,2004:141－142,160.

前世界上最为古老的人工培植水稻之一,对于研究水稻栽培起源具有极为重要的意义。

大溪文化时期,居民以稻作农业为主。在房屋建筑遗迹的红烧土块中,经常发现掺有稻草和稻壳。红花套遗址的稻壳印痕,经鉴定属于粳稻。在屈家岭文化、石家河文化等一系列新石器时代文化遗址中都有水稻的遗存发现。这说明,种稻是普遍的现象。

农学史专家卫斯指出:"中国稻作起源地在长江中游的鄂西、湘西北地区,是距今9000年的彭头山人最早创造了中国的稻作文化。"从国内已发现的考古遗址分析,鄂西、湘西北的稻作技术"向东顺长江而下传播到长江下游各地,再由海路向苏北及东南沿海各地传播;向西溯江而上入川、滇;向北溯汉水入陕南,入丹江口直至中原。向南则未出洞庭湖区"。①

2. 农业工具

农业工具反映了生产力水平。1973年,在红花套遗址发现了两处保存较好的地臼,是一种锅底状的圆坑,周壁坚硬光滑,附近还有木杵的遗痕,是一种长1.4米,中部较粗、两端呈圆头的稻米加工工具。在许多遗址中还出土了舂米用的陶臼,和一些直接利用形体合适的河卵石做成的石杵。

屈家岭与石家河遗址发现许多农业工具。屈家岭遗址出土的工具,早期有斧、锛、凿和穿孔石耜等器具,磨制一般比较粗糙。晚期磨光石器增加,双肩石锄是屈家岭文化时期常用农具之一。在屈家岭的田间地头经常发现氏族社会时期的石矛、石簇、石球、纺轮。在石家河遗址发现的农业生产工具——石器,器体较小且精致。居民们用石斧砍伐荆棘,用石锄开荒整地,用石镰收割谷穗,用石棒和研磨器反复碾磨谷物,以脱掉谷壳和磨碎谷粒。

在湖北枝江市关庙山的长江旁边,发现了公元前4000年的农耕遗址,

① 卫斯. 关于中国稻作起源地问题的再探讨:兼论中国稻作起源于长江中游说[J]. 中国农史,1996,15(3):5-14.

出土了大量石器、陶器。石器多是农具，如石铲、石锄、石刀、石杵。从农具的形制看，大多是用过的。房县七里河遗址出土了各种材质的生产工具。其中，石制工具以石斧居多，还有石锛、石锄、石铲、石刀、穿孔石刀和极少的石镰。还有不少石网坠，较多的石制、骨制箭镞和石球等渔猎工具。

史前湖北的农具种类多，用途广，实用性强。这些工具的形制一直为后世沿用。后世不同的是，农具的关键材质换成了金属。

二、冶陶与冶玉

1. 冶陶

人类古典文明发源过程中，都有发明与使用陶器的历史。

屈家岭遗址以彩陶纺轮、彩绘黑陶和蛋壳彩陶最具特色。黑陶多，灰陶次之，黄陶和红陶较少。陶器有文化刻符，有太极图形。陶制的鼎、豆、碗等器皿均为双弧形折壁。屈家岭遗址中有一类陶器，薄如蛋壳，被称为蛋壳彩陶。它是采用轮制技术生产的。这种技术在今天一些陶瓷作坊仍在使用，是新石器时代的一种最先进的技术。屈家岭遗址出土的许多陶器都是通过快轮成型的，用这种技术制作陶器，不仅生产率可以提高许多倍，而且制作的陶器非常圆正均匀。

石家河遗址出土了大量的套缸，陶缸首尾套接。房县七里河遗址出土了一定数量的陶纺轮，生活用具主要是各种各样的陶器。在近代工业产生之前，先民冶陶一直沿用史前的冶陶方法，没有大的改变，说明史前的冶陶方法是较为先进的。

2. 冶玉

玉器文化是石器时代的精华。

大溪遗址发现的玉器之中有玉璜、玉璧、玉环、玉坠等。专家推测，当时的工匠已经掌握了切割、钻孔、琢磨、抛光等技术。切割是采用线割的方法，用线性工具，反复带动石英砂，将玉料剖开。钻孔有管钻和实心钻。管钻的工具一般为竹筒，以转动的竹筒带动石英砂琢磨钻孔。实心钻是用硬度比玉材更大的材料做成，其工艺与管钻相似。玉器的大圆孔主要用管钻法,小圆孔则用较细的实心钻加工。①

1992 年,在荆州马山镇枣林岗发掘的石家河遗址中出土不少玉器。这些玉器有些是坯件,有些是半成品,还有一些是玉料。专家由此推测,当时这里应当是个玉器加工场所,工匠们能够取材、研磨、切割、钻孔、雕琢。玉器不仅用于收藏,还颇为实用,有玉钻、玉锛、玉刀等。玉钻实际上是一种钻头,可以钻物。②

2015 年年底,在天门石家河古城中心区域的谭家岭遗址出土了距今 4000 多年的精美玉器,有玉佩、玉如意、玉管等,普遍使用浅浮雕线刻技术。在石家河文化中还发现过残铜片,铜器可能用于玉器加工之中。手工治玉,使每种玉器都有独特性。工匠充分发挥个人的想象力与技艺,把玉器制作得无比精美。

器物是人类文明进程的重要标志,我国古代学者对此曾经有过猜想。汉代《越绝书》记载了春秋末年楚国风胡子的一段话,讲到了石器、玉器、铜器、铁器的依次进化及作用,体现了文明进化的观念。其文:"时各有使然。轩辕、神农、赫胥之时,以石为兵,断树木为宫室,死而龙臧。夫神圣主使然。至黄帝之时,以玉为兵,以伐树木为宫室,凿地。夫玉,亦神物也,又遇圣主使然,死而龙臧。禹穴之时,以铜为兵,以凿伊阙,通龙门,决江导河,东注于东海。天下通平,治为宫室,岂非圣主之力哉!当此之时,作铁兵,威服三军。天下闻之,莫敢不服。此亦铁兵之神,大王有圣德。"这段话体现了古人对物质的崇拜与认识。

三、建筑与纺织

1. 建筑

先民能选择适合生存的自然环境,因地制宜建筑房屋,采用了木构建

① 左奇志,邵学海,陈昆. 荆楚雕塑[M]. 武汉:武汉出版社,2014:3.

② 湖北省荆州博物馆. 枣林岗与堆金台:荆江大堤荆州马山段考古发掘报告[M]. 北京:科学出版社,1999.

筑等多种形式的技术。

从考古发现看,先民对生存环境有了一定的认知。史前聚落的选址大致要考虑五个因素:第一是有无水源。古代遗址大多在河边台地、河流转弯处、河流交汇处、湖边、泉边。第二是附近有无食物资源。是否有适宜从事农业的土地,有没有鱼虾蛤贝,有没有野生动物,有没有柴草。第三是安全因素。住处是否会淹,凶猛的野兽多不多,聚落周围都有大水沟,用作排水、取水、防卫。第四是避风。第五是交通。进出要方便,要有活动的空间,视觉要宽敞。聚落都是在一些小河、湖池附近,这样也许更便于取水。先民先是形成村庄,然后有了城邑。①

屈家岭文化中的住房多属方形、长方形的地面建筑。一般筑墙先挖基槽,立柱填土,再以黏土或草拌泥掺加烧土碎块培筑墙壁。居住面下部铺垫红烧土块或黄沙土,以利防潮,表面敷"白灰面"或涂抹细泥并经烧烤。在室内中部或偏一角处筑火塘,有的火塘附近还遗留保存火种的陶罐。室内的柱洞大体排列有序,有的洞底以碎陶片垫实,起着柱础的作用。单间房屋的面积一般10平方米左右。出现了以隔墙分间的较大住房,有的是出入一个大门的里外套间式房子;有的是长方形双间、多间的连间式房子,各间分别开门通向户外,有多者二三十间成排相连的。位于青龙泉遗址的一座双间式大房子,南北总长14米,东西宽5.6米,室内面积合计70多平方米。这种隔墙连间式住房,形式新颖,建筑结构有了明显进步。有人认为,它可能是在父系家庭生活的背景下产生的。

石家河文化中的住宅建筑技术具有南方特色。为了适应南方的潮湿气候,建造房屋时采取防雨、防潮、滤水、遮风、御寒等措施且达到了较好的效果。

在雕龙碑遗址发现不同形式的房屋建筑基址15座,不同形状、不同性质的窖穴50座。有地面式房子、台基式房屋、半地穴式房子。人们居住的趋势由地下居住发展到地上居住,经历了半地穴式→平地起建→台式建筑

① 王震中. 中国文明起源的比较研究[M]. 西安:陕西人民出版社,1994.

的发展过程。为了防潮,房屋的地面逐渐抬高,用火烧烤居住面和墙面,地面抹一层细泥或“白灰面”。墙体四周铺设斜坡散水。雨篷设施增多。房间数量由单间到双间,再到多间。

大约在大溪文化中后期至石家河文化晚期,湖北先后出现了一些古城。在这些古城中,天门石河镇龙嘴古城年代悠久,约建于大溪文化中期,使用到屈家岭文化早期。江汉地区较多的古城,始建于屈家岭文化时期沿用到石家河文化时期,如汉水以西有荆门市区马家垸古城;鄂中南地区有公安县鸡鸣城古城;汉水以东地区有孝感叶家庙古城,应城门板湾古城、陶家湖古城,天门笑城古城、石家河古城等。①

据考古学者介绍,在应城门板湾发现的古城城址下面压着的是土坯砖筑的房屋,说明房屋比城址要早,房屋应当是距今5000年的屈家岭文化早期的遗物。这个房屋大致反映了当时的建筑技术,一是使用土坯砖;二是有防潮设施,红烧土铺筑地面,有利于吸水与疏水;三是有多个窗户。② 门板湾古城占地平面呈方形,南北长约550米,东西宽约400米,总面积约为20万平方米。从建筑技术看,城墙采用一层黄土夹一层淤泥的制作方式,逐层填筑而成,这就把护城河中的淤泥巧妙地运用到了城建之中。城墙的截面为梯形,下宽上窄,有利于城墙的稳定性。护城的壕沟截面也是梯形,下窄上宽,符合水利的自然属性。③

2008年,在武汉市黄陂区祁家湾建安村张西湾发现“张西湾古城遗址”,这个新石器时代晚期中型城址聚落距今时间约4300年。探明张西湾城址面积达9.8万平方米,城址中东部、北部城垣保存较好,西部破坏较严重。遗址中出土的文物以夹砂黑、灰陶为主,包括宽折沿大口罐、鸭嘴形鼎足、红陶高圈足杯、宽折沿罐、厚胎喇叭形杯等。有人称之为武汉最早的古

① 罗运环,肖雨田,王准,等.荆楚建制沿革[M].武汉:武汉出版社,2013:15.

② 陈树祥,李桃元,余东.应城门板湾遗址发掘获重要成果[N].中国文物报,1999-04-04(1).

③ 王胜利,后德俊.长江流域的科学技术[M].武汉:湖北教育出版社,2007:15.

城,江汉平原最东面的城,更是新石器时代最后的城址。① 但也有人认为不宜把这个遗址称为武汉最早的古城。

定居的农业群体,在长期的生产与生活实践中,创造了适合自己需要的各种技术,而各种技术之中又饱含一定的科学常识,如数学、力学、测量学等,为后世的科学提供了基础。

2. 纺织

在城背溪文化遗址,曾经发现长江中游最早的纺轮,但数量不多。屈家岭文化以前,纺轮数量很少,形体也很笨重。

到了屈家岭文化时期,遗址中发现大量的彩陶纺轮,说明纺织活动普遍。这时纺轮的大小和厚薄发生了很大的变化,新出现的纺轮基本都是中小型、轻薄的。说明纺织用的纤维变细了,处理麻类纤维的技术和经验已经比较先进了。在纺织机出现以前,古人纺线的最初工具就是纺轮,用一根木棒插在纺轮中心的圆孔上,再将纤维绕在木棒上,最后绕成一个线锭。②

四、其　　他

1. 驯养动物

先民在7000年前就开始养狗、养猪。在屈家岭文化遗址考古发现,当时的动物有鸡、羊、狗、猪等。

2. 医疗

上古社会,生活条件很差,人口再生产能力低,孕育困难,生产分娩往往丧命,特别是由于疾病的威胁,人们的寿命较短。有人曾对北京猿人的寿命做过统计,在可统计的22个猿人中,死于14岁以下的有15人,占68.2%;死于15~30岁和40~50岁的各有3人,各占13.6%;死于50~60

---

① 佚名.4300岁,武汉最古城现身黄陂[N].武汉晨报,2008-11-13.

② 张硕.长江流域的丝织刺绣[M].武汉:长江出版社,2015:15.

岁的有1人,占4.6%,可见猿人多早夭。[①] 死亡的威胁,迫使人类去探索维持生存和防治疾病的方法。

《淮南子·修务训》记载:“古者民茹草饮水,采树木之实。食蠃蠬之肉。时多疾病毒伤之害。于是神农……尝百草之滋味,水泉之甘苦,令民知所避就。当此之时,一日而遇七十毒。”先民积极探索,逐渐积累了对生育、疾病、治病等方面的认识。于是,中国医学发生发展起来。

3. 矿藏

上古的先民,为了生活,对矿藏资源不能不重视,首屈一指的是盐资源。人的生活离不开盐,在湖北西部的巴地,有一些盐泉。任桂园曾经发表文章,论述三峡地区盐资源与早期人类活动的关系。[②] 张良皋教授读了文章之后,说据他所知,除了在巫溪县、彭水县(今重庆市彭水苗族土家族自治县)、奉节县、云阳县、开县(今重庆市开州区)、万县(今重庆市万州区)、忠县的盐泉之外,在“鄂西秭归、巴东、利川、咸丰、宣恩、恩施、长阳……都有盐泉”。这些盐泉,大都是深埋在侏罗纪岩盐层被地下水溶解,从复杂的褶曲地层内不断地冒出地面来的。巴盐之所以被发现,与农业有关。“哪里有农业,哪里就有神农。凡巴盐供应可及之地,都会兴起谷物种植,兴起农业,也就成为神农氏的天下。”[③]

20世纪70年代,在当阳赵家湖一带曾经发掘297座楚墓,出土大量铜器、陶器。[④] 张良皋教授注意到,其中绝大多数楚墓中随葬的皆有盐器,盐器的随葬几乎贯彻始终,从而说明盐器在楚人生活中的重要地位。[⑤]

史前在湖北这个地面上,之所以能发生早期的科技,是先民生活与生

---

① 吴汝康,吴新智,邱中郎,等. 人类发展史[M]. 北京:科学出版社,1978:153.

② 任桂园. 三峡地区盐资源与早期人类活动的关系:三峡盐文化简论(一)[J]. 三峡学刊(四川三峡学院社会科学学报),1994(4):8-14.

③ 张良皋. 巴史别观[M]. 北京:中国建筑工业出版社,2006:156-157.

④ 湖北省宜昌地区博物馆,北京大学考古系. 当阳赵家湖楚墓[M]. 北京:文物出版社,1992.

⑤ 张良皋. 巴史别观[M]. 北京:中国建筑工业出版社,2006:184.

产的必然。生活中蕴藏着科技，生产中也蕴藏着科技。

在湖北神农架等地区发现的汉族史诗《黑暗传》，主体分为《天地玄黄》《黑暗混沌》《日月合明》《人祖创世》四部分。从这些名称，就可知道其内容与发明创造有关。如"先天只有气一团，不分青红与紫蓝"，这与宇宙星云学说的猜测有异曲同工之妙。《黑暗传》还有盘古开天地、女娲补天等故事，体现了先民早期的科学精神。

先民要生存，就要向大自然索取，索取吃的、穿的、用的、住的。大自然是不会主动向人类奉献的。于是，人们就得去认识自然，改造自然，就得从事生产活动，从事生产必然会积累大量知识，这就萌生了科技。美国学者罗伯特·路威指出："科学是生活的副产物。对付日常生活的时候，打猎和掘薯的时候，敲剥石器和烧制陶器的时候，野蛮人集聚了许多知识，那就是我们的生物学、矿物学、物理学、化学、工艺学的基础。"①

先民的自然知识与实践经验，正是后世科学技术的源头。在刀耕火种之中，先民逐渐积累了关于土壤性质和农作物生长规律方面的栽培经验，掌握了田间管理技术。农业技术直接引发了植物学、几何学等方面的知识。在捕捉猪、兔、犬的过程中，先民把多余的动物圈养起来。通过了解动物的习性，掌握了畜牧技术，丰富了动物学知识。在盖房子、制造工具的过程中，先民积累了数学、力学方面的知识。如制造弓箭，包括储存能量机械的经验，材料（木、竹、皮筋）的经验，其中还蕴藏着力学知识。又如制陶，要掌握黏土与沙的配比，掌握火候，这里蕴藏着物理学与化学知识。

以上，我们通过考古发掘、文献解读对史前的湖北科学技术史做简要介绍。事实说明，在史前湖北先民的发明创造是丰富的，科学技术成就是多方面的。与同时期的其他地区相比，其文化成就毫不逊色，甚至值得骄傲与自豪。我们期待将来有更多的考古发现，从而更清楚地了解史前时期的湖北科技。

---

① 罗伯特·路威. 文明与野蛮[M]. 吕叔湘，译. 上海：生活·读书·新知三联书店，1984：273.

第二章　夏、商、西周时期的湖北科技

中国历史上最初的三个朝代是夏、商、周，史称“三代”。夏、商、周先后崛起，以中原为中心，建立政权，奠基了中华民族进入国家形态之后的文明。

第一节　夏朝时期的湖北科技

夏朝从公元前21世纪到公元前16世纪。从禹开始，统治者有14代17王，历470余年。夏人活动的主要区域在今山西南部（汾水下游地区）和河南西部（洛阳平原和颍水上游的登封、禹州一带）。《尚书》《国语》记载了夏的活动区域在伊、洛、河、济之间。传闻夏人先后建都安邑（今山西夏县西北）、阳翟（今河南禹州）。山西东南与陕西、河南交界之处是夏文明发生的核心区，也是华夏文明或河洛文明的核心区，这一带的文化对其他地区有很大影响。

夏朝的历史资料特别少，因此，任何一点资料都弥足珍贵。目前，夏朝的范围仅局限于中原，夏代历史应当包括比夏朝更加广阔的历史。[①] 当时应当还有许多邦国，不在夏朝的统治范围内，但已经处在文明的门槛。显然，已有的历史文献不能够全面反映夏代历史的全貌。

夏朝始于公元前21世纪，是什么作为动力在4100年前把中华先民推进到了国家文明的门槛？学术界提出了征服洪水论的观点。笔者认为文

---

① 夏代偏重于时间概念，夏朝偏重于政权概念。夏代，包括了夏朝与其他地区的政权。此书在采用“朝”与“代”时，有所侧重，特作说明。

明的演进是水到渠成的过程,是综合性因素合力的结果,根本的原因是物质文明发展到一定程度的必然。当农业发展到一定的阶段,先民为了农业社会的进一步发展,治理影响人类生存的洪水,于是组织起来,形成了国家。任何上层建筑都是建立在一定的经济基础之上的,任何偶然性的事件都以必然性作为基础。

一、大禹的传说与治水技术

夏朝的奠基人是大禹。《左传》襄公四年记载:“芒芒禹迹,画为九州。”湖北的荆州,就是九州之一。湖北有许多关于大禹的传说。传闻大禹在4000年前曾在湖北治水。湖北有多处大禹的遗迹。今武汉市汉阳龟山有禹功矶,汉阳江边有晴川阁(古称大禹庙),在荆州古城城门外有“息壤”之地,宜昌有大禹庙,都与大禹治水有关。

战国成书的《墨子》记载:“古者禹治天下……南为江、汉、淮、汝,东流之,注五湖之处,以利荆、楚、干、越与南夷之民。”这说明,大禹治水是全国性的,到达了南方,至少其影响力到了楚地。《墨子·兼爱下》引《禹誓》,记载大禹曾出征三苗时的誓言:“非惟小子,敢行称乱,蠢兹有苗,用天之罚。”三苗战败后,散居到丹水、汉水以南。中国现在有960万平方千米土地,当时绝大部分地区还没有进入文明时期。

汉代成书的《淮南子》记载了禹治洪水,变化为熊,被涂山氏撞见,禹羞愧不已。《吕氏春秋·音初》记载:“禹行功,见涂山之女,禹未之遇而巡省南土,涂山氏之女乃令其妾候禹于涂山之阳。”湖北江夏有禹观山,金口一带有涂山氏的传闻。金口即金水之口,金水原名涂水,是为了纪念大禹的妻子涂山氏而得名,所以称为涂川、涂水。唐宋之际,因在涂口发现金矿,改名为金口。1984年文物普查时在金口发现了一块“涂川古碑”。

从传说来看,大禹治水的技术经验有4点:第一,治水要因地制宜。大禹的父亲鲧治水采用的是堵,而大禹采用的是“高高下下,疏川导滞”(《国语》卷三)。第二,治水以物降物。传闻禹治水采用了息壤。息壤是一种能自己生长、永不耗减的土壤。第三,治水要借用各种技术。《楚辞·天问》"应龙何画"条王逸注:"禹治洪水时,有神龙以尾画地,导水所注当决者,因而治之也。"第四,治水要尽量发掘各种人才。《太平寰宇记》引《古岳渎经》曰:"禹治水,三至桐柏山,乃获淮涡水神,名曰无支祁,善应对言语,辨江淮之浅深,原隰之远近,形若猕猴,缩鼻高额,青躯白首,金目雪牙,颈伸百尺,力逾九象,搏击腾踔,疾奔轻利,倏忽间,人视之不可久。"文中的无支祁,有人认为是青蛙模样的神。蛙善于在水中、陆地上生存,所以被尊奉为大禹时的有功之神。

大禹治水,三过家门而不入,战天斗地,从不畏惧,他的牺牲精神一直激励着中华民族,成为中华民族不断奋进的思想源泉。《韩非子・五蠹》记载:"禹之王天下也,身执耒锸以为民先,股无胈,胫不生毛,虽臣虏之劳,不苦于此矣。"《庄子・天下》记载:"禹亲自操橐耜而九杂天下之川。腓无胈,胫无毛,沐甚雨,栉疾风,置万国。"

大禹的功绩很多,战国成书的文献《禹贡》记载:"禹别九州,随山浚川,任土作贡。禹敷土,随山刊木,奠高山大川。"《禹贡》是《尚书》的一篇,文字不多,仅有1189个字,但非常珍贵,是先民对夏代的追忆,其中涉及自然、经济、地理、发明创造等信息。

除了传世文献,考古发现也提供了一些有关大禹的信息。云梦县出土的秦代简牍《日书》记载了禹步似鸟步,进三退一,弯弯曲曲,然后在地上取泥土,揣土祷神,有的还画符,以符护身。这些说明,大禹作为一名极有创造力的人物,不专属于黄河流域,而且还在江汉之间有过活动,受到长江与黄河流域先民的共同尊崇。

二、夏文化与湖北

学术界普遍认为在河南偃师发现的二里头文化就是夏文化,那里有大型宫殿,还有墓葬,出土了青铜器、玉器等。夏朝设置六卿,分别是:司空(为六卿之首)、后稷(掌管农业)、司徒(掌管文化)、士或大理(掌管刑狱)、共工(掌管百工营建)、虞人(掌管山泽畜牧)。他们掌管农业生产技术、营建技术(包括建筑房屋、修建沟渠)和自然资源。

夏朝有冶铸业，古代文献和当代考古发现都可提供有力的证明。《墨子·耕柱》记载："昔者夏后开使蜚廉采金于山川，而陶铸之于昆吾……九鼎既成，迁于三国。"《越绝书》卷十一记载："禹穴之时，以铜为兵。"中原地区的铜矿少，当时铜矿的主要来源是湖北东部的大冶一带。考古研究证明，大冶金属矿石的开采，确实在商代之前就开始了。湖北省文物考古研究所研究员陈树祥从采矿方式、井巷支护技术、采矿工具、地层及陶器分期、科技手段分析及测年数据等五个方面考证，认为铜绿山古铜矿始采年代应在夏朝早期。[①] 据此我们有理由推测：湖北地区的矿冶业始于夏代或者夏以前，距今有 4000 年左右了。

第二节　商朝时期的湖北科技

商朝从公元前 16 世纪到公元前 11 世纪，统治者有 17 代 31 王，历时近 600 年。商汤开国，至盘庚时把都城由奄（今山东曲阜）迁到殷（今河南安阳小屯），出现中兴，至纣时亡国，史称殷商。

商朝的范围明显比夏朝要大，资料也多一些。孔子在《论语·为政》说过："殷因于夏礼，所损益可知也。周因于殷礼，所损益可知也。"这就给我们提供了研究方法的启示，就是说不能把夏与商完全割裂开来。

商朝文明的影响范围非常广泛，《诗经·商颂·玄鸟》记载武丁时："邦畿千里，维民所止，肇域彼四海。"可见，商人比夏人的活动空间增大了许多，而有人活动之地，就必然有文化。

一、矿　　冶

湖北西北部的竹山、郧阳、郧西一直盛产绿松石。在新石器时代的考

---

① 陈树祥先生长期负责大冶铜绿山古铜矿遗址的保护与发掘工作，他撰写的《大冶铜绿山古铜矿遗址考古新发现与初步研究》一文（《湖北理工大学学报（人文社科版）》2012 年第 6 期），对铜绿山古铜矿遗址的分布范围、冶炼遗址、采矿探矿方法做了新的统计和分析。

古中已发现绿松石制品,商代已广泛采用绿松石,这说明人们对这一石料有了一定的认识。

商代以精湛的青铜称著于世。商代青铜器有戈、矛、斧、爵、壶、尊等器物,还有锛、铲、凿等生产工具。考古工作者在河南安阳小屯殷墟发现商代铸铜遗址,面积有1万多平方米。然而,青铜的原料是从哪里来的?学术界的共识是:"中国最为丰富的铜矿蕴藏是在长江中下游的有色金属矿带内。由于长江的地质地壳曾经发生过多次变动,所以形成长江裂谷及绵亘900多千米的多金属成矿带。湖北鄂州市、黄石市至江西九江市这段,128千米长的大江南岸,散布着30多个大中型铜矿山……湖北、江西、安徽散布着大中型铜矿山122处,小型铜矿山各有200余处,已探明的铜金属储量,占全国总储量的31.9%,位居全国四大产铜区之首。"①

据考证,商代青铜的原料大多取自长江中游,在今湖北大冶一带自古就是铜矿的出产地,直到汉代。1988年,在江西瑞昌县发现商代古铜矿。1989年,在江西新干县大洋洲乡发现商代大墓,出土大量青铜器。这就给我们提供了思考的问题,商代的青铜器是不是在长江流域铸造的?青铜文化的创造是否有长江流域工匠的功劳?青铜器上的图案是否凝结南国神韵?有些学者推测上古有一条"青铜之路",从湖北的大冶、黄陂盘龙城、随州擂鼓墩到河南安阳的殷墟。② 大冶铜绿山发现的古矿冶遗址,碳十四测定年代早到公元前1200年前后,相当于商代晚期。这一片矿区的开发,实际情况应当早于碳十四测定。

二、盘龙城遗址所见商代技术

1954年,在武汉以北的黄陂县盘龙山一带,考古发现商朝的宫殿建筑

---

① 韩汝玢,柯俊. 中国科学技术史:矿冶卷[M]. 北京:科学出版社,2007:17.

② 然而,英国学者汤因比(Arnold Joseph Toynbee)却认为商代的铜矿与技术源于外地。商代青铜器的构成元素中,锡的含量较高(17%)。距离黄河流域最近的锡、铜产地是半岛马来西亚和中国云南。(参见阿诺德·汤因比的《人类与大地母亲:一部叙事体世界历史》,上海人民出版社1992年出版。)

遗址——盘龙城。盘龙城如同一个矶头伸出，三面环水，与浩瀚的长江紧邻。这样的地方就是天然的交通要塞，适合筑建军事城堡。从鄂东南挖掘出来的铜矿，源源不断地通过盘龙城转输到北方。考古专家谭维四、万全文认为："盘龙城扼长江中游，居南方通中原的要冲，殷人因此把它作为跳板，深入到今江西、湖南境内……盘龙城应是江汉地区的文明中心，而且是中原商文化向南播散的中转站。"①可见盘龙城是个选址极佳的古城：处在高台之上，发洪水时不至于淹水；便于交通，易守难攻；周围有丰富的生活资源，有充足的水源。

1. 建筑技术

盘龙古城东西宽 260 米，南北长 290 米，平面近似方形，城垣为夯土筑成，周长为1100 米。墙身分段分层，每层厚度为 8 ~ 10 厘米，内坡缓斜，外坡陡峭。城墙厚度为 7 ~ 8 米，底宽 20 米。四周有城门，城外有宽约14 米、深约 4 米的壕沟，上面架桥以供通行。考古工作者原认为中心区面积约 1.2 平方千米，但在后来发现了外城垣，遗址保护范围扩大至 3.95 平方千米，表明其遗址面积应更为广大。遗址内包括宫殿区、居民区、墓葬区和手工业作坊区几部分。内城兴建年代约在公元前 15 世纪前后，相当于商代二里冈期，外城则尚未确定兴建年代。它的发现对于研究长江中游古代城市的布局与性质、宫殿的形制及建筑技术，都具有极其重要的价值。

城内的东北角，发现有 3 座前后并列的大型宫殿基址，宫殿坐北向南，已经发掘了 2 座，在同一中轴线上，保存有较完整的墙基、柱础、柱子洞和阶前的散水。前面的 1 座宫殿是不分室的通体大厅堂；后面 1 座是四周有回廊、中间分为四室的寝殿，是重檐四阿顶式建筑。这两座宫殿的布局与文献记载的"前朝后寝"制度相符。从建筑的式样看，与文献中记载的"茅茨土阶""四阿重屋"也相吻合。盘龙城发掘出的 3 座大型宫殿建筑，体现了我国古代前朝后寝即前堂后室的宫殿格局，奠定了中国宫殿建筑的基石。

---

① 谭维四. 湖北出土文物精华[M]. 武汉：湖北教育出版社，2001：4.

2. 制造技术

盘龙城外四周分布着民居、手工作坊遗址和小型墓地。手工作坊有多处，一般为酿酒、制陶、冶炼遗址。盘龙城遗址出土了3000余件青铜器、陶器、玉器、石器和骨器等遗物。

盘龙城遗址出土的陶器，根据遗址的地层与典型器物所做的对比，类型文化可分为4期：第一期陶器以褐陶为主，磨光黑陶占一定比例，纹饰以篮纹为主，另有少量方格纹、细绳纹。第二期陶器中黑陶的数量减少，纹饰以细绳纹为主，篮纹和方格纹明显减少。这两期的器形多折沿、鼓腹、小平底。第三、四期的陶器颜色普遍为浅灰，纹饰以绳纹为主，出现粗绳纹，篮纹和方格纹几乎绝迹。在第三期遗存中，第一、二期常见的鼎、深腹盆、甑等继续延用，但有局部变化，同时，新出现了鬲、卷沿圜底盆、大口尊、小口高领瓮等。

盘龙城遗址出土的青铜器，大部分出自墓葬，工具和武器有锸、斨、斧、锛、凿、锯、钺、戈、矛、刀、镞；礼器有鼎、鬲、簋、斝、爵、觚、盉、罍、卣、盘等。形制、纹饰与中原青铜器相同。纹饰以饕餮纹为主，次为夔纹、云纹、弦纹、三角纹、圆圈纹、涡纹、雷纹等。出土的兽面纹盉、大铜鼎、铜锁、铜提梁卣都是中国文物中极为罕见的珍品。青铜器中一件椭圆形的觚形器，形制独特；一件大型兽面纹铜片的器形、纹饰构图手法，为二里冈期首见。

盘龙城遗址发现多件漆器随葬在墓主头侧，保存较差，但十分珍贵。这是二里冈期不多见的现象。

盘龙城遗址发现一件镶嵌绿松石片和金片的钩状夔龙纹饰件，其主体部分为夔龙纹装饰，夔龙的角、目、牙均以片状黄金制成，各黄金部件长约5厘米、宽约2厘米。饰片与绿松石结合，无论是造型还是色泽都极为精美。盘龙城遗址出土的黄金饰片，与郑州同类物年代相当，是迄今发现的年代最早、器形明确的金器，对于研究早期金器和镶嵌工艺具有重要意义。

盘龙城遗址出土了玉柄形器、刀、戈等文物。玉器之中还有璇玑，璇玑是先民用于观察天象的仪器。在治玉的过程中，工匠已掌握了浅浮雕和高浮雕，既有阴刻线，也有阳刻线。盘龙城遗址出土了一柄104厘米长的大玉戈,被国家文物局列入首批禁止出国(境)展览文物目录。

曾经担任盘龙城博物馆馆长的刘森淼说:“盘龙城遗址是我国长江中游地区首次发现的商代早期城市遗址(距今3500年),也是我国发现同时期保存最好的城址之一。它以其蕴藏丰富的文化内涵和暴露在地面之上城垣遗存而名闻中外,被誉为‘武汉城市之根’。”①1988年,中华人民共和国国务院公布盘龙城遗址为全国重点文物保护单位。

商代在湖北不仅有盘龙城,还有一些考古发现的遗址值得注意,如在武汉市汉南区纱帽山的长江边,考古曾发现商代遗址,但古籍没有记载。

20世纪80年代,在位于长阳土家族自治县渔峡口镇东南的清江北岸,发现了香炉石遗址,遗址出土应属于古代巴人文化。巴人文化以遗址出土的圜底釜、罐为主要文化特征,出土的石器有斧、锛、凿、铲、矛(双刃,类似剑)等;陶器有釜、钵、豆、盘、杯、罐、纺轮、网坠等;骨器有铲、针、佩饰等。

2002年10月至2003年1月,在巴东县巫峡口的一处临江台地龙王庙遗址出土400余件商周时期石器,石器的石质属砾石类。制作方式主要是打制,极少有打制后刃部稍加磨制的。

第三节　西周时期的湖北科技

一、文献提供的信息

周朝分为西周和东周两个时期。西周始于公元前11世纪,终于公元前771年周幽王覆亡。周朝注重制度建设,设有六官:天官、地官、春官、夏官、秋官、冬官,各有职掌,与科技有某些关联。《周礼》有详细记载,试摘几条。

《周礼·天官冢宰》记载:“大宰之职,掌建邦之六典,以佐王治邦

① 刘森淼.荆楚古城风貌[M].武汉:武汉出版社,2012:56.

国……以九职任万民:一曰三农,生九谷。二曰园圃,毓草木。三曰虞衡,作山泽之材。四曰薮牧,养蕃鸟兽。五曰百工,饬化八材。六曰商贾,阜通货贿。七曰嫔妇,化治丝枲。八曰臣妾,聚敛疏材。九曰闲民,无常职,转移执事。"《周礼·天官冢宰》还记载:"医师掌医之政令,聚毒药以共医事。"这里所说的医师,乃众医之长,掌管国家医药之政令。医师之下,设有士、府、史、徒等专业人员,各有职责。这说明周代有一整套和医学有关的医政组织和制度。

《周礼·地官司徒》记载:"惟王建国,辨方正位,体国经野,设官分职,以为民极。""大司徒之职,掌建邦之土地之图与其人民之数,以佐王安扰邦国。以天下土地之图,周知九州之地域广轮之数,辨其山林、川泽、丘陵、坟衍、原隰之名物。"周代有管理农业的各种官员,如草人、稻人、司稼等官。如司稼"巡野观稼","掌均万民之食"。《周礼·地官司徒》还记载了一种改良土壤的方法:用牛、羊、麋、鹿、狐、猪、犬的骨汁或灰,撒在不同颜色和粗细的土质中,使之有利于农作物生长。

《周礼·考工记》记载了当时的技术已分六大类30个专业。各专业均有工官管理生产,工官称谓有"人""氏""师",如有"轮人""匠人""冶氏""梓师"等。"人""氏"系下级工官(类同职能工长),他们懂技术,直接管理制作器物的工匠。而"师"为高级工官,地位在"人""氏"之上,权限更大一些,不仅有监督权,也有处罚权。再上还有"司空",为最高技术管理职务。

《周礼》一书中涉及湖北的内容,如《周礼·职方氏》记载的九州为扬州、荆州、豫州、青州、兖州、雍州、幽州、冀州、并州。其中相关的地区是荆州:正南为荆州,名山为衡山,大泽为云梦,大河有江、汉,还有颍水、湛水,特产为丹砂、银、齿、革,男女比为1:2,动物有鸟兽,农作物为水稻。这说明,周朝对天下的资源有了普遍的了解。《周礼·夏官司马》记载:"职方氏掌天下之图,以掌天下之地,辨其邦国、都鄙、四夷、八蛮、七闽、九貉、五戎、六狄之人民,与其财用、九谷、六畜之数要,周知其利害。乃辨九州之国,使同贯利。"这几条材料说明,周朝统治者的视野绝不局限于京畿一带,而是有天下意识的。

周朝的政治中心在中原,但其文化一直渐浸到长江、汉江流域。早在商末,周武王伐纣,长江流域(今湖北地区)的一些部族参加了征战,如庸(今竹山县)、卢(今襄阳市西南)、彭(今房县)、濮(今房县西南,竹山县、竹溪县南部)等部族均有功绩。这说明当时南方与北方已有了较多的交流,江、河之间的部族已有更多的文化联系。

周天子为了扩其南土,将北方姬姓宗亲封于汉水以北的地区,称“汉阳诸姬”,同时也分封了中原的其他庶姓,形成了一系列大大小小的方国。周初,这一地区是封国最为密集的地区。其中姬姓如随、唐、贰,姜姓如厉、吕、申,偃姓如轸,允姓如鄀,嬴姓如郧,曼姓如邓。湖北的北部位于华夏文明核心圈的南缘,汉江流域的方国星罗棋布,形成了闪烁的风景线。

周朝流行的许多诗文反映了西周的历史文化。有的诗句涉及汉江与长江流域,如《诗经·周南·汉广》中的“汉之广矣,不可泳思。江之永矣,不可方思”;《诗经·召南·江有汜》中的“江有汜”,“江有渚”,“江有沱”。《诗经·鄘风·定之方中》直接涉及楚地:“定之方中,作于楚宫。揆之以日,作于楚室。树之榛栗,椅桐梓漆,爰伐琴瑟。升彼虚矣,以望楚矣。望楚与堂,景山与京。降观于桑,卜云其吉,终然允臧。”传闻《诗经》最初有3000多篇,是孔子删为305篇,现存《诗经》中有丰富的自然知识,是研究先民早期科技知识不可多得的渊薮。

史书记载了周昭王南征到达湖北。当时,楚蛮不甘心偏居鄂西山地,向东发展,要与周王室争夺鄂东铜矿资源。周昭王率军南征,渡汉水,跨过长江,打击了南蛮的东进势头。晋皇甫谧撰《帝王世纪》记载:“昭王在位五十一年,以德衰南征。及济于漢,船人恶之,乃胶船进王。王御船至中流,胶液解,王及祭公俱没水而崩。其右辛游靡长臂且多力,拯得王。国人讳之。”《竹书纪年》记载了昭王“伐楚荆,涉汉,遇大兕”,“天大曀,雉兔皆震,丧六师于汉”,“王南巡不返”。由这些史料可知:楚蛮略施小计,使周人的浮桥倾覆、胶船解体。周昭王在战争中溺死,周的核心武力“六师”全军覆没。楚蛮的军事技术已有一定的实力,其武器、战船可与周王室的主力军队抗衡,甚至训练大兕(犀牛)用于军事。通过这场战争,楚蛮在今汉水中上游的丹江地区和下游的汉东地区站稳了地盘,且占据铜矿主产地铜绿山。周代的楚人是否掌握了控制黏胶的技术,还难以下定论。

二、考古发现提供的信息

西周时期,湖北各地流行青铜工具,如蕲春毛家嘴遗址出土西周早期的斧、刀,红安金盆遗址出土锛、刀,秭归官庄坪遗址出土斧,汉阳纱帽山遗址出土镰、凿、鱼钩、针等,随州旭光砖瓦厂遗址出土西周晚期的铲。有学者归纳:湖北出土的西周青铜工具有4个特点:一是纯青铜农具,如铲、镰等的出现,象征着青铜工具在农业生产中的地位和作用日益凸显。二是绝大多数青铜工具为一器多用,既可作手工业工具用,又可作农具用,说明当时青铜工具的分工尚处于初级阶段。三是青铜工具与石质、骨质工具同存并出,意味着青铜工具在生产中尚未占据主导地位。四是青铜工具通常与青铜礼器、兵器等一同收藏或陪葬,表明青铜工具在当时还属于比较珍贵的物品。①

西周早期,湖北东部的农村已经生产粳稻。1958年8月,蕲春毛家嘴木构建筑中发现有成堆的粳稻型稻谷遗迹,经考证为西周早期遗物。

1966年,在京山坪坝镇发现苏家垄文化遗址,出土的青铜器有鼎、鬲、甗、簋、豆、方壶、盉、匜、盘,还有车马器等,经鉴定为西周晚期青铜器。2014年开始,湖北省文物考古研究所等单位对墓地及其附近区域进行了系统调查、勘探与发掘,最终确认这是一处包括墓地、建筑基址、冶炼作坊的曾国大型城邑。特别是首次发现了曾国大规模冶铜遗存,该遗址入选2017年中国考古新发现。

2010年,在随州市淅河镇蒋家寨村叶家山发掘的两座西周古墓,共出土了方壶、土鼎、斝、簋等青铜器30多件。

2013年,对叶家山大墓又进行了第二次发掘。墓中出土一组青铜编

① 刘玉堂,雷家宏,徐凯希.荆楚经济史话[M].武汉:武汉出版社,2013:24.

钟，比 1978 年面世的曾侯乙墓编钟早 500 年。新获得一批西周早期铜器、陶器、漆木器和竹器等器类，特别是不同纹饰漆木器的发现，对西周早期漆木器的研究有着重要的学术价值。更为重要的是，考古人员在多座墓葬出土的青铜器上见有“曾侯”“曾侯谏”的铭文，从而理清了曾国的历史线索。随州的青铜从何而来，至今仍是一个谜。考古发现的商周青铜冶炼遗址有两个，一个是江西瑞昌铜岭遗址，一个是湖北大冶铜绿山遗址。至今随州境内并未发现开采和冶炼青铜的遗址。

叶家山墓地一、二期共发掘 140 座墓葬、7 座马坑。出土了铜器、陶器、原始瓷、玉器、骨器等各类文物近 2100 件（套）。这些实物对于了解西周湖北的冶炼、漆器、制陶等技术提供了依据。在叶家山进行的发掘，揭示了湖北及江淮地区的西周历史，被评为“2011 年中国十大考古新发现”。

墓中还发现了 71 件原始瓷器，超过了湖北过去历年所出西周原始瓷器的总和，具有很高的考古意义。据了解，由于当时制瓷处于初创阶段，器物造型比较简单，控制火候不够成熟，釉色尚不稳定，与后期成熟的瓷器相比，带有明显的原始色彩，又称为“原始青瓷”。考古工作者注意到，在江浙一带的西周古墓中原始青瓷较为常见，而在湖北境内考古挖掘中出现此类器物，说明在 3000 多年前，地处南方的湖北先民就和江浙一带的百姓有过交流，至于原始青瓷如何不远千里从江浙一带运到湖北随州，还有待进一步研究。

总体说来，夏、商、西周时期的湖北历史文献很少，而考古发现虽然提供了一些新的信息，但这些都还不足以揭示当时湖北的科学技术发展状况。三代的政治中心都在黄河流域，此时的湖北相对安静，没有太多的历史印记。史前在屈家岭、石家河的氏族繁华已经褪去，社会似乎回到了蒙昧原始的状态，文化好像出现了断层。夏代的湖北，除了大禹治水，还有什么？商代的湖北，除了盘龙城，还有什么？西周的湖北，除了楚国的青铜，还有什么？显然，我们对三代的湖北知之甚少。这段时期的科技有什么特点？如何传播？如何承前启后？都是需要不断发现新材料并深入研究的。

第三章　春秋战国时期的楚国科技

人类的文明史，本质上是科技的进步史。在北纬 30°的文明发生线上，东周，即春秋战国时期，曾经有一个强大的楚国，楚国有着充满魅力的科技文化。① 但需要说明的问题是楚国科技不等于湖北科技。楚国版图最广时，是湖北现在总面积的几倍，且是个动态的过程。在撰写本章时，尽可能写发生在湖北地面的内容。

第一节　时 代 背 景

一、东周与楚国

周代的第二阶段是东周（前 770—前 256），东周分为春秋、战国两个时期。从公元前 770 年周平王东迁洛邑，到公元前 476 年田氏代齐，这时期大致与孔子所修订的《春秋》年代（前 722—前 481）相当，所以称为春秋时期。从公元前 475—前 221 年，有赵、魏、韩、齐、秦、楚、燕七国争雄，所以称为战国时期。当时产生了一部史书《战国策》，它是依据战国时代纵横家的说辞和故事编的总集。战国这个名称与这本书有关系。周代是一个相当清晰的朝代。研究周代的文献比商代的文献要多得多，如《史记》《诗经》《尚书》等都有周代史料。

---

① 2014 年，笔者所在的华中师范大学承担了湖北省科学技术馆的项目，研究楚国科技展陈的内容与方式。项目组的顾久幸、黄尚明、傅玥、王洪强参考学术界已有的成果，分别研究了楚国科技中的若干方面。本章内容就是在这个项目资料的基础上改写的，特作说明，并致谢意。

周代，湖北的生态环境是怎样的？似可借用汉代司马相如在《子虚赋》中的描述，他说，楚国派子虚出使齐国，大谈楚国的物产与美景。说方圆九百里，有隆崇参差的大山，有江河陂陀，有赤玉玫瑰，有衡兰芭荔，有阴林巨树，有白虎玄豹。那可真是一个望不到边的沼泽地，楚王在云梦泽中游玩狩猎，有美女相伴，有武士拥簇，擂金鼓，吹鸣籁，浩浩荡荡，极为壮观。在司马相如的所见所闻之中，荆楚地广人疏，原始森林隐天蔽日，草肥林美，沼泽密布，野生兽禽众多。

在春秋早期，在汉水及其支流分布着许多方国，汉水中上游有巴、庸、麇、绞、都、谷、邓、卢、鄢、罗、吕、申、彭、卢戎等方国，汉水下游支流涢水流域分布有唐、厉、曾（随）、郧、轸等方国。这些方国的具体地点，学界已有一些初步的考证，认为：邓国在今襄阳一带，申国在南阳平原，彭国在神农架和南河一带，卢戎国在南漳，罗国在今宜城以西。杨采华先生曾经对春秋战国汉水流域诸国方位做了辨析，如房、阴、谷、鄢、樊、析、吕、聃、罗、那、蓼、唐、厉、花、随、轸等国的地理位置，为我们提供了进一步研究的基础。[①] 值得注意的是：当时的庸国、曾国、鄂国都有一定的经济实力，在科技方面也有一些成就。例如，庸国势力最大时可以与秦、楚周旋。《左传》文公十六年记载：“庸人帅群蛮以叛楚。麇人率百濮聚于选……使庐戢黎侵庸，及庸方城。庸人逐之。”湖北境内的众多方国，逐渐被楚国兼并，楚国本质上是诸侯国（包括曾国、庸国等）联邦，楚文化是诸多被兼并国文化的总和。

楚国作为周代南方的一个诸侯国，政治、经济、文化的中心长期在今湖北地面。其实，最早的楚人是华夏族（汉族别称）南迁的一支，他们曾经活动在河南新郑的祝融之墟。西周初年，楚人的祖先从中原南迁，到达丹水和淅水交汇处（丹淅流域），进入湖北境内。公元前 1042 年，周成王封鬻熊曾孙熊绎为子爵，楚始建国。《史记·楚世家》记载：“熊绎当周成王之时，举文、武勤劳之后嗣，而封熊绎于楚蛮，封以子男之田，姓芈氏，居丹

① 杨采华. 汉水流域文明曙光显现及古国分布［M］//武清海. 荆楚文化与汉水文明. 武汉：湖北人民出版社，2013：56－65.

阳。”楚国一方面与西周王室保持关系,另一方面独立发展。《左传》昭公十二年记载:“昔我先王熊绎,辟在荆山,筚路蓝缕,以处草莽。跋涉山林,以事天子。”就在楚国崛起之时,湖北境内气候温暖湿润,雨量充沛,良好的生态条件有利于楚国文化的发展。

春秋时,公元前689年,楚文王将楚都自丹阳迁至江陵。江陵就是郢城,又称纪南城,因在长江之滨、纪山之南而得名。楚文王时期,灭邓国、绞国、权国、罗国、申国等国。楚庄王励精图治,任人唯贤,“三年不鸣,一鸣惊人”,楚国为之振兴。公元前597年,楚国打败了北方最强大的晋国,成为一代霸主。

战国时,楚国在悼王时占据很大的地盘,威服诸侯。到楚宣王、威王时,出现欣欣向荣的局面。公元前323年,亚历山大帝国崩溃后,楚国是当时世界上第一强国,疆域大,国力强。楚人立国800年,《史记·楚世家》记载:“今楚之地方五千里,带甲百万,犹足以踊跃中野也。”楚国全盛时的最大辖地大致为现在的湖北、湖南全部,以及河南、安徽、重庆、贵州、江苏、江西、浙江的部分地区。

战国后期,楚国的地界一再东移,它的政治、经济和文化中心也移到了长江下游地区。楚国的都城先由郢迁到陈(今河南淮阳),再迁钜阳(一说在今安徽阜阳北,或说距陈不远),又迁到寿春(今安徽寿县)。公元前224年,秦国名将王翦率领60万名秦军南下攻楚,楚国溃败。公元前223年,楚国被秦国所灭。

二、研究楚国科技的依据

研究春秋战国时期的湖北科技,主要依赖历史文献与考古发现等材料。

1. 文献中有关湖北的资料

历史文献中散见一些关于楚国科技的信息,弥足珍贵。如《诗经》《山海经》《左传》《庄子》《楚辞》等,需要一一辨析。

《山海经》是一部有关科技的书,与湖北历史有关联,有的学者甚至认为是古代楚人写的书。《山海经》记录了上古关于器物制造、矿产等许多方面的科学知识。如在生物方面，它记载了150多种鸟类，210多种兽类，50多种鱼类，30多种蛇类，260多种植物类。《山海经·大荒东经》记载："汤谷上有扶木，一日方至，一日方出，皆载于乌。"这是我国关于日中黑子的最早记载。太阳中有黑点，即"乌"。太阳黑子对地球气候是有影响的，故古人很注意并对这个天象仔细观察。可以说《山海经》是上古科技知识的大杂烩，是古代科技的滥觞。历史学者顾颉刚先生推荐的读书书目中有《山海经》，他说读这部书，可以知道战国时人对于宇宙和生物的想象。

《春秋》是我国最早的一部编年体史书。它言辞简洁，多记政治，但也有自然史方面的内容，如日食、月食、星变、虫灾、地震、山崩、雨、霜、冰、雹、水旱、异鸟、陨石等。《左传》是为《春秋》作的《传》，内容更丰富，补充了关于日食的发生、彗星的出没、陨石的降落、地震的时间，是研究科技史的重要资料。

《左传》记载了楚地史实尤多。如当时的建筑水平很高。《左传》宣公十一年记载了楚国令尹蒍艾猎主持沂地筑城，"使封人虑事，以授司徒"，即委派专业人员制定工程总规划，交付执掌工役的大臣来实施；"略基趾，具糇粮，度有司"，即勘测城郭的边界，备办役夫粮食，审核监工人选；"量功命日，分财用"，即估算工程总量，规定工期进度，调拨材料用具；"平板干，称畚筑"，即配备规格一致的筑城夹板和支柱以提高效率，均衡运土和筑墙的器材、劳力以预防窝工；"程土物，议远迩"，即根据土方和材木的需要量来编制施工程限，研究取材和赴工的路途远近来安排役夫作息；"事三旬而成"，则全部工程告竣，仅用了30天。

在《庄子》一书中，有许多关于楚国的故事。[①] 如《庄子·徐无鬼》记

---

① 庄子，名周，字子休，战国时宋国蒙（今河南商丘东北）人。曾任宋国蒙漆园吏，推测他对园林与制漆有一定的知识积累。中国社会科学院文学研究所杨义著有《庄子还原》，他于2013年4月25日在哈佛大学中国文化工作坊做报告《庄子的国族身份》，说庄子是楚庄王的后代。

载,庄子对随从的弟子们说:“楚国郢都有两个人,一人把蝇翅大小的一点灰泥涂在鼻尖上,另一人抡斧去砍削,斧头运行如风般地砍下来,两眼一闭,‘噌’的一声,灰泥削得干干净净,鼻子却毫无损伤。二人从容不迫,面不改色。”《庄子·天地》记载了子贡南游,在汉水南边见到一个种地的老人,挖了一条隧道到地下打井水浇地。子贡就问他,为什么不用桔槔,这不是事半功倍吗?这个老人却说:“有机械之事,就有机动之心,我不愿意变了心,不能用机械破坏自然的混沌状态。”子贡认为这个老人不能接受新鲜事物,不学习取水技术,不求进取。孔子说老人取水方法是混沌氏之术。

《楚辞》有丰富的科技知识,屈原在《楚辞·天问》中一口气提出了178个问题,涉及天文、地理、气象、季节、建筑、水利、生物、生理、医学等。①

《楚辞》提到许多地理方面的信息。如《楚辞·九章·涉江》云:“吾与重华游兮瑶之圃。登昆仑兮食玉英,与天地兮同寿,与日月兮同光。”《楚辞·离骚》云:“朝吾将济于白水兮,登阆风而绁马。忽反顾以流涕兮,哀高丘之无女。”“朝发轫于天津兮,夕余至乎西极。”“忽吾行此流沙兮,遵赤水而容与。”其中提及的白水、高丘、天津、西极等词汇,都是地理方面的概念,给我们展示了开阔的环境视野。

《楚辞》中有丰富的时间观念。《楚辞·离骚》云:“日月忽其不淹兮,春与秋其代序。惟草木之零落兮,恐美人之迟暮。”“曰黄昏以为期兮,羌中道而改路。”“朝发轫于苍梧兮,夕余至乎县圃。欲少留此灵琐兮,日忽忽其将暮。”从中可以得知,时间是流逝的,人事是代谢的,光阴是宝贵的。诚如《楚辞·九歌·湘君》的“时不可兮再得,聊逍遥兮容与”。

《楚辞》中有气候方面的信息。《楚辞·离骚》云:“时暧暧其将罢兮,结幽兰而延伫。”可见楚地湿润温暖,气候宜于栽花种草。《楚辞·九歌·山鬼》中“雷填填兮雨冥冥……风飒飒兮木萧萧”说明了《楚辞》作者能关

① 此节根据笔者拙文《环境视野中的〈楚辞〉散记》(《职大学报》2009年第3期)改写。

注气象的变化。《楚辞·离骚》中“飘风屯其相离兮,帅云霓而来御。纷总总其离合兮,斑陆离其上下”描述的风、云及其变幻,也是对自然观察的结果。

《楚辞》中还有一些建筑环境方面的信息。《楚辞·招魂》把楚国的房屋描述得很美,说最适宜居住的地方是楚地。还描述了东方不可以安身,那里有千丈巨人专门搜寻人的灵魂,那里有十个太阳轮流出来,晒得石消金流。南方也不可安身,那里的野人用人肉为祭,蝮蛇和狐狸往来倏忽。西方有千里流沙,“赤蚁若象”,“玄蜂若壶”,严重缺水。北方有千里飞雪,冰厚如山。唯有楚地最好,因为“高堂邃宇(高大的房屋和深深的院子),槛层轩些(层层厅堂和环绕的栏杆)。层台累榭(重叠的楼台亭榭),临高山些(依傍高山)”。文学作品虽有夸饰之嫌,但楚国贵族的居室不会比文中描述得差。历来的学者不太注意《楚辞·招魂》有写实的一面,这或许是一个遗憾。

从《楚辞》还可见到自然方法的采用,楚人从具有神秘性的自然物中获取信息。如《楚辞·离骚》有“索琼茅以筳篿兮,命灵氛为余占之”,“巫咸将夕降兮,怀椒糈而要之”,“灵氛既告余以吉占兮,历吉日乎吾将行”。楚巫有迷信的思想,也有探索的精神,这两方面对后世都有一定的影响。

从《楚辞》还可见到楚人的科学精神。《楚辞·九歌·东君》中有“举长矢兮射天狼”,“援北斗兮酌桂浆”之类的句子,充满豪气。《楚辞·天问》中也有“洪泉极深,何以寘之?地方九则,何以坟之?”这是永远值得探讨的宏大问题。

此外,《诗经》《国语》《史记》等古书都涉及湖北早期的历史,间接有一些科技的资料。

2. 考古发现间接体现的科技

20世纪以来有许多考古发现,使我们更加清晰地了解楚国文化及科技。

1957年4月,在安徽省寿县城东丘家花园出土了有关商业的文物——鄂君启节。鄂君启节以青铜铸造，在镶嵌工艺的基础上进行“错金银”再创作，故称“错金鄂君启铜节”。[①] 通过鄂君启节，可以推测当时水陆交通与技术。鄂君启船队船只数量可达150艘，总吨位约1800吨，车辆可达50乘。营运范围以鄂州为中心，西至江陵，南到全州（今属广西壮族自治区），北抵河南南阳以北，东达安徽宣城。鄂君启车船队水陆联运，水路经营范围包括长江及其支流汉水、湘江、资水、沅水、澧水与淮水、邗沟等众多河流。

1965年，在江陵发掘望山1号、2号楚墓。望山1号楚墓出土了越王勾践剑、卜筮祭祷简文。望山2号楚墓楚简的内容为考订楚国器物名称提供了资料。[②]

1972—1973年，在襄阳山湾发掘春秋时期的楚墓，其中出土了鄀国和邓国铜器。

1974—1985年，在大冶连续发掘铜绿山古矿冶遗址，发掘了6处采矿遗址、2处冶炼遗址、采矿竖（盲）井231个、平（斜）巷100条、炼炉12座。发掘总面积约4923平方米。

1978年，发掘了随州曾侯乙墓。

1979—2012年，在荆州发掘熊家冢楚墓，出土玉石、水晶、玛瑙等精美文物共1000余件。此外还有少量青铜器、陶器。在主冢附近还发掘出一座131米长、12米宽的大型车马坑和排列有序的30多座小型车马坑。

1981—1989年，在楚故都纪南城东北发掘江陵九店楚墓。从楚墓出土西周晚期到战国末年各类器物5000余件，包括陶器、铜器、铁器、玉器、

---

① 鄂君启节制造于楚怀王六年（前323年），其中的“鄂”为地名，“启”是鄂君之名。鄂君启，字子皙，是战国时期楚怀王之子。节就形制而言，有虎形、马形、龙形、竹节形。鄂君启节共出土5件，舟节2件，车节3件，合在一起则呈圆筒状。节面文字错金，各有9行，舟节164字，车节148字。

② 1995年，湖北省文物考古研究所与北京大学中文系合作编著的《望山楚简》，由中华书局出版，发表有全部竹简照片、摹本和朱德熙、裘锡圭、李家浩所做的释文与考释。

石器、漆器、木器、竹器、骨器、丝麻织物、皮毛制品等。青铜器有龙纹铜镂空杯、镂空凤纹铜镜、羽状地纹五山镜、羽状地蟠璃纹镜、云雷纹地饕餮纹镜等。在56号墓的壁龛内出土了《日书》,记载了一年时日,12个月按照月序排列,这对于楚国的历法研究有一定的价值。

1982年,在江陵发掘马山1号楚墓。

1983年,在江陵张家山247号汉墓出土医学著作《脉书》。

1986年,在江陵县秦家嘴47号楚墓中,出土了一件"双矢并射连发弩"。

1987年,在荆门十里铺发掘包山楚墓。

1999年,在宜昌上磨垴遗址出土了一批铁制生产工具。

2002年,在枣阳九连墩战国古墓,发掘出硕大的青铜鼎、齐全的乐器、许多漆礼器、1500多支竹简。

特别要说明的是:在江陵的藤店1号墓、天星观1号墓,云梦县睡虎地11号墓和4号墓,随州市西郊擂鼓墩附近的曾侯乙墓均发现了战国楚简。楚简是与传世文献互证的最宝贵资料。

2004年,在襄樊市高新区(今襄阳高新技术产业开发区)金岗北路发现楚国墓地约60座,出土的器物有青铜器、陶器、玉器、漆木器等。在65号墓和70号墓中出土青铜鼎、青铜盏、青铜钺、青铜簇、陶鬲、陶盂、陶豆、陶罐、陶鼎、陶敦、陶壶等。青铜器花纹精美、细腻,距今有2500年以上历史。

2007年,为配合南水北调中线工程,对郧县乔家院墓群进行了考古勘探和发掘,勘探出汉代遗址1处,勘探出春秋至明代墓葬56座,已发掘出春秋中型殉人墓葬4座,共出土铜、陶、骨和玉石等各类质地的文物130余件,其中青铜器70余件,少数青铜器上发现有铭文。乔家院墓地自20世纪70年代至今共有数十批青铜器面世,其青铜器上大多有铭文,经考证分属于古申国和唐国。

2008年,在襄樊市(今襄阳市)樊城区王寨村发现了春秋时期的陶窑。这个陶窑遗址发掘面积约300平方米,有1座陶窑、3座灰坑,出土了大量生活用品，有豆、盂、鬲、罐、鼎、盆等陶器碎片。

2012 年，在随州文峰塔东周曾国墓地发掘遗物有铜、陶、瓷、漆木、骨、皮革、玉石等各类质地的文物 1027 件(套)。其中，铜器器类主要有鼎、簠、簋、方壶、缶、甗、鉴、盘、匜等。部分铜器上有“曾”“曾子”“曾公子”“曾孙”等铭文。在出土的一件青铜盘的铜梗上发现了众多清楚的蜡流痕迹，找到了春秋中晚期曾国青铜器失蜡铸造的直接证据，使得迄今纷争不已的失蜡铸造法有了定说。

2018 年，对随州枣树林春秋曾国贵族墓地进行了发掘，弥补了曾国春秋中期的空白，对完善曾国世系及研究春秋中期诸侯墓葬形制、礼器组合等相关问题提供了翔实的资料。

三、关于楚国科技的研究

谈到楚国科技，有两套大型丛书值得注意。张正明主编的《楚学文库》共 18 本(湖北教育出版社 1995 年版)，是一套研究楚文化的宏大著作，其中，张正明著有《楚史》，对楚国科技有所论述。王杰与程涛平主编的《楚文化知识丛书》(湖北教育出版社 2001 年版)也是一套丛书，是以简洁的语言、通俗的写法，全面介绍了楚文化，其中涉及楚文化考古、天文历法、城市建筑、青铜器、漆器、中外比较，对于了解楚国科技是很好的读本。

还有一些单独的著作值得参考。如后德俊著的《楚国科学技术史稿》(湖北科学技术出版社 1990 年版)，该书比较全面地介绍了楚国各个时期所取得显著的科技成就，实乃楚国科技史研究的开山之作，标志着楚国科技史研究进入了一个崭新的阶段。孟修祥著的《楚国科技》(湖北人民出版社 2006 年版)，从横向将楚国科技进行了分类和归纳，把楚国时期的数学、物理、冶金技术等各专列一章来介绍和分析，是断代科技史研究的范本。王胜利、后德俊著的《长江流域的科学技术》(湖北教育出版社 2007 年版)，从空间范围上展开了对科学技术成就的论述，主要阐述了长江流域各省的科技成果，其中侧重介绍了楚国科技，如科技成果有玻璃工艺、古代漆工艺等。刘玉堂著的《楚国经济史》(湖北教育出版社 1995 年版),主体内容是介绍楚人取得的经济成就。由于古代经济水平与手工业发展息息相关,手工业创新的直接诱因就是科技创新,故书中不乏大量有关楚国农业生产技术、水利工程技术、青铜器制作技术、髹漆技术等农业、手工业科技的介绍和分析。

通过文献与考古发现,我们可知楚国在科技各方面的主要成就。楚人重视对自然的观察,勇于学习前人的经验,善于借鉴其他的文化,在科技方面取得了勇于继承与创新、后来居上的成就。从时间纵向看:早在熊绎时,楚人就开启山林,发展农耕,重视桃弧棘矢的作用。农业是楚人走向富庶的基础。楚文王时,楚国重视玉器的开采,有了荆山卞和玉。然而,楚人不以玉为宝,而是以人才为宝。楚成王时,着力经营铜矿的开采与铜器的冶铸,已能大量制作青铜礼器、兵器、乐器及生活用具,铜制生产工具也日见增多。楚人掌握了矿藏资源与冶炼技术,以之作为强国之本,统一南方,征战北方,几乎统一天下。楚庄王时重视水利,修建期思陂。楚共王时手工业有长足发展,有木工、缝工、织工等许多技工,科技受到相当的重视。楚康王时丈量土地,清理薮泽,发展农业,社会日益繁荣。楚灵王时修建了壮丽的章华台,世人瞩目。楚昭王时,楚人发明了双孔连发弩,一次可射出两支箭,杀伤威力更为增大。楚惠王时,公输班在楚国传授技术,此时的技术在社会的各个方面都受到重视。楚宣王时,天文学家甘德观测天象,撰有天象星辰的文献。楚国的科技在中华大地有较大影响力。楚威王时,楚地"地方五千里,带甲百万,车千乘,骑万匹,粟支十年"。[①] 楚国达到兴盛阶段。楚怀王时,楚地的各项科技都有很大提升,特别是丝织品,有绢、绨、纱、罗、绮、锦、绦、组等多种。其色彩鲜艳,工艺繁复,已使用提花织机织锦。官府的织造机构有中织室、东国织室等。楚顷襄王时,楚国科技在江淮全面开花。孙叔敖于寿春南(今属安徽)兴建芍陂,引水灌田,不忧水旱。楚文化辐射到今江苏、浙江、山东等地。

① 刘向.战国策:中[M].上海:上海古籍出版社,1978:500.

第二节 朴素的科学知识

本节(包括本书各章)所述科学知识,指自然科学的、较为基础的、偏重于理性思维的知识。之所以加上"朴素"一词,是因为这时的科学知识还是传统范畴的,与现代自然科学知识有很大差别。

一、天文历法[①]

周人重视对天的观察,《诗经》中写到天文星象的地方很多。清代顾炎武在《日知录》卷三十《天文》中说:"三代以上,人人皆知天文。'七月流火',农夫之辞也。'三星在天',妇人之语也。'月离于毕',戍卒之作也。'龙尾伏辰',儿童之谣也。后世文人学士,有问之而茫然不知者矣。"敬天的思想是周代思想的主流,在这种思想背景下,当时的人对天文历法是高度重视的,科技成果也是显而易见的。

楚人关注天体,信奉太一、东君、云中君、湘君、湘夫人,信奉风伯、雨师、司命、司祸、地主,信奉伏羲、女娲、轩辕,多与自然神有关。陕西周原曾经发现一片西周初期的甲骨,其上记载:"其微楚灼厥燎师氏舟燎。"意思是要微人和楚人的首领把燎点燃,由师氏受燎,用以祭天。这片甲骨,是迄今已知有关楚人以及他们管理火种、观测天象的最早证据。

楚人勇于探索有关天文的知识,屈原在《楚辞·天问》中说:"上下未形,何由考之?""圜则九重,孰营度之?""地方九则,何以坟之?"这些话表明楚人认为天圆地方,实为盖天之形。还有一种认识,"盖天说"是一种宇宙图式:天是一个穹形,地也是一个穹形,天地如同两个同心球穹,两个穹

① 武家璧.观象授时:楚国的天文历法[M].武汉:湖北教育出版社,2001.武家璧.包山楚简历法新证[J].自然科学史研究,1997,16(1):28-34.武家璧.曾侯乙墓漆箱房星图考[J].自然科学史研究,2001,20(1):90-94.王胜利.关于楚国历法的建正问题[J].中国史研究,1988(2):137-142.

形的间距是8万里。北极是“盖笠”状的天穹的中央，日月星辰绕之旋转不息。“盖天说”认为，日月星辰的出没，并非真的出没，而只是离远了就看不见，离得近了，就看见它们照耀。

《国语·楚语》记载了楚昭王问观射父什么是“绝地天通”，表示出对天地构造、天人关系的关注。

周人观察天象，以二十八宿确定太阳的位置，以土圭测日影。《诗经·小雅·渐渐之石》载有“月离于毕”，《诗经·小雅·大东》载有“织女”，《诗经·小雅·十月之交》载有“十月之交，朔日辛卯，日有食之”。这些都是重要的天文资料。

曾侯乙墓漆箱上绘有天象，有三垣、四象、二十八宿的具体方位，形成完整的体系。楚人对这个天文体系的认知，可能由来已久，表明楚国早在战国初已普遍采用二十八宿观念。漆箱二十八宿名称与石申星名基本相同，与甘氏星名出入较多，从一个侧面反映了夏楚文化的异同及其融汇的趋势。目前尚存的疑问是，与常规的二十八星宿图不同，曾侯乙墓漆箱上的二十八宿名称是反方向排列的。这是什么原因呢？有人认为拱形箱盖象征圆形天穹，人们站在箱底，仰望箱盖，二十八宿就显现成反向了。先民在处理阳间与阴间问题时，习惯于变换顺逆，以符合自然之规律。曾侯乙墓漆箱上的二十八宿名称以反方向排列，这是一种正常现象。古代把二十八宿平均分为东、西、南、北四组，分别用青龙、白虎、朱雀、玄武（龟蛇）来表示，称为四象。漆箱盖东、西两侧分别绘有青龙、白虎二象，南北二象可能由于画面的局限性，故未绘出。曾侯乙墓中出土的衣箱还绘有夸父追日图，画面为一大鸟展翅，鸟后下有一人，鸟的上下各有一圆点，可能是太阳。①

《诗经·鄘风·定之方中》有这样的诗句：“定之方中，作于楚宫。揆之以日，作于楚室。”定是星名，又称营室。中是中天的意思，揆是量度的意思。营造宫室时，需要竖立八尺臬（测日影的标杆），量度太阳出入之

① 陈昆，邵学海. 荆楚绘画[M]. 武汉：武汉出版社，2014：12－15.

影，这样就可以定东西方向；再参照太阳正中之影，来确定南北方向。

楚人对星球的认识。据唐代瞿昙悉达编的《开元占经》卷二十三记载，楚宣王六年（前 364 年），夏，楚天文学家甘德观测天象时，发现岁星（木星）旁有橙黄色小星（木卫三），当即做了记录："单阏之岁，摄提格在卯，岁星在子，与虚、危晨出夕入，其状甚大，有光，若有小赤星附于其侧。"

甘德，唐代张守节在《史记正义》引《七录》云："楚人，战国时作《天文星占》八卷。"甘德长期观察研究天象，曾经系统地观测了金、木、水、火、土五个行星的运行规律，精密地记录了黄道附近的恒星 118 座、511 颗的位置及其与北极的距离，编成恒星表，还著有《岁星经》与《天文星占》两部天文著作，但到宋代时都已失传。①

楚人认为彗星似扫帚形，彗星的柄端为吉，尾端为凶。《尉缭子·天官》记载："楚将公子心与齐人战，时有彗星出，柄在齐。柄所在胜，不可击。公子心曰：'彗星何知！以慧斗者，固倒而胜焉。'明日与齐战，大破之。"人们在打仗时，流行观天象，以天象预测人事，常常以主观解释客观。然而，楚将公子心不相信关于彗星的迷信，满怀信心地与齐交战，大胜而归。

据《尚书·胤征》等文献，楚人的先祖担任司天的职官，因饮酒过量而忘了预报日食，导致天下动乱。这是我国关于日食的最早记录。有人推算，这次日食发生在夏代仲康五年秋九月，即公元前 1876 年 10 月 16 日这一天。

楚人重视对北斗星的观测，《史记·天官书》记载了"分阴阳，建四时，均五行，移节度，定诸纪"。曾侯乙墓漆箱上是用红漆书写的二十八宿名称，盖面正中朱书一篆文"斗"字，环绕"斗"字，按顺时针方向排列二十八宿名称。在亢宿之下有"甲寅三日"四个字。屈原《楚辞·远游》记载了"举斗柄以为麾"。

战国时期楚国隐士鹖冠子作《鹖冠子》。应劭《风俗通义》佚文记载：

---

① 黄德馨. 楚国史话[M]. 武汉：华中工学院出版社，1983：205.

“鹖冠氏，楚贤人，以鹖为冠，因氏焉。鹖冠子著书。”《鹖冠子·环流》记载:“斗柄东指,天下皆春;斗柄南指,天下皆夏;斗柄西指,天下皆秋;斗柄北指,天下皆冬。”北斗知识决定了后来农历二十四节气的制定。先民发现了这个奇妙的现象,天上有北斗七星,七星中的魁、衡、杓三颗星随着天体的运行,斗纲指向不同的方向和位置,其所指的位置就是所代表的季节和月份。二十四节气是随着斗纲所指的地方并结合当时的自然气候与景观命名而来的。斗纲,如正月为寅,黄昏时杓指寅,半夜衡指寅,白天魁指寅;二月为卯,黄昏时杓指卯,半夜衡指卯,白天魁指卯;其余的月份类推。二十四节气完全是依据自然,农业就需要这样的天文历法知识。

为了保证农业生产,周代重视农时,依据天象和物候,实行了告朔制度。中央政权以天子的名义下达一年的时节月日及其行事安排。《史记·历书》记载:“幽、厉之后,周室微,陪臣执政,史不记时,君不告朔。”由于周王室的统治力和影响式微,天文学由垄断逐渐分散和普及,使春秋战国时期的天文、历法都有了较广泛的进步和发展。

楚地流行“观象授时”,观测天象以确定时间,掌握准确的自然规律,用以指导农事,促进农业,确保社会的和谐。

西周至春秋时期,楚国大地上,既使用周朝的历法,也使用夏朝的历法。前者可能与宗教或尊周从周有关,后者则从生产实际出发。楚国官方颁行夏正十月为岁首历法,民间则采用夏正历法。1975 年,湖北云梦睡虎地出土的秦简《日书》中载有秦、楚月份对照表,均以夏正十月为岁首,说明秦、楚关系密切。无论是夏正十月历法,或夏正历法,都以干支纪日,这与中原各国是统一的。

楚地曾流行颛顼历。《山海经·大荒东经》记载了少昊养育颛顼于东海。虞(舜)、夏、楚都是颛顼的子孙。《国语·楚语》记载了颛顼是继少昊之后主政,颛顼“乃命南正重司天以属神,命火正黎司地以属民,使复旧常,无相侵渎,是谓绝地天通”。这里是说让重和黎分别负责天上星辰和地上人民的事务,不让老百姓直接和天上星辰交往、沟通。楚昭王十三年(前 503 年)至十九年(前 497 年),昭王以《周书》所谓颛顼命重、黎使天地不通问大夫观射父。观射父就远古"民神不杂""民神杂糅""绝地天通"的传闻,为之追叙了民与神、自然与社会的关系。

颛顼历是先秦古六历之一,创制、行用于战国时期。相传,上古有六历,分别是黄帝历、颛顼历、夏历、殷历、周历、鲁历。其中,夏历建寅(以寅月为当年第一个月:正月、岁首)、殷历建丑(以丑月为岁首)、周历建子(以子月为岁首)。根据夏、商、周、秦的顺序,秦历(颛顼历)建亥,以亥月为岁首。古六历中,仅有颛顼历在考古中发掘到一些资料,其余五种历法,至今只留存一些片段资料。但有学者认为,古六历并不是黄帝、颛顼、夏禹等人编订的,而是周朝末期托古伪造的。颛顼历采用十九年七闰法,一回归年为365 又1/4 日,是一种四分历,一朔望月为29 又499/940 日,以十月为岁首,闰月放在九月之后,称后九月。

甘氏所创岁星纪年法,是以12 年为周期的治、乱、丰、欠、水、旱等预报方法。虽然现在已知太阳系九大行星中的木星围绕太阳的公转周期为11.8622 年,而我国先民是以地球为观测点,以相对不动的恒星为背景来观测岁星在天空的运动,约12 年绕天空一周。岁星每年要行经一个特定的星空区域,即12 次,12 年周而复始。并分别命名为星纪(丑)、玄枵(子)、诹訾(亥)、降娄(戌)、大梁(酉)、实沈(申)、鹑首(未)、鹑火(午)、鹑尾(巳)、寿星(辰)、大火(卯)、析木(寅)。

楚国的天文历法主要产生于本土,受到过中原的影响。从文化类型看,古代巴比伦的天文历法发达,其文化早于我国的楚文化,楚文化有可能间接受到来自域外古巴比伦文化的影响。当然,这个观点还有待深入研究。也有学者指出:"从文献记载和出土文物来看,楚人的天文学材料是先秦各国中最丰富的。如屈原的《楚辞·天问》,庄子的《天运》,甘德的《天文星占》,楚帛书,江陵、荆门楚简中的大量历法材料以及长沙马王堆帛书中的《五星占》等,都是研究和了解楚人天文学面貌的珍贵材料。"①

① 王纪潮.异彩纷呈:楚文化与希腊罗马文化[M].武汉:湖北教育出版社,2011:155.

从楚国天文历法的成就看，有两个突出的特点。

第一，天文历法的人才受到尊重。楚人的始祖祝融是我国最早的天文学家。楚国设有专门的天文官员。《史记・天官书》记载了战国时期研究天象的知名学者，其中有楚国的唐昧。唐昧的事迹不详，待考。祝融，以火施化，号赤帝，后尊为火神、水火之神。相传，祝融的居所在南方的衡山，他传播火种，教人类使用火的方法。或说祝融为颛顼帝孙重黎，高辛氏火正之官，黄帝赐他姓"祝融氏"。据《国语・郑语》记载，叛国的史伯对郑桓公说："融之兴者，其在芈姓乎？"芈姓是楚姓，史家把祝融与楚国文化联系在一起。

第二，重视天文信息，有探索精神。在楚怀王二十四年（前305年）至二十五年（前304年），屈原仰观先王庙及公卿祠堂内所画山川神灵、古贤圣怪物行事，常常感叹"天地之大有非恒情所可测者，设难疑之"①，作《楚辞・天问》。屈原在《楚辞・天问》中一气提出了178个问题，关于宇宙、自然、历史，无所不提，开启了对宇宙的全方位探索，强化了问题意识。从"圜则九重，孰营度之"等句子可知，《楚辞・天问》采用了"盖天说"，认为天圆如盖，地方如棋。

楚国天文历法历史悠久，代表了长江中游的知识系统，处于当时世界领先水平。楚人把天文与历法紧密结合，为社会经济文化服务。当时的科学知识不是束之高阁，而是紧接地气，成为民众生活的重要组成部分。楚人注重观察，积累了许多知识，也有许多新的探索。

二、数　　学

楚人在生产实践活动中积累了大量的经验，在数学方面也取得了突出的成就。楚国的令尹蔿艾猎在沂筑城，根据各部分工程的大小规定日程，分派物资和工具，调配筑城夹板和支柱，平衡从事运土和夯筑的人手，计算各段所含的土方，讨论材料运输的远近，考察城墙所处的位置和基础，准备

---

① 戴震，孙晓磊. 屈原赋注[M]. 上海：上海古籍出版社，2018.

人员所需的干粮,物色各方面的负责人。这样,整个筑城工程30天就完成了,完全实现了计划的进度。筑造一座城,事先有明确的预算,这就需要数学知识。蒍掩治赋采取了多种措施来治理,“量入修赋”,就是根据产出与收入来征收赋。而赋的内容,一方面包括“兵车、马、甲楯”等作战器具,另一方面是“车兵、徒卒”等兵役。所有这些活动,都需要计算。

楚人的数学成就主要有四个方面:算筹与筹算、砝码中的数列、建筑中的“黄金分割”、《算数书》,以及《算表》。

1. 算筹与筹算

楚地是古代最早使用算筹的地区之一。1954年,在湖南省长沙左家公山发现一座战国晚期的楚墓,出土3件竹笥,其中一件内装有天平砝码、毛笔,还出土了40根长约12厘米的竹签,这是我国目前发现的最早的算筹之一。1983年,江陵张家山247号西汉墓出土了一捆算筹,为公元前200年左右的遗物。汉墓算筹与楚墓算筹外形比较相似。这些算筹实物表明,从战国时期起,算筹这种计算工具就在楚地得到了广泛运用。

算筹或用小竹棍做成,或用小木棍做成,也有用骨、铁、玉和象牙做的。用算筹表示1~9这九个数字。算筹的摆法是纵横相间,一般个位数用纵式,十位数用横式,百位数用纵式,千位数又用横式,以此类推。如遇零,用空位表示。运算采用十进位制。公元400年前后流行《孙子算经》,书中说:“凡算之法,先识其位。一纵十横,百立千僵,千十相望,万百相当。”筹算的方法沿用了2000多年,在我国数学史上占有重要地位。

2. 砝码中的数列

春秋战国时期,楚人在称量黄金时使用的是天平和砝码。但需要注意的是,青铜砝码放在墓中2000余年,因腐蚀生锈,现在所称的砝码重量与砝码本身的重量存在误差,楚人制造砝码时也可能存在误差,因此所称的砝码重量只能是一个近似值。

当时楚人计量黄金重量的单位是益、两、铢,一益等于16两,相当于250克;一两等于24铢,相当于15.6克;一铢约等于0.69克。我们把砝码重量折算为楚人的黄金重量计量单位,则砝码间存在着数量关系。一组砝码 10 个,形成数列:1、2、3、6、12、24、48、96、192、384,也可以表示为 1、2、3×2^0、3×2^1、3×2^2、3×2^3、3×2^4、3×2^5、3×2^6、3×2^7。

可见除前两个砝码外,其他砝码的重量之间存在着等比数列的关系。

1945 年,长沙近郊出土的“一斤权”砝码,因其上有铭文“钧益”二字而被称为钧益砝码。钧益砝码 10 个俱全,总重量为 2 益,即 32 两,或 768 铢。这是它所能表示的最大重量,也就是与它配套使用的天平的称量范围,即最大的称量是楚制 2 益。最小的砝码重量是 1 铢,即与之配套使用的天平最小称量就是 1 铢。天平要称 1 铢到 2 益之内任何重量的物体,需要用砝码搭配组合,因此这十个砝码是不可缺少的。

3. 建筑中的“黄金分割”

公元前 6 世纪,古希腊数学家毕达哥拉斯揭示了长短之间的最佳比例,后来哲学家柏拉图称这种奇妙的比例为“黄金分割”。在数学中,人们将“黄金分割”称为“外中分割”。毕达哥拉斯还认为,建筑物的美观和谐也取决于建筑物各部分之间的最佳比例关系,所以“黄金分割”在建筑上也产生了重要的作用。

楚人虽然没有明确表述“黄金分割”这一原理,但在建筑实践中也注意到了比例的协调。如战国中期楚墓墓门的宽、长之比就近似于“黄金分割”。根据墓主人身份的高低,楚墓分为 9、7、5、3、2、1 室。墓室就是墓主人生前住宅的象征。现在可以见到的楚墓室门应是楚人生前住宅中门的真实反映,只不过墓葬规模小于住宅,墓门也相应缩小。可以合理推测,楚人住宅门的宽、长也是按“黄金分割”的比例关系制作的。

4. 中国最早的数学书——《算数书》

1983 年,在湖北江陵张家山 247 号西汉前期墓葬中,出土了一批竹简。其中有一部数学文献为《算数书》。这是一部完整的数学书,也是考古发现中第一次出现的整部数学书。

张家山汉墓的墓主可能在秦朝任小吏,汉惠帝元年(前 194 年)“病免”在家,喜欢数学,所以把《算数书》作为陪葬品藏在墓中。《算数书》可能为楚人所撰。不过,也有学者认为《算数书》与秦人有关。彭浩认为墓主“可能是来自关中的秦人。墓中随葬的铜蒜头壶、鍪是战国时期关中地区秦人墓中常见的典型器物”。[①] 如果墓主是秦人,西汉初年,有一批秦人进入楚地,带来了秦文化,《算数书》也在其中,秦地流行的书,到了楚地有所充实,被墓主陪葬于地下。在《算数书》出土之前,《九章算术》一直被认为是中国传统数学最早的著作,如今《算数书》取而代之占据了这一数学史之最。

《算数书》中现存69个题名,近百道数学问题及其解法,有各种运算的法则及与当时生活有关的计算内容。

《算数书》的体裁采取了问题集的形式。有的小标题下有一应用问题,有的小标题下有一计算问题,还有的小标题下不设问题只给出计算法则。《算数书》有许多重大数学成就,如属于算术方面的有完整的分数约分、加法、减法、乘法、除法法则,比例算法和比例分配算法,盈不足算法,以及若干应用题;属于几何方面的有若干平面图形的面积和多面体、圆体的体积的公式,其中有的难度相当大,比如一种拟柱体的求积公式;还使用了负数概念及负数的加、减运算。由于《算数书》传世时间的特殊性,我们在本书的第四章还会做进一步介绍。

5. 最早的十进制《算表》

2014年1月9日,清华简第四辑整理报告《清华大学藏战国竹简(肆)》发布了一篇题为《算表》的清华简文献。数学史专家认为这是目前发现最早的实用算具,也是楚国数学成就的一个新发现。经每支竹简与横向栏线的分隔,《算表》构成一个表格形态,表格应有的行、列、单元格三要素皆具备。《算表》的核心是由乘数、被乘数9至1及乘积81至1诸数构成的乘法表。

《算表》计数采用十进制,计算时应用了乘法的交换律、乘法对加法的分配律等原理和概念。如乘法可做:①一位数乘法;②两位数乘一位数的乘法;③任意两位数的乘法;④整数部分不超过两位数、小数位特定为0.5

---

① 彭浩.张家山汉简《算数书》注释[M].北京:科学出版社,2001:11.

(实为分数1/2)的三位数乘法,即《算表》适用于乘数或被乘数为99又1/2以内的乘法运算(包括对分数1/2或含有1/2的数进行运算),也包括乘方的简便运算。《算表》还能用于一定范围的除法运算与开方的运算。

《算表》是当时实用的计算器具,是迄今所见我国最早的数学文献实物,不仅比目前所见的古代十进位乘法表年代都早,而且其数学与计算功能也超过了以往发现的里耶秦简九九乘法表和江陵张家山汉简九九乘法表,是楚国在数学方面的一项重大成就,为了解先秦数学的应用与普及提供了重要资料。

三、生　　物

1. 楚人对植物的认知

楚地的花草植物多,《楚辞·离骚》中有许多这类描述,如"扈江离与辟芷兮,纫秋兰以为佩","朝搴阰之木兰兮,夕揽洲之宿莽","杂申椒与菌桂兮,岂维纫夫蕙茝"。有些地名就是以植物命名,如"步余马于兰皋兮,驰椒丘且焉止息"。有些花草植物是人们种植的,如"擥木根以结茝兮,贯薜荔之落蕊。矫菌桂以纫蕙兮,索胡绳之纚纚";其中的一些动词,如"擥""贯""矫""索"揭示了这些植物并不是天然存在的,而是有人为的因素。植物也是变化的,如"时缤纷其变易兮,又何可以淹留?兰芷变而不芳兮,荃蕙化而为茅。何昔日之芳草兮,今直为此萧艾也?岂其有他故兮,莫好修之害也!"

当时的种植者不是只种庄稼,还种花草,并在劳作中享受乐趣。《楚辞·离骚》记载:"余既滋兰之九畹兮,又树蕙之百亩。畦留夷与揭车兮,杂杜衡与芳芷。冀枝叶之峻茂兮,愿俟时乎吾将刈。虽萎绝其亦何伤兮,哀众芳之芜秽。"至今,在秭归仍有九畹溪,传说屈原在当地种过芝兰。值得探讨的是,"树蕙之百亩"之类的规模颇大,是为了贸易,还是纯粹为了欣赏?如果纯粹为了欣赏,那说明人们的生活情趣是很高尚的,劳作不是只为了吃饱肚子,也是为了美化生活。屈原是楚国的三闾大夫,贵族生活是很优雅富裕的。屈原的政治主张不为楚王采纳,抱负得不到施展,他便回归田园生活,栽种兰花、香草和秋惠,早晨饮露滴,晚上食花瓣,超世脱俗,修炼人生。

《楚辞》中还有一些有关植物带来的环境美的诗句,如《楚辞·离骚》中的"朝饮木兰之坠露兮,夕餐秋菊之落英","制芰荷以为衣兮,集芙蓉以为裳","佩缤纷其繁饰兮,芳菲菲其弥章"。《楚辞·九歌·湘夫人》中有"筑室兮水中,葺之兮荷盖。荪壁兮紫坛,播芳椒兮成堂。桂栋兮兰橑,辛夷楣兮药房。罔薜荔兮为帷,擗蕙櫋兮既张。白玉兮为镇,疏石兰兮为芳。芷葺兮荷屋,缭之兮杜衡。合百草兮实庭,建芳馨兮庑门"。《楚辞·九章·惜诵》也有"播江离与滋菊兮,愿春日以为糗芳"。这些诗句充满了浪漫的生活情趣,吃的、喝的、穿的、住的都是花草植物,人们回归到自然之中,与清新的自然融为一体,这是多么美好的一幅图景。《庄子·逍遥游》亦云:"藐姑射之山,有神人居焉。肌肤若冰雪,绰约若处子;不食五谷,吸风饮露;乘云气,御飞龙,而游乎四海之外。"《庄子》的这个思想与《楚辞》展示的思想是一致的。显然,"当时南方人民的日常生活中,对芳香植物的利用是非常普遍的。他们重视并且栽培的芳香植物有桂、兰、秋菊等。"①

2. 楚人对植物的利用

南方地广人稀,土壤肥沃,气候温和,雨量充足,适宜于稻作农业。在城背溪文化中,发现了距今8000年的稻作遗存。在大溪文化、屈家岭文化、石家河文化的遗址皆发现了水稻遗存。楚人从北向南迁移时,带来了北方的农业技术,又继承了江汉地区以种植水稻为主的农业生产经验。

楚地主要在丹水、淮水和汉水流域,形成了以粟、稻为代表的农作物交错分布区。除水稻外,楚国粮食作物还包括粟、麦、菽等。

楚人种植桑麻。湘、鄂、豫三省的楚墓中,出土了一批数量与质量都相当可观的丝、麻织物。这说明楚国对桑麻是特别重视的,把它当作关系国计民生的农作物。

---

① 罗桂环,汪子春. 中国科学技术史:生物学卷[M]. 北京:科学出版社,2005:77.

楚人种植果蔬,种类相当繁多,主要有柑橘、柚、板栗、樱桃、梅、生姜、小茴香、南瓜子、桃子、花椒、莲蓬、柿子、荸荠、莲藕、杏子和梨等。

楚人种植用于观赏的园艺植物。

楚人用木材烧制木炭用于冶炼金属和防潮。

楚人对竹的利用相当广泛。在楚墓、古矿冶遗址和水井中出土了竹编织物,包括丧葬用具、生活用具与生产用具等,多属于战国时期。

楚国有管理山林的职官,山林的管理包括对各种适宜植物的种植、采集和森林防火。从《荀子·王制》看,"修火宪,养山林薮泽草木鱼鳖百索",可知楚人对森林防火有一定认识。

3. 楚人对动物的认知

《楚辞》中动物方面的知识信息也有许多。其中既讲到了动物名称,还讲到了动物的特性,如鸷鸟天生就有卓尔不群的个性,《楚辞·离骚》云:"鸷鸟之不群兮,自前世而固然。"

《楚辞》在叙述动物与人的关系时,表现出人具有主动性,对动物有支配性。不论是飞禽,还是走兽,都受到人的支配。如人借用骐骥、玉虬、凤鸟、蛟龙以驰骋,"乘骐骥以驰骋兮,来吾道夫先路","驷玉虬以乘鹥兮,溘埃风余上征","吾令凤鸟飞腾兮,继之以日夜","麾蛟龙使梁津兮,诏西皇使涉予","驾八龙之婉婉兮,载云旗之委蛇"。人在动物面前不是被动的、消极的,而是积极的、强大的、充满活力的。

楚人崇尚凤鸟。早在春秋时期,楚人就已经自觉不自觉地把凤作为楚文化的象征。《论语·微子》记载:"楚狂接舆歌而过孔子曰:'凤兮凤兮,何德之衰?往者不可谏,来者犹可追。'"《战国策·楚策》记载了楚国以禽鸟为法典之名,说吴国攻入郢之后,蒙谷"遂入大宫,负《鸡(离)次之典》以浮于江,逃于云梦之中"。鸡即雉,为凤属。有的学者曾经考释"鸡""凤""巽""离"相通,认定"《鸡次之典》可释为《凤次之典》"。[①]《鸡次之典》当为楚人有警示作用的书籍。《尹文子·大道》记载了一个楚人不惜用二十

① 徐俊.试论立国江汉地区的楚人来自东方[J].华中师院学报,1984(2).

金买了一只所谓的“凤凰”，欲献给楚王，“（楚王）感其欲献于己，召而厚赐之，过于买鸟之金十倍”。一部《楚辞》先后20多次提到凤。楚地考古发现的文物，也大多数与凤有关。

4.楚人对动物的利用

湖北地处长江中游，气候温和，雨量丰沛，地域广阔，拥有丰富的生物资源。南方的水泽环境使得楚人很早便对水生动物具有较为丰富的认识。《战国策·宋卫》记载：“江、汉鱼鳖鼋鼍为天下饶。”《左传》宣公四年记载：“楚人献鼋于郑灵公。”

楚国的经济发达，“六畜”“五谷”“桑麻”成为当时农业生产的三大支柱，在楚墓中发现有牛、羊、猪、狗、鸡、鸭等家畜家禽的遗骸，也有以鸭、鹿、骆驼等动物为造型的器物。出于军事战争的需要，楚人的养马业特别发达。

楚地鹿科动物分布广泛，文献中有很多关于楚人捕猎麋、麂等鹿科动物的记载。据《管子·轻重戊》记载，为了削弱楚国，管仲曾向齐桓公建议，高价收购生鹿，从而让楚人“释其耕农而田鹿”，破坏楚人从事农业生产的积极性，企图让楚国出现粮荒。

楚人对昆虫也有较为丰富的认识。楚人养蜂，失蜡法便是对蜂蜡的运用，而蜂蜜见载于《楚辞》等文献。

此外，屈原的《楚辞·招魂》中描述了楚人心中的美味佳肴：在大米、小米、黄粱等主食之外，肥牛蹄筋又软又香，有酸苦风味调制的吴国羹汤，煮甲鱼、烤羊羔，还加上甘蔗汁。在《楚辞·大招》里，屈原提到了猪肉酱、狗肉干、煎鲫鱼。

四、声　学

楚国的音乐发达，不仅艺术精湛，而且有成熟的科技。

每当提及声学，就必然想到随州擂鼓墩出土的曾侯乙编钟，编钟是分范合铸技术的杰作。2000多年前的人们把铜矿从深埋的地下一块一块挖出来，然后烧炼，添加其他金属，如锡等。他们把铜坯送到大型冶铸场加工，按图施工，铸成一个个编钟。其中，最小的一件编钟 2.4 千克，最大的一件重达 203.6 千克。编钟总重量 2500 多千克。

曾侯乙编钟的发声是一绝。编钟的音律要求准确，需要高超的铸造技术和调音技术。每个钟能发出洪亮而清晰的声音，在钟壁上的不同部位可以敲出不同的声音。“双音钟的发明是编钟史和壳体振动理论上的一个伟大奇迹。在同一钟壳的不同部位能敲出两个不同高度的音，而且，这二音构成三度谐和关系。”①全套编钟 64 件，另有 1 件镈，大小错落，音域跨越 5 个八度又 1 个大二度音程。该编钟是已知世界上最早的具有 12 个半音音阶关系的定调乐器。全部音域的基本骨干则是五声、六声至七声的音阶结构。② 值得注意的是，每件钟体上都有错金铭文，共 2800 余字，用以标明各种发音属于何律（调）的阶名及其与楚、晋、齐、周、申等五国或地区各律（调）的对应关系。③ 这就表明，制钟者对器物与音域、音质之间的关系有熟练而准确的把握，技艺是非常高超的。

《国语·周语》记载了周代已经发明十二律理论。乐官伶州鸠能流利地说出黄钟、大吕、太蔟、夹钟、姑洗、中吕、蕤宾、林钟、夷则、南吕、无射、应钟这些律名。一律就是 1 个半音，十二律就是 12 个半音。同时又发明了三分损益法。1978 年，在荆州天星观墓出土了虎座鸟架鼓、青铜编钟。1986 年，在荆州雨台山出土了楚律管。2002 年，在枣阳九连墩战国古墓出土了大量的乐器，包括编钟、编磬、鼓、竽、琴、瑟等 80 余件。其中有成组的编钟，达 48 件，有调音痕迹。

楚惠王四十五年（前 444 年）至五十年（前 439 年），楚国特别流行声乐。当时的楚国乐器可谓八音俱全。八音指古代 8 种制造乐器的材料，包括金（编钟、铙、钲、铎）、石（编磬）、土（瓦釜、埙）、革（悬鼓、

---

① 戴念祖. 物理与机械志[M]. 上海：上海人民出版社，1998：78.

② 湖北省中国历史学会中共随州市委宣传部. 中国历史文化名城随州[M]. 武汉：湖北人民出版社，1996：76.

③ 黄中骏. 荆楚音乐[M]. 武汉：武汉出版社，2014：45.

手鼓)、丝(琴、瑟)、木(木鹿鼓)、匏(笙)、竹(竹相、竹排箫)。八音乐器,反映楚人对自然物质、声学有充分的认识,掌握了对各种器物的制作技术。

第三节　传 统 技 术

本节所指技术,偏重于实践,与人们的生活、生产有密切关系。技术离不开科学知识,并不断丰富科学知识。

一、农　　业

周朝是建立在农耕文明基础上的社会。恩格斯说:“农业是整个古代世界的决定性的生产部门。”①周代的农耕区,各有特色。司马迁在《史记·货殖列传》中对各地的农事开发及其文化做了介绍,他把长江中下游的楚与越两地作为一个整体,认为:“楚、越之地,地广人稀,饭稻羹鱼,或火耕而水耨,果隋蠃蛤,不待贾而足,地势饶食,无饥馑之患,以故呰窳偷生,无积聚而多贫。是故江、淮以南,无冻饿之人,亦无千金之家。”关于楚国的农业技术,可参考程涛平著的《楚国农业及社会研究》、贾兵强著的《楚国农业科技与社会发展研究》。

1. 农田管理

《左传》襄公二十五年记载了一项“量入修赋”的农业生态系统工程,即楚国司马蒍掩制定了九个方面的措施:“度山林”——度量山林的木材储备,以供国用之需。“鸠薮泽”——聚集水泽湿地的出产,如金木竹箭、龟珠齿角、皮革羽毛等动植物资源的制品。“辨京陵”——测量区划各种高地,以备种植不同的农林作物。“表淳卤”——在盐碱地竖立辨识标志,以合理利用。“数疆潦”——统计荒地水淹地,以利进行土壤改良。“规偃

---

① 中共中央马克思恩格斯列宁斯大林著作编译局. 马克思恩格斯选集:第四卷[M]. 北京:人民出版社,1995:145.

潴”——规划堰塘陂池的营建,蓄水以备农田灌溉。“町原防”——整治堤防间的小块可耕地,加以合理使用。“牧隰皋”——利用水草丰美的沼泽淤地,放牧牛羊牲畜。“井衍沃”——在平坦肥沃的土地上凿井,用于溉田耕作。

这九条措施反映楚国在农业、土地、生态的调控方面是有科学性的,楚人能根据本地区特殊地理状况,划分宜农、宜林、宜牧的区域,通过“书土田”“鸠薮泽”“牧隰皋”等土地规划因地制宜,发展农业生产。

2. 火耕水耨

楚国的耕作方式主要有刀耕火种、火耕水耨。其中,火耕水耨不仅是楚国的主要耕作方式,还是具有南方地域特色的耕作方式。所谓火耕,就是放火烧山、开辟耕地,或烧掉原野的荆棘。这种方法破坏了植被,但在地广人稀的古代,损失只是局部的。农民不必为砍伐而耗费劳力,而烧过的灰烬是很好的肥料,可以改良土壤。所谓水耨,用水浸泡耕地,加快植物的腐蚀,使土地松软,宜于种植。

有人认为,火耕水耨是楚国农业生产的两种不同耕作类型。自楚武王徙郢始,楚人才开始同原江汉地区的楚蛮共同改种水稻。“火耕”这种耕作方式一直作为“水耨”的辅助方式被应用于水稻生产中。一般而言,“火耕”是与种粟相连,“水耨”则与种稻俱生。楚人“火耕”,很可能即《礼记・月令》所谓的“烧薙”,郑玄注:“欲稼莱地,先薙其草,草干烧之。”这种方式的渊源可追溯到神农氏的“烈山泽而焚之”。

楚国在农业生产中,可能已经使用牛耕。《左传》宣公十一年记载:“牵牛以蹊人之田,而夺之牛。”这是楚人使用牛耕的文献证据。

3. 农田水利技术

楚国地处水泽之乡,水利资源丰富,必然重视兴修水利。楚国水利,有水渠、陂塘、井灌等。在水源利用上,有河水、井水、泉水和陂池积水;在灌溉方法上,有自流、瓮灌、简单机械(桔槔、辘轳)等;在渠系设置上,形成陂渠串联的方法。筑陂技术主要体现在陂塘的选址方面。筑陂的选址一般会利用天然的湖泊，在其周围低处筑堤，从而形成大型的陂塘工程。《国语·吴语》记载了楚灵王的筑章华台，"阙为石郭，陂汉，以象帝舜"。陂汉，当与水利有关。韦昭注："舜葬九嶷，其山体水旋其丘下，故壅汉水使旋石郭，以象之也。"

楚人重视对水体的改造，使之为社会造福。楚地的陂渠串联工程有沮水工程、木渠和白起渠，最知名的灌溉系统有芍陂、期思陂。①

期思陂是我国最早见于书籍记载的大型灌溉工程。楚庄王时，利用大别山上来水，在泉河、石槽河上游修建蓄水陂塘，形成长藤结瓜式的期思陂，既防下游水涝，又供上游灌溉。这项工程在地势勘察、水量调节、排洪灌溉诸方面的设计，都达到相当科学的水平。期思陂比魏国的西门豹渠早200多年，比秦国的都江堰和郑国渠早300多年。1958年修建的梅山水库中干渠，就是利用期思陂的旧渠道——清河渠（在固始县境内）改建而成的。《淮南子·人间训》记载："孙叔敖决期思之水，而灌雩娄之野，庄王知其可以为令尹也。"《绎史》卷五十七引《孙叔敖碑》，"收九泽之利，以殷润国家"，水稻种植面积激增，"家富人喜，优赡乐业"。

楚地流行淤灌技术，用于淤田，即在洪水期放水灌溉，把河水挟带的泥沙和养分淤积到田地里，以改良土壤和增加肥力。淤灌技术是在淤田技术的基础上，人们利用河水含沙量大的特点，把灌溉肥田与改良盐碱地相结合的产物。

楚国的凿井技术、井灌技术较为发达。水井最为密集的地方在楚都纪南城，考古发现在龙桥河西段新河道长约1000米、宽60米的范围内，有各类水井256座。水井的类型有土井、竹井、木井和陶井。楚国井灌提水工具经历了缶→甀（瓮）→桔槔→辘轳的发展过程。楚国把制作辘轳、大绳和水桶的技术应用在农田灌溉上。提灌技术主要体现在导水工具和提灌工具的改进。排灌技术就是利用水利设施把高处的水源引导到低处，调剂农田灌溉用水的模式，实现旱涝保收，增强农业抵御自然灾害的能力，提高

---

① 刘玉堂，袁纯富. 楚国水利研究[M]. 武汉：湖北教育出版社，2012.

农业生产水平。①

楚国陂塘和水井相结合的农田灌溉体系，大大提高了水稻种植过程中抗御旱涝的能力，解决了农业的命脉问题，成为农业丰收、稳产高产的有力保证，推动了楚国农业社会向更广阔的范围和更深的层次迅速发展。

4. 农具制造技术

《管子·轻重乙》记载："一农之事，必有一耜、一铫、一镰、一鎒、一椎、一铚，然后成为农。"楚国农具的发展经历了石农具时期、青铜农具时期、铁农具时期三个发展阶段；与此相对应的是楚国农业科技史的初步发展期（西周末年至春秋初期）、发展期（春秋时期至战国初期）和持续发展期（战国中晚期）。

楚国农业的早期，采用石斧、石锛、石刀等工具。在荆门胡家岗出土有石斧、石锛、石刀、石凿；在江陵望山 1 号墓中出土有粗细砺石；在秭归的鲢鱼山、何家坪、庙坪，当阳的磨盘山，巴东的茅寨子湾等楚国早期遗址中，发现了石斧；在庙坪还发现有磨制精细的石锛；在巴东的茅寨子湾还发现有石刀。

由于木器不易保存，使得在考古中发现的楚国木质工具数量不多，种类有耒耜、锨、镢。在楚都纪南城内发现了木质生产工具耒耜 3 件。在江陵天星观 1 号楚墓的盗洞中发现了 1 件木镢。在大冶铜绿山古矿冶遗址中发现了一些木锹和木锨。

楚国的青铜农具主要以春秋中晚期的镢（镬）、锛、镰、锸、斧、锄、铚等为主。镬用于翻土，锛用于破土，锸用于起土，镰用于收割，斧则用于砍伐树木、烧荒和造田等。铜镰的出现，说明农作物产量的提高，农业生产技术的日趋成熟。楚地的青铜斧较多，其分布范围也相当广泛，在农业和手工业生产中是可以通用的。

战国时期，楚国流行铁制农具。考古发现了掘土和锄草用的锄，取土

① 贾兵强，郑庭义，麦婵妹，等. 楚国水井文化初探[J]. 农业考古，2008(4)：156－161，177.

用的锸,收割用的镰,以及伐木垦田用的斧等。锄分两种,即凹形铁口锄和全铁制的六角形锄,以前者居多。锸也分两种,即凹形铁口锸和长方形铁口锸。凹形铁口锸与凹形铁口锄十分相似,江陵天星观1号楚墓盗洞内就同时出土了这两种农具。在鄂东的大冶,发现了1件战国时期的楚国铁耨。此器作四棱长方柄,前段扁平并弯成锄板。因其形似锄,故有学者称之为"曲柄小锄"。

5. 农家学派

农家出自楚地,是个重视农业技术的学派。《孟子·滕文公上》记载了许行及其农家门徒的事迹。

> 有为神农之言者许行,自楚之滕,踵门而告文公曰:"远方之人闻君行仁政,愿受一廛而为氓。"文公与之处,其徒数十人,皆衣褐,捆屦织席以为食。陈良之徒陈相与其弟辛,负耒耜而自宋之滕,曰:"闻君行圣人之政,是亦圣人也,愿为圣人氓。"陈相见许行而大悦,尽弃其学而学焉。陈相见孟子,道许行之言……"从许子之道,则市贾不贰,国中无伪。虽使五尺之童适市,莫之或欺。布帛长短同,则贾相若;麻缕丝絮轻重同,则贾相若;五谷多寡同,则贾相若;屦大小同,则贾相若。"

农家生活简朴,穿粗衣,打草鞋。他们主张发展农业,研究农业问题。他们提倡"君民并耕""市贾不贰",反映了当时农民的要求。

许行主张人人参加农业生产,而且要求君主也与农民一起共同耕种。这反映了农家思想的实质是反对不劳而食。许行"君民并耕"之说的提出,是因为战国时期战争频繁,严重影响农业生产,因此他强调国君必须重视农业并亲自耕作,以起到重农教化的目的,从而实现国富民强的目标。许行"不违农时"的思想,符合农业生产的规律。许行代表下层农民的利益,其思想是当时的一种平均思想,要求人人自食其力。

许行提倡的社会是老少无欺的社会,"虽使五尺之童适市,莫之或欺”。交易要提倡平等,实行等价贸易,“布帛长短同,则贾相若;麻缕丝絮轻重同,则贾相若;五谷多寡同,则贾相若;屦大小同,则贾相若”。许行期待的社会是“国中无伪”的社会、诚信而和谐的社会。

《汉书·艺文志》总结说:“农家者流,盖出于农稷之官。播百谷,劝耕桑,以足衣食,故八政一曰食,二曰货。孔子曰:‘所重民食。’此其所长也。”中国是几千年的农业国,而农家没有流传下来,这是一个令人不解之谜。《汉书·艺文志》的解释是:“及鄙者为之,以为无所事圣王。欲使君臣并耕,悖上下之序。”虽然农家失传,但先秦有些文献保存了有关农学的材料,如《吕氏春秋》有农学四书:《上农》《任地》《辩土》《审时》。《管子》《孟子》也有许多可资参考的资料,如《孟子·滕文公上》记载:“龙子曰:‘治地莫善于助,莫不善于贡。’”这个龙子就是农家人物之一。

虽然先秦时的农家没有其学派传承下来,但后世有关农业的书籍都应当归为农家之流,如《汉书·艺文志》记载了农家著作“九家,百一十四篇”,有《神农》《野老》《宰氏》《董安国》《尹都尉》《赵氏》《氾胜之》《王氏》《蔡癸》。其中的《蔡癸》《氾胜之》就是汉宣帝、汉成帝时的农书。可见农家在汉代是有影响的,后世产生的《神农本草经》《农书》《农政全书》等都是先秦农学的继续。在中国这样一个以农耕文明为主的国度,农学不可能不受重视,这完全是国计民生使然。

二、矿　　冶

早在夏商时期,湖北就有兴盛的矿冶。到了周代,先民的矿藏知识与开采技术有了新的发展。周代流行《管子》一书,出自今山东一带的齐国,其中也收录了其他国的知识。如矿藏知识,从地面分析地下,探测地下资源。《管子·地数》记载:“上有丹沙者,下有黄金。上有慈石者,下有铜金。上有陵石者,下有金锡赤铜。上有赭者,下有铁。此山之见荣者也。”

研究大冶铜矿的学术成果很多,如杨永光、李庆元、赵守忠的《铜录山古铜矿开采方法研究》(《有色金属》1980 年第 4 期、1981 第 1 期,铜录山即铜绿山)研究分析了楚人在大冶铜绿山的采矿过程中,在地质勘探,巷井支护，矿井提升、通风和排水等方面体现出来的技术成就，论证了该矿区开采技术发展的连续性和继承性。殷玮璋、周百灵撰《铜绿山古铜矿采矿技术的思考》(《江汉考古》2012 年第 4 期)一文对铜绿山古矿的采掘方式做了辨析，论述了古人在铜绿山古矿开采方式的转变。卢本珊撰《铜绿山古代采矿工具初步研究》(《农业考古》1991 年第 3 期)统计了考古发掘的青铜工具、铁质工具和木质工具三个大类的多种形式，得出青铜工具在春秋战国时期的矿产采集中起着主导作用的结论。卢本珊与华觉明合作的另一篇文章《铜绿山春秋炼铜竖炉的复原研究》(《文物》1981 年第 8 期)通过对考古发掘的铜绿山春秋炼铜竖炉进行复原研究，阐释了炼炉的形态、特点和炼铜方法，尤其分析了炼炉结构的科学原理，以及各部分功能的技术过程，论述了炼炉炼铜的产出方法。李延祥、洪彦若撰《炉渣分析揭示古代炼铜技术》(《文物保护与考古科学》1995 年第 7 卷第 1 期)通过化学实验分析的数据和结果，揭示了古代炼铜技术。在李延祥、卢本珊所撰的另一篇文章《铜绿山Ⅺ矿体古代炉渣冶炼冰铜说》(《有色金属》1998 年第 50 卷第 3 期)中，详细分析了古代火法炼铜的 3 种原则工艺，并证实了硫化矿冶炼成冰铜，再由冰铜还原出铜的大胆假设。铜绿山古铜矿是春秋战国时期楚人主要的采矿基地，研究考古发掘的铜绿山古矿冶遗址的地质状况、采矿方式和冶炼技术是揭示楚国青铜铸造业如何存续的基础，与楚国青铜生产和铸造技术的延续和发展息息相关。①

1. 采矿地点

我国铜矿资源主要集中分布于长江中下游、川滇地区。长江中下游铜矿带居于首位，湖北大冶铜绿山、江西瑞昌铜岭、安徽铜陵凤凰山等都发现有铜矿冶遗址。大冶矿区铜矿储量居全国第二，品质居全国之首。

楚国考古发掘的古代采矿遗址，除了大冶铜绿山古矿冶遗址，还有阳新港下古矿冶遗址。在阳新县富池镇港下村发掘的古矿井有竖井和平巷两种。竖井的支护框架大的为“日”字形，小的为“口”字形。“日”字形框

① 何堂坤，赵丰. 纺织与矿冶志[M]. 上海：上海人民出版社，1998：223 - 225.

架井口较大,井框内空长约420厘米、宽约300厘米,全用圆木支护而成。"口"字形框架井口较小,断面呈正方形,由4根直径约15厘米的圆木支撑而成。

2. 找矿方法

楚人积累了相当丰富的寻找铜矿的经验,他们通过铜矿矿脉露出地面的部分来寻找铜矿,铜矿地表往往有自然铜、孔雀石等铜矿物,这种寻矿方法称为"矿苗寻矿法"。另一种方法是根据铜草花这种植物为线索找矿。找到铜矿以后,如何确定富矿的矿脉走向呢?一种方法是用船形木斗进行重力选矿。在铜绿山各个时期的古矿井中,都发现了船形木斗,还发现了木杵和木臼。另一种方法是挖竖井进行探矿。在考古发掘中,发现一部分断面小的竖井,分布密集,有的开凿在花岗闪长岩内证明无矿;有的开采在绢云母化硅卡岩内,证明接近矿体;还有的则开凿在矿体内,并沿着矿脉跟踪开采。

3. 采矿技术

大冶铜绿山铜矿,在没有动力和金属机械的生产条件下,已能够开凿矿井深50余米。当时还采取了竖井、斜巷、平巷相结合以及多中段的开拓方式,并初步解决了井下的通风、排水,提升、照明和巷道支护等一系列复杂的技术问题。①

大冶铜绿山的井巷相互贯通,层层延伸。竖井由地面垂直向下开掘,深40~50米,达到铜矿富集带上,便向周围开拓,形成平巷或斜井,平巷的底部往往又有竖井,因这种竖井开口不在地面,故称为盲井。为了沿着矿体倾斜的走向挖掘富矿,就采用斜井,斜井的倾角为25°~70°。为了安全生产,矿井井壁设有木构方形框架。斜井的支护方式有两种:一种是井框支架垂直于井巷的顶底板;另一种是井框支架沿着地心方向铺设。框架采用了公母榫套接的方法。由于支架有效地防止了矿岩的坍塌,确保了安全生产。

---

① 夏湘蓉,李仲均,王根元. 中国古代矿业开发史[M]. 北京:地质出版社,1980:24.

战国以前是从地表矿体露头向下开拓竖井，达到富矿带时，即开拓平巷，平巷下部再开凿盲井，这样跟踪矿脉，逐渐向下延伸，有矿即采，无矿即停。战国至汉代采用的是上向式方框支柱充填法。先将斜巷开拓到矿体底部，然后再凿穿脉平巷进入矿体，进行开采，下层采完后再采上层。矿石经手选后运到地表，贫矿和废石填充到下层巷道。这样既有效地处理了下层采空区，保证了上层采矿区的安全，又减少了大量废石的运输。

矿井的排水方法有两种：一种是利用废弃巷道作为排水道；另一种是铺设排水槽，将水导入排水井中，然后用木桶、绳索、木钩和辘轳等工具，把水提出井外。

矿井的通风主要利用井口高低不同而产生的气压差，形成自然风流来调节矿井中的空气。另外还填塞废巷，让空气最大量地流向深部作业区。井下的布局，道路与照明、通风与排水、采集与提运，都是采用系统思维解决的，有力地保证了挖掘、运输。这在当时的世界采矿技术方面都是最先进的。①

4. 采矿工具

战国以前井巷开拓主要使用青铜工具，如铜斧、铜镢和铜锛。到了战国时期，铁器已广泛用于矿业生产，如铁斧、铁锤、铁锄等，开采能力增强。

湖北省博物馆收藏有一件特大型直柄铜斧，出土于铜绿山古矿井附近，重约 15 千克。出土时，铜斧表面没有锈蚀，表面泛着青铜的光泽，但刃部磨损较大，应该是一件用于采掘的实用工具。这种斧头的使用方法是用绳索系在柄部，将其挂在平巷支架的横梁上，利用水平方向的冲击力量凿碎坚硬的岩层。这种铜斧重量大，能产生较大的横向冲力，是一件理想的采矿工具。铜绿山古矿井中还出土有一种直柄铁斧，在斧柄顶端缠有 4 道篾箍。这种直柄铁斧是用于垂直方向凿岩的有力工具，缠上篾箍是为了防止锤击时木柄开裂。使用方法是将斧刃插在岩石的裂缝处，一人手持斧柄，一人用铁锤锤击斧柄顶端，如此才易击碎岩层。

① 刘玉堂. 楚国经济史[M]. 武汉：湖北教育出版社，1995：204－210.

5. 冶炼

研究楚国冶炼的成果有很多，如刘彬徽著《楚系青铜器研究》（湖北教育出版社 1995 年版），对楚墓出土的青铜器做了总结性的归纳和分类，将楚系青铜器的年代与分期、分类研究、组合研究以及与楚礼制的关系等都进行了论述。后德俊撰《楚国青铜铸造技术中的三项成就》（《世纪行》2004 年第 5 期）一文中着重介绍了青铜范与蚁鼻钱、失蜡法和复合剑的铸造工艺，认为这三项成就是楚国青铜铸造技术中的重要内容。华觉明和郭德维的文章《曾侯乙墓青铜器群的铸焊技术和失蜡法》（《文物》1979 年第 7 期）根据 1978 年出土的曾侯乙墓青铜器实物，将曾侯乙墓青铜器群的造型、纹饰、加工工艺等进行分析和比较研究，认为这一组青铜器群反映了战国以来青铜冶铸业的生产能力和技术水平。

楚人因地制宜，根据铜绿山铜、铁矿共生的矿石结构特点，经过千百次的实践发现，炼铜时混入一些铁矿石，炉渣会变稀，流动性强，容易排渣。后来就自觉地在炼铜时加入适当数量的铁矿石。掌握了配矿技术之后，有效地控制了熔渣的熔点和炉渣的流动性，达到准确控制炉温的目的。因为楚人开采的铜矿属于氧化型矿石，炼铜炉为带有鼓风设备的竖炉，所以当时的炼铜工艺是铜的氧化矿的还原熔炼。

在铜绿山发现春秋时期炼炉约 10 座，均为竖炉，由炉基、炉缸和炉身三部分组成。这种竖炉可以连续加料、连续排渣、间断放铜、持续冶炼，具有较强的冶炼能力。经实验，一座炼炉，若一天加入物料 3000 千克，矿石的平均含铜量为 12%，可炼出红铜约 300 千克。

6. 铸造

楚国的青铜器铸造技术一开始并不发达，但楚人善于学习、创造，到东周时达到了相当高的水平。分范合铸技术有了新的进步，还发明了失蜡法。

战国出现“生铁柔化”技术，使生铁的脆性变小而韧性增强，有延展性与可锻性。在楚国墓中发现战国中晚期的展性铸铁制品，如 1974 年在大冶铜绿山古矿井中出土 4 件铁斧，鉴定得知铁斧的刃部经过了柔化处理，即放在900℃以上高温中进行了“退火”处理。

(1)分范合铸技术。分范合铸技术就是根据器形的复杂程度,确定铸造一件器物需要几块外范。器形简单的器物就用浑铸法,一次铸成。器形复杂的器物,基本上用分铸法铸成。欧洲和古印度的单音钟都是正圆形的,唯独中国的编钟是合瓦式的。因为钟体扁圆,衰减较快,所以能成组编列,作为旋律乐器使用。用范铸技术可铸造纹饰极为复杂、尺寸相当精确的编钟,关键在于对分范合铸技术的娴熟使用,分范合铸的技术必须达到炉火纯青的水平。这说明中国商周铸造技术确有独到之处,是从长期生产实践中逐步形成的自己的特色和工艺体系。

(2)失蜡法。失蜡法是熔模铸造中的一种。先用蜡料将设计好的铸品制成蜡模,由于蜡的可塑性好,可以在蜡模上做出繁复的纹样或使器物具有复杂的形式。在蜡模表面涂上沙、石、耐火泥等粉末,形成比较坚固的外壳,然后加热熔去蜡模,形成铸件的外模范,再浇注铜液,待冷却后,除去外模,铸件即成。失蜡法,唐代文献中有记载。由于考古发现了实物,把先民对失蜡法的采用时间不断向前推移。①

1978年,随县擂鼓墩1号墓出土的尊盘,可知采用了分铸、焊接、失蜡铸造等多种工艺。尊体泥型浑铸,对开分型,浇口设在圈足底缘。圈足上的龙体分铸。尊腹上铸出4处8个接榫,在榫上分别焊铸了8件龙身,组成4条双身龙。尊颈的豹形饰全身镂空,透空变异蟠虺纹附饰用失蜡法铸造,然后与尊体铸接为一体。透空附饰由4个独立花纹结构经铜焊而成,这四个部分都是失蜡法整体铸就。尊口沿和盘耳上的透空附饰,若用组合范整体铸造,则需数千块铸范,显然是不可能的。

1979年,在河南淅川下寺2号楚令尹子庚(卒于公元前552年)墓出土的铜禁和1号、3号墓中出土的铜盏,这些实物把失蜡法铸造技术的使用时间提早到春秋中期,这些都证明了楚国最早使用失蜡法。解剖一个器

① 汪建平,闻人军.中国科学技术史纲(修订版)[M].武汉:武汉大学出版社,2012:83.

物,就可大致了解当时的技术。

楚国采用先进的失蜡法铸造青铜器,这种技术是从哪里学来的？过去有一种说法,在云南省晋宁石寨山出土过一件青铜贮贝器,其器盖附饰采用了失蜡法铸造。我国云南是产铜之地。印度也发现过失蜡法工艺。楚国的失蜡法或许是从云南传来的。也可能是从印度传来的。随着出土的楚国失蜡法器物增多,学者们普遍认为,楚国流行的失蜡法工艺,时间久远,工艺成熟,应当是在本土创造出来的工艺。

(3)焊接。焊接工艺可分为铜焊和镴焊两种。铜焊是将各部件分铸后,嵌入陶范内相应部位,浇铸铜液,就铸接牢固了。铜焊焊接强度高,常用于青铜构件上,商代青铜器上已经常用这种焊接技术。镴焊就是用锡铅合金为焊料,强度较低,简便易行,适合于较小、不需要很高连接强度的部位。1978 年,在随县出土的曾侯乙墓中,战国的青铜器不少部位都使用了软钎焊技术。此外还有车旋技术,在鄂城县(今鄂州市)曾出土一枚西汉早期卷叶纹镜,卷缘内有一素纹带,镜上分布着密密麻麻、清晰匀称的车削纹路,它们都似乎处在一个同心圆上。①

(4)复合剑的铸造技术。复合剑是采用含锡量不同的两种铜合金铸造而成的青铜剑,剑脊和剑柄部分是采用含锡量比较低的铜合金铸成,剑刃部分采用含锡量较高的铜合金制成。由于剑脊和剑刃两部分的合金成分存在差别,受几千年地下环境的影响,含锡量较低的剑脊部分呈亮黄色或铜绿色,含锡量较高的剑刃部分呈浅灰色或灰黑色。从整体上看,一件铜剑上就有两种颜色,泛亮黄色或铜绿色的剑脊就像是插在青铜剑的中心,所以复合剑又常被称为"双色剑""插心剑"。现代冶金实践和理论研究表明,要获得最大强度、较高硬度和一定的塑性,锡的含量应选择在12% ~18%;而要获得较高的强度、塑性和一定的硬度,锡的含量应选择在6% ~12%。楚人铸造复合剑,解决了硬度和韧性的矛盾,刃部坚硬锋利,脊部韧性好,不易折断,大大地提高了剑的质量。楚人爱剑,《越绝书》卷

① 何堂坤,赵丰.纺织与矿冶志[M].上海:上海人民出版社,1998:347.

十一《宝剑》记载了春秋末有个楚国人风胡子,奉楚昭王命,请工匠干将、欧冶子铸剑。

在宜昌前坪战国墓中出土过一柄长达120厘米的铁剑,专家认定其制作工艺采用了块炼铁锻打,即通过反复锻打,使铁内疏松的组织变得致密,碳的分布均匀。

7. 青铜器的形制与装饰

(1)器形的创新。楚地流行升鼎,它是标志贵族身份的重要礼器,与簋相配。楚人的升鼎与周人的鼎形不同,器形为立耳、束腰、平底,3个兽蹄形足,腹部一般有浮雕龙饰。

曾侯乙墓出土的两件铜缶,重量分别为327.5千克和292千克,是我国也是世界上青铜时代最大最重的酒器。楚式鼎足越变越高,与北方矮足鼎呈鲜明对比,彰显了楚文化的特色,应该是楚人在技术上的自觉创新,别具一格。

(2)铸镶红铜花纹。铸镶纹饰的程序:先将红铜纹饰铸好,然后嵌镶在陶范的适当部位上,于浇铸时和器体铸在一起。由于红铜纹饰量较大,为了防止对浇铸的铜液产生过冷作用,一般均要将铸型预热,红铜纹饰也同时预热,温度为200~300℃,或更高一些。同样,浇铸的铜液也需要一定的过热温度,浇铸温度高于制造一般的青铜器。所以铸镶法的应用是楚国青铜器制造工艺更加成熟的标志之一。楚国用这样的方法铸的青铜器出土有很多,湖北曾侯乙墓、江陵凤凰山墓等都有不同样式的青铜器采用这种方法。

曾侯乙墓出土的盥缶、甗、甬钟、炭炉、漏铲等都属于铸镶法,纹饰有圆涡纹、蟠龙纹、鸟首龙纹和勾连云纹。

曾侯乙墓出土了超过10吨的青铜器,大多器物精美绝伦,制造技术高超。在春秋战国时期的楚国大地上,还有许许多多的大墓,真不知还有多少青铜器物藏在地下,那可都是先民智慧的结晶!

8. 冶铁

据《史记·范雎蔡泽列传》记载,秦昭王曾对秦相范雎说:"吾闻楚之铁剑利而倡优拙。夫铁剑利则士勇,倡优拙则思虑远。夫以远思虑而御勇士,吾恐楚之图秦也。"这说明当时楚国冶炼技术水平高,铸造的铁剑驰名天下。

(1)资源与成品。鄂东与鄂西都有铁矿资源,如鄂西的秭归县、巴东县,鄂西南的恩施土家族苗族自治州均有铁矿资源。在宜昌上磨垴、秭归柳林溪等遗址发现了冶炼遗迹。①

在春秋早期,楚人的铁器以武器为主,也有农具、工具。到了春秋中晚期,铁器的品种大大增多,有农具、工具、武器、礼器和日常用具,表明铁器的用途日益广泛。从出土的铁器数量来看,早期较少,中晚期逐渐增多。这说明楚地在春秋时期已逐步跨入了铁器时代。

春秋时期的铁器多为块炼铁制品。铁器主要是生产工具,如宜昌上磨垴等遗址发现的春秋中期铁器有斧头、刀、镢、锸、镰,各有用途。铁容器有鼎、铁足铜鼎、釜、坩埚等。如襄阳蔡坡 9 号墓、宜昌前坪 23 号墓各出土 1 件铁足铜鼎,江陵纪南城龙桥河西段水井中出土铁釜和坩埚。

(2)冶铁技术。从考古发现的楚国铁器可知,铁的种类有块炼铁、白口生铁、展性铸铁和钢。所谓块炼铁,是铁矿石在较低温度(约 1000℃)的固体状态下,用木炭还原法炼成的比较纯净的铁。这种铁的结构疏松、性质柔软,只有经过锻造,提高其性能以后,才能制成可用的器件。白口生铁是铁矿石在高温(1146℃)液态下,用木炭还原法炼成的铁,含碳量在 2% 以上,生铁可以直接铸造器件。生铁的质地坚硬而性脆,经过热处理,就变成展性铸铁。春秋时期出现了生铁冶铸技术。大冶铜绿山古矿井中出土的六角形铁锄和铁斧,经金相鉴定为可锻铸铁。生铁的出现和广泛运用于生产领域,提高了劳动生产效率,促进了社会的迅猛发展。

如果仅从铁器产生的时间来看,我国的铁器出现并非最早。公元前 12 世纪,铁器在腓尼基和美索不达米亚的北部已经得到广泛地使用。公

① 杨华. 三峡地区春秋战国时期冶铁业的考古发现与研究:兼论楚国对巴蜀地区冶铁业的影响[J]. 重庆师范大学学报(哲学社会科学版),2005(4):61-69.

元前 8 世纪,在亚述的宫殿中曾发现藏有大量铁器的仓库,铁器有锤、锹、犁、钩子、链子等。但这些铁器都是块炼铁。春秋时期楚国已发现许多铁器,其材料有块炼铁、钢、生铁,战国时期楚国又发明了生铁柔化技术。可知楚国在掌握块炼铁技术不久,几乎同时掌握了冶炼生铁的技术和铸铁柔化技术,为世界冶金史做出了重大贡献。欧洲,从发明块炼铁到出现生铁,相隔 2500 年。直到公元初年前后,古罗马才出现生铁。楚人使用生铁的时间比西方早 500 ~ 600 年。欧洲在 1720 年才出现白心的欧洲式展性铸铁,比中国晚了近 2000 年。在中国的各个区域,南方楚、吴两国的炼铁技术一直处于较高的水平,不但能用低温块炼法炼制块炼铁,还能用生铁铸造铁器,更能用块炼铁渗碳制钢并锻造钢剑。至迟在春秋战国之际,先民已能把又硬又脆的白口生铁加以柔化处理,使之变为可锻铸铁,用于制造各种工具。这些都促进了铁制生产工具的广泛使用,而这一创造要比欧洲早 2300 年。①

9. 黄金和白银

黄金是财富的象征,楚人很早就注意到淘金与冶金。《韩非子 · 内储说》记载了楚人违禁淘金的情况,“荆南之地,丽水之中生金,人多窃采金。采金之禁,得而辄辜磔于市。甚众,壅离其水也,而人窃金不止”。《战国策 · 楚策三》记载了楚怀王与张仪的一段对话,“张子曰:‘王无求于晋国乎?’王曰:‘黄金、珠玑、犀象出于楚,寡人无求于晋国。’”

楚人已经掌握了金、银冶炼铸造技术。金的熔点是1064.43℃,银的熔点为961.93℃,比铜的熔点 1084.5℃都低。通过对湖北大冶铜绿山古炼铜炉渣的测定,楚人冶铜时的炉温可高达 1200℃。这表明楚人完全有能力熔铸黄金、白银。曾侯乙墓出土的金盏、杯、勺、器盖和楚国金、银币,都是将金、银熔化后,铸造成形的。其中出土的金盏为先秦时期最大的金器,代表了先秦时期黄金铸造技术的最高水平。

楚人掌握了错金银技术。错金银是镶嵌工艺的一种形式。错,是打磨

---

① 杨宽. 中国古代冶铁技术发展史[M]. 上海:上海人民出版社,2014:303.

的意思,把金银片、条、丝镶嵌到其他质料的器物中,然后打磨光滑,达到装饰等作用。安徽省寿县楚墓发现的鄂君启节舟节2件、车节3件,表面都有错金铭文。

楚人还掌握了鎏金、鎏银技术。鎏金又叫火镀金、烧金或汞镀金。它是在400℃的温度下,按金、汞的一般比例1∶7,将黄金碎片熔融在水银中,制成银白色的泥膏状金汞剂,俗称"金泥"。将金泥涂抹在器物上,然后在炭火上烘烤。汞遇热蒸发,金留存于器表,颜色随之由银白色转成金黄色,刷洗干净,压光即成。如果要使鎏金层厚,就反复进行多次。

江陵望山3号楚墓出土过鎏金铜带钩,属于战国中晚期。楚国鎏金技术至迟战国中期已经成熟。鎏金铜器有时会被误认为是金器。但鎏金层较薄、质地紧密,显微镜下可看到凹陷处的汞剂,鎏金表面会呈谷纹状。利用光谱和电子探针也可发现鎏金层中残留的汞。

三、建　　筑

楚国建筑主要包括城邑、宫室、军事、墓葬等。它们在布局、形体、结构、制作技术上都各具特色。[①]

1. 城邑建筑

城市建筑是科技的集中体现。春秋战国时期,湖北各地城邑星罗棋布,大大小小的城邑构成了多层次的城市网状体系。楚人筑城技术先进,施工组织设计严密。1976年以来,考古工作者对荆州的纪南城做了全面勘察,城内东南部是宫殿区,东北部和西南部是手工业区。[②] 纪南城东、

① 高介华,刘玉堂. 楚国的城市与建筑[M]. 武汉:湖北教育出版社,1995.

② 关于楚国的都城,有很大争议,楚国都城在史籍中记载较多的有两个名字:丹阳、郢。丹阳是楚早期都城的名字,关于丹阳,目前就有秭归说、当涂说、枝江说、商县－淅川说等几种观点。春秋战国时,楚都称郢,郢都的具体位置,各家也是说法不一。有说郢都一直在江陵纪南城的,仅在昭王时有过短暂迁徙;有的认为郢都在宜城楚皇城,纪南城为楚陪都;还有的则认为楚国郢都春秋时在宜城楚皇城,战国时为江陵纪南城。楚都的具体情况到底怎样?这一问题的解决还有待于考古的进一步发现。

西、北三面环山,可资屏障。唯城南地势平坦,南垣外有许多夯土台基,可能是作为瞭望、斥候、报警、守御之用。由削折城隅、斗城及其配套的军事设施组成了具有特色的南郢防御工程体系。纪南城临水居高,宜于舟楫之便,又避洪水之害。

纪南城平面呈东西向横平长方形,长宽比为1.24:1,因循自然,严谨规整。据考古所知,有东周时代的夯土建筑台基计84座,其中61座密集于城东南部的松柏区内。在该区夯土建筑台群的东、北外沿已发现了平面呈矩形,走向平直,宽度达10米,兴建年代早于外郭的地下夯土墙垣遗迹,此垣外沿又有与之相平行的古河道,当为宫城城垣和护城河。

纪南城有水陆城门,至少有8座。已探明的陆城门有5座,其中有单门道者,如北垣西边门;有三门道者(中门宽、边门窄),如西垣北边门。三门道城门是迄今发现的同时代城门中的首例,它提供了东周时代的城市交通采取人车分流的最好实证。楚城池建筑中最具特色者还是水门——水上城门。引流入城,加以有规划地组织并达到多功能运用这一设计特点,在我国古代城市建设史上确是呈现了异彩。

纪南城水上城门的营造方法:木构建筑的营造,先是清理河底,挖至灰绿色生土层。在生土层中开沟槽,槽内挖柱洞,洞内埋础立柱。挖洞立柱后,柱周填土夯打。在主体建筑的东西两侧安置挡板。挡板两端均嵌入转角柱的竖槽之中,紧贴木柱外侧,下以沟槽底部生土面为基,上应与上层建筑相接。纪南城南垣水门的主体建筑为木构建筑,平面呈长方形,共发现柱洞41个,柱洞内还保存木柱32根。主体建筑两侧外,还各有一排柱洞,为城门木构建筑的附属建筑。

纪南城一带处于长江、汉水和沮漳河之间,并有许多大小湖泊分布,属于典型的淤积平原地区。由于雨水多,土质潮湿黏滑,建筑基址容易下陷,用土筑台、夯垣容易崩塌。为了解决筑台夯垣的难题,楚国采用木质框架夯筑的方法。

纪南城东南隅的30号宫殿遗址的墙体内外两侧有较多的长方形柱穴,紧贴墙面。其形制为半边墙内,半边墙外。这种"明暗柱"除主要用于支撑上面梁架之外，还用于夹扶墙体，使墙体与木柱有机结合之美感外，还可提高其空间的使用率。

在纪南城西南的拍马山附近有一座楚国大型夯土台基，在台基夯土内有大量的纵横呈格状排列的木质梁柱和隔板，这也是一种木质框架夯筑台基。木质框架夯筑技术是高台建筑的核心技术。商周时期成熟的夯土建筑，为东周时期盛行的高台建筑奠定了坚实的基础。楚地的高台建筑逐渐发展出具有自身特色的高台筑屋。

纪南城收缩城隅，除去死角。城的东北、西北、西南三隅城垣皆将直角切去，使城隅平面形状造成两个钝角的折线形，这样就消除了直角城隅在视线上的死角——单方位视野的弊端转化成了多方位视野的优势，使城隅戍卒可多方位监视敌情并狙击来犯之敌。城东南是宫城区，因结合地形将南垣东段郭垣作局部凸出，以形成"斗城"，并设有城门。斗城之设可以藏兵，兼具多方位视野，是以东南角隅不再削折。

纪南城的城内布局精当，有严格的分区，宫城、府第（居住区）居东。考古发现城内有高出地面的土台、土冢、土堤多达 300 处。多数属于大型建筑基址，分布较密集，最大的长 130 米、宽 100 米，推测是纪南城内的宫殿区。

楚国建筑注重基础。建筑的基础往往采取的是挖基填物工艺。或填入纯土夯实，或在台基上深挖再填入红烧砖坯、瓦片以作台基基础，或在墙基土中掺入白膏泥，使基础更坚固。在纪南城西垣北门遗址可以看出，在建筑城门之前，已将此范围内比较松软的淤泥、淤沙，腐殖质多的泥土和井、坑、沟内的松软堆积物全部清理干净，然后填入纯净的土夯实，使整座城门建设在坚固的夯土或生土之上。为了使整体建筑不致下陷，还会对承重部位采取特殊措施。

纪南城还发现一种罕见的挖基现象。在纪南城区西南部龙桥河附近发现许多整齐排列的平面为正方形的夯土遗迹，东西两方相对，每方长与宽各 2 米，像"礁墩"，两两南北向延伸排列，已发现 32 对。这有规律分布的夯土遗迹大概属于建筑台基底部所挖的基础坑，基础坑上部可能是立柱的特别承重点。

纪南城的台基夯土颜色不同，但是，所有的地层均呈水平，说明了当时的施工层厚度和捡采工序的严格。夯筑过程中，先夯筑低洼地带，当其与高地呈现水平之后，再夯筑整体台基。高台式建筑台基采用逐层夯筑方式，称阶梯式收缩。墙基采用“筑基”法。其做法是在需要筑墙的地方，用灰白色土夯筑成宽约 3 米、高约 1 米的墙基，向上收成梯形，以支承墙身。墙身乃是采用“挖基”法，即在夯筑好的台基上，按墙体走向下挖墙基槽，基槽内立内方外圆的木柱后，用灰白色土夯筑至台基面。墙基两侧发现内方外圆的柱洞，是地面上壁柱深入地下的部分。

在武汉黄陂区西北 24 千米的李集镇发现东周时期的作京城。此城为战国时期楚境内遗址，其设计当是继承了纪南城的手法。该城规模不大，但四面都有突出的“斗城”，东、南、北三面皆有城门。作京城的地势北高南低，从俯视的角度看，造型特别。其整体平面是以四方形为基干，每一边再向外凸出，形成繁体的“亞”字形，周边有护城壕环绕。它可能是个军事城堡，在防守时，从城楼上射箭没有死角，且可以对城外的敌人从两个方向加以攻击。考古学者认为，作京城是一种早期的“瓮城组合”。这是迄今为止在我国境内见到的时代最早的一座瓮城形态的古城址，是战国楚人军事建筑的杰作。①

2. 宫室建筑

楚国宫室是楚国土木建筑的大宗，在类型上丰富多彩，包括宫殿、宗庙、公府、馆榭、地下宫室、离宫、坛、祠、警鼓台、舞台、观景楼阁等。

楚国各类宫室具有明显的特点：层台叠榭、金木齐用、造型生动、精雕细琢、髹饰多样、精微宏丽、巧用湖光山色等。众多的宫室虽现已不复存在，只留下一些残墙断壁和部分瓦件，但从已发掘的楚都纪南城 30 号台基与潜江龙湾放鹰台的部分遗迹可知楚国土木建筑技术之高超。

楚地流行筑台风气，宫苑亭台遍布各地。《左传》文公十年记载了楚

---

① 刘森淼. 荆楚古城风貌[M]. 武汉：武汉出版社，2012：63.

成王居“渚宫”。渚是水中的高地,渚宫即筑在水中洲土上的行宫,位于当时郢都城之南。除渚宫外,楚国还有江陵、鄀等行宫。灵王即位,大兴土木,为章华台。《新语·怀虑》亦记载了灵王“作乾溪之台,立百仞之高,欲登浮云窥天文”。灵王之后,楚人还建有云梦之台、钓台、京台、五乐台、豫章台、九重台等众多层台式建筑。楚见之于文献记载的高台建筑有20多座。

楚灵王建的章华台代表楚国高台建筑技术的最高成就,在中国建筑史上占据重要的地位。章华台不是一个孤立的建筑,而是一组以台为主体、其他单体建筑相结合,融台、湖、陵(郭)于一体的复合建筑群,是楚国历史上最宏伟的超大型王家园林化离宫,也是我国帝王园林化离宫的先导。

章华台建筑群包括了层台、殿寝、府库、舞榭、园林、宅舍、作坊、亭台等各类建筑。章华台是这一建筑群中最耀眼的主体建筑。《水经注》卷二十八《沔水》记载了章华台“台高十丈,基广十五丈”。又《章华赋》言及“举国营之,数年乃成”。周围有汉江曲水环绕,9座巨石雕凿而成的观阙耸立于曲水之上。

章华台宫殿采用了火烧烤的技术。不论是夯土台基表面、室内居住面,还是建筑的四周围墙、门道壁,以及墙内柱洞壁都经过高温烘烤,使台基面、墙壁面和柱洞壁形成厚厚的红烧土层,并连为一体。用火烧烤是建筑中的一道重要工序。章华台发掘报告中称被烘烤过的建筑土为“砖坯”。其质地与砖质虽近似,但连成大片不分块,应属于经烧烤的“红烧土”。用火烘烤硬化土质建筑体表面,是楚国重要的一种建筑方法。经此法处理的建筑体,具有更加良好的防潮、防塌性能,这在江汉平原湖区特别重要。

章华台建筑采用了木质框架夯筑技术。章华台为层台建筑,土台较高,并分层,除台表筑泥烘烤固化以外,台内设木质梁柱,构成框架,起筋骨的作用。章华台遗址的上层台基位于夯土台基中间部位,先将夯土台基下挖20厘米,填红烧砖坯、瓦片以作台基基础。在此基础上再筑上层台基和上层宫殿体建筑。在章华台遗址中,高台建筑的夯土台基周边用砖坯垒砌，美观大方，平滑整齐，还起到防潮、防水的效果。

章华台遗址设地沟，沟内有红烧砖坯，沟底及两壁装有地梁，地梁与木柱相连接。章华台宫室建筑中往往有枕木垫。枕木一般平置呈对称式；多根时为并列式，有单层对称并列式或是多层叠压对称并列式。目的是防止建筑物体下沉。

总之，章华台是一座迄今有迹可循的楚国超大型帝王园林化离宫，“高台筑屋”开启了高楼建筑的先河，规制宏伟又使其成为建筑史上的丰碑。

3. 军事建筑

楚国的军事建筑包括方城、关塞和亭障。

楚国的长城名为方城，古籍将其列为“天下九塞”之一。方城长近千里，因山形之险，就水壑之深以为城，发挥防御优势，乃是楚方城的特色。方城讲究因地制宜，与北方诸长城相比，其建造特色主要体现在“连堤”，即沿河岸筑堤为城，以河为池。这种“水长城”并非楚国所独有，但“连堤”在楚国始建最早，规模最大。因跨越河流水系最多，水城门数量也最多，如此多的排洪闸势必给工程带来极大的艰巨性和技术的复杂性，可称得上我国古代最伟大的军事工程之一。

关塞是边境上的隘道门，常筑城设堡以守，是兵家所重之地。春秋时楚国有“方城塞”，战国时有“木关”“无假关”“厉门塞”“捍关”“符离塞”等。由于年代不同及疆域变化，各地的关塞作用各不相同。

亭是处于边防地带、有军队屯守防卫的营垒，更有高台瞭望，用于烽燧报警。战国时期，亭的防御力量很坚固，工程规模也不可小觑。

笔者曾经做过湖北省的楚长城资源调查，撰有专门的文章《关于“楚长城”的调研与思考》，载于湖北省文化厅古建筑保护中心、武汉大学历史学院考古系、华中师范大学历史文化学院编著的《湖北省长城资源调查工作报告》（文物出版社 2013 年版）。春秋战国时期修筑的楚长城的特点是依据天然形胜，以高山作为屏障。它是通过一个个石城或石寨联结组成的，包括一系列城寨、隘口、边墙、山体。目前在湖北竹溪与竹山所见到的长城，均是在鄂、陕两省之间的最高山巅之上。由于上古用于记录的载体有限，所以缺乏文献信息。当明清流民进入这一大片荒山野林时，春秋战国时期的居民早已搬迁，文化形成断层。明清以来的移民对长城的历史只有猜测，没有直接的口耳相传的一手资料。历史记忆是中断的。

鄂陕边界的长城是谁修筑的？情况很复杂。有 3 个古国值得注意。一是庸国。庸国曾经修过方城，《左传》文公十六年记载："庸人帅群蛮以叛楚。……庸方城。"《史记·礼书》正义引《括地志》曰："方城，房州竹山县东南四十一里。其山顶上平，四面险峻，山南有城，长十余里，名为方城，即此山也。"二是楚国。明代万历十八年（1590 年）刻板印行的《郧台志》记载："县西南八十里，战国时楚筑城于此避秦，今名大塞山。"今十堰牛头山的楚长城正好距明代郧县县城约"八十里"，方位正是在西南。牛头山的楚长城并无定制，以土筑城墙为主，亦有石包土筑。牛头山的城垣依山而建，以石垒或干打垒夯实而成，有的墙段石包土筑痕迹十分古老，虽历经千百年风雨，仍雄姿依旧，城墙保存比较完整。这段古长城比秦始皇统一中国后修筑的北长城还要早 300 多年。三是秦国。过去，湖北人一直把鄂陕边界的长城称为楚长城。在 2009 年的考察发现，有些山体的长城应当是秦长城。理由是用于防守的城墙主体石块一方是对着楚地的。楚地陡峭，很难攀登到城墙上，而秦地一方较为平缓，选择修城墙的山体都是有利于秦国的。因此认为，不能把鄂陕边界的长城统称为楚长城。历史上，秦国在北方边界的多处地方修建了防止其他诸侯国的长城。秦国既然可以在北方修长城防齐国，又为什么不会在南方修长城防楚国呢？何况，楚国曾经非常强大，一度饮马黄河，问鼎中原。东方诸国一度合纵，都想依赖楚国牵头灭秦。秦国南边抗楚，北边抗齐，必须利用天然的地势。

笔者建议把鄂陕之间的长城统称为秦楚长城。这段长城是秦楚文化交融碰撞的见证，历朝历代的行政区划大致以鄂陕边界的这段长城作为基础，把鄂陕文化区别开来。从春秋战国以来，鄂陕边界的这段长城利用秀丽高耸的山体峭壁作为延伸，就像一串项链镶嵌在两地交界的山顶上，在天然分界线上形成一道屏障。

鄂陕边界的长城因地制宜,垒石为固。长城采用的石材,相对于其他地区的城墙而言,普遍较小。有些石材近乎农民开山造田时垒砌的石块。石材基本上是从附近的地方搬来的,一般没有经过石匠加工。城墙石块之间没有用于固定的黏结性物质,如黏土。城墙的修建没有太多的科技含量,依山修砌而已。在实地调查中发现,清嘉庆年间,地方政府为了对付白莲教起义而修筑了许多围子与塞口,使得先秦时期的秦楚长城与后世修的城垣已经很难分辨了。

4. 墓葬建筑及其他

楚人相信"人死复生"的观念,在地下建造了适应不同身份的各类墓室。楚墓均为土椁木棺墓和土坑单棺墓。从其建筑形式上可知楚人的土木建筑状况。考古发掘的数以千计的楚墓中,按棺椁的形制可分大、中、小三型。从墓地选择,墓圹建筑方式与施工,墓室布局和结构特点,棺椁形制、布局、设施与制作等各方面看来,楚墓建筑是一项系统工程,从不同的角度显示出楚人在墓室建筑中的无形的意识潜存与智慧投入的深度和广度。

在已经发掘的楚墓中可以看到棺椁各部分的结合方法,可分为扣接、套榫、锁榫、栓榫、平列。如江陵天星观1号楚墓,墓主为楚国封君,该墓葬中棺椁在结构上采用的是:椁室均用方木纵横交错平垫或垒砌,纵横椁板与隔板的交会采用榫接,分板制成搭肩榫与墙板上的半槽套合。

5. 楚建筑的思想与文化

楚建筑普遍存在天人感应、阴阳五行观念。在景观方面,注重人文景观与自然景观的和谐统一;在环境方面,重视人工环境与自然环境的和谐统一。其宗旨是勘察自然、顺应自然,又节制地利用和改造自然,选择和创造出与人的身心健康及其行为需求相适合的最佳建筑环境,使其达到阴阳之和、天人之和、身心之和的完美境界。

楚建筑以"间"为单位构成单体建筑,再由单体建筑围合构成院落。而院落组群分布就是以院落为基本单位,依照一定的轴线关系、平衡分布原则和具体需要构成整个组群。主要方式是平面上的层层铺开,注重移步换景和空间层次，体现时间进程中的空间意识，注重含蓄的美的表达和体验。

在建筑风格上，楚建筑的屋顶、木构件、飞檐等都有着人性化的设计。

楚建筑的屋顶一般很大，并出现了屋坡的折线“反字”及以后的“举折”的做法。虽然曲度不大，屋角也没有翘起，但刚健质朴的气势较浓。“人”字形的屋顶造型，既扩大了室内的空间感，同时有利于排水。

楚建筑中的拱形构件十分精美。木构件的制作主要指与构造结合的榫卯技术，其本身不用一钉一卯，完全插接构成。它源于南方古老的干阑式建筑中的榫卯构造，为楚建筑所承袭发展。在承重结构过渡为装饰构件的过程中，无论是从技术角度，还是从审美角度，都将两种功能结合得天衣无缝。

楚建筑崇尚创新。纪南城突破了《周礼》城制，规划严密。诚如前述，它在选址上临水居高；布局上宫城、府第（居住区）居东；建筑上多有水门；交通上引流入城，重水道；防御上削折城隅，除死角，立斗城。城垣的建设亦是一项规模极其宏大的工程。纪南城的修建，整体体现出楚人的施工、组织、设计十分严密，筑城技术也十分先进。

楚人伍子胥在吴都建阖闾城（属今苏州市）时，把楚地的建筑观念带到了吴地。《吴越春秋》记载：“子胥乃使相土尝水，象天法地，造筑大城，周回四十七里。陆门八，以象天八风；水门八，以法地八聪。筑小城，周十里。陵门三。不开东面者，欲以绝越明也。立阊门者，以象天门通阊阖风也。立蛇门者，以象地户也。”

四、丝　　织

当代对楚国丝织研究的成果较多，如彭浩著的《楚人的纺织与服饰》（湖北教育出版社 1996 年版），是最早系统介绍楚国纺织原料、纺织技术和纺织产品的专著，该书比较全面地将楚墓出土的纺织刺绣品进行分类整理，并分析了各种丝织品、刺绣品的结构特点和工艺手法。黄凤春、黄婧著《楚器名物研究》（湖北教育出版社 2012 年版），将楚墓出土的丝织品种类进行了详细的分类和阐述,介绍了各种纺织品的结构和织造技术。丁怀进的《塔形纹锦的研究复制》(《江苏丝绸》2012 年第 3 期),以江陵马山 1 号楚墓出土的塔形纹锦作为复原研究的对象,通过实验分析战国时期我国古老的丝织工艺技术。傅举有的《楚绣》(《紫禁城》2008 年第 10 期),根据江陵楚墓出土的精美绣品实物,对楚国刺绣的绣法特色展开研究,图文并茂地介绍了楚绣中的精品成衣和刺绣作品。刘咏清的《试析楚绣植物图案中的茱萸和莲花纹样》(《现代丝绸科学与技术》2012 年第 27 卷第 5 期),着重分析楚国刺绣纹样中的茱萸和莲花这两种植物纹样,以及形成这种刺绣风格的文化成因。姚伟钧、张志云著《楚国饮食与服饰研究》(湖北教育出版社 2012 年版),在楚国服饰研究这一部分,结合前人的研究和最新考古成果,综合整理了楚国纺织制造业从材料加工到丝织品生产的方法和技术。

春秋时期,楚国的纺织业,尤其是丝织业,有了一定的发展。楚桑蚕丝的生产情况在出土文物中也有所发现。湖南省博物馆馆藏文物中有一件引人注目的春秋时期的铜器——桑蚕纹尊,其上纹饰就是以饲养桑蚕为主题的装饰纹样。该纹样以 4 片几何图案化的桑叶组成,叶上及四周布满蚕,或爬,或蠕,或啃桑叶,或作休眠状,是一幅极好的桑蚕生息图。

战国时期,楚国的纺织工艺技术,如缫丝、纺纱、织造、染整等都已经形成。纺织生产的规模迅速扩大,丝织品的应用更广泛了,品种也更繁多了。从江陵望山楚墓出土的竹简中,可以见到大量有关随葬丝织品的文字。江陵马山 1 号楚墓中有将多种丝织品剪碎放入竹笥内用以入葬,有锦、纱、绢等 12 个品种,共 452 片。还出土了大量保存完好的丝织品,这些织物品种齐全,织造技术精湛。尤其是有着复杂组织结构的大提花织物锦的出现,证实了战国时代织机提花技术已达到了相当发达的程度。其中,动物纹锦是战国时期织锦的代表。

1. 楚国丝织品的种类

楚地丝织品的种类反映了当时的技术水平,主要有绢、绨、纱、锦、縠、缟、纨、组、缣、绦等。

绢是较为细薄的平纹织物。多数绢的经线和纬线都不加捻。绨的组织结构与绢一致,但比绢厚实。纱都是方孔纱,平纹。锦是平纹地经线提花织物,用量仅次于绢,多用作衣物的面和缘。按经线配色的不同,可分为二色锦和三色锦两类。织造三色锦时,以三种不同颜色的经线各一根为一副。其中一根用作地色,两根用以显示花纹。但在织造时,两根作地纹经,一根作花纹经。二色锦较为稀疏,三色锦较为紧密。縠是平纹熟丝织品,组织结构与纱同,有纱一样的方孔,质地轻薄,丝缕纤细,表面起皱纹。縠表面有细致均匀的鳞形皱纹,是经过特殊工艺处理才形成的。缟是细密素白的生丝平织物。纨是质地细腻有光泽的素白丝织品。组是只用经线交叉编织的带状织物,用作带饰或衣衾的领和缘。缣是经重平组织的双纬织物,又称丝细绢。绦是丝织的窄带,用以装饰衣物,按组织结构的不同可分为纬线起花绦和针织绦两类。其中有一种纬线起花绦是采用穿绕法织入花纹纬,即在织造前把花纹纬的结头留在织物反面,并织入一根地纹纬压住花纹纬的结头,花纹纬绕在杼上,织造时从花纹纬的起点顺纬向或左或右越过两根经线,从织物反面由经线缝隙中穿过,转入织物正面,又越过两根经线从上向下穿过织物,在花纹的起点转入织物反面,这样就在织物正面形成了跨越两根经线的一个花纹纬组织点。如此反复穿绕,连续织造,织物正面就显示出由若干短浮线相连而成的一条长浮线。针织绦按组织结构也可以分为两型,一型是横向连接组织绦,用两色丝线轮流编织而组成线圈横列,正面呈现彩色条纹,丝线为双股合成;另一型是复合组织绦,由横向连接组织和单面提花组织合成。

楚地的丝织品几乎囊括了先秦丝织品的所有种类,所缺的只有个别,如缂丝。在望山2号楚墓的竹简中,发现有"缂"字。张正明先生认为这表明楚国已经有缂丝技术,但有学者不同意此种说法,认为这个"缂"字与后世的缂丝技术不是一回事。缂丝是运用通经断纬的特殊技术,按照所绘的底本,由技艺高超的匠人织出来的织品,这种技艺要求极高,而且产量很低的丝织品估计只能在等级较高的贵族中才能享用,因此在马山1号楚墓中未见有出土,也有可能那时还没有这种织造技术出现。

2. 缫丝等纺织技术

楚国的丝织品织造精良，色彩鲜艳，纹饰繁缛。这三个特点与丝织品的缫丝、织染工艺有着密切的联系，可以说是纺织工艺技术方面的特点。当时，丝织业内部分工已经相当细密，缫丝、纺纱、织造、练染一整套生产程序都有明确细致的分工。缫丝是丝织品生产的头道工序，其过程相当复杂。缫丝要经过选剥茧、煮茧、索绪、集绪、绕丝。

线缕的匀度是衡量缫丝技术的标尺。各种不同品种的织物对经纬丝线的粗细和强度的要求不尽相同，在织造前丝缕需要进行并丝和加捻处理。加捻能增加丝线的强力和耐磨性能，减少起毛断头，增加织物牢度与丝线弹性，提高织物抗折能力，还可以使丝线具有螺旋形，织物表面得到皱纹的外观（如绉纱）。楚国的丝织品在织造前都经过了并丝处理，有的还经过加捻，已经能够根据不同织物的要求控制经纬丝线的粗细程度和捻度。江陵马山1号楚墓出土的丝线捻度多在1000次每米以上，最高可达3500次每米。要达到这样强的捻度，很可能在并合加捻丝缕工序中使用了纺车类工具。

楚国丝织品纺织的突出特点是织出有精巧花纹的织物。织出的纹饰内容丰富，大致可以分为几何纹、珍禽异兽纹、人物行为纹三类。

几何纹类指单纯的几何形。这类纹饰占有不小的比例。出土的丝织品中有菱形纹、“十”字形纹、六边纹、塔形纹、矩纹、方格纹、菱形纹等。其中以菱形纹为主。几何纹很难断定其内在的含义，在形式排列上一般都以连续图案的形式来组合，显得庄严齐整而富有节奏感。

珍禽异兽纹类所占比例较大，是楚国丝织品最具特征的纹饰。出土的丝织品中有凤鸟凫几何纹、舞人动物纹、龙凤纹、动物纹、朱条暗花对龙对凤纹、褐地几何填花燕纹等。一般都可以辨别纹饰形象，有凤鸟、龙蛇、麒麟、虎、兔等。在内容组合上，包含着浓厚的神话色彩。

人物行为纹类，既有表现贵族生活场景、具有生活气息的图案，也有反映人与神灵、人与自然的联系而富有神话意趣的图案，表现了楚人丰富的想象力。

纺织品的组织结构是综合考察纺织技术水平的重要标志。楚国既有简单的、常见的平纹组织织物和平纹变化组织织物，如绢、纱、纨、缟、缣、绨，这些织物结构紧密，坚牢平整；也出现了斜纹组织、斜纹变化组织以及斜纹和平纹的联合组织织物，如花绮类丝织品的菱形纹大多是平纹、斜纹和变化斜纹组成的联合组织；还出现了平纹与斜纹的绞纱组织织物。大量复杂组织织物的出现，标志着楚国纺织技术具有多样性。

3. 染色技术

楚国丝织品除了少数绢、纨为素白织物外，其他都是经过练染的。

楚国丝织品的色彩，以红色、棕色为主，这与楚人崇火尚赤的风俗相一致。从色谱上进行分析，有黄、红、紫、蓝、绿、褐、黑等色，可见其色谱已经相当完整。仅江陵马山 1 号楚墓出土的丝织品的色彩，就有深红、朱红、橘红、红棕、深棕、棕、金黄、土黄、灰黄、绿黄、钴蓝、紫红、灰白、深褐、黑等数十种不同色彩的色号。

丝帛的练熟，也称精练，是丝织工艺的重要环节，是提高丝织品质量的重要工序。丝帛经过精练，去掉蚕丝表面的丝胶和杂质，才显得质地柔软，才可能染成鲜艳的色泽。江陵马山 1 号楚墓出土的大量丝织物，除少数生绢外，其余都是经过精练的熟织物。

楚国丝织品染色可依其染色原料的不同，分为石染和草染。

石染是以矿物作为染料，染色方法主要是涂染。常见的有朱砂（红）、孔雀石（绿）、胡粉（铅白），这些原料在楚地都相当丰富，尤以朱砂、孔雀石为最。楚国石染工艺中很重要的一点是已经熟练地掌握了黏合剂的使用。

草染是以有色植物为染料，主要是揉染和浸染。草染的颜色，主要有蓝、红、紫、黄、黑等。从楚国丝织品颜色上分析，草染方面已经掌握了多次浸染和媒染剂的技术。媒染是利用媒染剂使得多色性染料的原色发生变化而得出新的色彩。楚国丝织品中的草染红、棕、紫、黑等色，就是利用多次浸染和媒染方法染制而成的。

4. 刺绣的主要方法

在江陵马山 1 号楚墓丝织品出土之前，楚地已有不少墓葬出土了有刺绣的丝织品的大大小小的碎片。1965 年,在江陵望山 1、2 号楚墓分别出土了石字菱纹锦绣和动物花卉纹绢绣。1978 年,在随州曾侯乙墓出土了龙纹刺绣。1981 年,在江陵九店砖厂战国楚墓中出土了多件飞凤花卉纹绣和一凤三龙相蟠纹绣。

1982 年,在江陵马山 1 号楚墓出土了各种精美的绣品,达 21 件,被学界称为丝绸宝库。刺绣品大多选用织造精致、质地轻薄、平面整洁的绢为绣地,也有以素罗为绣地的。刺绣的方法,首先在绣地上用淡墨或朱红色绘出所绣花纹的图案,然后以多种色彩的丝线绣出花纹。绣线一般用双股合成,投影宽度为 0.1 ~ 0.5 毫米。针法为锁绣,一般锁扣均匀整齐。花纹的绣制采用了灵活多变的方式。花纹的辅助部位和连接部位,是以单行或数行锁绣排成稀疏的线条。有些部位为了绣出细小线条的效果,采用单行的劈绒接针的锁绣花纹方法。花纹的主体部分一般是以多行锁绣绣出轮廓,以密集的满绣填充块面,或虚出绣纹轮廓内的局部块面,使得花纹更富于立体感和虚实感。楚国的刺绣是以彩色绣线在平面上凸现花纹,有浅浮雕的效果和色彩缤纷的美感。

五、漆　　器

当代研究漆器的主要学术成果有后德俊著《楚国的矿冶髹漆和玻璃制造》(湖北教育出版社 1995 年版);陈振裕著《楚文化与漆器研究》(科学出版社 2003 年版),该书以湖北江陵战国楚墓出土的近千件漆器作为研究对象,系统地论述了战国时期楚国漆器手工业的发展状况,对楚国漆器所体现出的装饰艺术、编织技术和造型工艺都有独到见解和分析;周世荣著《长江漆文化》(湖北教育出版社 2004 年版),主要介绍了长江流域出土漆器的情况,以及该地区漆器的文化内涵和工艺特点等;桂俊荣著《楚漆器文化艺术特质研究》(中国社会科学出版社 2011 年版),从春秋战国楚文化下具有代表性的漆器入手,对楚漆器色彩、造型等方面所具有的艺术审美、特征形式、演变规律进行了总结。陈绍棣撰《战国楚漆器述略》(《中原文物》1986 年第 1 期),根据楚墓出土漆器的情况,深入剖析了楚国漆器大量生产发展的原因，梳理了楚漆器的种类和胎骨的品种，归纳总结了楚漆器的造型和装饰艺术，对楚国漆器工艺的水平给予了高度评价。陈振裕撰《战国时期楚漆器群研究》（《考古学研究》2003 年），叙述了战国时期楚漆器群，对这一时期楚墓出土的漆器进行分类比较，同时分析在战国早、中、晚期不同类型的楚墓中，出土的漆器所体现的制作工艺特点。

1. 制漆

湖北地处亚热带气候区，年平均温度约为 15°C，年降雨量约为1200 毫米，适合漆树生长。楚人从立国之初就生活在产漆区，到处都有漆树。在今天的湖北西部、陕西南部和四川东部一带地区，仍有大批的漆树。在随县出土的曾侯乙墓竹简上有“漆甲”二字，“漆”字的左边像是一棵有水滴的树，右边像一把刀，生动地说明了用刀割漆的过程。据《庄子・人间世》记载，楚人接舆曾经说：“桂可食，故伐之；漆可用，故割之。”可见，楚人对植物的属性是有一定分类的。接舆还说：“人皆知有用之用，而莫知无用之用也。”这更说明楚人对周围物资的观察很全面，对貌似无用之物，也在探究有用之处。

有了漆树，就可以产漆。割漆是有技术的。第一，有歇年采割。间歇年限：长者 3～4 年、短者 1～2 年。第二，连年采割。对生长条件好、生长快、漆流量较大的漆树，可以实行连年采割。第三，强化采割。对于采割年久，不能再开新口；病虫害严重，无法继续生存；衰老枯萎，失去发育能力；以及因其他原因必须砍伐的漆树，可用多开口、开大口的办法强化采割，一次取尽漆液。割漆口型可分为曲线切割和直线切割两类。曲线切割流行于湖北、四川等省。

漆树的分泌物，主要成分是漆酚。漆汁中含有一些水分，称作生漆。生漆脱水以后，就成了深色黏稠状的熟漆。从出土的漆器来看，楚人用漆分三种类型：未经任何加工的天然漆、经过脱水加工的精制漆及与油类并用的调油漆。

天然漆含水量较大，所形成的漆膜在色泽、透明度等方面都比较差，漆膜性硬而脆，髹饰效果不太好，因此一般不直接用来髹饰器物，而常用于漆器木胎的黏接。例如,制作卷木薄胎木板两端的黏接以及器壁与器底、器盖之间的黏接等;用来调制漆灰,作为漆器的打底或制作夹纻胎的用料;用于某些漆器背面部分的涂刷等。

为了制作精致的漆器,就需要对漆加工,除掉杂质,保证质量。最主要的工作就是脱水,有煮法脱水,也有晒法脱水。我国古代很早就认识了桐油成膜的性能,并且把它和漆液合用,这在化学技术史上也是一个创举。

2. 漆器技术

给器物上漆,可以延长器物使用时间,发挥器物的功能,增加器物的美观。楚国漆器种类繁多,用途广泛。主要可以分为以下9类。①髹漆家具类:案、俎、几、枕、衣箱、床等;②饮食器类:耳杯、碗、豆、卮、尊、盘、勺、壶等;③生活用具类:盒、奁、匣、梳、篦等;④文具类:简牍、削刀鞘、文具箱等;⑤陈设工艺品类:座屏、卧鹿、立鸟等;⑥乐器类:鼓、瑟、琴、笙、排箫、磬架;⑦兵器类:弓、弩机、矢箙、剑鞘、殳柲、盾、人甲等;⑧丧葬品类:镇墓兽、木俑、笭床、棺具等;⑨车马具类:车舆构件、车辕、车伞、肩舆等。

制作漆器,最重要的是制胎。楚国漆器的胎体品种齐全,主要有木胎、竹胎、夹纻胎、皮胎、金属胎、陶瓷胎和骨胎等。楚国漆器木胎的制法主要有斫木成型、卷木成型、旋木成型以及雕刻、拼接等。通常以一种制法为主,辅助以其他制法。

斫木成型:斧砍刀削而成型,其制作工艺多用整木剜凿、斫削,通过"斩山木而财之,削剧修之迹"而成器形,为厚木胎。

卷木成型:将薄木板卷起来做成器型的胎体。薄木卷制工艺利用了木性易于弯曲的材料,切成薄而长、厚薄均匀的木片,再弯曲卷成圆筒状,衔接处削成斜面,用骨胶或生漆黏嵌成型。这类器型如匣、盆、盘、桶等器物的盖和底均是采用较厚的木块制成并与卷木器壁黏接。有的薄木胎还用漆糊麻布于其上,刮灰磨平,制成的漆器特别轻薄灵巧。

旋木成型:主要用于一些胎体较厚的圆形器物,如盘、碗等。旋木成型是指在一些器物的制作过程中,其内空部分采用挖制,而器表采用旋制,旋木成型的器物外表往往会留下圆圈形的加工痕迹。像圆盒之类的器物一般采用此种制作方法。

雕刻包括透雕、圆雕和浮雕。其制作方法有两种：一种是先将木料加工成器物形状的粗胚，然后在坯料上进行雕刻。例如，楚墓中出土的笭床（雕花板）、漆瑟等就是这样制成的。另一种制作方法是先用不同大小的坯料，分别雕成各种器型，然后再将它们用黏接、榫接等方法互相拼接在一起，组成一个完整的器物，如楚墓中出土的虎座飞鸟、彩绘木雕座屏等，均采用了拼接法，它们的胎体就是用这种方法加工成型的，是最富于艺术特色的制胎技术。

竹胎漆器，主要有斫制、锯制与编织等三种制法。其中编织法又分为斜纹编织法、长方形纹编织法和盘缠编织法三种，而且斜纹编织法又可细分为人字纹编织法、多角形空花编织法、方格“十”字形纹编织法、矩纹编织法和条带式编织法五种。已发现不少的彩漆竹笥，是以涂红、黑漆的篾片采用矩纹编织法制成的，在矩纹里又编织出连续的小“十”字形纹，编织精巧，花纹美观。

夹纻胎就是采用苎麻纺成的织物为主要原料之一制成的一种漆器胎体。夹纻可能是指两种意思：一种是，夹纻胎是采用多层苎麻布，层层涂布漆灰后制成的，然后表面髹漆，等于用漆灰和漆将苎麻布夹在中间的意思；另一种是，这种胎体采用了多层苎麻布，夹纻是指多层纻布的意思。战国时夹纻的做法是在预先制好的模具上先涂一薄层漆灰；在漆灰上铺织物，织物上再涂漆灰，按此反复操作一至数次；干燥后去除模具，表面磨光、髹漆、彩绘。这是后世脱胎漆器的渊源。

夹纻胎的优点是显而易见的：第一，胎体薄、轻，制造出的漆器十分轻巧美观；第二，夹纻胎本身吸湿，去湿的程度比木材小得多，所以遇到气候变化较大时，其膨胀或收缩的程度也比木材小得多；第三，夹纻胎产生的膨胀或收缩比较均匀，夹纻胎漆器的外形是比较稳定的，造型也方便自由；第四，规格尺寸，可大可小，器形越大越能显示出夹纻胎的优越性来，特别是人物造像，别的材料不易制作甚或做不出来，夹纻胎制却能应付自如；第五，成本较低，其成型简便，所用原料又节省。

早期夹纻胎漆器实物中，几乎都是楚地的产品（目前考古发现的夹纻胎实物都是出土于楚墓或受楚文化影响的墓葬之中），尚未见到从同时期其他诸侯国墓葬中出土，因此可以说夹纻胎极有可能是楚人的发明创造。

用漆作装饰的工艺，叫髹漆。髹漆的过程从出土的漆器残片上看，包括打底、上漆和彩绘三个步骤。

木质底胎的一般制法包括：一是涂生漆。"通体生漆刷之"，这就是刷封闭底漆，其作用是使木坯不裸露，与空气中的湿气隔绝，同时也可以防止刮漆灰时灰中所含水分或是湿磨漆灰时的水分渗入木坯。二是褙布。褙布的目的主要是为了"上下轴连，为之不陷"，既加固了器骨，特别是棱角缝合之处不易散架，又使漆面不因木坯日后干固瘦陷而呈凹凸不平。三是刮漆灰。也就是刮漆灰腻子，腻子是填充缺陷和平整表面的膏状材料。一般由填充料和黏合剂配制而成，大漆是最佳黏结剂，填充料多用砖瓦灰与土子面。四是涂漆。刮漆灰结束之后就要进行涂漆工序，这是因为漆灰再细，干后也会留有肉眼难辨的针孔。

楚国的髹漆铜器出土数量较少。髹漆铜器作为一种特殊的器物，它的出现说明了天然漆的使用范围扩展到了一个新的领域——金属防腐。楚地出土的青铜上髹漆的制品，如曾侯乙墓出土的髹漆铜人、信阳长台关楚墓出土的髹漆铜镜等，都是这种工艺技术的实例。

楚国工匠们在青铜上髹漆有两种作用：第一是改变金属的外观，使青铜表面从单一的亮黄色变成鲜艳的彩绘，从而更形象地表现出器物的细部结构；第二是防止金属的锈蚀，天然漆作为优良的金属防锈涂料，至今在生产中仍被广泛使用。

楚人还将漆液直接涂在丝麻织物上，增加纺织品的硬度，使之更耐用；还改变了纺织品的颜色，使之更漂亮。在江陵马山1号楚墓出土的方孔纱、麻鞋上都有髹漆。这种特殊的纺织工艺，可能是楚人的独创，体现了劳动的智慧。

服装上衬布的起源与髹漆工艺有关系，到近现代仍在使用。

楚国漆器髹饰工艺还重视对漆的肌理光泽效果的运用,经常采用揩光或退光。揩光的黑漆和朱漆晶莹闪亮。退光的黑漆和朱漆则光彩内含。两种做法常常两相对照互为映衬,显出别致的装饰效果。《杨祖云琴制》记载:"先用牛骨烧灰,捣为细末,筛过。次用十分好生漆,使棉滤去其渣,交合骨灰,微微薄上琴身。候干。次日以细嫩石磨之,取其平博为度。再上生漆糙一次,候干,再用细嫩石磨平。再上光漆两次,磨平,却使光漆一次,候干,以旧绢揩拭,取其自然,光如镜照人面矣。"

楚墓中有贴金的漆器出土,漆器上粘金有贴金、上金、泥金三种工艺。贴金一般用在黑色漆面上,贴金前漆器上先涂一层漆液(称之为金漆),待漆液干到恰到好处,再将金箔贴上去。楚国漆器的贴金工艺与楚国青铜器的贴金工艺是一脉相承的。描金,又称"泥金画漆",即在黑漆和红漆上用极细的金线勾勒出图案,使得漆器高贵华丽。在具体操作时,往往是金、银同时采用,所以现代又称之为"描金、银漆装饰法"。

楚漆器图案的主要内容为自然与神怪。大到鹿、虎,小到蛇、蛙,都间接反映了楚人的自然知识。楚人还认识到天然漆有耐化学腐蚀的性质,漆器可防水防腐,用作食具而不污染食物。

楚国的漆器技术在楚国科技史上占有重要地位,是中华文明史之一绝,在人类漆器技术史上最为辉煌。

六、玉　　器

周代流行玉石之辨的故事,见之于《韩非子·和氏》。

楚人和氏得玉璞楚山中,奉而献之厉王。厉王使玉人相之,玉人曰:"石也。"王以和为诳,而刖其左足。及厉王薨,武王即位。和又奉其璞而献之武王。武王使玉人相之,又曰:"石也。"王又以和为诳,而刖其右足。武王薨,文王即位。和乃抱其璞而哭于楚山之下,三日三夜,泪尽而继之以血。王闻之,使人问其故,曰:"天下之刖者多矣,子奚哭之悲也?"和曰:"吾非悲刖也,悲夫宝玉而题之以石,贞士而名之以诳,此吾所以悲也。”王乃使玉人理其璞而得宝焉,遂命曰:“和氏之璧。”

对这个故事的真伪,我们不必搞得很清楚。这个故事之所以长期在民间流传,是因为它反映了春秋早期先民的精神追求,体现了对自然的认识。

1. 春秋时期楚国的玉器

春秋时期楚国的玉器总体特征是薄片玉器多,立体的玉雕很少。器形有璧、环、琮、璋、圭、觿、璜、龙形佩、虎形佩、牌饰等。组佩的主要组件为玉璜,其他组件有玉、玛瑙、水晶、玻璃的珠和管等。春秋晚期晋国、吴国新出现了剑首、剑格、剑璏、剑珌等玉剑饰。玉器纹饰受同期青铜器纹饰的影响,流行蟠虺纹、云纹、谷纹、“S”形纹等。纹饰或为阴线,或为隐起,或阴线与隐起相结合,手法多样,碾琢精致。

2. 战国时期楚国和曾国的玉器

战国时期楚国玉器碾琢工艺精湛,达到中国玉器史上的一个新高峰。玉材主要来自和田,质地温润莹泽。器物多薄片玉器,立雕玉器仍然很少。器类有璧、环、璜、剑、龙形玉佩、虎形玉佩、带钩、玉剑饰等。纹饰多谷纹、龙纹、卧蚕纹、蒲纹、云纹、网纹等。纹饰多用阴线与隐起手法相结合。战国玉器造型生动,纹饰流畅,体现了战国时期特有的时代风貌。

(1)战国早期楚系玉器。战国早期最有代表性的是曾侯乙墓出土的玉器,种类有璧、环、玦、璜、琮、方镯、带钩、各种形制的挂饰、刚卯、剑、双面人、管、串饰、珠、各种形制的佩、葬玉等共计 340 多件,玉质经中国科学院地质研究所鉴定为新疆的软玉。曾侯乙墓出土的玉器精品有虎形玉佩,器扁平,雕成伏虎形,虎的一面阴刻出虎的细部,另一面则阴刻一只鸟首;龙形玉佩,青黄色,龙作回首张口,曲身卷尾,两面饰谷纹;圆雕玉龙佩,龙卷曲作“C”字形,首尾相对,龙尾分叉;鸟首形玉佩,一端为鸟首形,另一端平齐,两面刻云纹及斜线纹;十六节龙凤玉佩,用 5 块玉料分琢成 16 节,用 3 个活环和 1 根玉销钉连成 1 串,可自由卷折。其中有 37 条小龙、7 只凤、10 条蛇,千姿百态,集分雕连接、透雕、平雕、阴刻多种技艺于一体。

（2）战国中期楚系玉器。随州擂鼓墩2号楚墓，随葬品中的玉器包括璜2件、玛瑙环8件。荆州秦家山2号墓，1977年遭盗墓破坏发掘，棺内未遭盗扰，墓主脸上覆盖着玉覆面，两耳旁有玉璜、玉佩各1件，头前有玉笄1件，共计有6件玉器。此墓出土的覆面是用一整块墨绿色的玉雕琢而成，其轮廓、五官与真人相仿，眼、耳、口、鼻部镂空，发、须、眉均用工整清晰的线条勾勒。像这样用一块整玉制成的覆面，目前仅见这一件，是研究古代“玉敛葬”的重要实物。

荆门包山墓出土的玉器中有璧、璜、玉条、玉玦、玉环以及碎玉块等。玉质的颜色为白色或浅绿色等，制作经过锯截、琢磨、雕刻等多道工序，纹饰以谷纹、卷云纹为主。

2006年发掘的荆州院墙湾1号楚墓，随葬品丰富，其中有30件制作精细的玉器，包括玉剑首、玉环、玉璧、玉璜、牙形饰、龙形佩、印章等。

（3）战国晚期楚国玉器。在熊家冢墓地出土有许多玉器，玉器的种类与精致程度表明此时期治玉技术的提高，如透雕蟠螭纹璧，璧的内部有镂雕纹，有很高的艺术性。①

曾侯乙墓出土的玉器代表了当时中国制玉的最高水平。战国时期荆州熊家冢陪葬墓、望山楚墓等出土的楚国玉器亦展示了楚国玉器的精美绝伦。如果说在新石器时代红山文化玉器和良渚文化玉器创造了中国玉器的第一个高峰，那么到春秋战国时期，楚国玉器或者说楚系玉器又再一次创造了中国玉器的新高峰。

七、武　　备

1988年，张正明主编的《楚文化志》，首次将楚国铁兵器、青铜兵器、竹木兵器进行了归纳总结，指出了兵器变革的实质，是楚国军事编制、军队成分的改变在军事装备上的反映。1996年，石泉主编《楚国历史文化辞典》，将楚国兵器收揽无余，与兵器直接相关的词条有126条，比如弓、弩、钩强、

---

① 左奇志，邵学海，陈昆. 荆楚雕塑[M]. 武汉：武汉出版社，2014：18.

矰弋、志矢等。这部著作的优点在于:一是将楚国兵器定名、定性;二是该书收录的不仅有楚国兵器,还有楚地所出土的巴蜀、吴越等国的兵器,具有全面性,有利于将楚文化与其他文化做比较研究。原湖南省博物馆馆长高至喜先生所编《楚文物图典》中就收录了兵器及其配件的词条共有394 条,对剑、戈、矛、戟、铍、弩、镞、刀等按照时间顺序进行了归纳总结。

1. 复合材料:积竹木柲

湖北随县曾侯乙墓发现了各式长短兵器,而且保存完好。古墓中挖掘出来的长柄兵器,柄的"积竹木柲"结构相当复杂。中间是一根质地坚硬的木棍,外围包裹一层或两层长条竹片,竹片的外面紧紧缠绕优质藤条,然后用结实的丝线细密地束缚藤条。最后还要涂漆,用生漆一层又一层地均匀涂抹,使这些材料紧密结合成一体,而且光滑、美观。

从现代科学技术角度来看,"积竹木柲"的复合结构,是一个完美的结合。木为骨干,取其坚硬不易弯曲;竹片在外,取其柔软不易折断;藤条缠绕,取其富有韧性;丝线束缚,取其结实耐磨;涂以生漆,取其光滑防腐,对内部材料起保护作用。这就是神奇的"积竹木柲"的秘密。科学家又做了各种组合试验,反复测定后证明:"积竹木柲"结构,既能伸直又不易折断,既轻便耐用又具有一定的弹性。说明楚地先民对复合材料的巧妙运用。

在楚国,错金银工艺被运用到兵器之中。错金银工艺运用的表现形式为用锋利的工具在铸造好的青铜器或其他器物上,预先刻出各种带有浅槽的花纹或文字,然后在浅槽中用金银丝或金箔镶嵌,再用厝石将所装饰的器物表面打磨光滑。这项技术是到春秋中晚期才兴盛起来的,它是我国古代科学技术发展到一定阶段的产物。

2. 战车与战船的制造

楚国一向重视交通。刘玉堂、袁纯富合著的《楚国交通研究》(湖北教育出版社 2012 年版)有专门论述。

楚国地处江汉流域,舟师相当强大,常与吴国进行水战,战船种类与吴国差不多。在水战中使用了鲁班发明的水战兵器——钩拒,对敌方战船"退则钩之,进则拒之"。

楚国拥有很强的造船能力。伍子胥早年生活在楚地,后来辗转到了吴地。他在向吴王谈论水军时,表现出其所具有的对造船的丰富知识。《越绝书》记载了吴王阖闾与伍子胥讨论水师训练方法。“阖闾见子胥:‘敢问船运之备何如?’对曰:‘船名大翼、小翼、突冒、楼船、桥船。以船军之教比陵军(陆军)之法,乃可用之。大翼者当陵军之车,小翼者当陵军之轻车,突冒者当陵军之冲车,楼船者当陵军之行楼车也,桥船者当陵军之轻足骠骑也。’”①伍子胥在《水战兵法内径》中记载了“大翼”的战斗人员和武器配备。“大翼一艘,广丈六尺,长十二丈,容战士二十六人,擢五十人,舳舰三人,操长钩矛斧者四吏,仆射长各一人,凡九十一人。当用长钩矛、长斧各四,弩各三十四,矢三千三百,甲兜鍪各三十二。”楼船是高层结构的战船,下层战士划桨行驶,上层兵士可射箭,或用钩矛攻击敌人。

春秋战国时期水战频繁。与民船相比,楚国的战船速度快,能在水战中迅速占领有利阵位,取得作战主动权。战船的船型较瘦长,划桨手多。船体有防护设施,如矮墙、栏栅、战格,有的船体外壁还蒙以皮革或钉上竹片等。战船相遇时,哪方的战船高大,居高临下,就容易发挥其最大杀伤效能。

春秋战国时期,楚国的战车技术处于诸侯国的前列,楚国将领常到别国作车战的军事教练员。带矛铜车軎是楚国战车的特点。把兵器加装在战车轴端的车軎上,行进时可杀伤近车之敌。

第四节　医学与养生

医学是科学,还是技术?楚国的医学与养生是放在科学知识一节,还是放在传统技术一节?笔者很难决断。因为,这部分内容既有科学知识,又有实用技术。尽管楚国这方面材料不多,但也不能不单列一节。祖国医学是我国的国粹,楚国800年历史,人口兴旺,国力强盛,这与医学、养生不无关系。这里从医学与养生两个方面分别做简要论述。

---

① 李昉.太平御览:第四册[M].中华书局,1960:3413.

一、医　学

楚地有许多植物,楚人运用植物花草防病治病,如用各种香料合着泥土,抹在墙上,以防细菌侵入人体。楚人还用各种植物做成食物或羹汤来治病养生,如流行于楚国的《山海经》记载了丹木治黄疸,箨治眼花,文茎治耳疾等。

江陵张家山汉墓出土过医籍,分别是《脉书》《引书》。它们是研究汉代医疗与健身的重要资料,从中亦可窥见先秦楚国的医学与养生。

楚国有较为丰富的医学常识,但有巫文化的特色。《楚辞》间接记载了治疗医疾的方法。《楚辞·招魂》有巫阳的招辞。第一部分写了东、南、西、北、天上、地下的可畏可怖,如太阳的烤焦,沙漠的无边,无水可饮,赤蚁、玄蜂的巨大。楚地流行过龟占、蓍占、五行、建除、星辰、人日等多种病占方法,先民在患病之后曾经广泛的占卜问疾。楚国已经出现医生一职,当时是由巫担任,亦称巫咸。楚国常年有战争,士兵难免有刀伤,估计外科较为先进。

楚国的范围还包括今湖南,在湖南长沙马王堆汉墓出土过一些医方,还出土了辛夷、花椒、杜衡、佩兰等中草药。该墓时间约在公元前160年,离楚亡时间不久,故其时医药学当是承袭楚人。

二、养　生

由于气候温暖潮湿,楚人喜爱佩带装有佩兰、香草等草药的香囊,睡觉时习惯于用装有辛夷、茅香的枕头,并时常在室内用熏炉焚烧花椒等含有挥发油的香料。长沙杨家湾楚墓出土的陶熏炉、江陵雨台山楚墓出土的青铜熏杯,就是用作熏香的。

屈原在《楚辞·天问》诗中提出:“彭铿斟雉,帝何飨?受寿永多,夫何久长?”意思是说,彭祖献上他亲自做的野鸡汤,为什么帝尧对鲜美的汤很乐于品尝?彭祖寿命很长,为什么能活得那么长久?屈原在《楚辞·远游》诗中提出“审壹气之和德”“壹气孔神兮”,可以理解为“中和”之气的思想。

楚国流行道家思想。道家创始人老子,姓李,名耳,字聃,春秋末期楚国苦县(今河南鹿邑东)人。老子著《道德经》,提出道法自然,"致虚极,守静笃","专气致柔","见素抱朴,少私寡欲",都是养生的重要理论。其中提及的"赤子""婴儿"之说,实质上是修炼生命中的"真气"。

战国后期楚地流行气功养生术,从宋玉的《高唐赋》等文献看,当时著名的方士有"羡门高溪、上成郁林、公乐聚谷",他们都是身怀绝技的术士。《高唐赋》提出:"九窍通郁,精神察滞,延年益寿千万岁。"表达了人们对于养生长寿的愿望。

第五节　分析与比较

楚国科技还有许多未解之谜,有些问题还没有完全理清楚。如楚人的天文知识是不是独立的知识体系,有多少内容是受域外的影响?二十八宿、天干地支是不是楚人发明的?屈原《楚辞》中的一些术语,如"摄提贞于孟陬兮",是南方语言,还是外来语言?楚人纺织的纤维是如何达到特别细腻的?去除丝胶的工艺"练丝"是怎样进行的?楚人的算筹在实际生活生产中是如何运用的?楚人是否真的就知道了黄金分割线?大冶铜绿山的辘轳到底是怎样的?纪南城遗址发现的陶圈井,用陶圈下沉的方式,西方古代有没有?如何辨别楚简的真伪?以上这些问题,需要我们思考,并逐一解决。

一、楚国科技发达的原因

楚国科技之所以取得许多成就,有多方面的原因,有商业的原因、经济的原因、军事的原因,但政治原因仍占相当重要的地位。当国君励精图治,楚国科技就得到长足的发展。科技的器物或成果,往往是基于一种礼仪,政治的需要,外交的需要。楚国的政治与科技有密切关系,楚国手工业中的精品取决于国家。一旦国家动用人力、物力、财力,就有可能产生精致的物品。例如,楚王有感于曾侯去世,于是送编钟给曾国。这是国家的行为,于是动用了全国最好的技工力量,制作了精美的青铜器。随州擂鼓墩发掘的曾侯乙墓中出土的青铜器,只是楚国国君送出的其中一部分,但仅这一部分,就已震撼了世界。

楚国长期实行开放的国策,鼓励百业齐头并进,“商农工贾,不废其业”。这种政策有利于科技的发展。楚国不断地把技术输出到别国,楚王慷慨地把自己最好的青铜器送给别国。在其他诸侯国的墓葬中亦出土了大量的楚国青铜器,说明当时各国是有交流的。楚国的战车技术相当先进,楚人大量输出战车的技术,也是史有所载的。

楚鼎盛时的郢都纪南城,有无数的手工作坊,城内堆积的炼铜渣达40万吨,可见冶铸业的兴旺。手工作坊的大量出现,也标志着楚国的手工业技术在快速提升。后来的青铜技术、髹漆技术、织造技术、建筑技术、制玉技术等所显示的高科技含量,都证明了这一点。

楚地聚集有大批工匠,如《左传》成公二年记载了孟孙赂楚,以木工、缝工、织工各百人,“公衡为质,以请盟”。

楚国工匠极善雕刻,有许多代表性作品,如神奇的虎座飞凤、谲怪的镇墓兽、形态轻盈优美的虎座凤架鼓、各种形式的雕刻座屏、写实的木雕鹿、具有抽象意味的木雕辟邪和幡蛇樽,以及各种形状的漆盒。还有各种青铜器物的附饰,如各种动物形象雕塑的攀附兽或作为器耳、器首、器足;也有用作大型器物的支架、底座或附件,如编钟架铜人、虎形挂钩、编磬架立兽等。这些都表明了楚地工匠的精湛技艺。

民间重视技术的传承。楚地的技术行业,有家庭世代相传的习惯。曾经在楚国做过地方官的荀卿在《荀子·儒效》说过:“人积耨耕而为农夫,积斫削而为工匠……工匠之子莫不继事。”古代的许多技术不是通过官方教育传承的。教育史专家熊贤君说:“在中国上古社会,学术上虽然是推行‘学术官守,学在官府’政策,但属于技术性的行业,譬如天文、历算、医药和农业、工业技术及手工技艺,却为私门所独占,形成了‘家业世传’的传统。许多工艺是通过家庭——特殊私学来传授的。”他又说:“楚国官学不立，私学在楚文化传递过程中便大显身手，几乎每一门精湛的技艺，都是通过私家教育传递的。”①

楚国对商业开放，楚王向国内的大商人颁发优惠待遇的通行证，如鄂君启得到楚王颁发的铜节，能畅行于各关卡，而免交关税。这种对商业流通的优惠政策，是楚国手工业科技快速向前发展的强大推动力。

楚文化与楚科技有密切联系，一方面，楚科技是楚文化的重要组成部分；另一方面，楚文化为楚科技奠定了基础并形成了推力。楚人在楚地原有文化的基础上，融合了先进的中原文化，不断创新，形成了一套独特而辉煌的区域文化。

楚文化深受中原文化的影响。鲁昭公二十二年（前520年），周景王死，王子朝结合一批丧失职位的旧官、百工，起兵争王位。经4年战争，子朝兵败，率召氏、毛氏、尹氏、南宫氏等旧宗族（自然也有百工），带着王室所有典籍，逃奔到楚国。这是东周文化最大的一次迁移。周人和周典籍大量移入楚国，从此楚国代替东周王国，与宋、鲁同为文化中心。

楚人的道家哲学讲究个性和自然，崇尚柔美，追求和谐之美。据《国语·楚语》记载，春秋末期，楚国大夫伍举就给美下了一个定义：“夫美也者，上下、内外、大小、远近皆无害焉，故曰美。”我们认为，伍举的定义还是比较明确的，因为他道出了美的本质——和谐。这样的哲学观，对于楚国科技发展是有积极意义的。

没有精神的民族，就是没有灵魂的民族。楚人成就，归根到底是精神的成就。楚人本是一支不起眼的族群，他们从中原来到湖北境内，起初是在山区发展，如荆山、沮水之间。但是，他们不停滞，不松懈，敢于超前，不断转移与拓展，在继承中创新，后来居上，创造出一个个辉煌的高峰。楚人的主要精神在于以下几个方面。

1. 艰苦创业精神

“筚路蓝缕，以启山林。”这是楚人祖先的创业精神。楚人不怕吃苦，

---

① 熊贤君. 湖北教育史：上卷[M]. 武汉：湖北教育出版社，1999：10.

在春秋战国时期的无数个诸侯国之中，楚国的先民是特别能吃苦的一批人。他们起初是在山区河谷发展，后来拓展到平原。发展农业，站稳脚跟，踏实发展。

2. 坚持探索精神

“路漫漫其修远兮，吾将上下而求索。”这是楚人的执着探索精神。楚人勇于探索，不停追求。明知道路艰难险阻，但没有放弃，没有满足。楚人在丝织品、青铜器、漆器等方面具有领先的水平，但他们起初并不是处于最早、最先进的水平，而是在奋起直追、不断探索的基础上取得的成就。成语“痀偻承蜩”出自《庄子·达生》，反映了楚人精益求精的探索精神。

> 仲尼适楚，出于林中，见痀偻者承蜩，犹掇之也。仲尼曰：“子巧乎！有道邪？”曰：“我有道也。五六月累丸二而不坠，则失者锱铢；累三而不坠，则失者十一；累五而不坠，犹掇之也。吾处身也，若厥株拘；吾执臂也，若槁木之枝。虽天地之大，万物之多，而唯蜩翼之知。吾不反不侧，不以万物易蜩之翼，何为而不得！”孔子顾谓弟子曰：“用志不分，乃凝于神，其痀偻丈人之谓乎！”

意为：孔子去楚国游历，走出一片树林时，看见一个驼背老人正在用竿子粘蝉，他粘蝉的样子就好像是在地上拾取东西一样容易。孔子十分佩服，问这里面有什么门道。驼背老人就告诉他：“我肯定有门道啊！我在竿顶上叠放两个小丸，练了五六个月，不让它们掉下来，手臂稳了，粘蝉就少失手；叠三个不掉下来，失手次数更少；叠五个不掉下来，粘蝉就跟在地上捡东西一样容易了。粘蝉的时候，我稳住身子，跟木桩似的；把住胳膊，跟枯树枝似的。就算天大地大，万物众多，我也不管。我只盯着蝉的翅膀，其他任何东西都转移不了我的注意，那抓蝉就如探囊取物一样了。如此这般，还怕粘不住吗？”孔子听了更加钦佩，赶快给学生上课：“用志不分，乃凝于神。”要他们看看这位痀偻丈人做事是多么用心专一、精神凝聚啊！

3. 崇尚智慧的精神

“唯楚有才。”楚人聪明而有智慧。楚人亦虚心学习。学习前人的经验,学习邻国的先进文化。以水为德,谦逊而博大。楚人用实践证明了一个道理:“有容乃大。”楚国自知兴起较晚,与中原先进国家相比,存在较多的不足之处,楚人敞开自己的心扉,勇于正视自己的不足,然后虚心地向中原国家学习。从文字到语言,从青铜冶炼到丝绸织造,学习吴越之国的青铜冶炼技术,使楚国的青铜技术走在前麾,接收鲁国技术高超的工匠,提高自己的手工业技术水平。

二、楚国科技与古希腊科技的比较

楚人是极富创新的族群,在科技的许多方面有独到的成就。楚国科技可以与同时期的古希腊相提并论,楚国科技与古希腊科技的异同点在于以下几个方面。

1. 相同点

第一,偏重于自然哲学。楚人科技哲学的突出特点就是自然哲学。在古希腊,哲学和科学总是交融在一起。古希腊的科学家又是哲学家。他们熔科学和哲学为一炉,以哲学带科学,以科学促哲学,使古希腊文化发展到较高水平。

第二,追求科技美。古希腊数学家毕达哥拉斯及其门徒很重视数学美,他们认为一切事物都源于数,数有 10 个始基:有限与无限,奇与偶,一与多,左与右,阴与阳,静与动,直与曲,明与暗,美与恶,正方与长方。它们的契合,就是和谐美。楚人偏重于技术美,几乎每一件器物都特别耐看。

第三,从问题入手。古希腊学者亚里士多德说过:“古今来人们开始哲理探索,都应起于对自然万物的惊异;他们先是惊异于种种迷惑的现象,逐渐积累一点一滴的解释,对一些较重大的问题,例如日月与星的运行以及宇宙之创生,作成说明。”[①]楚人好问,这是一个优秀的传统。屈原在《楚

---

① 亚里士多德. 形而上学:卷一[M]. 吴寿彭,译. 北京:商务印书馆,2018.

辞·天问》中一气提出了178个问题,关于宇宙、关于自然、关于历史,无所不提。《庄子·人间世》记载了楚人接舆之语,“桂可食,故伐之;漆可用,故割之。人皆知有用之用,而莫知无用之用也”。发掘无用之用,别开生面,这就是楚人科技哲学的重要思想。正因为楚人好问,才有楚国对科技的无穷探索与成就。

2. 不同点

楚国和古希腊在科学与技术这两个方面各有侧重。在人类历史上,技术的发展线索是狩猎、农业、建筑、陶业、织布、冶金、运输等,科学的发展线索则是数学、天文学、力学、物理学、化学、生物学等。它们之间是不一致的。

古希腊学者在科学方面的成就很多,如亚里士多德写过《物理学》,然而这本书并不是专讲力学、声学、光学,却是以自然界为特定对象的哲学书。他认为应该有三种理论的哲学:数学、物理学和神学。稍晚的斯多葛学派则认为哲学是由物理学、伦理学、逻辑学三部分组成。而在技术方面,古希腊侧重于建筑、雕塑、陶器等。

楚国科技发展方向与古希腊有所不同,楚国主要的科技成果主要体现在农业、冶铸、丝织、漆器等方面。

楚国科技与巫文化有密切联系。《国语·楚语》云:“及少皞之衰也,九黎乱德,民神杂糅,不可方物。夫人作享,家为巫史。”当然,西方古代科技也与巫术有联系,正如英国学者丹皮尔在《科学史及其与哲学和宗教的关系》中所说:“科学并不是在一片广阔而有益于健康的草原——愚昧的草原——上发芽成长的,而是一片有害的丛林——巫术和迷信的丛林——中发芽成长的,这片丛林一再地对知识的幼苗加以摧残,不让它成长。”

3. 楚国科技的差距

(1)理论科学落后。在充分肯定楚国科技成就的同时,也要看到楚国科技的不足。楚人的理论科学落后,技术科学精湛。楚人在相当于现代意义的数学、物理、化学等基础学科方面是落后的。

而古希腊,恩格斯认为古希腊的科学哲学在某些方面超过了近代水平,他说:“虽然 18 世纪上半叶的自然科学在知识上,甚至在材料的整理上高过了希腊古代。但是,它在理论地掌握这些材料上,在一般的自然观上却低于希腊古代。”[①]由此可见,古希腊文化的地位以及对现代西方文化的铺垫和贡献是巨大的,古希腊的科技成果对现代科技文明的影响也是深远的。

(2)科技研究的整体落后。与先秦时期的楚国科技比较,古希腊科技自有其特色和优势。

第一,人才方面。古希腊的泰勒斯对几何、天文很有研究。毕达哥拉斯很早提出了数与万物的关系,并用演绎法证明了毕达哥拉斯原理。希波克拉特斯一直被西方称为欧洲医学的奠基人。德谟克利特被马克思称为经验的自然科学家和希腊人中的第一个百科全书式的学者。柏拉图阐明了负数的概念,指出了天体运动的轨道是圆的。亚里士多德在动物学、植物学、生物学等方面有全面贡献。阿基米德是人类有史以来位列前几名的数学家。此外,还有欧几里得、阿利斯塔克、埃拉托色尼、赫拉克利特、伊壁鸠鲁等杰出的科学家。

第二,研究成果方面。古希腊有许多科技著作,如《希波克拉特斯文集》是一部 70 卷的医学巨著。德谟克利特一生写了 60 多种科学著作。亚里士多德亲自解剖 50 多种动物,撰写了《动物志》等 400 多卷著作。欧几里得的《几何原本》迄今已印行了不知多少版,在数学史上的影响空前绝后。此外,阿基米德著《论杠杆》、阿利斯塔克著《论日月大小和距离》、埃拉托色理著《地理学》等都与近代科技论著有相近的风格。亚历山大里亚有一座藏书 50 多万卷的图书馆,这是当时世界上独一无二的书库。

第三,研究领域方面。古希腊学者偏重于理论科学,如数学、力学、生物学理论科学有利于推动科学技术全方位的进步。中国古代学者偏重于技术科学,如农业技术、水利技术、冶金技术,以及与农业相关的天文、

---

① 恩格斯. 自然辩证法[M]. 中共中央马克思恩格斯列宁斯大林著作编译局,译. 北京:人民出版社,1971:10.

历法。

第四,研究方法方面。古希腊不乏专心致志于科技的学者,他们特别重视采用科学的方法。古希腊学者还特别重视实验方法,德谟克利特通过实验提出了圆锥体、球体的体积计算方法;阿基米德在检验王冠是否纯金的问题上,从洗澡中受到了启示,发明了浮体定律。

(3)与当代衔接落后。古希腊科技为西方社会发展提供了很好的基础,使得文艺复兴以来的西方人可以利用其积累。西方近代科学家往往是在读古希腊科学著作的基础上,接过古希腊学者的传递棒而大踏步前进。如牛顿等人无不是继承了欧几里得、开普勒等人的科学遗产而成的科学巨匠。

楚国科技的差距,究其原因,主要有两个方面:一方面是社会原因。古希腊的手工业受商业刺激,而楚国的手工业主要受农业与礼制支配,这就导致科技发展的动力与方向不一样。另一方面是文化原因。楚人的科学技术与巫术宗教混杂得太多,一是对科技的发展有所制约,二是表明科技内容不纯。如长沙马王堆出土的《五十二病方》是流行于战国晚期的医书,其中大多与巫术有关,缺乏理性科学。①

通过比较,我们以更加冷静的心态对待楚国的科技文化遗产,并认识古代科技的不足,从而不断调整我们的努力方向,推进科技创新!

---

① 笔者的拙著《发生与交融》(广西人民出版社 1989 年版)对中国先秦时期的科技与古希腊的科技进行过比较,可资参考。

第四章　秦汉时期的湖北科技

秦朝从公元前221年到公元前206年。汉朝分为西汉和东汉,从公元前206年到公元25年为西汉,公元25年至公元220年为东汉。两汉之间,王莽在公元9年到公元23年建立了新朝,学术界一般不把新朝作为独立的朝代。在历史研究中,人们习惯于把秦朝与汉朝联起来称呼,称为秦汉。秦汉时期的科技在中国古代科技发展的历史进程中,具有承前启后的重要地位。尽管传世的历史文献不能提供系统的资料,但从考古发现可以窥见一些相关的信息。

第一节　时代背景

一、社会状况

秦汉时期,湖北社会的发展进入到文化调适期、凹陷期。西汉时期,湖北人口密度较低,每平方千米人口为7~8人;东汉时期,虽然有人口的增长和移民的涌入,每平方千米人口也只有8~9人。

1. 秦朝

公元前223年,秦国最终灭掉楚国。秦人把楚国大族迁出湖北,有的到了关中,如屈原的后裔流散异地。国破家亡,楚国的一些名门大家埋名改姓,或流落他乡。一度无比辉煌的楚文化顿时低迷。历史学家钱穆先生说:“前汉200年数十年,唯荆襄人物少,可谓绝无而仅有,则以受秦惨毒,久勿自振。”[①]此言说出了历史的真相。

秦朝是农耕文明基础上的帝国，发展农业经济是稳定政权的前提。为了发展经济，秦朝实行土地私有制，农民按亩纳税。秦始皇三十一年（前216年），秦王朝发布了“使黔首自实田”的律令。[②] 秦朝命令“黔首”向政府呈报自己占有的土地数额，以确定赋税，意味着在法律上确定了土地私有制。在土地私有的条件下，自耕农可以发挥更大的生产热情，有利于农业经济的发展。

秦朝设有“奉常”主管礼仪祭祀以及今属文化教育医疗卫生的事务，“治粟内史”掌管农业、财政以及盐铁专卖，“少府”掌管皇室财产、物资供应以及宗庙陵园营建等，都与科技活动有一定关系。

秦朝在地方上全面实行郡县制。郡县制比起周代的分封制、诸侯国制，是对地方管理更进步的制度。起初有三十六郡，其后发展到四十郡、四十八郡。湖北地区主要为南郡（治江陵）和衡山（治邾县，今新洲）两郡。周边的一部分属汉中、南阳、长沙、黔中、九江等郡。竹溪、房县、十堰属汉中郡，丹江口、随州属南阳郡，赤壁、通城属长沙郡，恩施属黔中郡，蕲春、黄梅属九江郡。

秦汉时的南阳郡，治所在宛，但管辖到湖北省境内一些地方。如阴县，在今谷城县北，老河口市（原光化县）境，县治在今老河口市傅家寨附近。建安十三年（208年），曹魏得荆州，以南阳西为南乡郡，阴县属之。筑阳县（今湖北谷城县境内），秦时依筑水立，新朝天凤元年（14年）改筑阳县为宜禾县，东汉时复称筑阳县。南阳属于汉水流域，汉水是长江的重要支流，因此，南阳文化从主体上属于长江流域文化，与湖北文化关系密切。

为了方便信息交流，统一政令，秦朝在最短的时间内统一了文字。秦始皇命令制定小篆，“罢其不与秦文合者”[③]，以法令形式颁布；又整理出隶

① 钱穆．古史地理论丛[M]．北京：生活・读书・新知三联书店，2004：200.

② 司马迁．史记[M]．上海：上海古籍出版社，2011：170.

③ 引自许慎的《说文解字・序》。

书，作为日用文字在全国范围推广。[1] 秦朝时，学校有了法定的教材，李斯作《仓颉篇》，赵高作《爰历篇》，胡毋敬作《博学篇》，其中有自然常识。文字与教材的统一，有利于科技的传播。

为了农业的发展与国策的贯彻，秦朝在时令方面采用了统一的历法。全国都用颛顼历，以十月为岁首，闰月称为后九月。但是，由于科学发展水平有限，历法出现了错乱现象，以至于"朔晦月见，弦望满亏"的情况。

为了加强对地方的管理，公元前219年，秦始皇第二次出巡，他经过了湖北，从安陆，直抵衡山，郡治在今武汉新洲的邾城。邾城是鄂东的政治中心。邾城的南面是浩瀚无边的长江，背靠大别山脉，物产丰富，交通方便，是秦朝控制长江中下游的重要据点。当时的衡山，即今安徽天柱山。衡山郡管辖今安徽霍山、怀宁以西，河南信阳，湖北红安、黄冈以东，南到长江，北到淮河的广阔地区。[2] 公元前210年，秦始皇第五次出巡，从咸阳到九嶷山（今湖南宁远县南），途经湖北，返程时沿长江东下。《太平御览》卷五十九引《述异记》[3]曰："汉沔会流处，岸上有石铭云：'下至水有三十里，皆传李斯刻石于此。'"汉沔会流之处，应当在今武汉范围内。李斯刻石已不得见，其上面的文字也不清楚。

秦朝是个短暂的王朝。秦本是一个杂居于西戎的后进民族，长期流行各种迷信观念。公元前313年，秦怀王伐楚，秦向神诅咒楚国，有石刻传世。秦朝在实行专制主义的同时，设立了一些与迷信相关的职官，如太祝、太卜令、秘祝、占梦博士等。秦始皇留恋至高无上的权利与奢靡，梦想永远不老不死，要方士下海求长生之药。秦朝最终亡于统治者的昏庸与迷信。

---

① 考古发现秦朝已经有类似于今天的毛笔，在空竹管安置笔头，用麻丝裹紧。汉代的毛笔有木制，也有竹制，笔毛有羊毫，也有兔毫。1975年，在江陵凤凰山出土西汉早期毛笔，出土时，笔杆长约24.8厘米，插在笔套里，对笔头起保护作用。

② 汉代衡山王刘赐与淮南王刘安谋反，被汉武帝及时镇压。刘赐自杀。汉朝划分衡山国与南郡相邻的14县入江夏郡。今衡山在湖南衡阳，是五岳之一。

③ 《述异记》，南朝时期有两个本子，一是齐祖冲之撰，一是梁任昉撰，所记多是鬼异之事。《隋书·经籍志》杂传类著录，共有10卷。现已失传。唐宋类书引录《述异记》时往往不注明作者，因而不详所引《述异记》是祖本，还是任本。

2. 西汉

汉朝是一个中央集权的朝代。天下统一,汉承秦制,并不断调适国策,促进了社会的发展。

西汉初年,朝廷控制的人口较少,在1500万~1800万人。① 刘邦称帝,马上诏令天下,要求那些逃亡山林的人口各归本籍,重新登记户口。随着社会的安定,西汉人口增多,一方面是人口回归原籍,另一方面是人口自然增长。景帝时期,人口大为增长,70年间人口增长了1倍。到公元2年,西汉拥有人口5959万人。

汉朝商业获得发展。司马迁在《史记·货殖列传》中说:"汉兴,海内为一,开关梁,弛山泽之禁,是以富商大贾周流天下,交易之物莫不通,得其所欲。"各地的关隘打开了,没有战国时期那样的地方封锁。于是,各地的商人就不受区域的限制,各自采购商品,进入流通领域。商业的物资种类多,南北互通有无。楚地出产的楠木、梓木、姜、桂、金、锡、丹砂、犀、玳瑁、珠玑、齿革等,运到各地。

汉承秦制,设有郡县。西汉元始二年(2年),有103个郡国。② 湖北的江陵设有南郡治,新洲西设有江夏郡治。在郡之上,汉代无形中又增加一层权力机构,那就是刺史部。西汉设有十四部,荆州刺史部管辖权限很大,分察南郡、南阳郡、江夏郡、武陵郡、桂阳郡、零陵郡,还要监察长沙国。东汉改十四部为十三部,光武帝允许刺史不必还京奏事,有权劾免郡国长吏。刺史长期固定地驻守在一个地方,如荆州刺史治武陵汉寿(今湖南常德东北),分察南阳郡、江夏郡、桂阳郡、长沙郡。刺史的品秩虽然只有600石,远远低于2000石的郡太守,但因为有权黜陟,代表着皇帝的意旨,事实上成为郡太守的上司了。可见,到了东汉晚期,行政区划已经演变为州、郡、县三级。如果加上县以下的乡村,至少有四级管理层次。

西汉,今湖北地盘主要属于南郡、江夏郡。南郡下辖江陵、华容、州陵、

---

① 葛剑雄.中国人口史:第一卷[M].上海:复旦大学出版社,2002:312.

② 谭其骧.简明中国历史地图集[M].北京:中国地图出版社,1991:16.

枝江、夷道、夷陵、当阳、宜城、中卢、襄阳、编县、临沮、秭归、巫县。南郡的重镇有江陵、襄阳。南郡范围广阔，后来分出一些地方给了江夏郡。郡下有县。如襄阳县（今襄阳市襄州区），始建于西汉初年，以县治位于襄水之阳而得名，辖汉水以南，中庐县以东、县以北的地区。武帝时属荆州刺史部南郡。王莽时曾一度改称“相阳”，东汉光武帝时恢复原名，仍属荆州南郡。献帝初平年间，荆州刺史刘表移州治于襄阳城内。建安十三年（208年），曹操控制了南郡北部，置襄阳郡，郡治在襄阳城内。

汉高祖六年（前201年），在涂口（今江夏区的金口镇）设置沙羡县，属南郡，后改属江夏郡。涂口是长江中游的重要地点，江两岸有山夹峙，有金水汇入长江，是兵家必争的战略位置，也是商业的中转站。汉代的沙羡地盘一度很大，含今武昌、江夏、洪山、汉阳、蔡甸、汉口、嘉鱼、咸宁、蒲圻、崇阳等地。1992年，在金口镇火焰村旁发掘了一批古墓，出土的文物有西汉的灰陶器，东汉的多禽鸟纹铜镜，还有三国两晋的文物。江夏的梁子湖边有个灵泉山，依山傍水之处有个灵泉古市的集镇。

武汉一带的夏口“南援三州，北集京都，上控陇坻，下接江湖。导财运货，懋迁有无”。这是东汉末年蔡邕在《汉津赋》的描述，说明汉水出口处的夏口一带已经成为商业的集散地。

武汉新洲区城关镇旁，在西汉有邾城。城墙东西长1320米，南北宽1150米，椭圆形，城外有壕，宽35～40米。[①] 中华人民共和国成立后，考古工作者在城关镇附近的砖瓦厂发现了一些汉墓，与邾文化的流传有关。1992年，在新洲城关4千米外的辛冲古墓群发掘了16座汉墓，出土了一些青铜礼器。

西汉统治者重视对长江流域的控制。汉初，迁移南郡“蛮”民7000余人，安置巴水、蕲水、浠水、赤亭水（即今举水）、西归水（即今倒水）一带，开发“五水”流域，史称“五水蛮”。汉武帝在位54年，曾有过多次大规模、远

---

① 刘玉堂，赵庆伟，吴培根．武汉通史：秦汉至隋唐卷［M］．武汉：武汉出版社，2006：122.

距离的出游,其中一次经过了荆州。据《汉书·武帝纪》记载,元封五年(前106年),汉武帝巡行长江,“五年冬,行南巡狩,至于盛唐,望祀虞舜于九嶷。登灊天柱山,自寻阳浮江,亲射蛟江中,获之。舳舻千里,薄枞阳而出,作盛唐枞阳之歌。遂北至琅邪,并海,所过礼祠其名山大川”。汉武帝到南方巡视,他在南郡“望祀虞舜于九嶷”。九嶷,即九嶷山,在今湖南宁远县境内。历史在这一刻有着惊人的相似,秦始皇也曾在云梦“望祀虞舜于九嶷”。两位帝王在南郡的祭祀,都有着使自己的君权得到“虞舜”肯定的梦想。汉武帝南巡,将鄂(今属鄂州市)分封给自己的姐姐,号鄂邑公主,以加强对地方的控制。他渡江的地点,学者推测是在寻阳(今武穴市,旧名广济)。

3. 东汉

西汉末年发生农民起义,生长于湖北枣阳的皇室宗亲刘秀经过一系列战争,于公元25年称帝,但直到建武十二年(36年)才完成全国统一。东汉初年,由于战乱以及各种天灾人祸,人口有所减少。光武帝中期,人口逐渐增加。汉和帝人口有5300多万人,此后由于各种原因,人口有一定波动,到了汉桓帝时期,人口有5600多万人。基本上与西汉持平。①

在湖北枣阳市的吴店镇境内,一直还保存有皇村遗址和舂陵故城遗址。皇村遗址就在现在的吴店镇白水村旁,枣阳市政府在此修建了皇村遗址陈列馆。民间有许多关于刘秀在湖北的传闻:刘秀称帝后,他热爱家乡,5次回故乡舂陵,修园庙,祠旧宅,观田庐,改舂陵乡为章陵县,并世世免除其徭役。

东汉时的“荆州”有很大面积。荆州所辖地域包括今湖北、湖南两省全境,河南南阳盆地,广东、广西和贵州边缘地区,共领有七个郡,大致和上古荆州的地域面积相当。其中南郡、江夏郡、南阳郡位于长江的北部;长沙郡、武陵郡、零陵郡、桂阳郡位于长江以南。汉献帝时从南阳郡分设章陵郡,增至八郡,史称荆州有“百城八郡”。

---

① 葛剑雄. 中国移民史[M]. 福州:福建人民出版社,1997.

在当时的荆州八郡中，尤以跨有江汉之间壮丽山川、扼水路交通要冲的南郡，战略地位最为重要，它是荆州的腹心地，习惯上也是荆州的代称。江陵（属今荆州）是南郡的首府，也是荆州政区的治所，它南有长江天然防线，北有中原门户襄樊重镇，西经三峡之险而通巴蜀，东可顺流直下而通吴、越，进可以攻，退而能守，加上士民殷富，军需充裕，所以政治家、军事家们对它格外觊觎。东汉的桓谭在《新论》中描述了荆州的繁荣："楚之郢都，车毂击，民肩摩，市路相排突，号为朝衣新而暮衣蔽。"此话有些文学色彩，也可能有某些夸张，但也有一定的依据。作为楚国的郢都，荆州曾经有过异常拥挤的商业集市。试想，早晨穿的新衣，到了晚上就已经被人流挤破，那是何等繁荣之景象。《新论》是桓谭的主要论著，早已亡佚。今存辑本。从科技史角度看，当时的交通工具流行车子，车流量大，使得道路显得拥挤。

东汉时期，天下中兴，湖北文化亦开始复兴。复兴的起点是大荆州中的襄阳。其实，襄阳在先秦时期没有什么地位，只是汉水的一个渡口而已。西汉时，朝廷设南阳郡，郡治在宛城（属今河南省南阳市）。襄阳作为南阳下面的一个县，其地位也不可能超过南阳。刘秀的家乡在襄阳属下的枣阳，襄阳的地位随着刘秀的地位跃迁而开始发生变化。

4. 秦汉社会的异同

秦朝与汉朝在时间上是连续的，秦汉作为一个整体的时间单位，两个朝代有共性，也有不同点。

从空间上看，秦朝与汉朝都是人类历史上少有的大帝国之一。秦始皇与汉武帝都是中国历史上最杰出的帝王之一。秦汉均以长城以内为主要的管辖范围，以农耕文明为主体。秦朝与汉朝都是中央集权大一统的帝国，也是文化一统的大帝国，政治与文化之间有相辅相成的作用。秦朝与汉朝文化的大致趋向是相近的，各地的文化有一致性。车同轨，书同文，人同言，行同伦。战国时，各国的度量衡、历法各不相同，到了秦汉时期，天下定于一。社会相对安定，人们按宗族血缘定居，男耕女织，尊老爱幼，墨守成规，过着农耕文化生活。比起春秋战国时期，没有割据之苦，也没有诸侯国之间的战争,人们较为满足。

秦朝与汉朝都是以中原为中心。秦汉时期,中国的区域中心在黄河流域的中游。关中平原的区位与地势得天独厚。秦朝命短,汉朝祚长。秦朝在中国历史舞台上从公元前221年到公元前206年,仅仅十几年。秦朝虽然短暂,却是一个富于构建与创新、内涵丰富,贡献巨大、影响深远的朝代。因此,历史学家从不小觑秦朝,从不以王朝的时间长短"论英雄"。何况,秦朝在湖北大地留下了深深的历史烙印,至少有些重要考古文献出土于湖北。

秦与汉,在治国理念上有所不同。秦朝重视耕战,轻视伦理,强化法治,倡导功利。两汉时期长达400年,统治者的治国理念在不同的时期有不同的变化。汉文帝与景帝时实行黄老的无为而治,而汉武帝时强化统治,独尊儒术。这种阶段性的变化,在湖北也是有体现的。换言之,湖北的秦汉文化是随着中国秦汉文化的阶段性变化而变化的。

二、研究的依据

了解秦汉时期的科技,资料极为有限,除了从古籍的字里行间抠一些蛛丝马迹之外,就是要借用考古发现,考古发现是了解秦汉科技的重要途径。

1. 以荆州为中心的考古发现

(1)纪南城凤凰山。公元前278年,白起攻陷楚国都城纪南城后,纪南城便沦为废墟,并成为秦汉时期的贵族墓地。考古发现秦汉时期的土坑墓有194座,面积达45万平方米,出土2000余件珍贵文物,有漆器、木俑、铜器、陶器等,彩绘漆器最为精美。

1973—1975年,在凤凰山发掘了8座西汉文景时期的墓葬,墓葬采用竖穴木椁式。其中有3座纪年墓,即能确定墓葬的时间。如167号墓的棺饰比较完好,由内、外两层绣花细绢棺罩和中间一床编竹组成,这种形制的棺饰实不多见。[1] 在168号汉墓，出土了563件文物，包括钱币、麻织品、果实、种子等，有大量生活用具，如48厘米高的大扁壶、10件套的耳杯。[2] 墓中有罕见的天平横杆、文书工具，说明墓主生前的职业与之有关，可能是位财政管理方面的郡丞。墓中还发现奴婢木俑和车马模型，可见以往的人殉风俗已经被取缔。人是社会最重要的生产力，不能随便用来陪葬，于是改用木俑。

凤凰山出土的文物有利于了解汉代的科技，如漆木俑的人物穿着宽松的汉服、麻鞋，还有漆酒具盒、耳杯、扁壶、盘子，都体现一定的技术。木俑的雕刻艺术很高，造型各异，注重细微之处。从墓中的男尸可知，汉代的人用液体浸泡尸体，防止遗体腐烂，有了朴素的化学知识。

2016年，在凤凰山发现一座距今2000多年的西汉早期墓。墓里发现了一具保存完好的男性遗骸，遗骸的周边铺满了朱砂。从木牍上记录的文字可知，墓主人为江陵中乡守，官职相当于现在的乡镇级行政首长。下葬时间为汉文帝十二年（前168年），比168号汉墓发现的男尸早1年。在墓中发现了一些植物果实遗存，包括有桃核、枣核、小米、稻谷等。在墓葬打开时，稻谷的颜色依然是金黄色。还发现了木牍、竹简、漆木器、陶器、铜器等珍贵文物131件套。其中，一个直径为65厘米的漆盘，是目前荆州地区已发掘墓葬出土文物中最大的漆盘，在全国也属罕见。

此外，在纪南镇高台村发掘高台墓群，面积约12万平方米，清理44座秦汉墓，出土铜器有鼎、盒、蒜头壶等，陶器有壶、瓮、盂等，漆器有龙凤纹深腹盘、耳杯等。

（2）古郢城建筑。在江陵城东北4千米处，有一个地名称为郢城镇郢城村，考古工作者发现了汉代的郢城。从空间审视，郢城与西南方荆州古

---

① 中国社会科学院考古研究所.新中国的考古发现和研究[M].北京：文物出版社，1984：434.

② 马兆锋.英雄时代：强盛的秦汉帝国[M].北京：北京工业大学出版社，2014：581.此书对这个墓葬描写得很生动。

城和西北方的楚纪南故城构成三角鼎立。郢城,秦时为南郡治所,西汉为郢县(王莽改称郢亭)治所,东汉并入古江陵县,城遂废。城名“郢”或借用楚都“纪郢”,或实因“郢县”“郢亭”而来。1977年,进行了试掘,出土了汉代的半两、五铢钱。考古工作者认定其为秦汉时古城,即郢亭。城址呈现出正方形,城垣为黄土夯筑,边长1.4千米,有城门4座,有护城河,河宽30余米。①

1983—1984年,在郢城镇太晖村发现张家山汉墓与张家山汉简。张家山的5座汉墓均为长方形竖穴土坑木椁墓,出土铜、陶、漆器300余件,出土竹简2787枚,内容包括《二年律令》《奏谳书》《盖庐》等,涉及西汉早期的律令、司法诉讼、医学、导引、数学、军事理论等方面内容。

其中,247号墓的墓主死于吕后二年(前186年),出土竹简最完整,数量有1200余枚,与科技相关的文献有《脉书》《引书》《算数书》等。墓中还出土了一些珍贵的文物,如铜虎子,造型浑圆,有长尾卷起,眼珠突出,虎口圆阔。249号墓的墓主也死于吕后二年(前186年),发现400余枚竹简,主要为《日书》。258号墓的墓主死于文帝前元②五年(前175年),发现58枚竹简,主要为历谱,包括高祖五年(前202年)四月至文帝前元五年(前175年)十一月,是目前考古发现最早的历谱,比银雀山汉墓出土的《元光元年历谱》要早。

张家山汉墓出土竹简汉律,计500余枚。简文多有书题,如《二年律令》等;也有篇题,如《律令二十□种》《津关令》等。律名各标在一支简上,不与律文相连。已见的律名有金布律、徭律、置吏律、效律、传食律、行书律、杂律、□市律、均输律、史律、告律、钱律、赐律等。

---

① 《中国历史文化名城词典》编委会.中国历史文化名城词典[M].上海:上海辞书出版社,1985:564.

② “前元”是历史学术语,同样性质的术语还有“中元”“后元”。在汉武帝使用年号纪年以前,史学家一般用帝王名号来纪年。在汉文帝时,史官纪年分为两段,前段为“前元”,后段为“后元”;汉景帝时,分为三段,“前元”“中元”“后元”。它们不是年号,但类似后来的年号。

张家山汉墓出土《奏谳书》，是汉代议罪案例汇集。书内各例开首多记有历朔，推算历日，大多属汉高祖时。

张家山汉墓出土《二年律令》，表明汉代有严格的逐级上报制度，对开垦的田地、实际的户口、民事诉讼、灾害，都要随时给上级政府汇报。这已经是稳定的制度。"十里置一邮。南郡江水以南，至索南界，廿里一邮"，"民宅园户籍、年细籍、田比地籍、田命（合）籍、田租籍，谨副上县廷，皆以箧若匣匮盛"。

在247号汉墓出土了《盖庐》。《盖庐》是与数术相关的兵家著作，托名于盖庐，即《左传》所见吴王阖庐。《盖庐》有竹简55枚，共9篇，原文2093个字，原文加标点符号共有各种字符3045个。据出土历谱记录，年限为自汉高祖五年（前202年）至吕后五年（前183年）间。《盖庐》强调"四时五行，以更相攻，天地为方圆，水火为阴阳，日月为刑德"等观念。其内容属于兵阴阳，论兵家宜忌，如"左青龙右白虎可以战，招摇（此星在北斗柄端）在上大陈其后可以战"等。刘乐贤在《谈张家山汉简〈盖庐〉的"地橦"、"日橦"和"日臽"》一文中认为阴阳家脱胎于数术之学，只有从数术的角度才能透彻地解释《盖庐》。[①] 据此可以说，《盖庐》是古代军事术数方面的文献，深深地打上了秦汉迷信色彩。

张家山发现的汉简，是湖北继云梦睡虎地秦简之后的一次重大考古成果。其内容涉及汉代政治、经济、军事、医学、数学等多方面，可与云梦睡虎地秦简、湖南马王堆帛书、山东银雀山竹简一同作为研究汉代历史的重要资料。

2008年年底，在古郢城东面的谢家桥发现一座西汉时期的贵族墓。墓中出土各类随葬品193件套。有大量丝织品残片。由于棺内有积水，丝织品保存状况不佳，但均做工精细，纹饰华美。在两瓶蒜头壶里有不明液体。其中一瓶蒜头壶密封非常好，里面装了大约2.5千克液体，即酒水。棺木两端各发现了一个雕刻精美、卷云纹式的木制雕花，中间两个圆环相

---

① 陈伟. 简帛：第一辑[M]. 上海：上海古籍出版社，2006：385.

绕,像两条龙缠绕。墓中还发现了4层丝绸棺罩、5件大丝绸香囊和7组漆耳杯。此外,在荆州,还发现汉代的范家湖遗址,有大量贝壳,还有一些灰陶、筒瓦。

1982年,在洪湖市乌林镇胡家湾发现汉代的大城濠城址,面积约14万平方米,呈长方形,东西长约500米,南北宽约280米。夯筑城垣底座宽30~50米,城外有护城河遗迹。发现的陶器以灰陶为主,亦有泥质红陶。松滋市的斯家场镇、大岩嘴乡、陈店镇、马峪河林场、南海镇都发现过汉代墓群。

2009年,在京山县开展文物普查时,在东汉时期的大型遗址三王城附近,发现了水磨畈遗址和康家塝汉墓群。水磨畈遗址面积约36万平方米,汉代至商周时期的文化层十分丰厚。康家塝汉墓群面积约6.24万平方米,这对研究京山汉代的历史提供了新的佐证。

以江陵,即古纪南城为中心的这些秦汉墓葬,是我们了解湖北秦汉中心地区文化的重要窗口。陪葬品中的陶器、漆器、铜器、农作物、丝织品、陶仓,表明物质文明有较高的水平。各种竹简提供了丰富的文字信息,是研究秦汉时期湖北科技的重要资料。

2. 鄂西的考古发现

1972年,在当阳发现两座东汉墓,发现22幅画像,绘有青龙、白虎、朱雀、玄武四神像,还有双鸟啄鱼、执纺拥帚的人物。1993年,在当阳郑家大坡也发现一座东汉墓,出土了画像石。墓门正面刻有龙凤纹样,还有人物、狮、虎图形。在当阳出土的汉代画像砖有"乐舞百戏"图,图上绘有两层,下层是两名乐师相向击鼓,动作十分夸张。上层有五个人,其中有两人在击编钟,两人在吹奏,还有一人在跳舞,舞者上身赤裸,肚皮下垂,一脚半弓,手持珠链,十分陶醉。①

1976年年末,在房县城郊红塔高碑发掘了一批汉代砖室墓。墓已在早年被盗,但仍发现了随葬品,如鼎、壶、侍俑、弩机、铜剑、带钩、铜质摇

---

① 唐赞功. 中华文明史:第三卷秦汉[M]. 石家庄:河北教育出版社,1992:562.

钱树。

2007年年初，在郧县上宝盖遗址出土陶鸳鸯火锅。它是用黄土烧成，中间收腰，有气孔。下面可以烧火，上面圆形的盆子中间隔成两个半圆形，供饮食时分开食物。基本造型与现在社会上流行的火锅无异。这说明当时的人对生活是很讲究的。

2010年，在郧县乔家院发现春秋至西晋墓葬30座，其中有18座秦汉墓，出土文物有铜器、陶器、铁器、漆木器等。49号墓即秦汉墓，墓穴呈南北向，随葬品包括鼎、壶、盒、罐、铜带钩、提筒、碗、盂、杯、井等，墓穴的前室与后室之间用花纹砖砌着一道封门，无疑是土坑墓向砖室墓转型的过渡形式。

郧西县博物馆藏有汉代铜提梁壶，三足鼎立，肚部富态饱满，做工精细。馆藏还有铜钫、铜奁、铜蒜头壶。铜奁的三个脚都是人物造型，呈现出嬉笑诙谐的模样。

竹山县博物馆藏有西汉的金饼，还有熊形金饰品，这在当时的价值不菲。

十堰博物馆藏有铜灶，灶体与食器形成一个可分可合的整体。该馆还藏有铁锸，说明铁器已经在农业中使用。

丹江口市博物馆藏有汉代的陶磨，下面的磨基与陶盘形成一个整体，一气呵成。该馆还藏有陶炙炉，用于烧烤。陶猪圈，圈中还塑有大肥猪。陶器还有陶狗、陶鸡、陶鼎、陶壶、陶仓，造型各异。

2010年，房县二郎岗发现东汉墓，出土有琉璃珥铛、四乳四螭镜、陶罐、五铢钱等随葬器物。还出土一批画像砖。砖的侧面均模印有车马画像图，一砖一画，画面主要由一立树、一导骑、一飞鸟、一轺车、一文吏等五部分组成。

2013年，巴东县官渡口镇发现大型汉代古墓群。古墓群位于马鬃山村一处名叫古墓岭的地方，北临长江，占地面积上千平方米。墓葬群分砖石墓和石石墓两种，砖石墓的墓砖上花纹清晰，图案精美。

3. 襄阳、云梦一带的考古发现

从20世纪70年代开始，在襄阳不断发现秦汉墓。

在襄阳米庄镇叶店村清理9座东汉墓，出土陶狗、陶仓等。

在南漳县的涌泉镇、龙门镇、安集镇、胡营镇、武安镇都发现过汉代遗存。如胡营镇有临沮城遗址，面积约60万平方米，以灰陶为主，有少量红陶。传为汉临沮城。

在谷城县的北河镇、大峪桥镇、石花镇、五山镇、冷集镇、城关镇发现过汉代遗址。主要是灰陶，纹饰有绳纹，均为壶、盆之类的生活器具。

在宜城市的小河镇、朱市镇、雷家河镇、郑集镇，多次发现汉代的砖室墓，有动物图像画石砖，多用几何纹。有陶壶、陶钵等物。

在枣阳的钱岗乡、吉河乡、王城镇、梁集镇、徐寨镇、七方镇、太平镇、新市镇、鹿头镇、南城镇、北城镇、环城街、琚弯镇、平林镇、吴店镇、吴庄镇、熊集镇全都发现过汉代的遗存。平林镇杜家台的汉代遗址达10万平方米，发现的文物主要是陶器。

1988年，在老河口市东汉墓出土4件大型空心画砖，并排立在门额，画面朝外。画面分为三部分：上部刻有一只展翅的大鸟，云彩环绕，下有鹿拉车；中部刻有一棵仙树，树上有鸟，树下有朱雀，有重檐的建筑；下部刻有一棵树，还有老虎。

2015年4月，在襄阳高新技术产业开发区团山镇蔡庄村四组骆台自然村南，发现西汉末期至东汉初期的两座墓葬，出土陶壶、陶鸡、陶狗、陶仓、陶灶、陶圈、铜车马器、钱币、石砚台等文物约200件。其中一座为大型画像石室墓，墓门刻有精美的斗虎图。左右两扇门中，上半部分为一勇士手持长矛斗猛虎，下半部分刻有精美的门环。左右门柱还各刻有一个持戟小吏。斗虎图上勇士的眼睛、鼻子与一般人不同，更像是兽面，而老虎的躯体也被“羽化”成了一只“飞虎”。

襄阳东南的随州是文化底蕴深厚的地区，战国时期的曾国墓轰动世界。秦汉时期，秦人东进，中原文化南移，随州是相当重要的文化区。在随州的唐镇曾经发现一座东汉墓，即用石材构筑的平顶多室墓，有4个并列的墓室，墓向朝南，石料非当地所出，制作平整。它与南阳平原的汉画像石墓的风格颇为类似，其中的一些大石条，似是从外地运来，形制也与当地原来的墓制有区别。[①] 这说明，南阳文化渐浸到随枣走廊的南端了。

以襄阳、云梦为中心的墓葬，反映了战国、秦、汉的文化走向，有秦文化，也有楚文化，还有汉文化。汉文化是在楚文化基础上，融合秦文化而形成的。有物质文化方面的陶、铜、铁、玉器，如蒜头壶、鼎、镜、豆等，多呈明器特点。特别精美的器物不多，文字信息也极少。

这里，要特别说说云梦睡虎地秦简（简称云梦秦简）。

1975 年，在云梦县城关镇睡虎地的一座秦墓中，出土了 1150 多枚竹简，史称睡虎地秦简。出土的竹简有近 4 万字，有《秦律十八种》《秦律杂抄》《法律答问》《封诊式》，均是有关秦朝法律的内容，涉及信息很广，有田律、仓律、金布律、工律、司空等。这为我们了解秦代的湖北科技，诸如数学、统计、技术等提供了些许资料。云梦秦简《编年记》有秦始皇二十八年（前 219 年）"过安陆"的记载。安陆在涢水旁，因水而兴城。古代交通主要依靠水路，安陆正当南来北往的驿站通道上，是云梦泽北边的高地。

《秦律十八种》中与科技较有关系的有《田律》《厩苑律》《仓律》《金布律》《关市》《工律》《工人程》《均工》《司空》《传食律》《行书》《效律》等。如《效律》是对核验县和都官物资账目有关制度的规定。《效律》记载："衡石不正，十六两以上，赀官啬夫一甲；不盈十六两到八两，赀一盾。甬（桶）不正，二升以上，赀一甲；不盈二升到一升，赀一盾。"《金布律》涉及商品价格、货币比价、度量衡误差限度等。

在云梦秦简中有一篇《为吏之道》，存简 51 枚，约 1600 字，堪称秦朝的官箴，虽是在湖北境内发现的，但适用于全国。它是用于警诫官员的重要文献。其中规定："垦田仞邑，赋敛毋度。城郭官府，门户关钥……阡陌津桥，困屋墙垣，沟渠水道，仓库禾粟，兵甲工用。"这些内容与技术有关。

秦朝要求地方官要管好粮仓，粮仓若有两个以上老鼠洞，官员就要受

---

① 湖北省文物管理委员会. 湖北随县唐镇汉魏墓清理[J]. 考古，1966(2)：84－91.

罚;民间若有盗采桑叶的现象,要罚服徭役30天。《田律》要求基层官员及时汇报旱灾、暴风雨、涝灾、虫灾,以便采取对策,如有渎职者辄重处。《田律》记载:“春二月,毋敢伐材木山林及雍堤水。不夏月,毋敢夜草为灰,取生荔、麛卵鷇,毋□□□□□□毒鱼鳖,置阱网。到七月而纵之。唯不幸死而伐绾享者,是不用时。……百姓犬入禁苑中而不追兽及捕兽者,勿敢杀;其追兽及捕兽者,杀之。河禁所杀犬,皆完入公;其他禁苑杀者,食其肉而入皮。”①

可见《田律》记载了秦朝对水利、植物、动物等生态资源保护的情况。《田律》规定每年七月之前,不许捕猎幼兽、幼鸟和拣鸟蛋,不准设置猎捕野兽的陷阱和罗网,不准向河里投置毒药,不准捕捉和杀害鱼鳖。七月之后,禁令才解除。

《工律》规定,社会上采用的度量衡要定期校正,不能超过误差,官员要督查,并要承担责任。市场上流行的产品,要规格一致,对有些产品在数量上有定额。

《秦律杂抄》记载了对产品质量不合格的现象,要加重处罚。

《封诊式》记载了一个叫丙的人与一个叫丁的人合伙盗铸钱币,被搜出钱范,官员逮捕了这两个人。这说明,当时钱范的技术含量不高,少数人可以模仿铸钱。

云梦睡虎地11号秦墓出土的《日书》记载了许多鬼名和鬼师。正因为人们惧鬼,所以就有人闹鬼。秦始皇焚书,不毁卜筮之书,《史记·秦始皇本纪》记载:“所不去者,医药卜筮种树之书。”这说明秦始皇相信这类书籍,也说明卜筮在秦朝是合法地流行。秦始皇禁止了《诗》《书》,这就给卜筮书有了很广大的传播市场。

云梦睡虎地发现的青铜器中有不少饮食器,如鼎、壶、盘、盒等,其中蒜头壶是秦朝最为流行的样式,造型新颖,比例适当。还出土过一些漆器,多为薄木胎,实用美观,有凤纹、鸟纹、云纹。有一件漆盂的盘面,用朱漆绘二

---

① 睡虎地秦墓竹简整理小组.睡虎地秦墓竹简[M].北京:文物出版社,1990:20.

鱼一凤，凤单足伫立，鱼似鲤形，口沿有波浪纹，象征着水。

4. 鄂东的考古发现

在湖北的东部多次发现过东汉墓。

武昌南望山发现东汉 3 座砖室墓，东西向，中间一座墓室由券门、甬道、左右耳室、前室、后室组成。该墓群传为东汉建武二十三年（47 年）至光和三年（180 年）江夏蛮王之陵墓。

武昌任家湾何家山发现东汉墓一座，出土陶壶、罐、瓶、五铢钱。

武昌蛇山南麓的长春观发现东汉墓，出土釉陶井栏、猪圈、鸭舍、磨、果盘。

黄陂区姚家集镇发现汉代的北门港遗址，北门港遗址面积约 2 万平方米，文化层厚 1 米多，采集到陶片与建筑构件。李家集镇的作京城湾发现汉代的作京城城址。

新洲区的城关镇、方杨乡靠山村、张店镇的得胜村、辛冲镇的戢岗村与消家洼、和平乡华岳村、金台镇胡家嘴、仓埠镇段岗村都发现过汉代墓葬。如和平乡华岳村的红山嘴墓群，1986—1988 年清理了 300 余座墓，以东汉砖墓室为主，出土陶器有盒、豆、盘、灶、井、猪圈，铜器有镜、碗、洗、釜、刀、戟、箭镞、弩机等。城关镇东的墓群，有西汉的土坑木椁墓、东汉的砖室墓，东汉墓出土烹蒸器，木器有俑、剑、梳等。

黄石市石灰窑区河口镇发现过汉代的下城遗址，采集到陶器残片。

2012 年，阳新县兴国镇太垴村黄家大屋组某村民准备建房，在挖房基时发现一座汉墓。该墓出土文物 6 件，其中陶灶、陶仓、陶鸟等陪葬品及其精美的墓砖纹饰在该县尚属首次发现。

大冶市还地桥镇秀山村发现东汉的砖室墓，有陶器出土。1980 年，金湖乡黄文村清理两座东汉券顶砖室墓，出土铜镜、带钩、陶瓮等。

综上，历史文献是我们研究湖北科技的基本资料，而考古发现是我们更加全面地了解湖北科学技术史并做实做全的重要依据。

第二节 朴素的科学知识

一、天 文 历 法

1. 秦简中的历法信息

西周至春秋时期，楚国既使用周正历法，也使用夏正历法。前者可能与宗教或尊周从周有关，后者则从生产实际出发。关于历法的演变，《汉书·律历志》以来的历代正史，都有详细记载，可参考。秦朝时，全国都用颛顼历，以十月为岁首，闰月称为后九月。但是，由于科学发展水平有限，历法出现了错乱现象，以至于出现“朔晦月见，弦望满亏”的情况。

1975 年，在云梦睡虎地 11 号墓出土的秦简《日书》，也是研究秦朝民间历法的重要依据。这套《日书》有甲、乙两个文本，内容大致相同。出土时，甲种置于墓主头部右侧，共 166 枚；乙种置于墓主足部，现存 259 枚。简文的主要内容是选吉凶日，如“成决光之日，利以起大事、祭、家(嫁)子，吉。居有食，行有得，生子美”。简文反映了一些社会情况，如“阴，先辱后庆。利居室，入货、人民、畜生。可取妇□”。这些内容与人们的趋吉观念有关，并且特别实用，因为它记载了楚地的习惯与秦地的习惯，有利民众采用。

简文载有秦与楚的记月之法的关系：秦“正月，楚刑夷”；秦“二月，楚夏尿”；秦“三月，楚纺月”；秦“四月，楚七月”；秦“五月，楚八月”；秦“六月，楚九月”；秦“七月，楚十月”；秦“八月，楚爨月”；秦“九月，楚献马”；秦“十月，楚冬夕”；秦“十一月，楚屈夕”；秦“十二月，楚援夕”。由此正好说明，秦在统一全国之后，各地在原来文化的基础上，有一个转型阶段，两种方式并用，逐渐过渡到全国统一的历法之中。

其中载录了秦、楚月份对照表(表 4－1)。学者注意到秦、楚月份均以夏正十月作为年首，说明秦与楚不仅地域相连，而且在历法上也有共识，关系密切。

表4－1　秦、楚月份对照表

秦	十月	十一月	十二月	正月	二月	三月	四月	五月	六月	七月	八月	九月
楚	冬夕	屈夕	援夕	刑夷	夏屎	纺月	七月	八月	九月	十月	爨月	献马

由表4－1可以见到两个不同点。

其一，楚历以一月为岁首，相当于秦历的十月；楚历二月为秦历十一月，楚历三月为秦历十二月，楚历四月为秦历正月，楚历五月为秦历二月，楚历六月为秦历三月，楚历七月为秦历四月，楚历八月为秦历五月，楚历九月为秦历六月，楚历十月为秦历七月，楚历十一月为秦历八月，楚历十二月为秦历九月。

其二，有些名称不一样，楚历的一月至六月依次为冬夕、屈夕、援夕、刑夷、夏屎、纺月，十一与十二月的名称为爨月、献马。楚人为什么用这样的名称？是因为语言问题，还是其他原因，尚不清楚。

夏历以十月为首，有一套专门的名称。这套历法的一月相当于秦历的十月。秦、楚两历，虽同以夏正十月为年首，但楚仍袭用周正历法部分的特殊月名，记月既用数字，也用月名，这在春秋及战国各国中，是个特别的习惯，也是独创。

楚官方颁行夏正十月为年首历法，民间则采用夏正历法，这也是楚国所特有的。不过，无论是夏正十月历法，还是夏正历法，都以干支纪日，这与中原各国是统一的。根据推测，秦朝时楚地采用的历法，应当与社会上流行的这套《日书》历法一致。

考古发现的《日书》，基本上是以天文历法为经，以生活事件为纬，共同交织成一幅日常社会的多彩画卷。在《日书》中，有一篇《玄戈》，依据玄戈、招摇等星每月在天空中的位置和指向，来占断人事的吉凶。当时的天象是否真有那些现象，现在无从考实，或许只是以天象作为话语符号而已。

1993年，在荆州沙市区周家台30号秦墓，发现竹简387枚，共计5300余字。内容有历谱、《日书》、病方。还发现一件大牍，共149字，内容为秦二世元年(前209年)的历谱。考古工作者注意到,30号墓第一组简,共130枚,记有秦始皇三十四年(前213年)、三十六年(前211年)的历谱;木牍一件,记有秦二世元年(前209年)的历谱,均为墓主生前的记事。30号墓的第二组秦简,计178枚,其内容为二十八宿占、五时段占、戒磨日占、五行占等,归为《日书》类。《日书》不仅是有关时间的书,还是择吉书。在科学知识极不发达的古代,民间对未来有许多担忧,于是流行占卜之类的历书。当代社会的科学已经相当发达,却也流行黄历,何况古代?

2. 汉代的天文历法

汉代学人不断猜想天体的结构,主要有3种观点:宣夜说(已失传)、盖天说(见《周髀算经》)、浑天说(见张衡的浑天仪)。汉代有丰富的天文记录,如《汉书·五行志下》记载了成帝河平元年(前28年)"日出黄,有黑气大如钱,居日中央",这是世界上最早有关太阳黑子的正式记录。长沙马王堆汉墓出土的帛书《五星占》载录了五大行星的运行。

汉代重视历法的修订。汉武帝时,落下闳等作太初历。汉初用的是颛顼历,但误差太大。汉武帝元封年间,司马迁等进言修历,朝廷就选派了20多位历法专家参与此项活动,有历官邓平、天文学家唐都、大历数学家落下闳。由于人才云集,各有高见,故观点多有不合。朝廷让他们争鸣,后来,学者们基本上同意了邓平的意见,制定了太初历。太初历一塑望月时间为29又43/81日,共施行了188年,一直到东汉章帝元和二年(85年)。汉章帝时采用四分历,复用古法,每年为365又1/4日。到了安帝时,围绕四分历展开论战,有人认为四分历不合图谶,应恢复太初历,而李泓等40余人主张继续使用四分历,两军对垒,最后以天文观察为依据,论证了四分历的正确性,继续沿用四分历。

汉代,二十四节气已完全确立。公元前104年,由邓平等制定的太初历,正式把二十四节气订于历法,明确了二十四节气的天文位置。二十四节气名称首见于汉初的《淮南子·天文训》,时间在公元前131年。《史记·太史公自序》的"论六家之要指"中也有提到阴阳四时、八位、十二度、二十四节气等概念。

东汉出现了科学巨匠张衡(78—139),字平子,汉族,南阳西鄂(今河南南阳市石桥镇)人。张衡的成就是多方面的,郭沫若称他为世界史上罕见的人物。张衡年轻时对宦途不感兴趣,“累召不应”。后来,“安帝雅闻衡善术学,公车特征拜郎中,再迁为太史令。遂乃研核阴阳,妙尽璇玑之正,作浑天仪,著灵宪、算罔论,言甚详明。顺帝初,再转,复为太史令”。张衡前后两次担任太史令,时间长达 14 年之久。据《后汉书·张衡列传》记载,张衡制作的地动仪十分精巧,外有八龙。“验之以事,合契若神。自书典所记,未之有也。尝一龙机发而地不觉动,京师学者咸怪其无征,后数日驿至,果地震陇西,于是皆服其妙。自此以后,乃令史官记地动所从方起。”

湖北大地虽然没有产生张衡这样的科技名人,但不可否认的是,河南的南阳与湖北的襄阳紧密相连,形成南襄文化圈。南襄的地域文化宽广厚重,熏陶出了张衡。汉代的南郡,从南阳到江汉平原,形成的这个文化圈。我们不能因为现在的行政区划而割裂历史,也不宜把历史名人据为本地区所独有。

1983 年,在江陵张家山 247 号汉墓出土的竹简中有历谱。历谱是关于天文历法的知识,有二十八宿的记载。有的学者认为,汉墓出土历谱 18 枚简,简文除了各月朔日干支的内容外,只有关于墓主人主要经历的两条记录。残存的历谱中,无一例外不注节气。历谱对于了解西汉初年人们对时间的掌握是有益的。

2018 年,在荆州胡家草场墓地出土一批西汉简牍,有竹简、木简、木牍三种,主要内容有历谱、编年记、律令、经方、遣册、日书等。历谱简有两种,分别在其首简的简背上书写有篇题历和日至。历简 101 枚,记载了从汉文帝后元元年(前 163 年)起,下推至公元前 64 年百年之间的每月朔日干支。日至简 102 枚,记载了从汉武帝建元元年(前 140 年)起,下推至公元前 41 年之间的冬至、立春、春分、立夏、夏至、立秋、秋分、立冬之日的干支。所见历简以十月为首,日至简以冬至为首,据此推测,这两种简的编订应在汉武帝颁行太初历(前 104 年)之前。

不过，实事求是地说，秦汉时期在湖北大地勇于探知天文历法的人少了许多，至少没有涌现像屈原这样特别突出的人物。之所以会出现这种情况，是因为在大一统的时代，国家在都城组织人才承担了相关的任务，而地方上的热情与活力必然大为减弱，势使然矣。

3. 气候

秦汉时期中华大地的气候总体是较为暖和的，到东汉时开始变冷。气候变冷，就有可能给社会带来一些变数，这个因素在科技中是不可忽略的。不过，处于中国南北分界线——秦岭淮河以南的湖北大地，在秦汉之时属于亚热带季风气候，降水充沛，气温相对较高。

通常认为，从春秋到唐代，长江中游的气候比现在要湿热得多，降水量比现在大。吕思勉教授曾说："故秦、汉之世，江、河之域，皆颇似后世之西南诸省，而江域拓殖较晚，荆楚犹称火耕水耨，而扬州无论矣。"[①]这就是说，秦汉时期荆楚的气候与温度大约相当于亚热带，荆楚的开发比中原要晚，其发展进程与后来西南诸省份相近。

对汉代的气候变化，东汉时的学人已有提及，说天气逐渐变冷。据《后汉书》卷六十一《黄琼传》记载，顺帝永建二年(127 年)，因为连年灾异，黄琼上书说："间者以来，卦位错谬，寒燠相干，蒙气数兴，日暗月散。"第二年，即永建三年(128 年)，黄琼又上书说："自癸巳以来，仍西北风，甘泽不集，寒凉尚结。"由此可知在公元 127 年前，天气不正常，出现低温的现象，春夏气温偏低。黄琼(86—164)，字世英，东汉名臣，江夏(一说今湖北安陆)人，尚书令黄香之子，是个有学养的人。

湖北省曾经动员一批专家编写《中国气象灾害大典 · 湖北卷》，从中可知，秦汉时期的湖北，水灾多于旱灾。高后二年(前 186 年)，南郡大水。高后三年、五年、八年分别有水灾。东汉永寿元年(155 年)，南阳大水。建安二年(197 年)，郧县等地大水。建安二十四年(219 年)，安陆大水。旱灾，仅记载一条：永元四年(92 年)，德安府旱，蝗。雪灾两条：建昭二年(前

① 吕思勉. 两晋南北朝史[M]. 上海：上海古籍出版社，1983：6.

37 年),楚大雪,五尺;建始二年(前 31 年),长阳大雪,五尺。地质灾害三条:文帝元年(前 179 年),当阳山崩;东汉永元十二年(100 年),秭归新滩崩填溪;建安三年(198 年)宜昌太山崩,声闻五六十里。[①] 由这些信息可知,汉代的气象灾害很多。这种灾害背景,是为了解当时的科技而值得考虑的因素。

二、地 理 学

秦汉两朝都有辽阔的疆域,行政区划复杂。管理如此宏大的国家,必然需要全面而细致的地理知识。可想而知,当时人们的地理知识一定有了很大的进步。《史记》《汉书》对山川地理及沿革都有详细记载,就是明证。《汉书・地理志》是我国第一部以"地理"一词命名的正史地理学著作,《汉书・地理志》的问世开创了我国地理学体系中撰述疆域地理志的一种基本模式,它首创以郡县政区为纲、山川物产为目的体例,是我国地理学史中一部划时代的代表作。

汉代朝廷注意对环境的管理,在地方上设置相关的官员。据《汉书・地理志》记载,南郡和江夏郡有"云梦官";九江郡有"陂官"和"湖官"。云梦官是一个很大的概念,我们对这些官员的职责不太清楚。但通过名称可以推测,云梦官、陂官、湖官应当是监测环境生态,贯彻朝廷律令的官员。

秦汉时期的湖北与湖南是共同的地理文化单元,在马王堆汉墓出土了绘在帛上的地形图、驻军图、城邑图,这是世界上现存最早的以实测为基础的地图。长沙发现的这些地图,在荆州应当也有运用。西汉末、东汉末,在湖北都有大的战争发生,军事地理学知识应当必不可少。湖北是中国由北向南的辐射地区,以中原为起点的驿站大多都要经过湖北,因而,交通地理、商业地理知识也应当是较为发达的。

汉代,桑钦撰有《水经》一书,记述中国的河流水道,共 137 条。北魏

---

① 姜海如. 中国气象灾害大典:湖北卷[M]. 北京:气象出版社,2007:17,202,290,338,401,454.

郦道元认为《水经》缺乏系统,《山海经》周而不备,《汉书·地理志》简而不周,《禹贡》过于简扼,于是决定以《水经》为底本,重新撰写一部综合性的著作。

秦汉时期的湖北文化,主要是在汉水沿线展开的,了解当时的汉江文化特别重要。[①]《水经注》所记载的沔水即汉水,同水而异名。郦道元在《水经注》中,并用“沔”“汉”二字。汉水是长江最大的支流,中源漾水、北源沮水、南源玉带河,均在秦岭南麓陕西宁强县境内,流经沔县(现勉县)称沔水,东流至汉中始称汉水;自安康至丹江口段古称沧浪水,襄阳以下别名襄江、襄水。汉江的以丹江口以上为上游,以丹江口至钟祥为中游,以钟祥至汉口为下游。沮水发源于陕西省宁强县留坝与凤县交界处的紫柏山南麓黄花坪,西南流入勉县,至沮水新铺坝始称汉水。湖北保康县有沮水,沮的本意不是沮丧之“沮”,而是以“且”为本意,有祖宗之意。

汉武帝时期的史学家司马迁可能到过湖北,他在《史记·太史公自序》自称“二十而南游江、淮,上会稽,探禹穴,窥九疑,浮于沅、湘”。他没有直接说出湖北地名,但从陕西到湖南不可能飞过去,也不可能一两天走完湖北,沿途应当经过襄阳、荆州等地。初步的路线是,司马迁从京师长安出发向东南行,出武关至宛,再经襄阳到江陵,渡江进入湖南境内。

司马迁在《史记·货殖列传》对秦汉时期的湖北略有记载,提供了三个方面的信息。

其一是地气。司马迁说:“江南卑湿,丈夫早夭。”这说明汉代楚地不太适宜人的健康。湖北中部的地势低,雨水多,江河积聚,水气较重。由于空气潮湿,瘴疠之气弥漫,对人的身体不利。丈夫,指的是男性,男子长期被湿气包围,还要承担繁重的农活,缺衣少食,寿命必然不高。人的寿命,间接影响到科技文化的传承节奏,老年智者的减少不利于经验的总结。

其二是资源。司马迁说:“江陵故郢都,西通巫、巴,东有云梦之饶。”

---

① 王玉德. 论汉水文化在中华文明中的地位:生态文化资源的视野[M]//中国社会科学院历史研究所. 大河之魂:中国襄阳·汉水文化论坛文集. 北京:人民出版社,2015.

一个“饶”字,说出了荆楚大地是天然的富饶粮仓;一个“通”字,说出了商贸便利,与巴蜀之地有较多的往来。司马迁还说:“楚、越之地,地广人希,饭稻羹鱼,或火耕而水耨,果隋蠃蛤,不待贾而足,地势饶食,无饥馑之患,以故呰窳偷生,无积聚而多贫。是故江、淮以南,无冻饿之人,亦无千金之家。”从生态链而言,楚地辽阔,人口不多,可以为人们的生活提供足够的物质资源。农民种的是稻米,喝的是鱼汤,天然食物是特别养人的。人们的生产方式还比较原始,放火烧地,以水浸田,沼泽与平丘提供各种各样的果实与水产品。不需要经商就可以生存,没有饥饿的忧患,没有积蓄的压力和需求。因此,社会上没有受冻挨饿的人,也没有存储丰厚的家庭。

其三是环境。在汉代人的眼中,楚地疆域广阔,可以分为西楚、东楚、南楚三个板块:淮北沛、陈、汝南、南郡为西楚;彭城以东,东海、吴、广陵为东楚;衡山、九江、江南、豫章、长沙为南楚。南楚的中心在江陵(即南郡),东楚的中心在吴(今苏州一带),西楚的中心在彭城。这三个中心是一个文化圈,但各有个性,且有联系。司马迁说:“越、楚则有三俗。夫自淮北沛、陈、汝南、南郡,此西楚也。其俗剽轻,易发怒,地薄,寡于积聚。江陵故郢都,西通巫、巴,东有云梦之饶。陈在楚、夏之交,通鱼盐之货,其民多贾。徐、僮、取虑,则清刻,矜己诺。彭城以东,东海、吴、广陵,此东楚也。其俗类徐、僮。朐、缯以北,俗则齐。浙江南则越。夫吴自阖庐、春申、王濞三人招致天下之喜游子弟,东有海盐之饶,章山之铜,三江、五湖之利,亦江东一都会也。衡山、九江、江南、豫章、长沙,是南楚也,其俗大类西楚。郢之后徙寿春,亦一都会也。而合肥受南北潮,皮革、鲍、木输会也。与闽中、干越杂俗,故南楚好辞,巧说少信。江南卑湿,丈夫早夭。多竹木。豫章出黄金,长沙出连、锡。然堇堇物之所有,取之不足以更费。”

司马迁似乎是在告诉我们,认识秦汉时期的湖北应放大眼量,以宏大的视野、比较的视野透视湖北。司马迁对楚地的观点,在西汉是一种共识。例如,西汉大臣桓宽根据“盐铁会议”记录而整理撰写的一本《盐铁论》,其中有荆楚的资料。如《盐铁论·通有》记载:“荆、扬南有桂林之饶,内有江、湖之利,左陵阳之金,右蜀、汉之材,伐木而树谷,燔莱而播粟,火耕而水耨，地广而饶材。"荆楚与周边地区有物资往来，互通有无，推动了经济的发展。《盐铁论·刺权》指出："今夫越之具区，楚之云梦，宋之钜野，齐之孟诸，有国之富而霸王之资也。"①将这些议论与司马迁的议论相比较，似曾相识，格调都是一样的。

翻检东汉班固的《汉书》，发现其中也谈论了荆楚地理的情况。不过，从史源角度而言，《汉书》似乎从《史记》中辗转了一些材料。如《汉书·地理志》说："楚有江汉川泽山林之饶；江南地广，或火耕水耨。民食鱼稻，以渔猎山伐为业，果蓏蠃蛤，食物常足。故呰窳偷生，而亡积聚，饮食还给，不忧冻饿，亦亡千金之家。"

秦汉时期的楚地生态与先秦三代时期的楚地生态有所不同。清初的王夫之敏锐地注意到这种变化，他在《读通鉴论》卷十二指出："三代以上，淑气聚于北，而南为蛮夷。汉高帝起于丰、沛，因楚以定天下，而天气移于南。郡县封建易于人，而南北移于天，天人合符之几也。天气南徙，而匈奴始强，渐与幽、并、冀、雍之地气相得。故三代以上，华、夷之分在燕山，三代以后，在大河，非其地而阑入之，地之所不宜，天之所不佑，人之所不服也。"这里所说的天气，指地理环境，意为汉代开始，文化有南移的趋向。当北方社会动荡时，荆楚是中原人避难的首选之地。

三、数　学

在中国古代，数学叫作算术，又称算学。古代的算术是六艺之一，六艺中称为"数"。人们在生产活动、商业计算等实践中，需要了解数字间的关系，逐渐形成了一门学问。秦汉是我国古代数学体系的形成时期。为使不断丰富的数学知识系统化、理论化，数学方面的专书陆续出现。

秦汉时期的计量单位有了较为统一的规定，例如，容量方面，秦始皇时的一升合今 200 毫升；重量方面，秦一两合 16.02 克，一斤合 256.25 克；尺度方面，秦一尺合现代 23 厘米；田亩方面，秦一亩合现代 0.991 亩。② 西汉

---

① 佚名.诸子集成：七[M].北京：中华书局，1954：4，10.

② 姜海如.中国气象灾害大典：湖北卷[M].北京：气象出版社，2007：454－455.

与东汉,在秦朝的这个比例上有少许波动。如果这些规定没有相对的统一,人们就无法从事相互之间的经济活动。这是农耕社会发展的基本要求,也是文明的进步。

秦始皇统一度量衡,是以战国时代商鞅变法以后的秦国度量衡制为标准。汉因秦制。东汉建武年间,整顿度量衡,由大司农颁发标准器,其标准仍与前代大致相同。

汉代长度单位为十进位的分、寸、尺、丈、引,而以六尺为步,三百步为里。据商鞅量的实物和铭文核算,秦一尺应为 23.1 厘米,而据满城汉墓的铁尺和曲阜九龙山汉墓残铜尺测定,西汉一尺为 23.2 ~ 23.5 厘米。新莽时,据传世的始建国元年(9 年)的嘉量测算,一尺的长度应为 23.1 厘米。东汉前期,根据传世的建初铜尺,一尺的长度为 23.5 厘米。东汉后期,按照各地发掘出土的铜尺和骨尺,一尺约为 23.8 厘米。

汉代容量单位是“合龠为合,十合为升,十升为斗,十斗为斛(亦称石)”。当时的一斗为 2000 毫升。秦汉的重量,秦一石重为 30.75 千克;西汉一斤合今 250 ~ 254 克;东汉的一斤为 250 克。《汉书·律历志》记载:“二十四铢为两,十六两为斤,三十斤为钧,四钧为石。”

1984 年年初,与《算数书》一起出土的一份历谱,所记最后一年是西汉吕后二年(前 186 年),由此推断,《算数书》成书于前 186 年之前,反映的是前 186 年之前的算术。其中,有些题目是战国的,有些是西汉的。我们在前一章对《算数书》做了简要介绍,这里结合汉代相关内容再做论述。

《算数书》由 200 余枚竹简组成,其中完整的有 185 枚,10 余枚已残破。有 7000 多字,分为 68 段,每段有标题。体例采用问题集形式,大多数题都由问、答、术三部分组成,每段的格式是先提出问题,再作回答,然后说明计算方法。

《算数书》未分章或卷,有标题诸如:相乘、分乘、乘、䞍(增)减分、分当半者、分半者、约分、合分、径分、出金、共买材、狐出关、狐皮、负米、女织、并租、金贾(价)、舂粟、铜秏(耗)、传马、妇织、羽矢、桼(漆)钱、缯幅、息钱、㱃(饮)桼(漆)、税田、程竹、医、石衛(率)、贾盐、丝练、挐脂、取程、秏(耗)

租、程禾、取臬程、误券、租吴(误)券、粺毁(榖)、秏(耗)、粟为米、粟求米、米求粟、米粟并、粟米并、负炭、卢唐、羽矢、行、分钱、米出钱、除、郓都、刍、旋粟、囷盖、睘(圜)亭、井材、以睘(圜)材(裁)方、以方材(裁)睘(圜)、睘(圜)材、启广、启从(纵)、少广、大广、方田、里田。彭浩先生说:"《算数书》是一部数学问题集,撰人不详。现存69个题名。完整的算题92个,单独成题的术文6个。"①

根据这些标题,学术界把《算数书》的内容可以分为两类:一类是以计算方法为题,如相乘、分乘、约分、合分等;另一类是以计算对象为题,如负米、税田、贾盐等(彭浩先生的分类也是两类:一类题名以算法命名,如合分、约分、乘、增减分等;另一类题名采自题文或由题文概括,如共买材、狐出关、传马、分钱、误券等)。从算题的内容而言,可以分为五类:一类是整数、分数运算,如增减分、乘。涉及加减乘除。二类是几何运算,如女织、井材。涉及平面图形的面积和多面体、圆体的体积计算公式。三类是利息、税率计算,如息钱、负米。涉及比例与比例分配。四类是兑换计算,如粟求米、米求粟。五类是田亩、产量计算,如方田、程禾。

《算数书》有一些概念性的理论,如"母乘母为法,子相乘为实","分乘分术皆曰:母相乘为法,子相乘为实","增分者,增其子;减分者,增其母"。

《算数书》也列举了一些在平时生活中、交易中、测量中遇到的实际问题,如:

比例题:三人共(买)材,以贾(价)一人出五钱,一人出三(钱),一人出二钱。今有赢四钱,欲以钱数衰分之……术曰:并三人出钱数以为法,即以四钱各乘所出钱数,如法得一钱。

盈不足题:分钱人二而多三,人三而少二。问几何人、钱几何。

《算数书》中的这些题目,在商业中会频繁遇到。如"今有盐一石四斗

① 彭浩.张家山汉简《算数书》注释[M].北京:科学出版社,2001:12.

五升少半升,贾取钱百五十欲石率之,为钱几何?曰:百三钱四百卌□分钱九十五。”黄今言教授据这道题推测:“西汉前期私营煮盐时的盐价,1 石约 103 钱,这和当时的粮价百钱上下大致接近。”①

《算数书》的小标题,有的以“里田”“税田”“金贾”“程禾”等命题,提供了社会经济方面的信息。汉墓出土的竹简上有民众经商的记载,如商贩契约、报表、账本,表明汉代的会计核算已有一定的规范。汉墓还出土了算筹(小竹棍),这是当时流行的计算工具。

这里,有必要把《算数书》与汉代其他数学书进行一番比较,以便说明《算数书》的重要地位。西汉末年(约前 1 世纪)编撰的天文学著作《周髀算经》在数学方面主要有两项成就:一是提出勾股定理的特例及普遍形式;二是测太阳高、远的陈子测日法,为后来重差术的先驱。约成书于东汉初年的《九章算术》是一部经几代人整理、删补和修订而成的古代数学经典著作,在世界数学史上有多方面的贡献。《九章算术》的作者不详,但内容精深。它以问题集的形式,列出 9 个方面的数学问题,分别是方田(分数四则算法和平面形求面积法)、粟米(粮食交易的计算方法)、衰分(分配比例的计算方法)、少广(开平方和开立方法)、商功(立体形求体积法)、均输(管理粮食运输均匀负担的计算方法)、盈不足(盈与亏的计算方法)、方程(一次方程组解法和正负术)、勾股(勾股定理的应用)。这些都是与生产实践、生活结合紧密的计算问题,提供了解题的方法与思维过程。《九章算术》九章搜集了 246 个数学问题的解法,在世界上第一次记载了负数概念和正、负数的加减法运算法则,还记载了当时世界上最先进的分数四则和比例算法。汉初的张苍,宣帝时的耿寿昌,成帝、哀帝时的许商、杜贵都是数学家。《后汉书·马援列传》记载了马援的侄孙马续“博观群籍,善九章算术”。马续是马严(17—98)的儿子,由此可推,在公元 90 年之前,《九章算术》已流行于世。

《算数书》和《九章算术》在体裁上都是问题集的形式。两书在体例、

① 黄今言.秦汉商品经济研究[M].北京:人民出版社,2005:357.

内容、结构上都有一脉相承的迹象。《算数书》有些部分和《九章算术》有明显的关系，如《九章算术》中的“少广”，《算数书》中也有这个标题，而且两者文字近似；“刍童”（上、下底面都是长方形的棱台体）的求积公式与《九章算术》基本一致。《九章算术》的内容全部包括了《算数书》的内容，而《算数书》的编写词句略逊于《九章算术》，内容不及《九章算术》完备、系统，比如《算数书》关于分数、除法、问题的提出与发问、答案等的表示方式极不统一。

然而，《算数书》是我国现已发现的最古的一部算书，其大部分算题形成至迟不会晚过秦代，比现有传本的《九章算术》还要早近200年。《九章算术》是传世抄本或刊书，《算数书》是出土的竹简算书，属于更珍贵的第一手资料。不过，《算数书》还不是成熟的数学书。有学者指出其多数条目之间仍显松散，没有组织成体系，不是一本精心策划的数学专著，其性质属于一部撮编的问题、方法、标准等的文集。《算数书》是中国数学史上的重大发现，为追溯《九章算术》的历史源提供了条件，同时也为研究先秦社会的经济、政治制度及哲学思想提供了珍贵的资料。

四、生　物　学

1. 植物与植物知识

植物包含树木、青草等生物。秦汉时期的人们已经关注植被与绿化，特别重视有经济价值的植物。由于植物关系到人们的生活，司马迁在《史记》中把橘、漆、桑麻、竹等经济作物相提并论。《史记·货殖列传》记载了种植千树橘、千树萩、千亩漆、千亩桑麻、千亩竹，“此其人皆与千户侯等”。这就是说，谁拥有大量的植物，谁就可以富比千户侯。千户侯是财富与身份的象征。朝廷鼓励植树，植树多的人就受到社会的认可与尊重，并且有一定的地位与荣誉。

秦汉时期的气候总体是较为暖和的，对于经济文化有积极作用。以漆器为例。在秦汉的墓葬中，发现大量漆器。漆器的工艺水平、民间的运用，丝毫不亚于先秦时期。这是什么原因呢？首先是气候暖和，湖北适宜于种漆树,漆树多,漆器就多。加上漆器轻便,生产成本低,宜于携带,光泽亮丽,使得人们特别喜欢漆器。

据《后汉书》卷三十二《樊宏传》,光武帝刘秀的外祖父樊重"世善农稼,好货殖"。他特别喜欢种经济类植物,种了大量的漆树与竹林,"尝欲作器物,先种梓漆,时人嗤之,然积以岁月,皆得其用"。种漆树,制漆器,造美物,是樊重的人生爱好,也是当时流行的一种文化。汉代的漆器文化较为发达,延续了先秦时期楚国的漆文化,正是由于有樊重这样一些人物的追求,才使得汉代的漆文化、植物文化、庄园文化有了一席之地。樊重的事迹,北魏贾思勰在《齐民要术·序》引以为例,说:"(樊重)种梓、漆,时人嗤之。然积以岁月,皆得其用。向之笑者,咸求假焉。此种植之不可已已。谚曰:'一年之计,莫如树谷;十年之计,莫如树木。'此之谓也。"

《淮南子》对树木的生存属性有初步的认识,其中的《原道训》指出:"今夫徙树者,失其阴阳之性,则莫不枯槁。故橘树之江北,则化而为枳;鸲鹆不过济;貉渡汶而死;形性不可易,势居不可移也。是故达于道者,反于清净;究于物者,终于无为。"这段话,在中国传统文化中非常有名,形成了成语"南橘北枳"。比《淮南子》成书更早的《晏子春秋·楚王欲辱晏子指盗者为齐人晏子对以橘》也说过:"橘生淮南则为橘,生于淮北则为枳,叶徒相似,其实味不同。所以然者何?水土异也。"意思是淮南的橘树,移植到淮河以北就变为枳树。比喻同一物种因环境条件不同而发生变异。虽然是经验之谈,但实为科学总结。从个别到普遍,从朴素到理性,传统植物科学就是这样逐渐建立起来的。树木对于地区是有要求的,北方的树与南方的树各有生长之理,如果违背了植物规律,就适得其反。

汉代重视丧葬,制作棺椁需要大量的木材,对棺木的选材十分考究。长江流域盛产的楠、梓等名贵木材,成为墓葬的首选。《盐铁论·本议》记载:"江南之楠梓竹箭……养生送终之具也,待商而通,待工而成。"商人长途贩运木材到北方,使这些木材成为中原之地"养生送终之具"。据《后汉书》卷四十九《王符传》记载,东汉人王符谈及厚葬时说:"今者京师贵戚,必欲江南檽、梓、豫章之木。边远下土,亦竞相放效。夫檽、梓、豫章,所出殊远，伐之高山，引之穷谷，入海乘淮，逆河溯洛，工匠雕刻，连累日月，会众而后动，多牛而后致，重且千斤，功将万夫，而东至乐浪，西达敦煌，费力伤农于万里之地……今京师贵戚，郡县豪家，生不极养，死乃崇丧。或至金缕玉匣，檽、梓、楩、楠，多埋珍宝偶人车马，造起大冢，广种松柏，庐舍祠堂，务崇华侈。”这说明北方的林木不多或质地不好，京城的贵族不惜重金从长江以南运送名贵树木到京城。这种厚葬风俗，必然导致南方的大量林木被砍。

也许是砍伐太滥，或者是为了税收，汉代朝廷加强了对楚地资源的管理。据《汉书·地理志》记载，在江夏郡的西陵县（今武汉市新洲区附近）设有“云梦官”，以管理包括林业开发在内的有关山泽事务。事实上，古代社会是非常重视林业的。植树就像种田一样，是人们非常重要的事情。只有多植树，才有木材用于盖房，或制作器物，或作为薪炭。朝廷总是要求农民栽种具有经济价值的树木，如桑树，只要有了桑叶，就可以养蚕织丝，制作衣裳，增加经济收入。

湖北号称千湖之省，湖区的自然景象，汉代乐府民歌《江南》有描述：“江南可采莲，莲叶何田田，鱼戏莲叶间。鱼戏莲叶东，鱼戏莲叶西，鱼戏莲叶南，鱼戏莲叶北。至今，每到盛夏，在湖北还可以看到这样的美景，听到这样美丽的民歌。

秦代漆器上装饰的植物纹样，多用花卉之花、蕾、瓣和枝叶等的变形构成，主要有柿蒂纹、梅花纹、连枝花蕾纹等。这类纹样的数量不多，未见单独作为漆器上的装饰纹样，其中有的是作为漆器上的主要装饰纹样，周边以几何纹等衬托；还有些是烘托其他纹样的。西汉漆器上装饰的植物纹样，以花卉之花、蕾、瓣和枝叶等的变形构成，主要有树、柿蒂纹和蔓草等。这些纹样在当时漆器中所占的数量很少，只有少数是漆器上的主要装饰纹样，大多数是作为衬托神话传说或动物纹样等的辅助装饰纹样。

2. 动物学

秦汉时期，养殖业在社会经济生活中占有相当的比重。人们除了食用谷物蔬菜，还需要有肉类物品，于是养鸡、鸭、牛、猪、狗、羊等家禽与牲口。

古代社会的交通工具需要马、驴、骡,因此,人们也饲养这些动物,并加以研究。古代不乏相牛相马之类的书籍。

在云梦睡虎地出土的秦简中,有《日书》,其中罗列了“马良日”“牛良日”“羊良日”“猪良日”“犬良日”“鸡良日”,说明当时的家庭有饲养六畜的习惯,并且注意到六畜与时间的微妙关系。

秦时有养马管马的法律制度。在睡虎地秦简中有《厩苑律》,秦简整理小组注云:“厩苑律,管理饲养牲畜的厩圈与苑囿的法律。”其中有养马的资料,但内容绝不局限于马政。秦简整理小组的解释将厩苑律限于管理厩圈与苑囿,与简文中的耕牛大课、处理公马牛死亡等关于发展畜牧业的法律规定不相符合,解释较为狭窄。

汉时政府对豢养动物有严格规定。《二年律令·田律》中规定:如果马、牛、羊、母猪和大猪吃了别人的庄稼,要对马、牛的主人罚款,一头牛和一匹马罚款一金;四只母猪的罚款与十只羊相当,一头大猪的罚款与一头牛的罚款相当。如果因为贫困无法缴纳罚款,官府要对他们进行处罚,并且还要“禁毋牧彘”。①

养殖业涉及动物学知识,与生物科技、营养科技有关联。在动物的养殖中,人们对生态有了更多的关注,人对其他的自然物之间更加亲近。秦汉时期的动物与物产资源分布情况,史书只有简略的记载,如《尔雅·释地》记载:“南方有比翼鸟焉,不比不飞,其名谓之鹣鹣。”鹣鹣又称比翼鸟,是古代汉族传说中的鸟名。此鸟仅一目一翼,雌雄须并翼飞行,故常比喻恩爱夫妻,亦比喻形影不离的朋友。大自然中,这种比翼鸟恐怕很难见到,但人与人之间、地区与地区之间需要并翼同行,才可能更好地传承文化。

秦汉时期,湖北地区有老虎活动。据《汉书》卷八《宣帝纪》记载,汉宣帝神爵元年(前61年),“南郡获白虎威凤为宝”。南郡管辖的范围主要在湖北,捕获的虎是白颜色,朝廷认为是祥瑞。《汉书》卷二十五《郊祀志》也有记载,是宣帝时的同一件事,“南郡获白虎,献其皮、牙、爪,上为立祠”。

---

① 张家山二四七号汉墓竹简整理小组.张家山汉墓竹简(二四七号墓)[M].北京:文物出版社,2006:43.

这段记载就有文化意味了。把白虎的皮、牙、爪向朝廷进贡,表达祥瑞之意;又为白虎修筑祠宇,用以纪念与祭祀此事,这就是白虎崇拜文化。白虎是孟加拉虎的白色变种,原产于中国云南以及缅甸、印度、孟加拉国等地。野生白虎已经灭绝,现在的白虎都是人工繁殖的。鄂西神农架有一些白化的动物,白虎应属其列。汉代的南郡人认为白虎是一种祥瑞,所以就记载了下来。鄂西南的土家族长期崇拜白虎,或许与汉代文化有关。

虎是食肉的大型动物,对人的生命与财产安全是有威胁的。据《后汉书》卷三十八《法雄传》记载,东汉法雄为南郡太守时,“断狱省少,户口益增。郡滨带江沔,又有云梦薮泽,永初中,多虎狼之暴,前太守赏募张捕,反为所害者甚众。雄乃移书属县曰:‘凡虎狼之在山林,犹人之居城市。古者至化之世,猛兽不扰,皆由恩信宽泽,仁及飞走。太守虽不德,敢忘斯义。记到,其毁坏槛阱,不得妄捕山林。’是后虎害稍息,人以获安。在郡数岁,岁常丰稔”。江沔、云梦泽,这反映了东汉时期江汉平原的动物生态状况,老虎与豺狼不是在山区活动,而在平原地区伤人,说明这些动物的分布较广,广到了平原湖泽地区。还说明动物之间的食物链存在问题,所以虎向人类居住的地区施虐。地方官员不仅要处理许多政务,还要分出精力对付虎狼,而虎狼一直在严重危害着社会。由此可知,秦汉时期的南郡颇为原生态,人与猛兽并存。

从虎狼的材料可以推测汉代湖北的植被较好。一般认为,一只成年虎需要20~100平方千米的有森林的栖息地才能活下来,森林范围的大小又取决于它所能提供的供老虎享用的大型猎物的数量。故一个地方有野生老虎,不仅要有成片连绵数十至成百平方千米的范围,还要具备提供老虎食物链上的其他大型野生动物的生态条件,也就是说,当湖北还有大量老虎之时,说明湖北还有大片土地的原始森林没有被人类开发与利用。①

除了虎狼,秦汉时期的湖北还有许多其他动物。《盐铁论》卷九《论勇》记载:“世言强楚劲郑,有犀兕之甲,棠溪之铤也。”可见,汉代在云梦泽

---

① 韩昭庆.贵州石漠化人为因素介入的起始界面试析[M]//王利华.中国历史上的环境与社会.北京:生活·读书·新知三联书店,2007:159.

还存在有犀牛等稀有动物。秦汉时期的云梦泽汉江北岸部分已化为平陆。云梦泽西部接纳了大量江水带来的泥沙,不断向东发展,形成汉江陆上三角洲,为犀牛、麋鹿等喜水动物提供了良好的生存环境。

秦汉时期的湖北还有野象。据《史记·货殖列传》记载,江南出产"齿革",所谓"齿"就是指象牙,而江南则是指江淮地区。《盐铁论》卷一《通有》说当时社会风气是"设机陷求犀象",可见在当时象的分布比较广。有大象生存,就表明气候温润,竹类植物茂密。

秦汉时期的湖北有虎、狼、犀牛、麋鹿、大象,对于今天的湖北人来说真是不可思议。今云南西双版纳仍然有大象与人共生的情况,从中庶几可窥测汉代楚地环境之一二,亦可推测先民对动物的认识,间接可以理解考古发现的文物中有许多动物的图形。

秦代漆器有牛、马、凤、鸟、鹭等纹样。在睡虎地秦墓出土过一件凤形勺,勺把端头为凤首,勺把为凤颈,凤背挖空为勺体,后雕刻展开的凤尾,造型优美。睡虎地还出土过一件扁壶,上面描绘一匹奔驰的骏马,上方是一展翅的飞鸟,另一面绘有一头壮硕的牛。睡虎地还出土过一件把手,以两猪首构成,惟妙惟肖。[①] 西汉时期漆器上装饰的动物纹样,主要有虎、豹、狸、獐、兔、凤、鹤、鸟、鱼等。这些纹样,与当时流行的动物知识有一定关系。

汉代流行铜镜,在武汉新洲的汉墓发现有四乳禽兽铜镜,圆形圆纽,四叶纹纽座,叶纹中间有"长宜子孙"四字铭文。令人称叹的是镜上刻纹具有故事意蕴:一组为羽人戏龙,一组为白虎追独角羊,一组为鸟兽相对,一组为二雏鸡相对。[②] 这些图文也是研究汉代动物观念的资料。

2018 年,在荆州胡家草场墓地出土的西汉简牍,有经方简 1000 余枚,其中的 833 号简名为"肥牛",提出"煮豆,斗以乌喙一果,而盐豆,日盐二升;茸食如常,养牛方,茹以甘刍、善骚,靡以秫米二斗"。这是说,要想使

---

① 左奇志,邵学海,陈昆. 荆楚雕塑[M]. 武汉:武汉出版社,2014:162-163.

② 武汉市新洲县文物管理所,武汉市博物馆. 武汉市新洲技校汉墓发掘简报[J]. 江汉考古,1998(3):53-58.

牛养得肥壮,则要注重调配饲料成分及比例。

汉代有官职称为“次非射士”(次非,或写为兹非、佽非),名称源于楚人的故事。据《水经注》记载,长江的石首县(今石首市)一带,有赫洲和扬子洲,经常有蛟出没。蛟就是鳄。楚国有一位叫次非的人,精通剑术。一次,船在江心遇到两条蛟绕缠,船有可能被撞翻。次非跳到江中,与两条蛟相斗,斩杀了这两条蛟。楚王(可能是楚惠王)听说了,召见次非,奖给他执圭,作为军功一样的荣誉。①

湖北的湖泊多,鱼类资源极其丰富,养鱼是汉代湖北人的经济生活方式之一。《史记·货殖列传》记载:“楚越之地……通鱼盐之货,其民多贾。”商贾之中,有经营鱼类水产的人,这类人还不是少数。汉襄阳侯习郁喜欢养鱼,《水经注》卷二十八《沔水》记载了他“依范蠡养鱼法作大陂”,陂中“常出名鱼”。

1975 年,在江陵凤凰山 168 号汉墓出土过一个彩绘三鱼耳杯,杯口22 厘米,木胎,平底,杯底用红、金色绘 3 条鲤鱼,正中饰一蝶形图案,似为水草。三鱼呈现互相追逐状,口吐气泡。这说明当时的人对鲤鱼观察很细致。1986 年,在江陵毛家园 1 号墓也出土了一件类似的三鱼耳杯,木胎,杯底用金、红、蓝色粉绘 1 只凤鸟与 3 条游鱼,出土时图案清晰,彩粉鲜艳,后渐脱落。

五、化　学

化学是一个现代科学的概念,古代只有与之相关的朴素知识。

云梦秦简《秦律杂抄》记载了对漆工的管理,“漆园殿,赀啬夫一甲,令、丞及佐各一盾,徒络组各廿给。漆园三岁比殿,赀啬夫二甲而法(废),令、丞各一甲”。其意是漆园被评为下等,罚漆园的啬夫一甲,县令、丞及佐各一盾,徒络组各 20 根。若连续三年被评为下等者,罚啬夫二甲,并撤其职,永不叙用。

① 张正明.雷电火焰凤凰:绘图楚史[M].武汉:湖北少年儿童出版社,1995:296.

汉代流行的《周易参同契》中有化学知识，书中涉及化学药物的认识（如汞、琉、金、银、铅等元素）、“同类合体”的合药理论、“铅汞论”的炼丹理论。作者魏伯阳认为，自然界的变化是有规律可循的，水汽蒸发变成云雨，泥土干了扬化成尘，燃烧残渣变成土，用蘗染黄色，皮革煮为胶，麹蘗发酵为酒等。他认为物质互相转化的关键在于“同类”，否则，任你手艺多巧也是无能为力的。

至迟在汉代，先民就知道胆水可以炼铜。《神农本草经》记载：“石胆……能化铁为铜。”类似的变化，《神农本草经》也多有记载：“丹砂能化为汞。”空青“能化铜、铁、铅、锡作金”，曾青“能化作铜”，朴消“能化七十二种石”，消石能“炼之如膏”，石硫黄“能化金、银、铜、铁、奇物”。①

湖北大地的中医药、漆器等，多与化学有关，可惜秦汉没有留下相关的资料。不过，汉代在科技管理方面还是有经验可以总结的，如爱护和重用科学家；注意总结科技知识；注意管理科技文献；支持科学领域的争鸣；运用和推广科技成果。如张衡、杜诗、张仲景都在南襄平原有过科学实践，成就斐然。②

第三节　传统技术

一、农　　业

1. 以农为本

秦汉时期的国家政权是建立在农业的基础上，农业收成的好坏，直接影响国家统治是否稳定，影响统治者的切身利益，也影响社会的安定，这就使他们不得不重视农业。

秦朝重视粮食储备。云梦秦简有《仓律》《金布律》《传食律》等，其中

① 周嘉华，王治浩. 化学与化工志[M]. 上海：上海人民出版社，1998：105－106.

② 王玉德. 汉代科技管理初探[J]. 科学·经济·社会，1988，6(2)：122－125.

强调建立健全的粮食管理制度,上级官员到属县办事,需自带口粮;政府欠百姓的粮,要及时归还;官府不要扰民,对于违法的官员要严惩。这些都是为了维护经济秩序,保证农业发展。

秦朝提倡护桑,《法律答问》规定,偷摘别人的桑叶,赃值不足一钱,罚服徭役30天。这样的惩罚是相当重的,重得不可思议。

汉文帝、汉景帝执政时,轻徭薄赋,休养生息,宽仁慎刑,社会很快就得到了发展。汉文帝曾说:"农,天下之本,其开籍田,朕亲率耕,以给宗庙粢盛。"①文帝还说:"农,天下之本,务莫大焉。今勤身从事而有租税之赋,是为本末者毋以异,其于劝农之道未备。其除田之租税。"②以农为本的思想,是汉朝治国的根本思想。

汉朝对土地资源进行了全面的统计。《汉书·地理志》记载了西汉末年平帝元始二年(2年)全国土地的情况,说有"提封田一万万四千五百一十三万六千四百五顷"。农民有土地意识,认为有土地即有财,即使到了阴间,也要有土地。在江陵凤凰山汉墓出土过"簿土",这些象征土地的"土",一撮是装在竹筒里,另一撮是用绛红色绢包裹着,还有"遣策"说明土地的拥有情况,让死者在阴间仍然是大地主。

2.种植

西汉,以江陵为中心的江汉地区的农业生产得到了一定的发展,特别是水稻种植有了较大的进步,粮食生产大大增加,而且还有了挑选良种的工作。江汉地区一带的主食是稻米,水稻是该地区粮食生产中最重要的一种。

司马迁在《史记·货殖列传》描述楚地农业采用"火耕而水耨"。"火耕而水耨"是指烧去未割下的禾秸,再用臿、锄、耒耜等进行翻耕田地,将秸灰和野草翻压入土中,然后灌水种稻。该方法等于给水稻上了一次基肥,有利于水稻的生长。采用这种方法种出的水稻,其产量至少有100千

① 司马迁.史记[M].上海:上海古籍出版社,2011:293-294.
② 司马迁.史记[M].上海:上海古籍出版社,2011:297-298.

克,比当时平均的亩产量70千克高多了。

除了生产水稻外,主要种植的农作物还有麦、粟、豆和大麻。大麻既是经济作物又是粮食作物。大麻的纤维是人们衣服的主要原料,大麻种仁又是当时的一种食品。麦、粟、豆都是人们的粮食。成语“豆饭藿羹”就是以豆为食的反映。在江陵凤凰山9号汉墓出土竹简上记有“绣小橐一盛的豆”这样的文字;凤凰山168号汉墓的棺内还出土了一批黑豆;凤凰山10号汉墓出土竹简上记有“白稻米六升,麦七……”,“粢白粟二”,“七月十六日付司马伯枲一唐州二”等文字,“枲”就是指大麻。麻纤维纺织成的麻布在很多汉墓中都有发现。

3. 农具

从事农业,需要工具,工具是衡量生产力的标志之一。秦汉时期,湖北的农业工具主要有锄、锸、耒、耜、镰等。

据云梦睡虎地秦简记载,农民可以向官府借铁制农具,如有损坏,不必赔偿,交回原处即可。睡虎地秦简还记载了牛耕,倡导养牛,用牛耕田,地方官要按时检查农家的耕牛。

1973—1975年,在江陵凤凰山发现的几座汉墓中,出土了一批持臿、持锄、持镬的木俑。臿、锄、镬为明器,木质,在臿的前端涂有黑色,表示臿的口部装有凹形的铁臿头,说明当时铁的来源不多,只能在农具的口部装上铁制的部件使用。

4. 农技

汉代重视农业技术。汉代普遍使用牛耕,采用二牛抬杠的耕作方法。耕犁上已经安装了犁壁,这样可以更好地翻土碎土,提高耕种的效率。东汉章帝时,庐江郡太守王景在辖区“教用犁耕”。庐江郡管辖鄂东的英山、广济(今武穴)、罗田、黄梅等地。鄂西的巴东县曾发掘一座东汉和帝永元十三年(101年)的砖室墓,墓砖上有“牛耕人像图”的纹饰。[①] 这些说明,牛耕在农业生产中逐渐占有一定的地位了。

---

① 刘玉堂,雷家宏,徐凯希. 荆楚经济史话[M]. 武汉:武汉出版社,2013:51.

汉武帝晚年任命擅长农技的赵过为搜粟都尉。赵过发现代田法可使亩产大幅度提高，于是教民使用这项技术：把土地分为三垄，进行条播，每年换一次垄沟，以保持地力。赵过又推广先进的农具，提高农耕效率，使农民用力少而得谷多。《汉书·食货志》记载了此事。"武帝末年，悔征伐之事，乃封丞相为富民侯。下诏曰：'方今之务，在于力农。'以赵过为搜粟都尉……至昭帝时，流民稍还，田野益辟，颇有畜积。"赵过推广农技，这是全国性的技术普及工作，湖北也应当受益于此事。

据《汉书·王莽传》记载，天凤五年（18 年），王莽拟任费兴出任荆州牧，费兴向王莽谈论荆州的实际情况，说："荆、扬之民，率依阻山泽，以渔采为业。间者，国张六筦，税山泽，妨夺民之利，连年久旱，百姓饥穷，故为盗贼。兴到部，欲令明晓告盗贼归田里，假贷犁牛种食，阔其租赋，几可以解释安集。"当时的荆楚大地，农业与渔业很有特色，渔业依附于农业，但也是有一定独立性的经济实体。费兴打算安置农民，减轻农民负担，却遭到王莽的反感。王莽一听到费兴批评国策，大为发怒，免去了费兴的官职。这段史料中的"犁牛种食"涉及农业工具、物种。

1975 年，在江陵凤凰山的一座属于文景时期的汉墓中，发现过一件陶仓模型。陶仓中有 4 束稻穗，令考古工作者非常欣喜。稻穗之所以放在墓中，表示墓主人对粮食的重视，期待在阴间有稻米可吃。对当代人而言，这些稻穗无疑是汉代荆州农作物的最好实证。从凤凰山 157 号汉墓出土的完整稻穗的穗长、粒数和千粒重来推算，当时这一品种的水稻亩产可达 200 千克。

在云梦东汉墓出土的釉陶器中，有作为明器的碓和磨，碓分为碓架、碓臼、碓杆。[①] 根据实物推断，当时的人们把石臼固定在地上，在碓杆的前端安装杵，用脚踩踏碓杆使之启落，达到舂谷的效果。这个农具包含有力学原理，先民利用经验而确定最佳支点，达到事半功倍的效果。

此外，在长沙马王堆汉墓出土文物中有稻、麦、菽、梨、桃、柑等的遗物。

---

① 云梦县博物馆. 湖北云梦瘌痢墩一号墓清理简报[J]. 考古，1984(7).

汉代的地方官员以发展农业作为主要的职责之一。《后汉书·循吏列传》记载："南阳茨充代飒为桂阳。亦善其政，教民种植柘桑麻纻之属，劝令养蚕织履，民得利益焉。"由此可以比较湖北与湖南在汉代的农作物情况。

二、水　　利

农业社会的地方治理，不能不重视水利环境。湖北地下发现的文献《二年律令·徭律》记载："穿波池，治沟渠，堑奴苑；自公大夫以下，□勿以为徭。"①这里的"穿波池"，实际上就是修理沟渠，也是管理水资源的一种形式。《二年律令·田律》亦记载："十月为桥，修波堤，利津梁。"意为到了秋冬农闲之时，要做一些与环境相关的公益事情，如修桥，加高堤坝等，确保水上交通。欲望农业丰收，磨刀不误砍柴工，不能不重视农田水利。朝廷以律令的形式，要求地方官员组织农民挖掘波池，开通排水的沟渠，整治田园，都是为了确保农业收成。特别是在农闲之时，公卿大夫都要动员起来，不能懈怠，改善农业生态环境，共建农业家园，这在汉代的湖北已经成为一种制度，由法律固定下来。

秦汉时期，湖北大部分地区都是人烟稀少，很多地方还处于未开发的状态。在江汉平原有一些农业村落，人们以种稻打鱼为生。水源充足，人们不担心干旱，也不担心物产不丰，只害怕长江与汉江突发洪水而躲之不及。尽管人们的生活有很大的周旋空间，但仍然努力"穿波池，治沟渠，堑奴苑"，以便创造更好的农业生产环境，从而发展社会经济。

秦汉时期，湖北大地难免发生灾害，灾害对民生造成了直接的恶劣影响。湖北大地历来最频繁的灾害就是水灾。《汉书》卷二十七《五行志》记载了汉高后三年（前185年）、高后八年（前180年），沔水（汉水）连续发生水灾，导致数万民众离开故土，辗转他乡，引起了朝廷史官的注意，将此事写进了《五行志》。

---

① 张家山二四七号汉墓竹简整理小组. 张家山汉墓竹简（二四七号墓）[M]. 北京：文物出版社，2006：43，64.

每当发生大的灾害,国家就会组织赈灾,湖北也多次受到救助。史书记载了朝廷曾经下令从其他地方紧急调送粮食,救济荆楚之地的受水灾民。如《汉书·武帝纪》记载,汉武帝元鼎二年(前 115 年),“三月,大雨雪”,“秋九月,诏曰:‘仁不异远,义不辞难。今京师虽未为丰年,山林池泽之饶与民共之。今水潦移于江南,迫隆冬至,朕惧其饥寒不活。江南之地,火耕水耨,方下巴蜀之粟致之江陵,遣博士中等分循行,谕告所抵,无令重困。吏民有振救饥民免其厄者,具举以闻。’”文中所述“巴蜀之粟致之江陵”,就是政府调配巴蜀的粮食,救济遇到水灾的江陵。

面对农业需要,地方官员一般都重视水利。东汉襄阳太守胡烈,因为兴修水利而惠泽百姓,百姓立碑纪念他。《襄阳金石略》引《襄阳耆旧记》文:“胡烈字武贤,咸熙元年为荆州刺史,有惠化,补缺堤,民赖其利。铭石曰:美哉明后,俊哲惟嶷。陶广乾坤,周孔是则。我武播扬,威振遐域。”①

有的官员重视水利技术的推广。《后汉书》卷三十一《杜诗传》记载了南阳太守杜诗“造作水排,铸为农器,用力少,见功多,百姓便之”。水排是利用水力推动木轮转动,通过轮轴、拉杆等机械传动装置,把圆围运动改变为直线往复运动。我国水排的发明比欧洲类似机械早 1200 年。南阳的范围包括湖北的一些地区,这段材料也适合用于研究汉代湖北的经济与科技。

三、建　筑

1. 民居建筑

秦汉时期的湖北,分布着许多的聚落。大者为城,小者为村。考古发掘在汉代的墓中有一些住宅模型,虽为明器,但基本反映了当时人们生活的状况。有小院子,有望楼,有猪舍,自成格局。这样的人家,应当属于殷实的农户,或是庄园主。

---

① 吴庆焘. 襄阳金石略[M]//吴庆焘. 襄阳四略. 洪承越,点校. 武汉:湖北人民出版社,1999:278.

云梦秦墓竹简中有《封诊式·封守》,其中记载:“一宇二内,各有户。”意为一个堂屋,二间卧室,都有门。这说明,秦朝的建筑讲究格局,从技术的整体上有要求,并代表了社会的风气。

秦代的建筑材料主要是土木砖瓦。秦砖的纹饰主要有米格纹、太阳纹、平行线纹等图案以及游猎和宴客等画面,一向有铅砖的美誉。秦代瓦当以莲纹、葵纹、云纹最多。

汉代建筑中的砖瓦,除了战国时代以来的空心砖以外,还流行长方砖为主的小型砖。砖有长方砖、正方砖、楔形砖、榫卯砖等类,多用于造墓,也用于造屋。瓦有板瓦和筒瓦两种。板瓦断面约为 1/4 圆周,筒瓦断面为 1/2 圆周。筒瓦前端的瓦当有半圆形和圆形的,半圆形瓦当主要限于秦和西汉前期。

汉代的建筑技术,可以从出土的陶模上了解一些信息。1972 年,在当阳发掘了一座东汉墓,出土了 3 件陶楼。泥质红陶,陶面有绿釉,有门有窗。二层有墙栏,屋顶为四阿式。1979 年,在云梦癞痢墩 1 号汉墓出土陶楼,呈现出三合式院落,前有重楼,后有碉楼,还有厨房、厕所、猪圈、围墙等。①

2. 城市建筑

汉代,湖北的小城特别多,大规模的城很少,江陵城、宜城、鄂城可能是湖北较大的城。因为楚国在春秋战国时期就特别擅长筑城,所以在汉代筑城已经不需要探索新技术。

考古发现在武汉黄陂区李集镇有一处作京城,它紧临白庙河,周长为 1092 米,在东、南、北城垣的中部有城门。城址平面呈不规则方形,夯城城垣筑基宽 30 米,顶宽 12 米,城外有护城河遗迹,城内散布筒瓦、板瓦残片。② 城外有墓地。作京城虽然规模不大,但毕竟还是城,是人们居住的重要聚落。在云梦县城关发现楚王城,该城从东周一直沿用到汉代,睡虎

---

① 云梦县博物馆. 湖北云梦癞痢墩一号墓清理简报[J]. 考古,1984(7).

② 黄陂县文化馆. 黄陂县作京城遗址调查简报[J]. 江汉考古,1985(4):11 - 19.

地就在其西城外。① 在孝感市牌坊乡中心村发现草店坊城，城垣周长为1326米，此城从战国用到汉代。② 这些城反映了人们集中居住的情况，是了解当时建筑的重要依据。

江陵是荆楚的文化中心，楚国在此建都。白起拔郢，使纪南城成为废墟。秦人就在纪南城东南约3千米的地方另筑新城，其面积约2平方千米，只有纪南城的1/8。这大约就是后来荆州城的基础，《元和郡县图志》记载："州城本有中隔，以北，旧城也；以南，关羽所筑。羽北围曹仁于樊，留糜芳守城。逮吕蒙袭破芳，羽还救城，闻芳已降，退住九里。曰：'此城吾所筑，不可攻也。'乃退保麦城。今江陵城，广十八里。"③

刘森淼在《荆楚古城风貌》一书介绍：赤壁本有土城，是鄂东南的一个文化中心，秦与西汉时的城垣面积只有战国时城垣的1/4。云梦是秦安陆县治所在地，楚王城分为相连的东、西二城，东城小而西城大，西城为现代城区所压。今新洲区附近有许多战国晚期、秦汉墓，说明在秦汉时是个中心。新洲邾城在20世纪80年代仍有残留，城垣为夯土筑成，周边有护城河。东汉时，在今江夏区乌龙泉街土地堂民主村有五谷城，面积约10万平方米，由东西并列相接的三座夯土城垣组成。在城内已采集到当年的灰陶板瓦及筒瓦。此城位于梁子湖与鲁湖之间，古时从水路金水河可以通到长江樊口，陆路有一条称之为青石驿的古驿道，正当湘鄂及鄂东南的交通要冲，所以，先民一直在此地建城。在樊城西北郊，古代有邓城，这是一座周代就有的古城，秦汉时仍然是一座重要城垣。考古发现，邓城外围的汉代遗存叠压在秦代遗存上，遗物丰富。襄阳的城建在汉代已经有相当规模，西汉的襄阳城应在今襄阳城的西部地区，而东汉的襄阳城可能在现地表3米深的地下。④ 此外，汉末，王莽支庶王匡、王常、王凤在武当山北麓各建

---

① 王凤竹.云梦楚王城遗址发掘简讯[J].江汉考古，1989(2)：71.

② 草店坊城联合考古勘探队.孝感市草店坊城的调查与勘探[J].江汉考古，1990(2)：19－25.

③ 马蓉，陈抗，钟文，等.永乐大典方志辑佚[M].北京：中华书局，2004：4.

④ 刘森淼.荆楚古城风貌[M].武汉：武汉出版社，2012：22，64，66，82，85，87.

一城,名三王城。① 这些城建都有技术上的考量,值得从建筑史的角度加以研究。

此外,东汉末,刘表部将黄祖在大别山北麓(今武汉汉阳区)筑却月城。却月城,以形如却月(即“缺月”“弯月”)而名。《元和郡县图志》记载:“却月故城在汉阳县北三里,周回一百八十步,高六尺。”换算古代的度量尺,可知却月城城高不过1.746米,城周不过264.6米。却月城规模不大,但其地理环境独特;它东倚龟山,南临汉水,紧扼汉水入江的交通要道,在军事上有着重要的御敌作用,是训练水军的重要基地。

3.园林建筑

东晋史学家习凿齿在《襄阳耆旧记》记载了东汉初年,“习融,襄阳人,有德行,不仕。子郁,字文通,为黄门侍郎,封襄阳侯”。光武初年,习郁担任侍中,后来随光武帝刘秀到黎丘(属今宜城),被封为襄阳侯,习家从此开始显荣。

襄阳城南十里的凤凰山(又名白马山)南麓,修有习家池,为习郁所建。习郁仿效春秋时越国大夫范蠡养鱼的方法,在白马山下引白马泉水建池养鱼。池中垒起钓鱼台,遍植松竹,后人称之为“习家池”。《太平御览》卷五百五十六引《襄阳耆旧记》云:“岘山南有习家鱼池者,习郁之所作也。郁将亡,敕其儿焕曰:‘我葬必近鱼池。’焕为起冢于池之北,近池四十步。”

习家池是中国史载确凿的始开私家园林之先河。习郁的五代孙习凿齿(328—413)隐居于此。习家池现仅存六角亭、荷花池、溅珠池、半规池等景点。其中亭为重檐六角攒尖顶,斗拱高耸,檐角翠飞,通高6.5米,正面面阔4米,檐柱为四角方石柱,坚固厚实,古朴大方。挑檐和额枋上遍饰象征吉祥的天官赐福、万事如意、蝙蝠双至、犀牛望月、凤凰展翅等图案,形象逼真、栩栩如生。亭的四周有荷花池环卫。溅珠池呈半月状,下有泉眼喷吐,上有古槐覆盖,池中鱼儿游弋,步园临池,别有情趣。习家池于

① 武当山志编纂委员会.武当山志[M].北京:新华出版社,1994:123.

1992 年被列为湖北省文物保护单位。

襄阳有蔡瑁的大家族及建筑。《襄阳耆旧记·蔡瑁》记载:"(蔡)瑁家在蔡洲上,屋宇甚好,四墙皆以青石结角。婢妾数百人,别业四五十处。""别业"即田庄、庄园。《太平御览》卷六十九载录《荆州图经》说:"襄阳县南八里,岘山东南一十里,江中有蔡洲,汉长水校尉蔡瑁所居。宗族强盛,共保蔡洲。"

4. 考古发现中的建筑信息

江陵九店楚简《日书》和云梦睡虎地秦简《日书》中各有一篇《相宅》,分别讲述居室房屋的环境选择,但两者稍有区别。楚简《日书》多讲宗教性的建筑如祭室、粥堂等,而秦简《日书》多讲与农牧业生产有关的圈、圂、囷、井,反映了楚、秦文化的一些基本差异。

睡虎地秦简《日书》讲到人生病的原因时,有多处提到恶劣的环境和不良食品,可见当时已经有了环境卫生的意识。

秦简《日书》甲种中的《相宅》有文字云:"凡宇最邦之高,贵贫。""宇四旁高,中央下,富。""宇北方高,南方下,毋宠。""宇南方高,北方下,利贾市。""道周环宇,不吉。""为池西南,富。"这些文字与后世的相宅书内容相似。《汉书·艺文志》记载有《宫宅地形》之类的书,已佚,可能就是这类书籍。由此可知,秦代讲究房屋的大小、方位、布局,高低,认为与人的生活、健康等有密切关系。《日书》甲种中的《啻》也有相关内容,如"春三月,毋起东乡室。夏三月,毋起南乡室。秋三月,毋起西乡室。冬三月,毋起北乡室。有以者大凶,必有死者"。[1] 以春对东,以夏对南,以秋对西,以冬对北,这正与后世的五行禁忌方位是一致的。

云梦睡虎地秦简有《封诊式》,其中记载了住宅的情况。此书是在湖北云梦发现的,但其反映的史实内容可能不局限于湖北。从中,我们可以窥知秦朝湖北的房屋有一厅二室的形式,《封诊式·封守》记载了一个被

① 王子今. 睡虎地秦简《日书》甲种疏证[M]. 武汉:湖北教育出版社,2003:211.

查封的士伍的房屋结构为“一宇二内,各有户”。宇即堂屋,内即两间卧室,户指门。此篇还说民房周围栽树,“门桑十木”,似可理解为门前栽有十棵桑树。

在当阳的汉墓中出土过单体院落的陶楼,泥质红陶施绿釉。楼体有两层,下层前后有门,左右两边有窗子;上层设有墙栏,有一前门,两侧有窗子。楼前两侧有围墙,墙头盖瓦,前方有门楼。门楼与主楼一样采用了斗拱形式。这是1972年考古发现的地下实物,值得注意的是,上层的门内站立一人,手托一鸽,窗子上也有鸽子,说明这楼的主人喜欢养鸽子,或许作为一种副业。鸽子一直是和平的象征,至迟在汉代,湖北大地就有养鸽的风气。

在襄阳也发现过类似的陶楼,也是泥质红陶施绿釉,两层。不过,建筑形式有一些变化,下层为曲尺形庭院,围墙设流水檐,正中开门,上层为庑殿顶。1977年考古发现。值得注意的是,下层门前和房顶立有拿着蛇的人物。蛇为小龙,人的生肖中有蛇。蛇可以作为玩耍的道具,还有食疗价值,这个陶楼中的蛇,说明当时的人们对蛇有了一定的研究与把控能力。

在宜昌前坪发现的东汉墓中有陶仓,陶仓有三柱足形,也有四柱足形。陶仓是用来蓄存粮食的。墓中的陶仓,寓意死后在另一个世界也要注重粮食的储备。

在武汉市东郊的葛店,1980年发掘一座东汉墓,发现若干件陶器,其中有陶畜圈,圈有院与舍,还有陶鸡与陶鸭各一对。①

云梦县出土的东汉陶楼,其造型是以庑殿顶建筑为主,重檐式建筑凑拥,有挺拔的楼阁、规整的房间、划一的院落、拙朴的亭子、完善的功能。王宏林认为,云梦东汉陶楼是楚文化的一个符号,它反映了东汉时期湖北的建筑形态、生活方式、社会民俗、艺术风格,他建议利用云梦东汉陶楼形象设计文化产品,在地方的土特产中、旅游景点中创新性地用好东汉文化

---

① 武汉市文物管理处.武汉市葛店化工厂东汉墓清理简报[J].考古,1986(1):37－39.

遗产。①

从湖北大地出土的这些汉代陶楼,大致可以窥见当时的建筑风格。一般采用院落形式,多为两层,讲究功能分区,注意高低错落。居住自成一单元,有门楼,有院子,有居室,有仓房,有猪圈,有楼梯,有百叶窗,有装饰,采用了斗拱技术。非常适合农耕社会一家一户居住。

湖北秦汉墓葬也属于建筑之列,其中同样包含了技术。墓室结构仍然流行土坑木椁墓。宜都陆城发现东汉三室墓,其前、中、后室之间的南北墓壁上有垂直分界线,把墓室分为了3个部分。宜昌前坪第32号汉墓,呈长方形,有甬道,墓壁以几何红纹砖错缝砌平,墓底以砖铺平。

四、矿　冶

1. 开矿

我国每个省都有其矿藏,湖北也不例外。《汉书・地理志》记载了荆州"贡羽旄、齿、革,金三品"。《盐铁论》卷一《力耕》记载了在湖北的汉水流域和河南的汝水流域,仍有人在开采金,"汝、汉之金,纤微之贡,所以诱外国而钓羌、胡之宝也。"

汉初,一度允许人民自由采矿、冶铸、经营。《汉书・食货志》记载:"汉兴……盐铁皆归于民。"汉武帝时期逐渐实现盐铁专卖,在全国各地设立铁官,《汉书・地理志》记载了设铁官的郡县有京兆尹、左冯翊、右扶风、弘农、河东、太原、河内、河南、颍川、汝南、南阳、庐江、山阳、沛、魏、常山、涿、千乘、济南、泰山、齐、东莱、琅邪、东海、临淮、汉中、蜀、犍为、陇西、渔阳、右北平、辽东、中山、胶东、城阳、东平、鲁、楚、广陵、桂阳。西汉虽然设立40多处铁官,但并不等于这些地方都有铁矿开采,有些地方铁官只是负责销售农器,或者回收旧铁器来重新冶炼。

汉代虽然允许自由开采矿藏,但官府是要收税的。张家山汉墓中的

---

① 王宏林. 云梦"东汉陶楼"与孝感地域文化产品设计[J]. 湖北工程学院学报,2016,36(2):55-58.

《二年律令·金布律》规定:“采铁者五税一,其鼓销以为成器,有(又)五税一。采铅者十税一。”开采有金属矿藏,可以生产农具、兵器或其他器具,促进物质文明的进步。通过收税,可以增加国库收入,并节制矿业的发展,使经济发展趋于均衡。

鄂东大冶一带,从先秦时期就是矿冶中心,有铜矿、铁矿,在汉代仍然是开采重地,为汉代社会的需求源源不断地提供矿物。在开矿的过程中,传承了开矿技术,从找矿到挖矿、选矿、运矿,还有冶炼,都有科学技术存在。不过,秦汉时期大冶铜矿的地位有所下降,没有春秋战国时期那样重要的地位,但开采从未停止,只不过是影响力小一些罢了。

汉代开发的铜矿甚多。当时著名的铜矿有丹阳郡的丹阳、蜀郡的严道、犍为郡的朱提和堂狼等处。汉武帝元封二年(前 109 年)改鄣郡为丹阳郡,治宛陵(今安徽宣城市宣州区),管辖 17 县,包括现在的铜陵、繁昌等地。郡下设工官机构——铜官,统领丹阳郡境内的铜矿业。铜镜中常见有“汉有善铜出丹阳,和以银锡清且明”“新有善铜出丹阳,炼冶银锡清而明”等类铭文。

有矿,有手工业,就有工匠。工匠是体力劳动者,也是技术工人。秦汉时的工匠地位很低,有些是囚徒。云梦秦墓竹简中《军爵律》记载:“工隶臣斩首及人为斩首以免者,皆令为工。其不完者,以为隐官工。”意为作为“工隶臣”的刑徒,由于军功恢复庶人身份的,令其成为工匠。那些曾经受过肉刑、身体有残缺的人,称为隐官工。在古代社会,工匠的种类很多,有烧砖、制陶、盖屋、造船、制造工具的工人。由于工人的地位低,历史上就缺乏记载,史学工作者对他们的研究甚少。

2. 铜器

秦汉时期铜器的特点是礼器的比重减小,日常生活用具的种类大增。兵器除弩机和矢镞外,多为铁器所取代。容器包括鼎、钟、壶、钫、樽、卮、杯、鉴、洗等食器、酒器和水器;烹饪器有釜、甑、鍪等炊具和温器。汉代有犁、锸、铲、锄、耙、镰、斧、锛、锤、凿、锯、锥、刀、剑、矛、戟、镞、炉、釜、镊、火钳、剪、镜、尺、缝衣针等用具。

2010 年,在荆州沙市区岳桥村发现一座秦汉古墓,考古工作者命名为印台 130 号墓,出土的钫、铜盘、蒜头壶等 9 套 10 余件铜质器具,保存相对完好。

秦代铜镜以湖北云梦睡虎地 9 号墓出土的武士刺虎豹纹镜为代表,镜背中央有三弦纹的小钮,方形钮座四周,在细密的菱形羽地纹上,饰以两两相对的浅浮雕武士刺虎豹纹,武士手持剑、盾,作伺机向野兽发起突袭状。

从秦到东汉,铜镜的制作、形制、花纹不断演变。秦和西汉前期流行蟠螭纹镜,西汉中期流行草叶纹镜和星云纹镜,西汉后期流行四螭镜、日光镜和昭明镜,王莽和东汉前期流行方格规矩镜和连弧纹镜,东汉后期流行兽首镜、夔凤镜、盘龙镜,在长江流域还流行神兽镜和画像镜。

东汉把铜制成摇钱树的样式,表达对自然与金钱的崇敬。1974 年,在湖北房县一座汉墓发现青铜摇钱树的残片。1982 年,在郧县的一座汉墓又发现了 60 多片青铜摇钱树碎片。通过对文物的复原,发现这两个墓的摇钱树形状大致相同,树干为青铜打造,树枝与树叶为青铜仿玉璧。这说明在鄂西北山区的丧葬中,有用青铜摇钱树陪葬的习惯。考古发现在四川广元的汉墓中也有青铜摇钱树残片,枝叶造型丰富,涉及祥瑞兽图案和人物画像。由此可见,以摇钱树陪葬的风气,不止在湖北境内。

3. 铁器

铁器比铜器坚硬,在农具与兵器中更加适用。汉代大量采用铁器,铁制兵器已取代青铜兵器。汉代已出现黑心可锻铸铁。西汉中期出现了炒钢技术,方法是先将生铁加热到液态或半液态,然后靠鼓风或加进精矿粉,不断搅拌,好像炒菜一样,人们称之为炒钢。这项技术降低了生铁的含碳量,因而冶炼出钢,欧洲在 18 世纪才有炒钢技术。

考古发现,在秦汉时期的湖北有过许多铁器,但造型与工艺没有特别引人注目之处。

在江陵凤凰山 167 号汉墓出土过 1 枚钢针,针长 1.9 厘米,它插在一件针衣上,针衣长 11.5 厘米,宽 7.6 厘米。针体粗细均匀,针尖稍长,针孔稍细,内系黄色丝线。钢针是如何制成的,现在还是一个谜。有人认为,西汉初期的这枚钢针,是我国目前所见最早的钢针。

五、制　　漆

1. 漆器新变化

秦汉是我国古代漆器制造业的全盛时代,也可以说是由青铜时代过渡到漆器时代。由于青铜原料少,加上采矿与制作成本高,从春秋战国开始,先民就有意寻找新的物资用于生活之中,漆器受到广泛的重视。漆料的成本较低,制作比较简单,容易创造精美的器物,携带与搬运方便,在日常生活中非常实用,因此,社会对漆器的需求量与日俱增。每一件漆器,不论是家庭生活中的鼎、壶、钫、樽、盂、卮、杯、盘、奁、盒、几、案,还是乐器中的漆器,都体现了人们的手工技术。

1972—1977 年,在云梦睡虎地及其附近的大坟头,先后发掘 20 多座战国晚期到秦汉的墓葬,出土各种漆器 400 多件,大多器形完整,色泽如新。秦汉墓出土的漆器以饮食器和妆奁器为主,造型轻巧。1973—1975 年,在江陵凤凰山秦汉墓发现的漆器,下限到景帝,出土漆器 600 余件;在 70 号墓出土的一个漆盂上,有针刻"廿六年左工"铭文,推测秦墓中的一部分漆器是秦国官工制造。在光化(今老河口市)的汉墓中,发现的个别漆器上,在针刻线条内再填以金彩,采用了戗金工艺。①

在睡虎地秦墓出土的漆器上,有许多处烙印了"咸市""咸亭""许市""市""亭"等文字,表示为秦都咸阳和许县(今河南许昌)等地市、亭所生产的漆器产品。这说明当时的漆器生产有了品牌意识、商品身份。在湖北云梦的墓中也发现了其他地方的漆器产品,说明其他地方的漆器受到湖北先民的欢迎。

换言之,从比较的眼光审视,春秋战国时期的湖北,漆器达到了一个高峰,但是,到了秦汉时期,漆器制作的中心转移到了咸阳、许县、成都等地,

---

① 中国社会科学院考古研究所. 新中国的考古发现和研究[M]. 北京:文物出版社,1984:473,476.

而湖北的漆器相对要少一些，影响力也明显不如楚国时期。

漆器的制作水平，荆楚仍负盛名。由于外地优良漆器进入湖北，而湖北在漆器生产方面有着悠久的历史，所以，秦汉时期湖北的漆器制作工艺也得到了进一步发展，出现了大量的夹纻胎漆器、卷木胎漆器、金银镶嵌漆器。

秦墓出土的漆器，胎骨以木胎为主，并有少量的铜胎和竹胎等。其中木胎又有厚薄之分，厚木胎相对地减少，薄木胎和竹胎相应地增多了。在一些铜容器的内外，也涂有红漆或黑漆。秦代增加了一些仿铜、陶器的漆器，云梦出土的双耳长盒就是仿制铜盔的器皿造型，呈椭圆形，有弧形假足，双耳似猪嘴而微秃。

汉代，不仅在长沙马王堆出土过大量漆器，而且在云梦睡虎地、江陵凤凰山等地都出土过大量漆器。1992年，在纪南城附近的一处高岗上，发掘了“高台汉墓”。在44座墓中，出土漆木器近800件。其中，有生活用品的器形，如耳杯、圆盒、盘、壶、盂、樽等；有妆奁器具的器形，如奁、粉盒、梳、篦等；还有瑟、六博等娱乐用品。引起学者特别注意的是6号汉墓中的一件鸠杖。该杖长柄圆柱状，杖首为一只圆雕状的斑鸠鸟，鸟圆眼圆鼻，双翅收缩，双脚内收，翘尾。杖杆体髹黑漆，斑鸠鸟的眼、鼻、嘴、足均用朱红色彩绘。①

西汉的漆器比东汉的漆器多，东汉兴起了青瓷，逐渐改变了人们的一些生活习惯。汉代，漆器在日常生活中应用的范围更加广。在江陵、云梦、枝江等地西汉墓出土的陶器，里表均涂漆，更加实用。西汉漆器，厚木胎减少，薄木胎增多。在一些中型墓出土的漆器中，夹纻胎占有较大的比例。如江陵凤凰山9号西汉墓出土的260余件漆器中有不少是夹纻胎。

根据楚地发现的漆器，湖北省博物馆的陈振裕认为西汉漆器在工艺上的发展，主要有三点：一是战国时期和秦代的木胎漆器上所采用的雕刻方法，至西汉时期已极罕见，而凡是圆形或圆筒状的漆器，一般采用旋制的新

① 万全文，院文清．荆楚文物奇观[M]．武汉：武汉出版社，2012：162－163.

工艺，它不仅提高了生产效率，而且使产品更加规整美观；二是西汉初期扣器的器类与数量都较战国与秦代增多了，而且至汉武帝时期还出现了镶嵌精巧的银片纹样作为漆器上的装饰，这是唐代平脱工艺的前身；三是漆器上的装饰纹样，出现了针刺纹（锥画）、填充金粉的戗金技法和暗纹的新工艺。

2. 漆器的艺术

1975 年，在云梦睡虎地秦墓中出土了 140 件漆器。其中有座大墓是秦始皇三十年（前 217 年）修建的，出土有漆盒、漆壶、漆卮、漆耳杯、漆盂、漆凤鸟勺、漆匕等十多种。除两件为竹胎外，其余皆为木胎。多为内红外黑，并在黑漆上绘红色或赭色花纹。11 号墓出土有两件漆盂正中心，用朱漆彩绘二鱼一凤。一件凤鸟头顶璎珞，站立在两条鱼之间，提起一只腿，昂首阔步在向前行走；另一件凤鸟俯首似注视着什么。34 号墓中还出土了一件凤鸟形勺，整个勺形为凤鸟，凤头作柄首，凤颈作柄，凤身作勺体，髹黑漆，并用红色和赭色画出羽毛，这是一件实用与装饰结合较好的器物。44 号墓出土一件扁壶，黑漆，绘有凤鸟纹。器腹的一面绘有牛，一面绘有马。

1975 年，在江陵凤凰山秦墓出土的两件木梳和木篦。木梳和木篦的上部呈弧形，正反两面都有用黑漆勾线，用红、黄等色敷彩的人物装饰图案。木梳正反面分别为宴饮、歌舞场面；木篦的正面是表现送别的场面，反面则是描写相扑的比赛，人物形象生动，具有浓厚的生活气息和装饰性。

江陵凤凰山 8 号墓出土一件西汉彩绘人纹龟盾。平面呈龟腹甲形，画面上部有“人”字形的女性侧身像，长发向后梳，前额、后脑各有须状装饰一根，脸上朱绘眼、口、鼻，身着十字花纹宽袖上衣和长裤，腰束带，双袖前拱，手不外露，两腿前后伸开，两脚尖为禽足，似跳跃腾飞。下部绘一怪兽，昂首曲身，头有触角和两须，三足一尾，尾卷曲，后两足前后伸开，左右各绘一组变形云纹图案。制作此龟盾的人，以漆代墨，用粗线条勾勒图案，杂而不乱，画面具有灵动性，布局也很对称，反映了汉代能工巧匠的艺术欣赏能力与制作能力。①

六、交　　通

在大一统的秦汉时期,畅通的交通是贯彻政令的保证,也是确保经济发展的基础。

秦朝改变了春秋战国时期分裂割据的状况,普天之下形成开放的格局。司马迁在《史记·秦始皇本纪》中记载了秦始皇下令"堕坏城郭,决通川防,夷去险阻"。秦毁掉城郭,让人们自由进出;把交通道路打通,把有险阻的地方整为平地,让人们便利地往来。秦始皇二十七年(前220年),全国大修驰道。《史记·秦始皇本纪》记载:"是岁,赐爵一级。治驰道。"《汉书·贾山传》记载得更加详细,"为驰道于天下,东穷燕、齐,南极吴、楚,江湖之上,濒海之观毕至。道广五十步,三丈而树,厚筑其外,隐以金椎,树以青松。为驰道之丽至于此,使其后世曾不得邪径而托足焉"。这项修路工程的计划宏大,以咸阳为中心的驰道,向东可通燕、齐,向南可达吴、楚。启动之后,可能未必完全完成,但各地应当有初步的实施。作为吴、楚之地的湖北,当然也修筑有通往咸阳的新路。秦始皇曾5次巡游天下,到达了长江以南的湖南,促进了文化传播,促进了交通地理测量技术。

秦汉时期中华大地的植被较好,河流的水量较为充沛,河流的利用率高。根据谭其骧编《中国历史地图集》中的《秦时期全图》不难发现,从首都咸阳到荆楚,可以顺着丹水,转沔水,直达云梦泽,进入长江,还可通过洞庭湖辗转到湘水,再转离水、西江,到达岭南的广州。汉代,不仅汉水中下游能通航,就是上游,通航也是无多大障碍的。如《水经注·沔水》载录诸葛亮笺云:"朝发南郑,暮宿黑水,四五十里。"沔水,是古代对汉水的通称。据《水经注》,北源出自今陕西留坝西一名沮水者为沔,西源出自今宁强北者为汉,二源合流后通称沔水或汉水。从南郑出发,无疑是汉水的上游段,无论黑水在汉水上游或下游(关于黑水,历史上目前尚无定论),都足以表

---

① 罗宗真,秦浩.中华文物鉴赏[M].南京:江苏教育出版社,1990:618.

明汉水上游是可以通航的。宜昌古港是长江运输线上的重要枢纽,进出川江的船只都要停靠此地。

秦汉时期的交通工具主要是车和船。在云梦秦墓、长沙汉墓发现过车模型。汉代最常见的车为轺车,又有辎车、骈车、安车和高车,多为双辕,辕木多弯曲。各种车辆都用马驾引,运输货物则多用牛车。

汉代,湖北有各种船,称呼也有区别。杨雄在《方言》卷九中谈到各地对船的名称有不同叫法:“舟,自关而西谓之船,自关而东或谓之舟或谓之航。南楚江湘,凡船大者谓之舸,小舸谓之艖。”

湖北东部的寻阳一带,聚集着许多楼船。汉武帝时为控制南方,楼船起了很大的作用。《汉书·武帝纪》记载:“遣伏波将军路博德出桂阳,下湟水;楼船将军杨仆出豫章,下浈水;归义越侯严为戈船将军,出零陵,下离水;甲为下濑将军,下苍梧。皆将罪人,江、淮以南楼船十万人,越驰义侯遗别将巴蜀罪人,发夜郎兵,下牂柯江,咸会番禺。”

汉代的造船业发达,已能制造各种类型的船舶,有舸、艑、艇、扁舟、轻舟、舲舟、舫舟等,最著名的则是楼船。《史记·平准书》记载:“治楼船,高十余丈,旗帜加其上,甚壮。”1976 年,在广州发现汉代造船工场遗址,表明沿海地区有了大型的造船基地,工艺技术高超。

1973 年,在江陵凤凰山 8 号和 168 号汉墓出土木船模型。木质船模是用一段整木雕成,全长 71 厘米,宽 10.5 厘米。木船明器,用于陪葬,但今人由此可推知当时船的形状:中部宽,头窄,尾稍宽,船首呈流线型上翘,甲板上置两横梁并伸出舷外,作舷边通道板的支撑。前部有 4 个木俑各持 1 桨,尾部有后梢 1 支。从技术层面分析,可见该船船身平面呈梭形,两端呈流线型上翘,能减轻流水阻力,符合现代流体力学的原理。舱内置横梁若干,上有盖板,还有撑篙荡桨的通道,这表明当时的木船上已经有了部分甲板之类的设备,这也是造船技术的重大进步之一。因为有了甲板,不仅能够方便行走,而且在江河湖泊上航行时,水不容易进入船舱内。该木船模型有木桨 5 只及桨架,说明木船是由多人操桨,船造得较大;也说明桨的数目是单数,按照船航行时的平衡原理,必定有一只桨作为桨舵使用才符合实际情况,它为船舵的出现创造了条件。该船具有桨架,也说明使用的桨为长桨。"刳木为楫"的"楫"是一种短桨,可以说是桨的初始形式;而这只西汉木船模型上使用的桨,以桨架为支点,与短桨相比是一种比较大的桨。桨的这种变化及桨架的出现也是造船技术进步之一。正是因为有了桨架这个支点,划桨手可以用全身之力划动木桨,与无桨架的短桨相比,优越之处十分明显。这件文物在今荆州博物馆展陈。

江陵凤凰山10号汉墓中还出土了木牍,上面刻写的是一份水上运输的契约。立约者共7人,每人交"钱二百",如因病、因事缺勤,每日罚钱30,也可雇人顶班。各人自备用具,应备而未备者罚10钱,擅拿船上器具者重罚100钱等。由此可见,当时以江陵为中心的长江航运已十分繁忙。

汉代,荆州之所以造船技术发达,与当地的航运以及木材有关。外地造船,乐于采用湖北的木材。《史记·淮南衡山列传》记载了西汉吴王濞就曾"上取江陵木以为船"。《后汉书》卷十八《吴汉传》记载了东汉时期,"汉留夷陵,装露桡船,将南阳兵及弛刑募士三万人溯江而上"。《三国志》卷四十七《孙权传》引《江表传》曰:"权于武昌新装大船,名为长安,试泛之钓台圻。时风大盛,谷利令柂工取樊口"。江陵、夷陵、武昌三地都在长江沿岸,加之有丰富的森林资源,故成为这一时期的造船基地。

东汉末年的造船规模,到了赤壁之战时达到一个高峰。当时,出现了新的战舰——斗舰,它是水军中最具代表性的舰船。武汉理工大学席龙飞教授等人曾在1987年应中国人民革命军事博物馆的委托,开展对赤壁之战的斗舰的研究。斗舰复原尺度:总长37.4米,水线长32.7米,舰宽9米,舰深3米,吃水1.8~2米,战棚高2.3米,指挥台高2.5米,舵楼高2.5米,上层建筑7.2米。全船设两桅、两帆、30把桨。两只木石结合碇位于首部,启碇及带缆用的人力绞车分别设在主甲板前部和战棚甲板上。复原的斗舰以1:30的比例,陈列在北京中国人民革命军事博物馆的古近代战争馆。①

---

① 席龙飞,宋颖.船文化[M].北京:人民交通出版社,2008:38.

造船技术与机械有关,通过风力或水力,船得以畅行。当时的机械技术在农业中也有运用。前面谈到水利时,便说到汉代的南阳太守杜诗热心推广机械,大力倡导水排技术。水排把自然力转换为取之不尽的动力,节省人力,事半功倍,反映出劳动人民的杰出智慧,对于提高农业生产力也是能起到很大的作用。

交通工具中的车,与机械有关联。秦汉墓中多次出土车。如凤凰山汉墓出土轺车 8 乘,车为双辕,竹质。车舆置于辕上,平面呈矩形,前高后低。轮内沿有插入辐条的圆孔。凤凰山汉墓还出土牛车,木质双辕,前端微向上翘,上有小眼,钉入竹钉,挡住车衡。辕上置架,车架正视呈“方”形,侧视呈“网”形。辕下置车轴。牛车出土时,载薪柴三束。①

七、织物、烧陶、治玉

1. 织物

汉朝的丝织技术精湛。当时有了提花机,能织出精美的花纹,染出各种鲜艳的颜色。江陵凤凰山 168 号汉墓出土过一双麻鞋。墓主入葬时间为公元前 167 年,男性。此鞋双尖翘头,面料为白色平纹织的麻布。鞋里用麻线编织而成。这双鞋是我国目前发现的年代最早、保存最好的鞋子,其中体现了人们良好的编织技术。

云梦秦墓竹简中的《金布律》规定:“布袤八尺,福(幅)广二尺五寸。布恶,其广袤不如式者,不行。”对布的尺寸、质量都有具体规定,否则不许在商业中流通。

张家山汉墓竹简中的《市律》规定:“贩卖缯布幅不盈二尺二寸者,没入之。能捕告者,以畀之。”倡导民众共同监管商品市场,给予检举者奖励。秦汉流行什么样的服饰,其相关技术,也可以从考古发现中获得一些信息。

在云梦大坟头 6 号西汉墓发现的文物中,有男女木俑,从其上穿着的

① 万全文,院文清. 荆楚文物奇观[M]. 武汉:武汉出版社,2012:154 – 155.

深衣可见从战国时就开始流行的服饰样式,即把上衣下裳连在一起。男式深衣,曲裾只略向后斜掩,延伸得并不长;而女式深衣,曲裾向后缠绕数层,较男式的繁复。但是,施曲裾的深衣较费缯帛,因此,至东汉时,深衣遂逐渐为袍和襜褕所取代。

邻近湖北的南阳平原,出土过许多汉画像石,画中有许多人物,他们穿着各式各样的服饰,大致反映了秦汉时期的服饰。平民男子大多束发髻或戴小帽、巾子,穿交领,衣长至膝,衣袖窄小,腰间系巾带,脚穿靴鞋或赤足。有外罩短袍者。秦朝的百姓一律不得穿杂彩之衣,只能穿本色麻布,直到西汉末年才允许百姓服青绿之衣。女子日常穿襦裙。上襦下裙,上襦为斜领、窄袖,长及腰间;裙子是由四幅素绢连接拼合而成,上窄下宽,下垂至地,裙腰两端缝有绢条,以便系结。还穿礼服,即深衣。

男子以袍为贵。袍服属汉族服装古制,秦始皇在位时,规定官至三品以上者,皆要穿着绿袍、深衣,平民穿白袍,都用绢制作。汉代400年来,一直用袍作为礼服。汉末文人与武士则以戴巾为雅尚。

在湖北黄陂木兰山一直传闻花木兰的故事,说她是汉代抗击匈奴的女英雄,也是纺织能手。有一首《木兰诗》在木兰山区很流行,其中有科技信息:"唧唧复唧唧,木兰当户织。……东市买骏马,西市买鞍鞯。南市买辔头,北市买长鞭。……雄兔脚扑朔,雌兔眼迷离。双兔傍地走,安能辨我是雄雌?"

2. 烧陶

陶器以烧土而成。坚硬的、多种形式的陶器,给人们的生活提供了实际的用处。社会上对陶器的需求很高,因而,先民不断改进制陶技术。

秦汉有大量陶器作为随葬品。可分为两大类:一类是模型,如仓、灶、井、磨盘、猪圈、楼阁、碓房等;另一类是偶像,如猪、羊、狗、鸡、鸭等。这些明器,不仅在艺术上有内涵,而且在技术上有讲究。需要精心选取泥土,手头经验娴熟,火候到位等。

由于土质与火候不同,陶器的品类亦不同。湖北流行灰陶,火候较高,陶质较坚实。西汉中期以后,绳纹基本上绝迹,一般器物大体上是素面的。

在长江以南还流行硬陶,烧制火候比灰陶高,器形和纹饰也与灰陶有异。在黄河流域流行铅釉陶。铅釉陶是汉代的一种创新,有黄、褐、绿等色,其中绿釉较为流行。在以铅为釉的基础上,加少许的氧化就可得到青绿色,熔点低为 700 ~ 800℃。在南方流行青釉陶,后来成为青瓷的开端。东汉后期在浙江省绍兴、上虞一带出现青瓷器,由于其中含有少量氧化铁,使釉呈淡青色。以后普及到江淮各地。

3. 治玉

秦和汉初,作为礼器的玉器种类减少,有璧和圭。玉器表面的抛光技术达到了很高的水平。乳白色的羊脂玉增多,玉料主要来自新疆的和田。

汉代少府属官尚方令,主管御用玉器的制作。汉代玉器可分为礼玉、葬玉、饰玉、陈设玉四大类。

湖北西北部盛产玉材,传闻中的周初卞和玉就产自于荆山沮水之间。春秋战国时期的楚墓中,出土过无数精美的玉器,这为后世湖北的玉器发展提供了基础。何况荆楚大地有玉器的原料,如与十堰、襄阳相连接的南阳平原是南阳玉的重要产地,秦汉时期应当有发达的玉器制作技术。

第四节　医学与医籍

一、医　　学

1. 秦简中的医术

秦朝重视卫生,对于食物有着严格的管理。张家山汉墓竹简中的《贼律》规定:“诸食脯肉,脯肉毒杀、伤、病人者,亟尽孰(熟)燔其余。其县官脯肉也,亦燔之。当燔弗燔,及吏主者,皆坐脯肉臧(赃),与盗同法。”意为,对于那些变质了的干肉,要烧毁掉。不论是什么人,都不能把变质的肉投放到市场上,否则依法重处。

秦朝有一些医学简牍保存于湖北的古墓之中,在荆州沙市周家台30号秦墓出土的丙组简,是成卷入葬的,有几十枚之多,简文内容主要是医药病方。

1975年,在云梦睡虎地出土的秦简《封诊式》有98枚。其中有对麻风病的诊断,还有对孕妇流产的检验。这些诊断主要是运用于判断狱案。法官处理死亡案件,需要医学上的诊断。如《经死》是关于吊死的诊断,法医要根据绳子、尸体、舌头、大小便等确定是自缢还是他缢。又如《出子》是关于流产的诊断,法医要根据胎体、阴部创伤等确定流产的原因。

云梦睡虎地秦简《日书》记载了许多疾病,如甲种中的《病》多与迷信有关,说:"甲乙有疾,父母为祟,得之于肉,从东方来,裹以漆器。戊己病,庚有,辛酢。"①王子今先生采用比较方法,注意到睡虎地秦简《日书》的乙种与甲种有所不同,乙种不仅有《有疾》,还有《病》,而江陵王家台秦简《日书》也有《病》。秦人不仅重视祭祀,而且探索得病的原因,如食物就是病源之一。得病与时间有关,与气候也有关,五行之间的生克制化也影响着人的身体。

2. 汉代的疾疫与医学

疾疫是流行性疾病。

西汉末年,京山绿林一带流行疾疫,使王匡、王凤的农民起义军大为减员。按说,京山的绿色植被好,空气与水质亦佳,交通亦闭塞,怎么会出现流行性的疾病呢?这可能与旱灾有关。当时出现了严重干旱,不少人都饿死了,穷人家没钱掩埋尸骨,容易导致瘟疫发生。"三王城"一带,农民起义军集合了上万人,有些外来的人员把疾病带到军营之中。众多的士卒住在兵营之中,如果不讲卫生,确实容易暴发和流行疾疫。

东汉也曾经流行大范围的疾疫。据《后汉书》记载,从汉安帝到汉献帝的近百年间,流行大疫10次之多。

东汉末年著名医学家张仲景,很多人都把他归于河南古代科学家。湖北许多学者也是避而不谈。其实,不论是河南,还是湖北,都有资格谈论。汉代的大荆州地跨湖北与河南。因此,湖北人写湖北的科学技术史时也不

---

① 王子今.睡虎地秦简《日书》甲种疏证[M].武汉:湖北教育出版社,2003:181.

应忽略了张仲景。

张仲景出生地为今河南南阳。其家族有200余人,从建安初年(196年)起,在10年间,死亡了2/3。民间传闻,在南阳郡南边的襄阳城内住着一位名医叫王承,擅长治疗痈疽病。张仲景就专程前往学习。王承钻研医道,研制出了九一丹和内消汤。张仲景白天跟着王承看病,晚上读医书,潜心研究医理,大大提高了医技。张仲景离开王承时,王承送给他四句话:"药草处处有,就靠两只手。人人是师傅,处处把心留。"①张仲景就是凭着这种态度,终于成为一代名医。他撰写《伤寒杂病论》,论述了伤寒的若干病症,在总结四诊(望、闻、问、切)、八纲(阴、阳、表、里、虚、实、寒、热)的基础上,提出了汗吐下和温清补消等方法,对病因及治疗法则有重要贡献,被后世尊为"医圣"。

在美国从事学术研究的汪建平与闻人军合著《中国科学技术史纲》,其第四章记载:"张仲景名机,以字行,南阳蔡阳(今湖北枣阳)人。"该书作者把张仲景的事迹完全是放在湖北的历史背景下叙述,说:"他所生长的荆襄地区,经常有急性传染病流行,死亡率甚高。……刘表广延儒士,广征图书,在经学上形成了可与北方齐鲁学派相抗衡的荆州学派。张仲景也在这样的环境中,勤求古训,博采众方,结合自己的临床经验,标新立异,创立了伤寒学派,其代表作为《伤寒杂病论》16卷。建安十三年(208年),刘表死后,荆州成为各方争夺的焦点。在不断的战乱中,仲景的医学著作也难免厄运,有所亡佚。"显然,历史之所以造就张仲景,与当时的荆州关系最为密切。离开汉代荆州的大背景,就无法理解张仲景的医学成就。

汉代人对人的身体有一定的研究。1975年,在凤凰山发掘168号汉墓内出土了一具保存完好的古尸。与长沙马王堆女尸属同一类型。这一重大考古发现,对研究中国古代尤其是西汉时期的人体科学具有重要意义。

古尸身长167.8厘米,体重52.5千克,年龄60岁左右,血型为AB型,

---

① 刘太祥.张仲景中医药文化研究[M].郑州:河南大学出版社,2009:48,50.

其体质形态特征与我国现在中南地区的汉族居民相似。墓中发现一枚竹牍，长约23厘米，宽约4厘米。竹牍上有汉隶文字："十三年五月庚辰。江陵丞敢告地下丞，市阳五大夫遂，自言与大奴良等廿八人，大婢益等十八人，轺车二乘，牛车一辆……可令吏以从事，敢告主。"其内容相当于阳间给阴间写的介绍信，写信人是江陵县的县丞。他告诉阴间的官员，说墓主是在汉文帝前元十三年（前167年）五月庚辰日去世，名字叫遂，是个五大夫（相当于汉代20级爵位中的第九等，一般食禄600石，略高于县令的官员）。

古尸出土时整体外观保存完整，体态丰满，全身皮肤柔韧湿润，软组织尚有弹性。皮肤和指、趾纹十分清晰。指、趾甲，全身毛发及身上穿的丝织物因碱性棺液长期侵蚀而消失。全身大小关节均可活动，32颗牙齿齐全，双眼略凹陷，各内脏器官均保持完整的外形和正常的关系位置。整个脑髓连同硬脑膜共重970克，占颅腔3/4以上。软骨、骨骼肌、结缔组织、胶原纤维等组织结构保存完整，软骨细胞轮廓清晰可见，结缔组织、胶原纤维保存着十分完好的超微形态和分子结构，说明古尸的保存在一定程度上达到了细胞水平和分子水平。死者生前患有多种疾病。主要为胃溃疡并发穿孔，导致弥漫性腹膜炎合并全身广泛出血致死。其他疾病有华支睾吸虫病及日本血吸虫病、动脉粥样硬化、胃底假膈疝等。

古尸之所以能长期保存，一是深埋，墓深近10米，地下恒温恒湿，造成一种相对稳定的物理条件；二是密封，内棺密封甚严，椁室顶部又有厚达5.4米的青膏泥和青灰泥封闭，并且分层夯实；三是尸体浸泡在约10万毫升的绛红色棺液中，棺液无菌，并有一定的抑菌和杀菌作用。

二、《脉书》与《引书》

汉代流行《神农本草经》，这是我国最早的一部较完善的药物学著作。在第一章已述神农事迹，此处从略。

1.《脉书》

汉代人相信阴间也会生病，于是把医籍放入棺椁，以备在地下查用。

1983 年,江陵张家山汉墓出土医籍《脉书》,它是研究汉代医疗的重要资料。

《脉书》存简 65 枚,共 2028 字,是关于病候、经脉、针灸、诊治的书。包括《阴阳十一脉灸经》《脉法》《阴阳脉死候》等。《脉书》叙述了 67 种疾病及症状,涉及内、外、妇、儿、五官诸科。

《脉书》讲述了疾病的症候,如"在肠中,小者如马矢,大者如杯而坚痛,摇,为牡瘕",意为发生在肠道内的包块,这种包块,小的像马屎块一样,大的类似杯子一样大小,包块坚硬,可以上下活动,这种病为牡瘕。由于饮食生冷,迫聚不散,成腹中痞块。如"在肠中,痛,左右不化,泄,为溏瘕",意为发生在肠道,出现腹疼,各种饮食不能消化,泻下物清稀,或为不消化的食物,这种病叫作溏瘕。这讲述的是饮食所伤,脾失健运,湿浊不化,脘腹胀闷。肠胃气机受阻,腹胀肠鸣,泻下物为不化水谷。

《脉书》还谈论了诊断,涉及 22 种脉象及所主治的 77 种病症,记载了肉、骨、气、血、筋、脉六种生理功能,提出要由表及里,分层次地诊断。其中谈到用灸法治病,要掌握度,不宜深,不宜浅,不宜大,不宜小。

《脉书》是汉代流行于湖北大地的医学著作。其内容可基本补足帛书缺字。尤为重要的是《脉书》记有许多病名,从人的头到脚,次第叙述。不少病名,可与帛书《五十二病方》相对照。从整体观察,可以看出《脉书》是《黄帝内经·灵枢·经脉篇》的一种祖本,书中关于十一脉及死候的部分,都能在《经脉篇》中寻出对应段落。对认识《黄帝内经》等古书的形成过程,有很大意义。

2. 养生医籍《引书》

中国医学注重人体信息及人体与环境的信息,认为阴阳有消长,气血有衰旺,身体与日月、气候均有关系,人们通过调气可以达到健身的目的。楚人一直重视导引,总结了呼吸吐纳的方法,是养生经验的总结。

1983 年,江陵张家山汉墓出土养生医籍《引书》。[①]《引书》,"引"是

---

① 高大伦. 张家山汉简《引书》研究[M]. 成都:巴蜀书社,1995.

"导引"的意思。《庄子·刻意》:"吹呴、呼吸,吐故、纳新,熊经、鸟申,为寿而已矣。此道引之士,养形之人,彭祖寿考者之所好也。"

《引书》存简113枚,共有3235字,字迹工整娟秀。书中无小标题,每一独立段落之首有墨书圆点。约西汉吕后二年(前186年)前抄写,《引书》记载了导引术,有65个导引术式,如"引颓,肠颓及筋颓,左手据左股,屈左膝,后伸右足,屈右手而左顾三,又前右足,后左足,曲左毛,顾右,三而已。又复挢两手以偃,极之三;挢左臂以偃,极之;挢右臂,左手据左尻以偃,极之,此皆三而已","偃卧炊(吹)昫(呴)、引阴,春日再昫(呴),壹虖(呼)壹炊(吹);夏日虖(呼),壹昫(呴)壹炊(吹);冬日再炊(吹),壹昫(呴)壹虖(呼)"。

《引书》的内容可以分为四个部分。

第一部分是关于春、夏、秋、冬的养生,认为四季的饮食起居关系人体的健康。篇首指出:"春产、夏长、秋收、冬藏,此彭祖之道也。"《引书》认为夫妻的性生活要顺应天时:"春日……入宫从昏到夜大半止之;夏日……入宫从昏到夜半止;秋日……入宫,以身所利安;冬日……入宫从昏到夜少半止之。"

第二部分是介绍导引术式的名称与动作,共41种。如"引屈筋,跨立,壹倚左,伸右股,膝附地;壹倚右,伸左足股,股附地,皆三而已",意为导引屈筋,骑步站立,用手按住两腿,身体先向左倾斜,伸展右腿足,使右膝盖贴地,同样的方法,向右倾斜,分别做三遍为止。下肢部位为"足三阴、足三阳"之脉的要道,进行这种导引运动,可以抻拉两下肢的经脉,激发气机变化,营养筋膜。

第三部分是讲导引治疗,涉及44种病症。有说《引书》涉及110种动作,除掉重复的有101种,其中适用于治病的50种。内科病如"引内瘅""引肠辟""苦腹胀""心痛"等;外伤病如"引踝痛""引背痛""引肘痛""引膝痛";五官科病如"引目痛""引耳痛""引口痛"等。《引书》记载了下颌关节脱位整复术和叩齿术,较晋代葛洪的记录要早四五百年。

第四部分探讨生病的原因,从自然环境说到病情,要求人们注意寒暑的变化。《引书》云:“人之所以得病者,必于暑湿风寒雨露,腠理启合,食饮不和,起居不能与寒暑相应,故得病焉。”“春日,蚤(早)起之后……被(披)发。游堂下,逆(迎)露之清,受天地之精。”“夏日……蚤(早)起……被(披)发。步足堂下。”《引书》告诫不可纵欲,“益之伤气”。《引书》云:“治身欲与天地相求,……闭玄府,启缪门,阖五藏,逢九窍,利启合腠理,此利身之道也。”

《引书》无图,也可能另外有图单独行世。马王堆汉墓曾经出土《导引图》,绘有44个人物形象,动作各异,可以结合《引书》的文字阅读,这有利于破解古人导引的真实方法。有专家认为,《引书》所载导引术与马王堆帛画《导引图》相比较,风格相近,命名原则相同。但《引书》所载导引术更多,内容更丰富,除了折阴、熊经、引膝痛、引聋和引颓等五种导引术名称相同(其中3种名同术异)外,帛画所载导引术只有《引书》的2/5左右,而且单个动作的静态画面,很难反映导引术的动态过程,更难描述呼吸、意念方面的要领,《引书》则可以弥补这些不足。《引书》的发现,为研究汉以前导引术提供了极为珍贵的资料。

2018年,在荆州胡家草场墓地出土的西汉简牍,有经方简1000余枚,记录了45种传统方技,包括治病、保健、育儿、种植、养殖等。如767号简名为“令齿白方”,记载了“以美桂靡之百日,而齿白矣”。这是古人使用中药桂枝或桂皮,让牙齿变白的方法。

以上介绍了《脉书》《引书》等医学文献。笔者相信,在湖北的地下,一定还有许多类似的文献迟早会被发现。古代的贵族总是把宝贵的科技文献埋入坟墓,如长沙马王堆3号汉墓出土的帛书有《五十二病方》《胎产图》《五星占》《相马经》。如果不是偶然发现,这些宝贵资料将永远埋没。可以推测,古代的科技水平,一定比我们现在根据有限资料获得的认识要高得多。

以上介绍的这些科技文献还有没有时代价值呢?笔者相信是有其价值的。这些文献不是随心所欲编出来的,而是先民反复实践的总结。须知,秦汉时期的科技成就与人们知行合一的思想是分不开的。知是知识,行是实践。汉代医学家重视实践,如果没有反复实践,就不会有《脉书》《引书》等。因此,今人应当珍视这些文化遗产,研究其价值,造福于当代。

第五节 科技传播与局限

一、传播途径

1. 书写工具

1975 年,在云梦睡虎地秦墓出土了一些用于书写的文物,如调制成型的墨丸,圆柱状,颗粒粗,黑色。还有砚,是用鹅卵石打造而成,旁边附有砚杵,简朴,没有纹饰。这是迄今为止在中国发现的最早的人造墨与书写砚。墨可分为天然墨和人造墨两类。天然墨指的是天然的石墨和经蒸煮后鼎与鬲腹下的墨胭脂即炭黑。人造墨所采用的主要原料有松烟、漆烟和桐烟。最先使用的是松烟,其次是漆烟和桐烟。墨的烟料须经过燃烧才能制成,烟料是半成品,再经过入胶、和剂、蒸杵等工序制成墨锭,才是成品。秦汉时期墨的主要原料是松烟,也有以漆烟和松烟混合而成的。

云梦睡虎地 11 号墓出土 3 支毛笔,竹笔杆镂空,用以插笔毛。制笔的方式与现代相同,说明制笔工艺已基本定型。云梦睡虎地 4 号墓出土了墨,还有砚与砚墨石,上面还有用过的痕迹。出土的砚盘是用不规则的石材加工而成。

1975 年,在江陵凤凰山 168 号汉墓出土了一套完整的书写工具,在一个竹笥里,有 1 支毛笔、1 方砚、1 块砚石、1 把削刀、6 枚木牍、几块墨。这些东西可能是汉代文人书房里必备的用品。

2. 民间的传播

《史记·日者列传》记载了西汉初年楚人司马季主的占卜人生。司马季主在卜肆休闲地坐着,有三四个弟子在一旁侍候,师徒常在一起“辩天地之道,日月之运,阴阳吉凶之本”。司马季主博通天文地理,他能“分别天地之终始,日月星辰之纪,差次仁义之际,列吉凶之符,语数千言,莫不顺理”。《史记·日者列传》还记载了司马季主之语，“今夫卜者，必法天地，象四时，顺于仁义，分策定卦，旋式正棋，然后言天地之利害，事之成败。昔先王之定国家，必先龟策日月，而后乃敢代。正时日，乃后入家。产子必先占吉凶，后乃有之。自伏羲作《八卦》，周文王演三百八十四《爻》而天下治。越王句践放文王《八卦》以破敌国，霸天下。由是言之，卜筮有何负哉！”在司马季主看来，尽管有人蔑视卜筮，但卜筮之中是有符合常理知识的。

3. 政府与官员的努力

西汉，湖北籍美女王昭君受朝廷委派，到匈奴和亲，传播了科技与文化。《汉书·匈奴传下》记载了呼韩邪单于上书汉廷，“自言愿婿汉氏以自亲。元帝以后宫良家子王墙字昭君赐单于”。王昭君到达草原之后，入乡就俗，主动地适应当地的文化，成为匈奴族的一员。她把中原先进的文化传播到草原上，必然也会有湖北的农业技术等。由于昭君和亲，使得“边城晏闭，牛马布野，三世无犬吠之警，黎庶亡干戈之役”，展现出欣欣向荣的和平景象。

据《后汉书》卷七十九《儒林列传》记载，刘秀建立东汉之后，鉴于西汉官府藏书散佚，而民间藏书颇多，他每至一地，“未及下车，而先访儒雅，采求阙文，补缀漏逸”。他下旨令天下广为收集。“先是四方学士多怀协图书，遁逃林薮。”自此而后，鸿生硕儒“莫不抱负坟策，云会京师。数十年间，朝廷各藏书阁，旧典新籍，叠积盈宇，汗牛充栋。如“石室”“兰台”“东观”等多处，藏书的规模和数量超过了西汉。迁还洛阳时，“其经牒秘书载之二千余辆”，奠定了东汉国家藏书的基础。

汉明帝与章帝时的王景，字仲通，著名的水利工程专家。《后汉书》卷七十六《王景传》记载：“少学《易》，遂广窥众书，又好天文术数之事，沉深多技艺。”他曾任庐江太守，今湖北的罗田、英山、蕲春、黄梅等县都归王景管辖范围。王景在全郡推广牛耕，兴修水利，“由是垦辟倍多，境内丰给”。

汉章帝时的谢夷吾，字尧卿，少为郡吏，学风角占候之术。《后汉书》卷八十二上《谢夷吾传》记载：“少膺儒雅，韬含六籍，推考星度，综校图录，探赜圣秘,观变历征,占天知地,与神合契,据其道德,以经王务。""太守第五伦擢为督邮",后举孝廉,出任寿张县令,后任荆州刺史。第五伦为司徒时,曾令班固为文荐谢夷吾,称其"才兼四科,行包九德,仁足济时,知周万物",实为"社稷之元龟,大汉之栋甍"。班固对谢夷吾有颇多赞誉,称他"爰牧荆州,威行邦国。奉法作政,有周、召之风;居俭履约,绍公仪之操"。

周章,字次叔,随县人。据《后汉书》卷三十三《周章传》记载,周章起初在郡里担任功曹,跟着太守身边做事。他为人有见识,有个性,有决断。永初元年(107 年),他由光禄勋改任主管祭祀社稷、宗庙和朝会、丧葬等礼仪的太常。同年,周章又由太常升为"三公"之一的司空,负责水利工程、城防建筑、宫室营建等事务,并与太尉、司徒共同讨论皇帝交议的国政。

东汉末年,北方动荡。刘表以一介儒生联络荆州的豪族,独统荆州长达 19 年。他在襄阳建立学校,设置学官,搜集图书,整理儒家经典。荆州学派最重要的学者有宋忠、司马徽、颍容、谢该等经学家。他们收徒讲学,一时间,数以千计的文人学士来到荆州,荆州成为全国的学术中心,推动了荆州的学术发展,在中国学术史上留下了重要的一页。然而,刘表死后,这个学派一蹶不振。荆州官学以研习经学为主,但也对其他学问有所关注。王粲的《荆州文学记官志》记载:"遂训六经,讲礼物,谐八音,协律吕,修纪历,理刑法,六略咸秩,百氏备矣。"可见,荆州官学里的课程还有音乐、律吕、历法等选修课。

4. 文学作品中的科技知识

汉代流行文学,一些作品中包含有自然或科技知识。

(1)黄香的《九宫赋》。黄香(? —106),字文强,江夏安陆人。《全后汉文》辑有黄香的《九宫赋》,九宫指八卦宫加紫宫。其文:

伊黄灵之典度,存乎文昌之会宫。翳华盖之葳蕤,依上帝以隆崇。握璇玑而布政,总四七而持纲。和日月之光曜,均节度以运行。序列宿之焕烂,咸垂景以煌煌。历天阴之晦暗,阳玉石以炳明。镜大道之浩广,泑沈滐以扎坱。眪旭历而锐银,廓岘峄以阅阆。即蹴缩以欑檽,坎娗援以湇炀。胃騩騮驈以差羸，磋磦皓皜以驳乐。银拂律以顺游，径閶阖而出玉房。谒五岳而朝六宗，对祝融而督勾芒。荡翊翊而敝降，聊优游以尚阳。跖昆仑而蹈碣石，跪底柱而跨太行。肘熊耳而据桐柏，介嶓冢而持外方。浣彭蠡而洗北海，淬五湖而漱华池。粉白沙而嚵定容，卷南越以腾历。连明月以为悬，剥骇鸡以为钗。绕缋组而摄云郁，垂独茧而服离桂。戴巢岌而带缭绕，曳陶匏以委蛇。乘根车而驾神马，骖骎騥而佚穷奇。使织女骖乘，王良为之御。三台执兵而奉引，轩辕乘駏驉而先驱。招摇丰隆骑师子而佚轂，各先后以为云车。左青龙而右觜觿，前七星而后腾蛇。征太一而聚群神，趣荧惑而叱太白。东井辍锞而播洒，彗勃佛仿以梢击。四徼尘于干道，绝引者而惊鞸。蚩尤之伦，玢璘而要斑斓，垂金干而揵雄戟，操巨蘖之磝弩，齐佩机而鸣廓。狼狐彀张而外飨，枉矢持芒以峰崿。迅冲风而突飞电，振云嵱岫而土崆山。龍狡猾而蹴践蛩，走札揭而獠桔梗。栎略玃而突列蛸，槁律屈而却梁。党巷溏而触螟蜓，抶礔砺而扑雷公。标撇缺而拂勃决，奋云旗而椎鸿钟。声淳沦以纯仑，四海澹而袥地梁。碎太山而刺嵩高，吸洪河而嘬九江。登嶕峣之厘台，窥天门而闪帝宫。享嘉命而延寿，乐斯宫之无穷。①

黄香从小受到楚文化的影响。这篇赋文有丰富的自然信息、科学幻想，如五岳、桐柏、介嶓冢、太山、嵩高；四海、彭蠡、北海、五湖、华池、洪河、九江；神马、駏驉、青龙、觜觿、腾蛇；七星、太一、荧惑、太白；祝融、勾芒、熊耳、轩辕、蚩尤、雷公。描述天神的行踪，从中间的紫宫而周行八宫，行云流水，“握璇玑而布政，总四七而持纲。和日月之光曜，均节度以运行。序列宿之焕烂，咸垂景以煌煌”，把天文、历法、术数知识融会贯通。

(2)王逸的《楚辞章句》。王逸(约89—?)，字叔师，南郡宜城(今湖北宜城)人。王逸的《楚辞章句》是《楚辞》目前最早的完整注本。其所依据

① 《后汉书》本传没有收录此文，姑且存疑。

的《楚辞》文本为西汉刘向所辑,原为16卷,王逸增入自撰的《九思》1卷,改编为17卷。王逸训诂,征引古代经典文献达25种。如《楚辞·天问》:"灵蛇吞象,厥大何如?"注曰:"《山海经》云:'巴蛇食象,三岁而出其骨。'"

王逸在《天问章句》云:"屈原放逐,忧心愁悴,彷徨山泽,经历陵陆。嗟号旻昊,仰天叹息。见楚有先王之庙及公卿祠堂,图画天地山川神灵,琦玮僪佹,及古贤圣怪物行事,周流罢倦,休息其下。仰见图画,因书其壁,呵而问之,以泄愤懑,舒泻愁思。"

王逸写过一首《机妇赋》,描写了妇女织布的情景,其中记录了织机的情况、劳动的样式、织女的心情。这是反映男耕女织社会中手工技术的文学作品,但有写实性。

(3)祢衡的《鹦鹉赋》。祢衡(173—198),字正平,平原般(今山东临邑县)人,少有才辩,性刚直。兴平中,居住荆州。从《后汉书》卷八十下《祢衡》可知:祢衡到了荆州,"刘表及荆州士大夫,先服其才名,甚宾礼之,文章言议,非衡不定"。有一天,黄射举行盛大的活动,有许多宾客到场,有人进献了鹦鹉,黄射请祢衡即兴作一篇赋,祢衡"揽笔而作,文无加点,辞采甚丽"。

还有一种说法,《鹦鹉赋》与现在武汉的鹦鹉洲有密切关系。黄射是在鹦鹉洲得到鹦鹉,而祢衡是在鹦鹉洲写出了《鹦鹉赋》。《鹦鹉赋》:"惟西域之灵鸟兮,挺自然之奇姿。体金精之妙质兮,合火德之明辉。性辩慧而能言兮,才聪明以识机。故其嬉游高峻,栖跱幽深。飞不妄集,翔必择林。绀趾丹觜,绿衣翠衿。采采丽容,咬咬好音。虽同族于羽毛,固殊智而异心。配鸾皇而等美,焉比德于众禽?"①

可见,《鹦鹉赋》不是一篇简单的应景之文,它还记载了时人对鸟的认知。楚人尚鸟,对鸟有特别的感情。《鹦鹉赋》赞鸟,说它嬉游于高山峻岭,栖立于幽谷深林。高飞时不胡乱集群,翱翔时必选择佳林。它有资格

① 王彬.古代散文鉴赏辞典[M].北京:农村读物出版社,1990:96.

与凤凰媲美，其他的鸟儿怎么能与之比较德行？

《鹦鹉赋》使得汉水进入长江一带的鹦鹉洲享有盛名。唐代诗人崔颢的《黄鹤楼》里就有“晴川历历汉阳树，芳草萋萋鹦鹉洲”的名句。李白曾经写《望鹦鹉洲悲祢衡》，表达了对祢衡的钦慕之至。“吴江赋鹦鹉，落笔超群英。锵锵振金玉，句句欲飞鸣。鸷鹗啄孤凤，千春伤我情。”

二、局　限　性

说到秦汉时期湖北的科技文化，有必要做一番反思。比起先秦楚国，湖北在秦汉时期的贡献大为减少。

先秦时期，楚人已经认识到了二十八宿、北斗、彗星。传说中的祝融就是火正，是关于天文的官员。《史记·天官书》记载了战国时期研究天象的学者，说楚国有唐昧等人。楚人甘德著有《天文星占》。秦汉时期的湖北，有唐昧、甘德这样的人物与事迹吗？对天文历法知识有哪些新的推进？令人哑然。

先秦时期，楚地是青铜文明最重要的地方。鄂东是最重要的矿冶区，铜绿山铜矿规模宏大。楚人的矿井技术（矿井的选址、建井架、沉井法、照明、通气、排水、取矿、选矿）、失蜡法技术、铸镶法等在当时处于世界先进水平。秦汉时期的湖北，青铜文明几乎中断。考古发现的秦汉时期湖北地区的青铜器，从整体上大大落后于先秦时期，青铜文明跌入低谷。

春秋战国时期，楚地墓中出土的漆器，保存了几千年依旧相当精美，令人称叹。荆州出土了战国时期的乐器“虎座鸟架鼓”，距今有2200多年。木胎上绘凤、虎以及其他装饰图案，外髹生漆。秦汉时期的湖北，在漆器制作上虽有成就，但整体上不如先秦。

楚人用植物与矿物作为染色剂，将色彩紧密地附着在丝织品上，2000余年仍然鲜艳无比。楚人还发明了练丝与练帛，都是采用“水练”的方法。而秦汉时期的湖北，我们还没有在考古中发现这样多、这样精美的丝织品。

湖北先民“居楚而楚”，因天时，就地利，建筑自有其特色。可是，秦汉时期的湖北城建如何？因为湖北境内的城市仅是郡治或县治，所以其规模受到限制。

楚人极善雕刻,如虎盆座飞凤、镇墓兽雕刻、虎座凤座鼓、雕刻座屏、木雕鹿、木雕辟邪和蟠蛇樽;各种青铜器物的附饰,如攀附兽或作为器耳、器首、器足的各种动物形象雕塑;大型器物的支架、底座或附件,如编钟架铜人、虎形挂钩、编磬架立兽等。楚琉璃的化学成分系铅钡玻璃(从本地所产石英矿、铅矿、重晶石、硝石等炼制而成),是楚人自己制造的。在随州、江陵、长沙等地都出土了美观的“蜻蜓眼”式的琉璃珠,与西方的玻璃珠很相似,有可能是西方的玻璃珠曾传到东方,楚人就利用自己原有的技术来仿造西方的琉璃珠。可是,秦汉时期的湖北,虽然有精致的雕刻,但整体上不如先秦时期。

为什么秦汉时期的湖北与先秦时期的湖北完全没有可比性?在历史的前进中,湖北为什么突然停下来了?湖北人都到哪儿去了?湖北文化怎么形成了一个断层?

第一,从历史而言,秦国灭楚国,给楚地毁灭性的打击。他们强迫楚人迁移到楚地以外的地方,离开本土,使楚文化中断。

第二,从政治体制而言,秦汉时期的中央集权制度,是专制制度。其对地方的控制很严,不允许地方文化自由发展,管控非常严密。

第三,秦汉时期没有在湖北建都,湖北地区不是政治的中心,只是中央集权下的一块交纳赋税、提供役夫的地方。国家对这块地方没有寄托任何希望,只要安定就行。湖北实现的郡县制,这是一种没有活力的制度。由中央下派的官员,按照任期制,逆来顺受,只对中央负责,一切听从中央的,听上级的,没有太多的积极性。按部就班,得过且过,不出大事就罢。

在秦汉大一统时期,普天之下的文化都有所发展,但是,各个地区的文化发展是不平衡的、有限的。秦汉时期的湖北,有关科技的资料虽然增多,涉及面亦广,然而科技阙如特别突出。换言之,秦汉时期湖北科技与当时的其他一些区域相比,没有突出的贡献。与先秦的楚国科技相比,更是没有特别的亮点。同样是一个区域,楚地在春秋战国时期与秦汉时期,文化大相径庭,值得深究。

第五章　魏晋南北朝时期的湖北科技

从189年汉灵帝去世，东汉已名存实亡。220年曹丕废汉献帝至589年隋灭陈，这是魏晋南北朝时期。先有魏、蜀、吴三国鼎立，继而有西晋。其后，北方先有十六国割据，后有北魏、东魏、西魏、北齐、北周等政权，史学家称从北魏开始的北方王朝为北朝。在南方则有东晋、宋、齐、梁、陈，史学家称东吴、东晋、宋、齐、梁、陈为六朝，其中后四个王朝为南朝。本章先介绍魏晋南北朝时期科技的基本情况，再分别介绍湖北的科技。

第一节　时 代 背 景

一、魏晋南北朝的科技

魏晋南北朝时期是个动荡与融合的时期，政权频繁更替，统治中心多元。由于灾害等原因，游牧民族向长城以内移动，中原人口不断迁移到江南，南方接纳了北方的文化。长江流域的人口增多，文化呈现出生机勃勃的状态。

魏晋南北朝时期是个分裂与自由的时期，没有高度的中央专制集权，区域文化相对宽松，思想相对自由，学术相对活跃，在科技领域不乏闪光点。

天文历法方面，东晋虞喜发现了“岁差”。祖冲之编制了《大明历》，设定一年为365.2428天，与地球绕太阳一周的实际时间相差不到50秒。

数学方面，刘徽撰《九章算术注》，他首创割圆求周的方法，把圆周率推算到小数点后第六位。其中第十卷《重差》，唐初改称为《海岛算经》。

祖冲之撰写的算学书《缀术》,在唐代作为教科书,并传到日本和朝鲜。

水利方面,三国时,吴国在寻阳(今湖北黄冈市黄梅县)及巴水侧屯田,引水灌溉。晋代张闿筑新丰塘(在今江苏丹阳市),解决干旱,溉田8万余亩。前秦时,关中大旱,朝廷派3万人开泾水上源,通渠引渎。

机械方面,三国时,马钧有多项发明,如织绫机、翻车(龙骨水车)、指南车。诸葛亮制造"木牛流马"。祖冲之改造"木牛流马",制造水转连碓磨。《南齐书·祖冲之传》记载:"冲之少稽古,有机思。宋孝武使直华林学省,赐宅宇车服。"吴国能够造出先进的大船,有的可乘六七百人。

杨泉著《物理论》,研究万物之理。信都芳撰《器准》,图画古代浑天欹器等器,这是我国最早的科学仪器图集。

显然,在社会动荡与分裂时期,文化并不是一无是处。广大劳动人民与学者仍在发挥他们的智慧,推动着科学技术的前行。

二、湖北的状况

魏晋南北朝时期,湖北大体属于南朝范围。然而,"湖北全境也并非总是在江左建康朝廷的版图之内,大多数情况下都是由南北两个乃至更多的分立政权所割据,如前秦、北魏都曾在一个时期内据有湖北一部,而如陈朝,湖北地区更是瓜分豆剖,其中只有很小一块属于南朝的陈国,其余为北齐、北周、北周附庸后梁所分占"。[①] 由于湖北地处中华中部,在南方与北方的衔接处,因而成为各种势力纷争的古战场,行政建制多有变化。

这时期湖北气候湿热,在荆楚大地时常有鹿与野象出没。据《宋书·沈攸之传》记载,476年,有野象跑到江陵县城以北,荆州刺史沈攸之带兵出城捕杀。在沿江的潜江、公安等地有大群鹿活动,到处都有大象与鹿喜欢食用的植物。这些说明1500年前的荆楚生态类似于今中国云南的西双版纳傣族自治州、缅甸的林区。

这时期荆州仍然是重要的政治中心。湘东王萧绎(即之后的梁元帝)

① 牟发松.湖北通史:魏晋南北朝卷[M].武汉:华中师范大学出版社,1999:前言2.

安排属下把7万余卷文献运到江陵。江陵原有数万卷文献，一时间，江陵成为长江中游藏书最丰富的城市。南朝发生侯景之乱，镇守荆州的萧绎在江陵称帝，吸引了一些有识之士，使江陵一度成为人文中心。然而，好景不长。承圣三年(554年)，西魏伐梁，进攻江陵。年底，江陵城陷，江陵府库中的珍宝文物，包括宋浑天仪、梁日晷铜表、魏相风乌、铜蟠螭趺等被掠走。[①] 这些器物都代表了当时科技的最高水平，物亡技失。据说，当西魏军队攻破江陵时，梁元帝突发感慨，认为“读书万卷，犹有今日”，感到书乃无用之物，于是下令舍人高宝善入东阁竹殿，把所藏10多万卷书籍全部烧毁，造成了中国古籍无可弥补的损失，也使得许多科技文献失传。明末清初，王夫之在《论梁元帝读书》一文中批评梁元帝不自审其吝，而归于读书，太荒谬了。

西魏横扫荆楚大地，把宗懔等文化人强迁到关中，湖北的文化再次陷入低谷。

第二节　农业与水利

一、农　　业

魏晋南北朝时期的经济主要是建立在农业的基础上。由于社会动荡、人口迁徙，出现大量荒田。开垦土地与兴修水利，是当时农业中的主要事情。

三国时流行屯田，以确保食粮。江汉平原的土壤肥沃，宜于耕种。只要是风调雨顺，就可获得丰收。正是有了粮食，才使得各个政权得以维持。

西晋的羊祜(221—278)曾经在荆州治理10年。西晋的荆州包括今陕西、河南的一小部分和湖北北部地区。羊祜坐镇襄阳，屯田兴学，深得军民之心。《晋书·羊祜传》有记载。

---

① 牟发松.湖北通史:魏晋南北朝卷[M].武汉:华中师范大学出版社,1999:281-282.

晋时的陶侃(259—334)重视农业,他在永嘉五年(311 年)任武昌太守,建兴元年(313 年)任荆州刺史。他在担任地方官员时,重视社会教化,推广农耕,得到民众拥护。陶侃于 334 年病死,他的旧部在武昌城西为他刊石立碑、绘制画像。庾亮(289—340)继任,代镇武昌,握重兵。他也很重视农业,兴办教育,带头把自己的弟子送入学校。庾亮与其弟庾翼曾经积极北伐,试图收复北方土地,均告失败。

南朝宋将沈攸之在荆州时,组织屯耕。《资治通鉴·宋纪十五》记载:"沈攸之自以才略过人,自至夏口以来,阴蓄异志;及徙荆州,择郢州士马、器仗精者,多以自随……仓廪、府库莫不充积。"

当时的湖北,农业仍然以种植水稻为主,但也种植其他农作物。《荆楚岁时记》中谈到二月食大麦粥,五月有小麦蠹。这说明,人们的食物是多元的。

人们还种植与经济作物相关的果树。《南齐书·州郡志》记载:"襄阳左右,田土肥良,桑梓野泽,处处而有。"《水经注·江水》引刘宋盛弘之《荆州记》,说枝江一带有个很大的百里洲,"中有桑田甘果,映江依洲"。《初学记》卷二十八《甘》引《荆州记》曰:"宜都郡旧江北甘园,名宜都甘。"这些说明当时流行种植桑树、柑树等。

在农业庄园之中,流行养鱼,养鱼有特定的方法。《水经注·沔水》记载:"又东入侍中襄阳侯习郁鱼池。郁依范蠡养鱼法作大陂,陂长六十步,广四十步。"范蠡养鱼法是怎样的养鱼法,详情不得而知。习郁的养鱼池至今仍然在襄阳保存完好。

水产养殖中的一个突出现象是注意鱼苗的改进。传闻陶侃担任过"鱼梁吏",对养鱼很有经验,他曾把琅琊郡的鱼种运送到武昌,"所产鲥鱼,乃长三尺"。这件事载于《太平御览·湖》,引《武昌记》曰:"武昌长湖,通江,夏有水,冬则涸。昔时,靡所产植。陶太尉立塘以遏水于此,常自不竭。因取琅琊郡隔湖鱼菱以著湖内,菱甚甘美,异于他处;所产鲥鱼,乃长三尺。"这个陶太尉真是不简单,把"靡所产植"的长湖变成了"常自不竭"的蓄水湖,并引进外地的优良品种,使武昌境内的湖区盛产优质鱼、菱。据当今的学者考证,这项工程是目前见到的鄂东南最早的水利工程,这个塘的主要功能不是溉田,而是水产养殖。①

二、水 利

湖北的水资源丰富,为了发展农业,为了保护江汉平原的农田,为了调节水量,这时期,长江、汉江沿线,都开展了不同规模的水利工程。江汉平原的人口增多,荆江大堤起到了重要作用。地方政府在荆江大堤有意准备了一些穴口,作为分洪的通道。这是先民对地理、水文认识的结果,也是适应自然的经验。荆江大堤被断断续续地修建,到明代时完成了124千米。

1. 支流上的工程

为了发展农业,人们兴修沔水的水利。据《水经注·沔水》记载,曹魏景元年间(260—264),襄阳太守胡烈在山都县(今襄阳市西北)"补塞堤决,民赖其利"。良好的水利,是农业发展的先决条件,《水经注·沔水》又记载:"余水又下入木里沟,木里沟是汉南郡太守王宠所凿故渠,引鄢水也,灌田七百顷。白起渠溉三千顷,膏良肥美,更为沃壤也。"正是因为有良好的水利,构建了农田保护机制,使得农业丰收得到了保证。

长江的支流沮漳河也有水利工程。《三国志·魏书·王基传》记载:"今江陵有沮、漳二水,溉灌膏腴之田以千数。安陆左右,陂池沃衍。"沮漳河是长江一级支流,上游为山区,下游为平原,两岸一直是富饶的鱼米之乡。

以上这些工程,都不是一个人、一个家族、一个村庄所能承担的,都是政府行为,都是有目的的,有科学规划的,体现了当时水利技术的水平。这样的水利工程,即使置于全国考察,也算是大工程,代表了当时全国的水利技术水平。

南北朝时期,湖北农村采用水力鼓风机械装置,有时是建筑在河坝上,有时是在水库或湖边。《太平御览》卷八百三十三资产部十三引《武昌记》

① 刘玉堂.武汉通史:秦汉至隋唐卷[M].武汉:武汉出版社,2006:208.

曰:“北济湖,本是新兴冶塘湖,元嘉初,发水冶,水冶者,以水排冶。令颜茂以排数破坏,难为功力,茂因废水冶,以人鼓排,谓之步冶。”这条材料说的是,在元嘉元年(424 年),武昌某处的冶塘湖因为缺水,基础条件受到了破坏,地方官员颜茂根据实际情况,决定改变水冶,代之以人力。

2. 杜预主持的两个工程

西晋杜预(222—284),任镇南大将军。他先后在京城与地方上为官,热心于做有利于民生的事情。《晋书·杜预传》记载了杜预是个有抱负的人,他“博学多通,明于兴废之道,常言:‘德不可以企及,立功立言可庶几也。’”他在京城当官时,关注科学技术,发现“时历差舛,不应晷度,奏上《二元乾度历》,行于世”。他“又以孟津渡险,有覆没之患,请建河桥于富平津”。“周庙欹器”因“汉末丧乱,不复存,形制遂绝。预创意造成,奏上之,帝甚嘉叹焉”。这段材料说明,杜预关注历法的修改、桥梁的修建、器物的制造。

后来,杜预率兵平定江陵,在荆州任都督。这期间,他兴办学校,修建水利设施,促进农业的发展。《晋书·杜预传》记载了他在荆楚大地的积极作为,其中突出的政绩是兴修水利。

> 修邵信臣遗迹,激用滍、淯诸水以浸原田万余顷,分疆刊石,使有定分,公私同利。众庶赖之,号曰“杜父”。旧水道唯沔汉达江陵千数百里,北无通路。又巴丘湖,沅湘之会,表里山川,实为险固,荆蛮之所恃也。预乃开杨口,起夏水达巴陵千余里,内泻长江之险,外通零桂之漕。南土歌之曰:“后世无叛由杜翁,孰识智名与勇功。”预公家之事,知无不为。凡所兴造,必考度始终,鲜有败事。或讥其意碎者,预曰:“禹稷之功,期于济世,所庶几也。”①

---

① 据查,滍水是古汝水支流。淯水即今白河的古称,亦作育水,发源于河南省南召县境内,流经湖北省襄阳市,在襄州区与唐河交汇,称唐白河,唐白河在襄州区张湾镇汇入汉江。

《晋书·杜预传》这段材料提及杜预修筑的两个水利工程。

一个是淯水工程。郦道元的《水经注·淯水》对淯水工程有记载,“遏六门之水,下结二十九陂,诸陂散流,咸入朝水”。从这段材料可知,淯水工程“遏六门”“下结二十九陂”,这显然是个系统工程,涉及范围广,通过水利管枢,使有定分,很好地协调了水文。

另一个是杨口水利工程。杨口是杨水入沔之口,杨水即从江陵流入沔水的阳水,《汉书·地理志》的南郡临沮条提到过阳水。杨口工程的具体情况不得而知,但效果却很好,能“内泻长江之险,外通零桂之漕”,有助于农业,使得社会安定。

这两个工程都需要有地理学、工程力学、水利学、农学的知识,需要广泛的调查研究,需要对人员调配与工程质量进行把控。像杜预这样的官员,在今天堪称高级工程师。传闻杜预对自己做的水利工程颇为自负,甚至与“禹稷之功”相提并论,说明当时确实做了大手笔而有效益的事情。

3. 陈遵在水利堤防中采用声学技术

魏晋时期,先民已经修建长江堤防,用于防水,保护人们的居住空间。东晋永和元年(345 年),荆州刺史桓温令陈遵修筑金堤(后世称为万城堤)。《水经注·江水》记载:“江陵城地东南倾,故缘以金堤,自灵溪始,桓温令陈遵造。遵善于方功,使人打鼓,远听之,知地势高下,依傍创筑,略无差矣。”这段材料相当重要,说的是陈遵很有经验,通过打鼓的声音判断地势的高低,建成的金堤达到了预期的效果。关于陈遵与灵溪,《水经注·江水》没有详细交代。但是,凡是去过江陵的人都知道,那里地势平坦,一旦长江发洪,就会淹没田地,甚至冲进城内。因此,江陵得有城墙,城外的江边也得有大堤,否则,江陵这个经济文化中心区难以保存。

陈遵是一名依靠经验做测绘的专家,通过击鼓的声音判断地理形胜,这应当是劳动人民长期实践的知识总结。当代学者对陈遵评价很高,认为陈遵是杰出的水工专家,他开创了后世荆江大堤的先河。据考察,金堤起于江陵城西、沮漳河以东的灵溪,由江陵城西南向东延伸,经城南而到达城东南。金堤的主要作用在于保护荆州城。①

第三节 建筑与制造

一、夏口城与却月城

三国时,东吴孙权于黄武二年(223 年)在江夏山即今蛇山建夏口城。这是历史上第一次在武汉城区筑城,是武汉建城最早的有明确文字纪年的城池。该城方圆仅二三里,"依山傍水、开势明远、凭墉藉险、高观枕流",此城宋时仍存。《南齐书·州郡志》记载:"夏口城据黄鹄矶,世传仙人子安乘黄鹄过此上也。"江夏山又称为黄鹄山(又名黄鹤山)。武昌江边有南浦,是过往船只的避风港。吴国水军在武汉一带训练,军事后勤物资都在武昌分发。但是,有些吴国人认为,武昌虽然是个交通要地,地理条件不宜于建都,江水直淌无回环。据《三国志·陆凯传》记载,孙皓迁都武昌,陆凯极力反对,上疏说:"武昌土地,实危险而瘠确,非王都安国养民之处,船泊则沉漂,陵居则峻危,且童谣言:'宁饮建业水,不食武昌鱼。宁还建业死,不止武昌居。'"南朝宋孝建元年(454 年),孝武帝在夏口设置郢州,在夏口城的基础上进行城垣的修葺和扩建,即古郢州城。②

南北朝时,江北的汉阳有却月城。却月城在今汉阳月湖附近,东汉戴监军所筑。《水经注·江水》记载:"山左即沔水口矣。沔左有却月城,亦曰偃月垒,戴监军筑,故曲陵县也,后乃沙羡县治。"《元和郡县图志》记载:"却月故城,在(汉阳)县北三里。刘表将黄祖所守处。"形如却月,故名。

---

① 程鹏举. 古代荆江北岸堤防考辨[M]//中国地理学会历史地理专业委员会,《历史地理》编辑委员会. 历史地理:第八辑. 上海:上海人民出版社,1990:70-71.

② 以武昌蛇山为中心建城的历史一直延续。唐敬宗宝历元年(825 年),牛僧孺为武昌军节度使,改建鄂州城,原来的夯土结构改成甓砖结构,武昌有砖城自此始。明洪武四年(1371 年),江夏侯周德兴增拓武昌府城,有 9 个城门,周围 20 余里,墙体为陶砖砌就。此城于 1927 年开始拆除,至今仅保存有起义门城墙。

黄祖为江夏太守时,治石阳(在今汉口北郊),别屯鲁山(今龟山)却月城,守沔口。汉建安十三年(208年),孙权进讨江夏,袭破黄祖军,屠却月城,却月城毁于战火。沔水即今汉江,汉江入江处有一条山脉(由今扁担山、凤凰山、龟山等组成),一直是军事要地。这一带,今有月湖,但已没有城垣遗址。

二、"大船"与"飞车"

魏晋南北朝时期,武昌是重要的造船基地。《三国志·吴主传》注引《江表传》,说:"权于武昌新装大船,名为长安,试泛之钓台圻。"这说明在武昌是能造大船的。有些大船可以到海上航行。226年,大秦商人来交趾,转到武昌见孙权,被问及西方诸国情形。孙权派遣上百艘大船,装载货物去高句丽等地贸易。这样的大船,在农耕时代还没有蒸汽机动力的背景下,动力技术达到了极点。

晋时的陶侃在造船时能够"物尽其用"。《晋书·陶侃传》记载:"时造船,木屑及竹头悉令举掌之,咸不解所以。后正会,积雪始晴,听事前余雪犹湿,于是以屑布地。及桓温伐蜀,又以侃所贮竹头作丁装船。其综理微密,皆此类也。"在造船的时候,陶侃命人把木屑和竹头都登记后收藏起来。大年初一聚会时,地面积雪,陶侃于是用木屑铺散地面。等到桓温伐蜀时,又用陶侃保存的竹头作钉装船。

南朝宋将沈攸之在荆州时,为了壮大军事实力,倾力造船。《资治通鉴·宋纪十五》记载:"沈攸之……养马至二千余匹,治战舰近千艘。"

战争推动技术的运用。《晋书·陶侃传》记载了晋时民间造反者改进船上的装备,"以桔槔打没官军船舰",提升了水上军事技术。桔槔是提水工具,早在先秦就流行于民间,这时期用于军事之中,表明造船技术能保证桔槔的安装与运用。

葛洪撰《抱朴子·内篇·杂应》记载了一种"飞车"。"或用枣心木为飞车,以牛革结环剑,以引其机。或存念作五蛇六龙三牛,交罡而乘之,上升四十里,名为太清。太清之中,其气甚罡,能胜人也。"当代学者认为,这种“飞车”,有可能是儿童玩的竹蜻蜓,以一个斜面的竹片,中央榫接一根直立轴,利用气流而旋转着上升。其中,有空气动力学知识。竹蜻蜓传到欧洲后,被称为中国陀螺,并引起了早期航空实验家的注意。1792 年,近代航空之父乔治·凯利(1773—1857)对中国陀螺发生兴趣。他用弓钻驱动两个羽毛螺旋桨,由螺旋桨带起陀螺升入空中,称之为旋浮器或飞升器。①

三、以铜镜为特色的冶铸

鄂东有金属矿藏,一直是矿冶基地。三国时,吴占据鄂东,发展矿冶业。

当时生产的器物特别多。1977 年,在鄂城钢铁厂的古井中发掘一件罐形铜釜,其铭文有“黄武元年作三千四百卅八枚”“武昌”“官”等字样。②据此可知,黄武元年(222 年)在武昌一次就生产了 3438 枚铜釜。之所以有如此大的数量,想必是用于商业,也说明当时的生产技术与能力很强。

除了铜釜,当时还生产了许多铜镜。铜镜是人们生活的必备品,社会需求量大,因而产量多。六朝时期,武昌(今鄂州市)是铜镜制造中心。阳燧、透光镜是最有代表性的产品。③ 鄂州博物馆馆藏有几百枚汉唐之间的铜镜,被称为铜镜之乡。

鄂州之所以成为铜镜制造中心,原因在于附近有铜矿,大冶铜绿山就在旁边。民间长期有冶铸的作坊,恰逢吴国孙权迁都于此,一度把政治中心移到湖北,使吴地的许多工匠也来到湖北,把长江下游的技术带到了湖北,而达官贵人喜欢采用与收藏铜镜,促成了铜镜业的发展。

当时鄂州的铜镜技术,代表了吴、楚文化的融合与提升。有一枚铜镜

---

① 戴念祖. 物理与机械志[M]. 上海:上海人民出版社,1998:410.

② 鄂钢基建指挥部文物小组,鄂城县博物馆. 湖北鄂城发现古井[J]. 考古,1978:358 - 360.

③ 王胜利,后德俊. 长江流域的科学技术[M]. 武汉:湖北教育出版社,2007:182 - 187.

上刻有铭文“黄武六年，十一月丁巳朔，七日丙辰，会稽山阴，作师鲍唐，镜照明，服者也宜子孙，阳燧，富贵老寿□□，牛马羊，家在武昌，思其少天下命吉服，吾王干昔□□”。专家认为此镜制作于公元227年，铸镜师不仅可制铜镜，还可制阳燧。①

阳燧，或透光镜，都是一种特殊的青铜镜，将其正面对准太阳或其他光源时，镜背面铸造的花纹会映射到镜面前方的墙面上，然而，青铜镜体并不是透光的。对于这种光学原理，宋代沈括在《梦溪笔谈》卷十九中有叙述：“世有透光鉴……人有原其理，以谓铸时薄处先冷，唯背文上差厚，后冷而铜缩多。文虽在背，而鉴面隐然有迹，所以于光中现。”

据此可知，当时的制镜技术是很先进的。铸镜师浇铸铜镜，对工艺的要求很高。首先是精选原料，对铜、锡、铅三种金属的质地有要求，杂质要少。其次是精心制造镜模，有专门的制模工匠，确保模具精致。

说到冶铸，有必要介绍相关的文学作品。晋代张协在《七命》中描述：“楚之阳剑，欧冶所营。邪溪之铤，赤山之精。销逾羊头，镤越锻成。乃炼乃铄，万辟千灌。丰隆奋椎，飞廉扇炭。神器化成，阳文阴缦。流绮星连，浮彩艳发。光如散电，质如耀雪。霜锷水凝，冰刃露洁。形冠豪曹，名珍巨阙。”这说明，楚地的冶炼一直享有盛誉。专家对这段文字的解释：文中“销逾羊头”的“销”是指生铁；“镤越锻成”的“镤”即未经锻制的熟铁；“万辟千灌”的“灌”可能就是把熔化的生铁水灌注到熟铁当中。这是宋代普遍流行的一种炼钢法。②

民俗文献《荆楚岁时记》也有一些相关的资料。“七月七日，为牵牛、织女聚会之日。”“是夕，妇人结彩缕，穿七孔针。或以金银鍮石为针，陈瓜果于庭中，以乞巧。”潘吉星认为，这说明鍮石此时已进入百姓家。③ 其中

---

① 政协鄂州市委员会文史资料委员会. 鄂州文物概略：鄂州文史资料第十五辑[M]. 内部资料，2002：147.

② 赵匡华，周嘉华. 中国科学技术史：化学卷[M]. 北京：科学出版社，1998：174.

③ 潘吉星. 中外科学技术交流史论[M]. 北京：中国社会科学出版社，2012：642.

说到的七孔针是怎样的？有多粗多细？尚不清楚，而鍮石是石材吗？也存在争议。

第四节 医 学

一、精湛的医术

湖北大地，代不乏医，甚至名医辈出。法喜(572—632)，襄阳人，从小出家。他精通医道，民众有病，亲为治疗，甚至为患者承溺吮脓。“法喜”在佛教中的本义是参悟佛法而产生的喜悦。此处作为僧医的法喜，生平事迹不详。

民间还有一些医道高明的人物，如身怀绝技的外科医生。《晋书》卷八十五《魏咏之传》记载了一例在荆州实施的兔唇外科手术。

> 魏咏之，字长道，任城人也。家世贫素，而躬耕为事，好学不倦。生而兔缺。有善相者谓之曰：“卿当富贵。”年十八，闻荆州刺史殷仲堪帐下有名医能疗之，贫无行装，谓家人曰：“残丑如此，用活何为！”遂赍数斛米西上，以投仲堪。既至，造门自通。仲堪与语，嘉其盛意，召医视之。医曰：“可割而补之，但须百日进粥，不得语笑。”咏之曰：“半生不语，而有半生，亦当疗之，况百日邪！”仲堪于是处之别屋，令医善疗之。咏之遂闭口不语，唯食薄粥，其厉志如此。及差，仲堪厚资遣之。

兔缺，就是口腔颌面部常见的先天性畸形，形成唇裂。其形成的原因与遗传、环境有关。任城人魏咏之天生患有兔唇，荆州的无名氏医生采用“割而补之”的方法，实施了治疗。这段材料，如果放在今天不足为奇，因为兔唇外科手术已经是很普通的手术了。然而，置于1000多年前的晋代，就有些匪夷所思了。当时是如何麻醉的？如何缝合的？史书记载的手术，我们难以考实,也难以否定。这位无名氏医生确实是民间高人,他继承了先辈的经验,发挥了自己的聪明才智,大胆探索医道,施行了难度极大的整容手术。可惜,其医技早已失传,后世罕见治疗兔唇的记载。

我国古代有免疫防疫思想,并摸索了一些有效的方法。晋代葛洪在《肘后备急方》记载了对付狂犬病的方法。“疗狂犬咬人方,仍杀所咬犬,取脑敷之,后不复发。”这个方法一定是用无数经验教训换来的,并有一定效果。后世医家采用的疫苗,大多用的是类似的方法。

二、“神医”王叔和

晋代名医王叔和(201—280),名熙,高平人。王叔和曾经到南阳,向张仲景学习医道。后行医于襄阳一带,时人称之为“神医”。魏正始初年,朝廷选王叔和进京为御医。正始中,迁为太医令,掌管朝廷医政。

王叔和一生行医,强调对疾病的预防。《太平御览》卷七百二十引高湛《养生论》:“王叔和尝谓人曰:‘食不欲杂,杂则或有所犯,当时或无灾患,积久为人作疾。’”

王叔和非常重视医学,重点是对伤寒病的研究与脉学的研究。他敬佩张仲景,可惜,张仲景的医学著作散失了。王叔和怀着感恩之心,不间断地搜集张仲景散佚的《伤寒杂病论》遗文,精心编次、整理和补充,最终将《伤寒杂病论》析为《伤寒论》与《金匮要略》,使张仲景的遗著得以保存、流传。

对于王叔和改编《伤寒杂病论》一事,史上也有争议。一方面,有人责其窜乱张仲景原义,认为王叔和的改编使张仲景的著作原貌不复存在,失掉了真实的张仲景之学。另一方面,有人却认为情有可原。在我们看来,王叔和是我国古代最早的辑佚家之一,也是医学传承与创新学者之一。张仲景的学问,如果不是王叔和,恐难保存下来。王叔和不可能完整复原《伤寒杂病论》,只能根据他的理解重编。他的辑佚与改编是不得已而为之的,这无可厚非,其功不可没。当然,如果某一天能通过地下考古发现了张仲景的《伤寒杂病论》,那是再好不过的事情了。不过,也有人认为,王叔和没有改编过《金匮要略》。《金匮要略》是唐朝社会上流行的一本被虫蛀了的小册子，里面的一部分内容与《伤寒论》相同；另外还有一些内容，是论述杂病的文句，文风和辞藻与《伤寒论》极为相似，于是人们将其取名《金匮要略》。

王叔和撰写脉学专著《脉经》。脉学在我国起源很早，扁鹊就常用切脉方法诊断疾病。《脉经》是继《难经》之后的一部脉学专著，也是我国第一部完整而系统的脉学著作，计 10 万多字，10 卷 98 篇。《脉经》序言说："脉理精微，其体难辨。弦紧浮芤，展转相类。在心易了，指下难明。谓沉为伏，则方治永乖；以缓为迟，则危殆立至。况有数候俱见，异病同脉者乎？夫医药为用，性命所系。和鹊至妙，犹或加思；仲景明审，亦候形证，一毫有疑，则考校以求验。故伤寒有承气之戒，呕哕发下焦之间。而遗文远旨，代寡能用，旧经秘述，奥而不售，遂令末学，昧于原本，斥兹偏见，各逞己能。致微痾成膏肓之变，滞固绝振起之望，良有以也。今撰集岐伯以来，逮于华佗，经论要诀，合为十卷。百病根原，各以类例相从，声色证候，靡不该备。其王、阮、傅、戴、吴、葛、吕、张，所传异同，咸悉载录。诚能留心研究，究其微赜，则可以比踪古贤，代无夭横矣。"

《脉经》把脉象分为浮、芤、洪、滑、数促、弦、紧、沉、伏、革、实、微、涩、细、软（濡）、弱、虚、散、缓、迟、结、代、动等，基本上包括了人体寸口动脉所反映的各种征象，初步肯定了"寸口诊法"的定位诊断。据业内专家说，古时诊脉是诊三部九候的，即人迎（气管双侧的颈动脉）、寸口（手臂外桡侧动脉）、趺阳（足背动脉）三部，每部三候脉共九候。王叔和将诊脉法改作了"独取寸口"的寸口脉诊断法，只需察看双侧的寸口脉，便可以准确地知晓人身的整体状况。这一重大的改革，从表面上看是将诊法简单化了，实际上是在对于身体与医理深刻理解后的创新，此法至今仍在沿用，屡试不爽，是受了1000 多年的时间考验。《脉经》还强调诊脉时要注重患者的年龄、性别、身高、体型、性格等不同因素，不可一成不变。《脉经》引用了大量古文献，或以标题形式列出，或以文后加注的形式注明文献出处，便于读者根据所引文献的出处，找出原始文献。

社会上还一直流行《王叔和脉诀》，旧题晋王叔和撰，但有人认为是六朝时期的高阳生托名王叔和的作品。此书是根据王叔和的《脉经》重新编撰的，以通俗的歌诀形式阐述脉理，紧密联系临床实际。涉及二十四脉、七表（浮、芤、滑、实、弦、紧、洪）、八里（微、沉、缓、涩、迟、伏、濡、弱）、九道（长、短、虚、促、结、代、牢、动、细）之名目。书中的观点，对脉义的理解以及文字的鄙浅等方面，后世颇有微词。明代李言闻、李时珍父子对此书多有批评。

王叔和年老辞官。晋太康元年（280 年），王叔和病故于襄阳，终年 79 岁，葬于岘山之麓。襄阳岘首山北的蔡家坡尚存王叔和井，井侧曾立有纪念王叔和的石牌坊。

又据民国《麻城县志》记载，王叔和墓在今麻城市白果镇老爷山，又改名为药王冲。麻城还建有王叔和纪念园，成立了王叔和研究会，编辑了《中华脉祖王叔和研究专辑》，举办了“颂歌赞药王诗词楹联”征文活动，出版了《伟大的、传奇的、麻城的王叔和》图文并茂画册。黄冈市中医药学会《本草》杂志主编韩进林执笔，著有《王叔和传》。麻城市委市政府已计划将《王叔和传》作为全市医务工作者修身养德的必读书目。

第五节　人物与典籍

一、葛洪与《抱朴子》

前面已经多次提到东晋葛洪。葛洪（约 281—341），字稚川，自号抱朴子，丹阳郡句容（今江苏省句容县）人。《晋书》有传。

葛洪的知识广泛，特长众多，最著名的是道术、炼丹、医术、养生。他的从祖父葛玄是东吴有名的道士，精通神仙修炼之术。他的祖父葛系曾任吏部尚书。他的父亲葛悌曾任会稽太守。葛洪从小熟读经书，拜大儒郑隐为师。后来，他跟随南海太守鲍玄学习，晚年到广东罗浮山修道，著书立说。

葛洪在修道的同时，钻研医学，撰写了不少医籍：《玉函煎方》《神仙服食方》《序房内秘术》《太清神仙服食经》《服食方》《金匮药方》，已佚。

葛洪最重要的著作是《抱朴子》，这是道教理论的里程碑著作。葛洪以玄为自然之始祖、万殊之大宗、宇宙之本体，认为道教的宗旨在于神仙养生。《抱朴子》共 70 卷，其中《内篇》20 卷，《外篇》50 卷。《抱朴子·内篇》讲炼丹，《抱朴子·外篇》讲政论。《抱朴子·内篇》的《金丹》《仙药》《黄白》三卷系统论述了炼丹方法。在此之前，东汉魏伯阳撰有《周易参同契》，但语言玄涩，如同打谜，而《抱朴子·内篇》的内容表达得较为通俗，观点明晰。《抱朴子·内篇》记载了炼丹的过程，介绍了各种物质产生的化学反应及形成的新物质——丹药。当时的炼丹术与化学、药物学搅在一起，炼丹的过程就是化学实验的过程，炼丹的文献就是化学的原始资料，可以说炼丹术是近代化学的先驱。

《抱朴子·内篇》记载了炼丹的药料，不仅有常用的丹砂、雄黄、云母、空青、硫黄、戎盐、硝石、雌黄，还有铜青、矾石、慈石、胡粉等。这些药料合在一起，经过加温，发生变化。方士们在求仙药的过程中炼出了红升丹（氧化汞）、甘汞（氯化亚汞）、白降丹（氯化汞）。这是通过人工手段，巧夺天工，产生出与天然物质完全相同的物质。《抱朴子》卷四《金丹》记载："丹砂烧之成水银，积变又还成丹砂。"方士们对"汞"起了许多奇妙的名称：河上姹女、铅精、琉珠、玄珠。欧洲人在 13 世纪炼出金属砷，14 世纪炼出"彩色金"（二硫化锡），比我国迟至少 600 年。以汞为例，现代工业常用铅汞剂给铜镜抛光，用金、银、汞剂镀器物。在葛洪生活的时代，我国先民在 1000 多年前就能将汞（水银）从丹砂（硫化汞）中分离出来，又能将汞和硫还原为硫化汞。

炼丹又称为黄白术。它可以伪造贱金属为贵金属，炼出含锌的貌似黄金的黄铜，以及含镍的类似白银的白铜。方士把铜、铁等物熔于一炉，炼成黑色合金，再加上水银，使之变为白色，又加少许黄金作为酵母，使白色合金变成黄金。这种方法叫作点金术。阿拉伯语"al-kimiya"意为点石成金的液体，此词源于我国的"金液"一词。阿拉伯语演变为英语"alchemy"（炼金术），此词成为"化学"一词的词源。《抱朴子》卷十六《黄白》记载了炼制黄金，说："金楼先生所从青林子受作黄金法。"又说："角里先生从稷丘子所授化黄金法;先以矾水石二分,内铁器中,加炭火令沸,乃内汞,多少自在,搅令相得,六七沸……则成上色紫磨金也。”《抱朴子》卷十六《黄白》记载了制造砷黄铜的制作方法,颇似现代的化学实验方法:由两个赤土釜构成一个“上下釜”,把雄黄粉、石胆、炭末等与牛胆汁混合加热,反复调配,最终可以得到铜砷合金。

葛洪不仅记载了炼丹的一些传闻与理论,还亲自实践与创新。他在炼丹的过程中,创造了“饵雄黄法”。从《抱朴子》卷十一《仙药》可知,葛洪是在古代“伏火硫黄法”的基础上认识到火药爆炸的属性,加以提升而成新法。

葛洪曾经来到湖北。湖北有多处葛洪的遗迹:鄂州有葛山,葛山因葛洪而得名。葛山有葛洪观,葛洪观于道光十三年(1833 年)由知县李锦源创建,供奉葛洪真人及其夫人鲍姑神像。相传山上有仙人洞、炼丹处、洗药池和琴台石等遗迹。传闻葛洪在赤壁市(原蒲圻县)修行 10 余年,留下了大量遗址、遗迹和文献、文物。2011 年,华中师范大学出版社出版了由江忠兴、冯金平主编的《葛洪在赤壁》,讲述葛洪在赤壁留下的文物、文献等内容。赤壁的葛仙山不仅有丰富的药材,还有葛洪的一些传闻。葛仙山上有葛仙塔、葛仙生态园。《抱朴子》中记载的菖蒲、巨胜等药材,在葛仙山比比皆是。在武汉与鄂州之间有葛店(今葛店经济技术开发区),民间传闻葛仙人骑梅花鹿云游天下,在葛店栖息,并于此炼药,于是有了葛店。葛店原有一座斗牛观,观里的正堂上供奉着葛仙人骑鹿飞升的塑像,清人撰写的《斗牛观记》镌刻在观里,对葛洪的传闻有所记载。

二、戴凯之与《竹谱》

竹子是世界第二大森林资源。全世界竹类植物共有 70 多属,1200 多种。我国有丰富的竹类资源,素有“竹子王国”之称。撰写一部有关竹子的专著,是十分必要的。

南朝刘宋时期的戴凯之,生卒年不详,武昌(今鄂州市)人。清代《四库全书总目提要》记载有《竹谱》一卷,“旧本题晋戴凯之撰。晁公武《郡斋读书志》云:‘凯之字庆预,武昌人。’”四库馆臣通过历史文献比勘,认定《竹谱》是“晋人之书”。“其书以四言韵语记竹之种类,而自为之注,文皆古雅,所引《黄图》一条,今本无之,与徐广注《史记》所引《黄图》,均为今本不载者,其事相类,亦足证作是书时。”①

《竹谱》的作者及成书时间,今人有考证。《竹谱》始见于《隋书·经籍志》谱系类著录,但未提作者姓名。《旧唐书·经籍志》始题戴凯之之名,但又没有注明其年代。到了宋代,晁公武在《郡斋读书志》中指明“凯之字庆预,武昌人”。② 为什么宋以前《竹谱》没有记录作者名?为什么到了宋代才标明作者及时间,有待今后研究。

《竹谱》以四言韵语为论赞,以散文叙注其事。全书3000余字,有论有述。与其说是一本书,不如说是一篇文章。《竹谱》的内容,主要在于4个方面。

其一,对竹子生长环境的观察。作者注意到竹子适宜于暖热气候,“性忌殊寒”。“北土寒冰,至冬地冻。竹根类浅,故不能植。”作者还注意到竹林分布的地区,一定是气候较为温暖,“九河鲜育”,“五岭实繁”,北方的“九河”很少有竹林,而南方的“五岭”却有大片竹林,这是符合实际情况的。竹笋“夏多春鲜(少)”,这与夏季的雨水和气温有关。

其二,对竹子进行分类。《竹谱》从植物分类的角度,认为不能把竹子简单地释为草。“植类之中,有物曰竹。不刚不柔,非草非木。”提出:“植物之中,有草、木、竹,犹动品(物)之中,有鱼、鸟、兽也。”在此之前,《山海经》《尔雅》皆以竹为草,这是首次把竹从传统的草类、木类分出来。作者认为竹有刚有柔,刚者修直、坚劲;柔者“既长且软”,“多卧土,立则依木长”。古人经常用阴阳二分法看待自然现象,刚柔观点实际是阴阳观点的延伸。《竹谱》中记述了40余种竹类植物,如“苦竹,有白有紫而味苦;甘

① 永瑢.四库家藏:子部典籍概览(二)[M].张新奇,宋建勋,李智勇,整理.济南:山东画报出版社,2004:511.

② 罗桂环,汪子春.中国科学技术史:生物学卷[M].北京:科学出版社,2005:147.

竹,似篁而茂,叶下节味甘,合汤用之”,“厥性异宜,各有所育”。

其三,对竹子本身进行分析。作者对竹根、竹竿、竹笋、竹叶做了描述,注意到竹子有的空心,有的实心(竹竿较厚);枝条有密有疏,竹竿有枝有梢,竹叶有薄有细。其中,“棘竹骈深,一丛为林。根如推轮,节若束针”。《竹谱》对竹子的物性进行了分析,“质虽冬蒨,性忌殊寒”。

其四,对竹子的用途做了说明。先民生活中取用的物资都是来自天然。竹子是天然的植物,砍伐容易,成本较低,先民乐于采用。作者提及竹子已经广泛用于生活中,如竹枝可以制作乐器,还可以用于编簟、贮箭、制矛、束物、作篷、为柱、造船。竹子的纤维可以用于造纸与织布,竹笋还可以食用。这些都扩大了人们对竹子功用的认识。

因为戴凯之的《竹谱》是第一本竹类书籍,使得后人频繁引用。北魏贾思勰在《齐民要术》就引用过《竹谱》。元代画家李衎,在戴凯之《竹谱》的基础上,撰《竹谱详录》,配以插图,丰富了对竹子的研究。清代的《康熙字典》引用过《竹谱》。外国的汉学家经常查阅《康熙字典》,英国生物学家间接引用了《竹谱》。潘吉星认为:“达尔文论竹时,通过古伯察的著作实际上已至少触及《康熙字典》及《竹谱》有关内容。”①

《竹谱》的视野遍及中国各地,不仅讲述了竹子的植物特性,还从文学角度做了描述,不失为一篇优美的读物。当代学术界已经开展了相关的研究,如中国科学院自然科学史研究所的芶萃华认为《竹谱》:“篇首总论竹的分类位置、形态特征、生境及地理分布;次则按竹名逐条分述,述及竹类40余种;文末述其思想方法……反映了南朝时期南方人民对竹类植物资源的开发和利用的状况。”②

贵州省社会科学院的王建提出:“两汉以前,人们一直将竹子当作一种草……戴凯之主张把竹从草中分出来……戴凯之并未像前人那样仅停留于对竹子做一般的介绍和描绘,他比较注重阐释其生长习性……戴凯之

① 潘吉星.中外科学技术交流史论[M].北京:中国社会科学出版社,2012:310.

② 芶萃华.戴凯之《竹谱》探析[J].自然科学史研究,1991,10(4):342-348.

相当重视竹子的用途,仅《竹谱》所述就有撑船、制乐器、造弓箭、树藩篱、织布、做器皿(甑)、编席箪、狩猎、建房、做拄杖、腌制食用(笋)等。这样集中、详尽地记载竹子的生长习性和广泛用途,以前还没有过,所以《竹谱》作为世界第一部竹类专著,是当之无愧的。"①

竹学,从科学技术史的角度,可归为植物学、农学、器物学、工艺学等。当今的湖北,到处都有竹林,如咸宁地区有几十万亩(1 亩≈666.67 平方米)竹林,竹艺特别发达。在武汉的汉阳,还有竹博物馆,展品曾到美国展览。湖北的竹文化,理当追溯到戴凯之的开创性研究。戴凯之率先写出了这本书,既然天门的陆羽因《茶经》被尊为"茶圣",我们何不把戴凯之称为"竹圣"?

三、宗懔与《荆楚岁时记》

宗懔(约 501—565),《周书》卷四十二记载:"宗懔,字元懔,南阳涅阳人也。八世祖承,永嘉之乱,讨陈敏有功,封柴桑县侯,除宜都郡守。寻卒官,子孙因居江陵。父高之,梁山阴令。懔少聪敏,好读书,昼夜不倦。"以博学闻名乡里。宗懔在几个县做过县令,熟悉地方情况,有政绩,"名重南土"。

宗懔著《荆楚岁时记》,全书凡 37 条,是现今保存最为完整的一部古代记录岁时节令、风物故事的笔记体散文著作,其中主要记述荆楚地区自元旦至除夕的二十四节令和时俗,间接提供了农事、历法、医药、治病、建筑等与科技相关的信息,如木雕、土牛、彩塑、剪纸、镂金箔、首饰、彩蛋画、印染、刺绣等民间流行的技术。此书是中国历史上,关注底层社会,从民俗生活涉及科学技术的普及性读本,在民众中有一定的影响。

1. 防疫方面

南朝时,湖北仍然湿热。由于湿气重,民间每到五月就以艾草悬门,以禳毒气。《荆楚岁时记》端午节条记载:"采艾以为人,悬门户上,以禳毒

① 王建. 世界第一部竹类专著:《竹谱》[J]. 古籍整理研究学刊,1992(1):25-28.

气。”现代科学证明，艾的根、茎、叶、草含有挥发油、黄酮、微量元素、苯丙素类、三萜类化合物等多种化学成分。在药理研究方面发现艾叶有抗菌、抗病毒、平喘、镇咳、祛痰、抗过敏、止血和抗凝血、增强免疫功能等作用。

《荆楚岁时记》有记载：

> 正月一日，是三元之日也。《春秋》谓之端月。鸡鸣而起，先于庭前爆竹、燃草，以辟山臊恶鬼。……服却鬼丸……《天医方·序》云：“江夏刘次卿以正旦至市，见一书生入市，众鬼悉避。刘问书生曰：‘子有何术，以至于此？’书生言：‘我本无术。出之日，家师以一丸药绛囊裹之，令以系臂，防恶气耳！’于是，刘就书生借此药，至所见鬼处，诸鬼悉走。”所以世俗行之。其方用武都雄黄丹散二两，蜡和，令调如弹丸。正月旦，令男左女右带之。

此条材料讲述了防疫的中药“服却鬼丸”，用武都雄黄制作。雄黄是四硫化四砷（As_4S_4）的俗称，对各种细菌均有不同程度的抑制作用。

此外，《荆楚岁时记》记载：

> 九月九日，四民并籍野饮宴。
>
> 按杜公瞻云：“九月九日宴会，未知起于何代。然自汉至宋未改。今北人亦重此节。佩茱萸，食饵，饮菊花酒，云令人长寿。近代皆宴设于台榭。”
>
> 又，《续齐谐记》云：“汝南桓景随费长房游学。长房谓之曰：‘九月九日，汝南当有大灾厄，急令家人缝囊，盛茱萸系臂上，登山饮菊花酒，此祸可消。’景如言，举家登山。夕还，见鸡犬牛羊一时暴死。长房闻之曰：‘此可代也。’”今世人九日登高饮酒，妇人带茱萸囊，盖始于此。

从这条材料可知，民间通过饮菊花酒提高免疫力。中医认为菊花有散风清热、平肝明目、清热解毒等功效。

2. 船舶信息

《荆楚岁时记》端午节条记载:“是日,竞渡。”其下注谓:“按五月五日竞渡,俗为屈原投汨罗日,伤其死,故并命舟楫以拯之。……舸舟取其轻利,谓之‘飞凫’,一自以为‘水车’,一自以为‘水马’。”这条材料说明,当时制造了一些轻快的小船,用于抢救落水者。

3. 物候

先民根据气候、动物、植物信息,确定农业活动。《荆楚岁时记》记载:“四月也,有鸟名获谷,其名自呼,农人候此鸟,则犁杷上岸。”由此可知,农民根据候鸟而确定耕作时间,耕地采用了“犁杷”。

《荆楚岁时记》记载:“始梅花,终楝花,凡二十四番花信风。”花木管时令,鸟鸣报农时。先民对气象与自然现象之间的关系,有一种花信风常识,即认识到某种节气就开某种花。风是应花期而来的,所以叫信风。先民挑选一种花期最准确的花为代表,称作花信风。每年冬去春来,从小寒到谷雨这八个节气里共有二十四候。从此条可知,楚人已经掌握了花信规律,每年是梅花最先,楝花最后。经过二十四番花信风之后,以立夏为起点的夏季便来临了。相关资料记载了农历节气,每气十五天,一气有三候,每五天一候,八气共二十四候,每候应一种花信。顺序为:小寒,一候梅花、二候山茶、三候水仙;大寒,一候瑞香花、二候兰花、三候山矾;立春,一候迎春、二候樱桃、三候望春;雨水,一候菜花、二候杏花、三候李花;惊蛰,一候桃花、二候棣棠、三候蔷薇;春分,一候海棠、二候梨花、三候木兰;清明,一候桐花、二候麦花、三候柳花;谷雨,一候牡丹、二候荼蘼、三候楝花。

《荆楚岁时记》早在奈良时代初期就已传到日本,在现存的藤原佐世《日本国见在书目》中,就载有“《荆楚岁时记》一卷”。《日本国见在书目》成书于宇多天皇宽平三年(891 年),约相当于中国唐昭宗大顺二年。在稍后成书的惟宗公方《本朝月令》中多处引《荆楚岁时记》,说明日本岁时习俗受到楚地文化的影响。

迄今在朝鲜半岛有许多习俗与楚地相近,如吃粽子、赛龙舟、祭端午。

地名、名称等还有江陵、襄阳、汉阳、汉江、太白山、丹阳，崇拜对象有檀君、熊图腾等，这些或许是受到《荆楚岁时记》的影响。

通观魏晋南北朝时期的湖北科技，成就有限，资料很少，但散见一些奇巧之类的技艺。笔者在撰写这一章时，为民间曾经有过的绝活而惊叹，但又深感“巧妇难为无米之炊”，何况笔者不是巧妇。企盼将来能有新的考古发现，更清晰地展示先民的智慧与发明创造，不负先民曾经有过的杰出贡献。

第六章　隋唐时期的湖北科技

我国古代文化的高峰在于隋唐。隋朝从581年至618年，有开皇之治。唐朝从618年至907年，有贞观之治与开元盛世。隋唐的疆域辽阔，经济发展，国力雄厚，国门大敞。国家在统一时期能做大事，科技有大手笔，成就是多方面的。相对于全国，湖北在科技方面有一席之地。

第一节　时代背景

一、隋唐的科技

公元600—1000年，是我国历史上的第三个温暖期，隋唐就处在这一温暖期中。温暖的气候有利于社会的发展，有利于农牧业、商业、科技的发展。不过，到了唐末，气候环境发生变化，这对唐代的衰败是有一定影响的。

隋唐王朝都是以农为本的政权，农业的稳定和发展是其强盛的必备条件。《贞观政要·务农》记载唐太宗之语，“凡事皆须务本。国以人为本，人以衣食为本，凡营衣食，以不失时为本”。由于唐太宗推行重农主义国策，促进了农业的发展，社会经济呈现繁荣的面貌。《新唐书·食货志》记载了贞观时期“米斗四五钱，外户不闭者数月，马牛被野，人行数千里不赍粮，民物蕃息”。开元时期，“道路列肆，具酒食以待行人，店有驿驴，行千里不持尺兵”。

唐朝国力强盛，一度成为天下的中心。《唐六典》记载了开元年间前来朝贡的蕃国有70余个，东亚的日本、朝鲜，以及东南亚、中亚、西亚甚至地中海的一些国家,都对唐朝建立了一种朝贡的政治关系。当时,世界上其他地区的人口并不是很多,如地中海地区的人口仅有5000万~6000万人,而天宝年间(742—756)的唐朝有7000万人,确实是名副其实的大国。美国学者爱德华·谢弗在《唐代的外来文明》一书中,以唐代为研究对象,研究了当时的世界文化交流和文明引进,内容涉及唐朝人生活的各个方面,家畜、野兽、飞禽、植物、木材、食物、香料、药物、纺织品、颜料、工业用矿石、金属制品、世俗器物、宗教器物、书籍等,共18类170余种。[①] 由此书可知唐代的经济文化交流活跃,域外文化对唐代也有一定的影响。

隋唐的繁盛与当时的科学技术有一定的关系。朝廷重视制度建设,对教育与技术有专门的官员管理。隋朝与唐朝都设有"五监":"国子监"主管学校教育;"少府监"主管手工业制作;"将作监"主管宫庙工程修建;"军器监"主管武器与军用品的生产;"都水监"主管河渠水利。由于有专门的机构与官员,科技成果得以不断涌现。

天文历法方面,隋朝的刘焯测定岁差为75年差1度,已接近准确值。他在制定《皇极历》时,最早提出了"等间距二次内插法"公式。丹元子编了《步天歌》作为初习天文学的教材。唐代张遂(僧一行)精研天文,他创制了黄道游仪,用于观察日月五星的运行;又测量地球子午线长度,设计了一种叫作复矩图的仪器。他主持编制的《大衍历》周密合理,一直沿用到明朝末年。

地理学方面,隋炀帝诏命天下诸郡绘制各地风俗物产地图,编纂《诸郡物产土俗记》131卷、《区宇图志》129卷、《诸州图经集》100卷。这些地方志书,规模宏大,是编纂全国性方志图经的开端。唐代贾耽绘《海内华夷图》;李吉甫撰《元和郡县图志》,这是我国现存最早且较完整的地方总志。

数学方面,李淳风为《九章算术》作注。

---

① 爱德华·谢弗. 唐代的外来文明[M]. 吴玉贵,译. 西安:陕西师范大学出版社,2005.

建筑方面,隋朝先以长安为都,后来又新建大兴城为京师、以洛阳为陪都,实行东西两京制:西京长安、东京洛阳。大兴城是当时的"世界第一城",它的设计和布局思想,对我国后世都市建设及日本、朝鲜都市建设都有深刻的影响。长安城有宫城、皇城、郭城。自唐高宗开始,大明宫成为国家的统治中心,历时达234年。

水利方面,隋代开大运河,促进了南北交通。

医学方面,隋设有太医署,设太医博士。唐代医学分科细,名医多。苏敬等人集体编修《唐新本草》,这是世界上第一部由国家颁定的药典。巢元方撰《诸病源候论》50卷,书中详细论述了疾病的分类、病因、病理,其中还记载了用肠吻合手术治疗外伤断肠。孙思邈撰成《千金方》,总结了历代医家的医学理论和经验,收集了5300多个方子,800多种药物,后世尊称他为"药王"。王焘编写了综合性医学著作《外台秘要》。蔺道人著《仙授理伤续断秘方》,这是我国现存最早的骨伤科专书。昝殷著《经效产宝》,这是我国现存最早的妇产科专书。

唐代有了雕版印刷术。大约在7世纪中期就有了雕版印的佛像。唐文宗时,民间以雕版印历书。现存最早的印刷品是868年印刷的《金刚经》,可惜已被盗往国外。国内现存最早的印刷品是1944年在成都东门外晚唐墓中出土的印本《陀罗尼经》。638年左右印行长孙皇后的《女则》和602—664年的《玄奘以回锋纸印普贤像》是雕版印刷的最早记录。824年元稹为白居易诗集作序中的记载是文献记载中目前所知最确切的材料。

唐代已将火药用于军事。孙思邈的《丹经内伏硫黄》记述了造火药的方法。

制瓷业发达,江南16个州中,有11个州出产瓷器。闻名于时的青瓷,以在浙江余姚一带越窑生产的秘色瓷最为名贵。越州的瓷器誉满天下,成为朝贡的物品之一。烧制的瓷器釉色葱翠,均匀滋润,装饰图纹采用画花、印花和刻花等手法。

造纸业的工匠能造出纸色洁白,经久不变的高档纸品。宣州出产的宣纸是全国闻名的书画用纸。四川出产的蜀纸,品种繁多。

冶炼业普遍采用了切削、抛光、焊接等技术。润州生产的金银器，扬州生产的铜镜，全国驰名。

依上可见，隋唐的科技是当时社会经济强盛的具体体现。综合国力有利于科技的发展，科技的发展又支撑了王朝的强大。

二、湖北的状况

在撰写《隋唐时期的湖北科技》一章之时，读到李文澜教授在《湖北通史·隋唐五代卷》的一段话，颇有感受，他说："我们所记述的隋唐五代湖北史，其地域相当于今湖北省范围，在隋唐统一王朝下，这个地区从未隶属于统一的行政区划。隋代及唐代前期，湖北地区分属互相并立的十余州，唐后期分别由四个道(镇)(山南东道、荆南镇、鄂岳镇及黔中道)管辖。不是一个行政区划的地方史所研究的对象和范围往往难以统一，所论述的问题可能有拼凑之嫌。"①

唐代湖北区大致有 15 个州，分在全国 15 道中的 4 道，其中山南东道含荆、峡、襄、随、郢、复、均、房、归等州，还有商州的上津部分；淮南道含蕲、安、黄、沔(后并入江南西道鄂州)四州；在江南西道有鄂州；在黔中道有施州。凡此皆属长江中游地区。当时的道不是一级行政区，仍是监察区。开皇九年(589 年)，江夏一度改称鄂州，治江夏，后来鄂州成为治所。

隋唐时期，长江流域中下游地区的社会发展很快。唐玄宗开元、天宝时，南方户数占全国总量的 23%。仅仅过了六七十年，到唐宪宗元和年间，南方户数占全国总量的 66%，增加了两倍多。安史之乱后，北方人到南方避乱，这是继永嘉之乱后的第二次人口大迁移，使南方人口迅速增加。长江中下游(今江苏、安徽、江西、湖北、四川等地)都出现了许多新的移民居住点。《旧唐书·地理志》记载："襄邓百姓、两京衣冠，尽投江湘，故荆南井邑，十倍其初。"唐末诗人韦庄在《湘中作》云："楚地不知

---

① 李文澜. 湖北通史：隋唐五代卷[M]. 武汉：华中师范大学出版社，1999：前言 3.

秦地乱，南人空怪北人多。”随着人口移动，从北到南的交通日益畅达。①

当时，鄂中的荆州、鄂北的襄阳、鄂东北的安州、鄂东南的鄂州都是人口较多的经济文化发达地区、天下的名镇。从长安到襄阳、荆州有一条驿路，文化通过这条线路得以交流。安州（今安陆）一向也是南北要地，其管辖范围远比现在的安陆市要大。鄂州原来有吴文化的基础，从隋代开始日益显现出其突出的地位。

唐初，把江夏郡改为鄂州，把汉阳并入鄂州，这意味着武汉一带成了一个行政区。李白有诗《经乱离后天恩流夜郎忆旧游书怀赠江夏韦太守良宰》云：“万舸此中来，连帆过扬州。”唐代诗人鱼玄机在《江行》中说：“大江横抱武昌斜，鹦鹉洲前户万家。”这句诗说的似乎是鹦鹉洲在武昌。唐代时，汉阳很热闹，罗隐有诗《忆夏口》云：“汉阳渡口兰为舟，汉阳城下多酒楼。”

荆州自古以来就是文化繁盛之地，颜真卿在《谢荆南节度使表》说：“荆南巨镇，江汉上游，右控巴蜀，左联吴越，南通五岭，北走上都。”襄阳有很多从北方迁来的大户，曾经担任过宰相的山东人刘晏就曾在襄阳避难。安史之乱时，在襄阳展开了保卫战，阻挡了叛军的进犯。唐代名相姚崇曾任荆州长史，在荆州 3 年，政绩颇多，以至于离任时百姓在道路两侧以泪送别。唐开元名相张九龄敢于直言，被贬到荆州任刺史，病故于荆州。诗人钱起曾陪同张九龄到农村巡视，描述湖北原野“阴阴桑陌连，漠漠水田广”。②

唐代元稹曾在江陵居住过一段时间，他在《赛神》一诗中说：“楚俗不

① 严耕望在其所撰《唐代交通图考》（上海古籍出版社 2007 年版）中考订了唐代的交通地理沿革，以区域分卷，按京都关内区、河陇碛西区、秦岭仇池区、山剑滇黔区、河东河北区、河南淮南区分为 6 卷，以路线为篇，如长安洛阳驿道、长安太原驿道等路线，考论沿途所经州府军镇、馆驿津梁、山川形势、道里远近，并及古迹诗篇，引证史料繁富，考订详核，每篇考论结果，皆绘制地图，颇便读者了解和应用。

② 钱起. 奉和张荆州巡农晚望[M]//上海古籍出版社. 全唐诗：上册. 上海：上海古籍出版社，2009：590.

事事,巫风事妖神。"[1]这道出了唐代楚地文化的突出特点:流行巫风,民间习惯于占卜预测,有许多的禁忌。针对巫风,地方官员曾经带头破除迷信,宣传科学。例如,唐代襄州南楚故城有一口水井,人们不敢饮用,说是饮了就会死亡。地方官员韩朝宗带头饮用,以事实说话,谣言自破。《韩公井记》记载:"开元廿二年初,置十道采访使,韩朝宗以襄州刺史兼山南东道。襄州,南楚故城,有昭王井,传言汲者死,行人虽渴困,不敢视。朝宗移书谕神,自是饮者无恙,人更号'韩公井'。"[2]

第二节　农业与水利

一、农　业

隋唐时期,气候相对其他时期较为温暖,这对于发展农业是极为有利的。湖北农村有许多农庄,人们乐于田园生活。据史书记载,江夏县令杜诠卸任之后,到农村居住,在汉水旁修建泗水别业,经过15年的农耕,成为"富家翁"。[3] 这样的官员或文人不在少数,时尚使然。

1. 农业工具

工具是衡量农业技术的一个重要标志。唐代有各种不同的农业工具,并能不断改进工具。晚唐陆龟蒙(?—881)撰有《耒耜经》,全文633字,其中记载了一种耒耜——曲辕犁。从中可知:"耒耜,农书之言也!民之习通谓之犁。"[4]犁的部件有犁鑱、犁壁、犁底、压鑱、策额、犁箭、犁辕、犁梢、犁评、犁建、犁槃。这说明犁的结构较为复杂。当时的农人认识到:

---

① 元稹,周相录.元稹集校注:上册[M]上海:上海古籍出版社,2011:73.

② 吴庆焘.襄阳金石略[M]//吴庆焘.襄阳四略.洪承越,点校.武汉:湖北人民出版社,1999:348.

③ 杜牧.唐故复州司马杜君墓志铭[M]//杜牧.樊川文集.上海:上海古籍出版社,1978:142.

④ 《农政全书》《全唐文》《古今图书集成》都收录有《耒耜经》全文。

"草之生必布于垡,不覆之则无以绝其本根。故鑱引而居下,壁偃而居上。"这说明,这种犁是很实用的,能深耕,而且阻力小,回转自如。

2. 植物栽培

荆楚大地一向以种植水稻为主要粮食作物,唐代亦如此。从《全唐诗》看,唐代诗人不乏描写荆楚稻作的诗句,如孟浩然有"始慰蝉鸣稻",杜甫有"香稻三秋末",钱珝有"故溪黄稻熟",白居易有"水餐红粒稻",杜牧有"罢亚百顷稻"等,今人认为这些诗句显露出水稻品种的信息,有黄稻、红稻、香稻之区别。

唐代是一个农业盛世,人口逐渐增多,许多地方实行了稻麦复种制。复种,是在同一块土地上,一年播种和收获两次以上的耕作方法。稻麦复种制就是以稻、麦两种粮食作物轮种的复种方式。每年六月种水稻,十一月水稻收获后,翻耕种麦,越冬至来年五月收获。麦茬翻耕灌溉后再种水稻,一年两熟。湖北地广人稀,是否采用了复种,农书没有明确记载。由于这个问题关系到当时农业生产发展的水平,故而引起当代学者的关注。有些学者认为,稻麦复种制产生于唐代的长江流域,在盛唐(开元)以前,稻麦复种技术就已出现,及至盛唐以后,已在相当的范围内逐渐得到推广,而湖北特别是江汉平原、汉江流域大致在唐代也出现了稻麦复种制。①

唐代流行饮茶,这种风气倒逼农民种茶成风。湖北的丘陵、山地适合种茶,红土壤和黄土壤呈酸性,宜于茶树生长。我国种茶的历史悠久,茶发祥于西南,这与我国西南的土壤、气候有关。西南本有野茶,先民观察其生长规律,实行了人工栽培。其后,茶的栽培技术传到了长江中下游,又传到了北方的部分地区。先民认识了茶之后,就难以割舍。湖北栽茶的历史可以追溯到三国时期,张揖《广雅》记载:"荆巴间采茶作饼,成米膏而出之。"长江中上游的巴山与巫山一带,很早就有饮茶的习俗。东晋的常璩在《华阳国志·巴》中记载了巴人以"丹、漆、茶、蜜"作为贡品。湖北西南的恩施是产茶之地,唐代李肇在《唐国史补》谈到21种有名的茶,有6种出自湖

---

① 李文澜. 湖北通史:隋唐五代卷[M]. 武汉:华中师范大学出版社,1999:254.

北。有些茶形成了品牌,如蕲州的蕲门团黄,峡州(今宜昌)的碧涧、芳蕊等。当时,荆州玉泉山的茶叶颇有声名。诗人李白在《答族侄僧中孚赠玉泉仙人掌茶(并序)》中云:“余闻荆州玉泉寺近清溪诸山,山洞往往有乳窟,窟中多玉泉交流,其中有白蝙蝠,大如鸦。按《仙经》,蝙蝠一名仙鼠,千岁之后,体白如雪,栖则倒悬,盖饮乳水而长生也。其水边处处有茗草罗生,枝叶如碧玉。唯玉泉真公常采而饮之,年八十余岁,颜色如桃李。而此茗清香滑熟,异于他者,所以能还童振枯,扶人寿也。”这段话讲述了产茶之地的自然环境,说出了饮茶长寿的道理。玉泉寺,在今当阳市西南,是悠久的佛教寺庙。

湖北还流行种柑橘。据元陶宗仪《说郛》第三十八卷,唐朝开元末年,江陵进贡柑橘,品种优质,唐玄宗诏令在蓬莱宫种植。当时有种橘专业户,《太平广记》记载了荆州人崔导“种橘约千余株,每岁大获其利”。① 因为柑橘种植面积大,所以在种植技术方面积累了更多的经验。

二、水　利

从事农业离不开水利,农田管理离不开引水和防水。唐代,湖北的农民兴修了许多水渠,有诗文为证。如皮日休见到复州(今天门市、仙桃市)、襄阳一带的田野时写道:“处处路旁千顷稻,家家门外一渠莲。殷勤莫笑襄阳住,为爱南塘缩项鳊。”②

人们用地下温水灌溉农田,以便提高农业收成。在郢州京山(今京山市)有自流的温汤水,农民“拥以溉田,其收数倍”。③

唐代的一些官员重视水利,不断维修水利,以防洪水,确保农业丰收。例如,襄阳人张柬之晚年回到家乡,任襄州刺史。《新唐书》卷一百二十

① 李昉.太平广记:第四册[M].上海:上海古籍出版社,1995:123.

② 皮日休.送从弟皮崇归复州[M]//上海古籍出版社.全唐诗:下册.上海:上海古籍出版社,1988:1551.

③ 李吉甫.元和郡县图志[M].北京:中华书局,1983:538.

《张柬之传》记载:“会汉水涨啮城郭,柬之因垒为堤,以遏湍怒,阖境赖之。”这说的是,张柬之在任期间,汉水暴涨,威胁到城墙,张柬之带领民众修大堤,遏制洪水,使得境内安全。李孟犨担任陆门堰稻田使,在白水之口(在今襄阳一带)“壅樊阳之陂”,“条流百道,浸润七邑”,①从而保证了农业用水。

贞元八年(792 年),李皋在江陵修筑傍汉古堤,《旧唐书》卷一百三十一《李皋传》记载:“江陵东北有废田傍汉古堤二处,每夏则溢,皋始命塞之,广田五千顷,亩得一钟。规江南废洲为庐舍,架江为二桥,流人自占二千余户。自荆至乐乡凡二百里,旅舍乡聚凡数十大者皆数百家。楚俗佻薄,不穿井,饮陂泽,皋始命合钱开井以便人。”显然,李皋是个有作为的地方官。由于水患,导致旧有的水利受到破坏,李皋以科学的态度重修堤防,取得了积极的效果。文中的“亩得一钟”引起了当代研究经济史的学者的关注。“唐亩收一钟的产量合今制为一市亩产 662 市斤,这大概是迄今所见唐代湖北最明确的亩产记载,它比西汉江陵高产水稻折合亩产 400 斤提高了 60%。”②这可能是实行了麦稻复种、一年两产的结果。这样的土地生产效率,说明农业技术有了长足的发展。

大和八年(834 年),王起在山南东道沿汉江地带,修滨当塘堰。《旧唐书》卷一百六十四《王起传》记载:“八年,检校右仆射、襄州刺史,充山南东道节度。江汉水田,前政挠法,塘堰缺坏。起下车,命从事李业行属郡,检视而补缮,特为水法,民无凶年。九年,就加银青光禄大夫。”

大中十年(856 年),徐商担任襄州刺史、山南东道节度使,注重水利,兴修堤防。史书记载:“汉南数郡,常患江水为灾,每至暑雨漂流,则邑居危垫,筑土环郡,大为之防,绕城堤四十三里,非独筑溺是惧,抑亦工役无时,岁多艰忧,人倦追集。公(按:指徐商)乃详究本末,寻访源流,遂加高

① 李袗. 泗州刺史李君神道碑[M]//董诰. 全唐文:第二册. 上海:上海古籍出版社,1990:1667-1668.

② 李文澜. 湖北通史:隋唐五代卷[M]. 武汉:华中师范大学出版社,1999:260.

沙堤，拥扼散流之地，于是豁其穴口，不使增修，合入蜀江，潴成云梦，是则江汉终古不得与襄人为患矣。”①

第三节　传统技术

唐代的手工业生产门类齐全，有纺织业、印染业、制瓷业、冶炼业、造船业、造纸业、酿酒业、制盐业、制糖业、制茶业等。这些行业都包含了一定的技术，湖北在这些行业技术方面有独到之处。

一、采矿、建筑、制漆、纺织

1. 采矿

唐代《元和郡县图志》记载了矿藏，说山南道的郢州大洪山有钟乳，均州武当县有盐池，利州出好铁，江南道的鄂州有银。

1989 年，在大冶发现姜桥背后山金矿遗址，属于唐代初年，计有 3 处古采金点，均分布在山坡上，间距 10 米左右，一处为竖井，另两处为矿洞。在矿洞内出土的遗物有铁钻、铁剪、铁锅、瓷碗等。②

2. 建筑

唐代宝历元年（825 年），以宰相牛僧孺为鄂州刺史，充武昌军节度使，鄂岳沔蕲黄观察使。“僧孺至鄂后……时江夏原有土城易于散塌，每年板筑修治，另赋青茅以覆，岁费 10 余万，劳民而伤财。牛僧孺费时五年，终将土城改为砖城。砖城还在原夏口城的基础上向北、东、南三面有所扩展，北临沙湖，东至曹公城（公元 91 年曹景宗筑，在今小东门北侧小龟山附近），南抵紫阳湖，西达蛇山西端。”③当时的大量城砖就出自金口青埠湾。因金

---

① 《新唐书》卷一百一十三《徐有功附商传》没有记载水利事，但《文苑英华》卷八百七十录有李骘《徐襄州碑》，述徐商镇襄州之事。

② 韩汝玢，柯俊. 中国科学技术史：矿冶卷[M]. 北京：科学出版社，2007：133.

③ 皮明庥，何浩，任振池，等. 武汉历史举要[M]. 武汉：武汉工业大学出版社，1988：42.

口青埠湾临金水河入长江顺流直达武昌。

唐高宗与武则天的第三子李显，在高宗去世后继位，是为唐中宗，但其继位不足两个月即被武则天废为庐陵王，徙居房陵（今湖北房县）。李显在房陵蛰居14年后，又被武则天秘密接回神都，重立为太子。神龙元年武则天退位，李显再次登基，复为唐中宗。2010年，考古工作者在当地发现了唐代庐陵王城遗址。庐陵王城遗址地势开阔，为规整的长方形，东临房县化龙河，另三面有人工开掘的护城河。城址的外形、护城河、高台式建筑遗迹等保存较好，城址内发现建筑石构件、唐镜、唐代瓦当等。这次考古发现，为研究唐代湖北的城建技术提供了依据，有一定的学术意义。

唐代，在荆州有玉泉寺，在黄梅有四祖禅寺、五祖禅寺，在武当山有道教建筑，这些建筑在选址与样式方面都包含了先进的建筑技术。

在秭归县磨坪乡杨林桥村发现一处密集的悬棺群。在长50多米、高近100米半山腰的峭壁上有131具悬棺。悬棺置于人工开凿的洞穴或山崖的石缝中。据秭归县考古专家介绍，初步认定悬棺群为唐代开凿。这个发现，为研究唐代人们的天人观念、开山劈石技术提供了信息。

3. 制漆

湖北历史上，制漆业有悠久的传统，唐代湖北制漆有突出的地位。特别是襄州一带，制漆领冠天下。《新唐书》卷一百七十二《于頔传》记载："襄有髹器，天下以为法。"漆业的发展，与大量漆树有关。湖北的气候与地气适合种植漆树，有漆树就有漆，漆工艺的发展是必然的。

在诸多的漆工艺之中，湖北有一种称为"库露真"的漆器最受欢迎，并成为品牌。襄阳诗人皮日休有一首《诮虚器》，称赞说："襄阳作髹器，中有库露真。持以遗北虏，给云生有神。每岁走其使，所费如云屯。"①传说"库露真"一词是少数民族方言，少数民族把喜欢的这种漆器称为"库露真"。学术界对"库露真"到底是怎样的器物有讨论，但缺少实物支撑观点。

---

① 皮日休. 诮虚器[M]//上海古籍出版社. 全唐诗：下册. 上海：上海古籍出版社，1988：1540.

20 世纪 70 年代末，湖北监利县福田公社在挖河工程中，发现了一座长方形券顶土洞小型砖室墓。经清理，出土了一批唐代漆器，有碗、盘、盒等，是用细杉木片圈叠成胎骨，然后上漆，外表髹褐黑色漆，内表髹朱漆，无彩绘纹饰，造型精致，保存完整。[①] 这些实物是研究唐代漆器工艺最好的证据。

4. 纺织

唐代吴地的丝绸、蜀地的锦缎深受欢迎。湖北生产大麻、苎麻、蚕丝、葛，最有名的是麻织品工艺。《唐六典》卷二十《太府寺》记载了全国 71 州生产的麻布分为九等，湖北复州、沔州、黄州的麻布列为一等，在全国享有盛誉。

李白撰有《白纻辞三首》，赞誉白纻："扬眉转袖若雪飞，倾城独立世所稀。"李白在《荆州歌》描述："白帝城边足风波，瞿塘五月谁敢过。荆州麦熟茧成蛾，缲丝忆君头绪多，拨谷飞鸣奈妾何。"诗中直接说到了荆州家家都在煮茧缫丝，这是丝织的基础。

湖北当时最有名的丝织品牌可能是楚练。杜甫在《后出塞五首》赞云："越罗与楚练，照耀舆台躯。"杜甫把楚练与越罗并称，说明这是当时最受欢迎的纺织品。当时的服饰用植物染成各种颜色，平民百姓中，男性多穿黄、白、皂、褐色，女性多穿青、碧色。也许是材质或染料的原因，每到夏季梅雨季节，服饰容易褪色。元稹贬到江陵时，发现"南方衣服经夏，谓之度梅，颜色尽�"。[②] 当时的服饰的缝制，有襦、裘、袍、深衣、亵衣等。民间流行衣衫大袖，穿得很宽松。

二、造船、竹艺、泥塑、酿酒

1. 造船

唐代，江南已担负起制造战船和运粮船的主要任务。明州、昇州是南

① 湖北荆州地区博物馆保管组. 湖北监利县出土一批唐代漆器[J]. 文物，1982(2)：93.

② 元稹，周相录. 元稹集校注：上册[M]. 上海：上海古籍出版社，2011：305.

方的造船中心,《太平御览》卷七百六十九引《南州异物志》记载了当时造的大船,“大者长二十余丈,高去水三二丈,望之如阁道,载六七百人”。这些大船为开展水路进行的对外贸易创造了有利的条件。湖北有大江大湖,水网密布,水上交通发达,不论是经商,还是征战,都离不开高质量的船只,这也促进了湖北造船技术的不断提高。

李皋在担任荆南节度使期间,时常有水陆并举的作战,他研究造船动力,在船上增加了脚踩“二轮”,提高了航行速度,使风帆动力之外又增加了动力。《旧唐书》卷一百三十一《李皋传》记载:“常运心巧思为战舰,挟二轮蹈之,翔风鼓疾,若挂帆席,所造省易而久固。又造欹器,进入内中。”李皋喜欢钻研欹器,把制成的欹器进贡到宫中,说明他是很擅长技艺的官员。

据《资治通鉴》卷二百六十四记载,昭宗天复三年(903 年),在江汉平原发生战事,荆南节度使成汭“欲侵江、淮之地以自广,发舟师十万,沿江东下。汭作巨舰,三年而成,制度如府署,谓之‘和州载’,其余谓之‘齐山’‘截海’‘劈浪’之类甚众。掌书记李珽谏曰:‘今每舰载甲士千人,稻米倍之,缓急不可动也’”。由此可见,战船是很大的,可装载上千人,还有许多物资。船高如山,船大如海,船快可破浪。虽然我们现在不得而知船的结构,造船的设计,但不得不敬佩当时的造船水平。即使在今天,造一艘能住百余人的大船也不容易。

唐诗之中有一些史实。罗传栋从《全唐诗》选出 3000 余首吟诵长江舟航的诗篇,试图揭示长江流域港口及功能,发现唐人顺应水域规律,设立峡江导航哨站,在世界内河水运中处于领先的地位。①

2. 竹艺

唐代湖北到处都有竹林,竹子工艺发达。鄂东蕲州的蕲簟最为闻名,光滑如薤叶,凉爽如玉石,可以折叠。制作蕲簟,需要上好的竹料,把嫩竹劈成细篾,经浸泡与暴晒,由良工精心制成。

---

① 罗传栋. 诗随帆飞:唐代歌吟中的长江航运[M]. 武汉:武汉出版社,2018.

唐代文人的诗文之中，多有赞美蕲簟工艺的诗句，如白居易给元稹的诗《寄蕲州簟与元九因题六韵》中说："笛竹出蕲春，霜刀劈翠筠。织成双锁簟，寄与独眠人。卷作筒中信，舒为席上珍。滑如铺薤叶，冷似卧龙鳞。清润宜乘露，鲜华不受尘。通州炎瘴地，此物最关身。"

有一位在蕲州做官的郑君给韩愈送了一床蕲簟，韩愈非常高兴地写了一首诗《郑群赠簟》曰："蕲州笛竹天下知，郑君所宝尤瑰奇。携来当昼不得卧，一府传看黄琉璃。体坚色净又藏节，尽眼凝滑无瑕疵。"

3. 泥塑

泥塑是一种手工技艺，唐代有一批专门从事泥塑的技工。湖北考古发现了一些隋唐时期的泥陶文物，可以使我们窥见当时的工艺水平。

在武昌何坡山、岳家嘴等墓中出土隋唐时代的陶俑，有的表现炊事生活，有的表现行走，有的表现乐舞。陶俑的材质坚实，颜色亮丽，做工细致。人物形象大多呈现健康丰腴、生动开朗的模样。出土的十二辰俑，分别为鼠、牛、虎、兔、龙、蛇、马、羊、猴、鸡、狗、猪，有驱邪、守护之意，也反映了人们对时间观念的重视。在湖北省博物馆、华中师范大学博物馆均有收藏。

1956 年，在武昌周家大湾发现一座隋墓(《考古通讯》1957 年第6 期)，墓中出土 61 件青瓷器，有六系壶、四系壶、四系罐、鸡首壶、碗、杯、盏、碟等。1982 年，在武昌岳家嘴也发现一座隋墓，其中也出土了青瓷天鸡壶、四系罐。同年，在武汉测绘学院(今武汉大学测绘学院)发现两座隋墓，也出土了青瓷器七联盂、盘口壶等。这些隋墓出土的青瓷，质地坚硬，釉色晶莹，反映了当时的制瓷工艺有较高的水平。①

4. 酿酒

唐代，湖北的造酒技艺在天下闻名。郢州的富水酒、宜城的九酝酒，受到普遍的欢迎。《唐国史补》下卷介绍全国名酒产地，把湖北排在前列。

湖北的酒好，不仅是因为水质好，还是因为有上乘的造酒技艺。《唐六典》卷十五《光禄寺良酝署》记载了张去奢任郢州刺史时，征调郢州造酒

---

① 祁金刚. 江夏溯源[M]. 武汉：武汉出版社，2008：121 – 122.

技师到京城,传授造酒方法,为朝廷提供郢州酒。

第四节　医学及其他

一、医　　学

医学关系人民的身体健康,唐代有完善的教育制度,分为官学与私学,官学之中有医学教育。医学归中书省下属的太医署领导,湖北各州官学教师之中有医学博士。这些受到正规训练的医学生离开学校之后,可以带徒弟,在社会上发挥广泛的影响。

湖北有许多湖泊,湿润容易导致瘴疠之气。宪宗时,元稹被贬到江陵,写过一些与环境相关的诗,他说江汉平原曾经出现了"庭空田地芜"的现象,他自己"服药备江瘴,四年方一疠。岂是药无功?伊予久留滞。滞留人固薄,瘴久药难制。去日良已甘,归途奈无际"。[①] 原因在于"瘴久药难治"。这说明当时的医学水平远远不能保障人民的身体健康。今人推测元稹所说的"瘴",应与血吸虫有关。

元稹曾说:"南人染病,竞赛乌鬼;楚巫列肆,悉卖瓦卜。"[②]《朝野佥载》卷三记载了荆楚之人"好鬼,多邪俗,病即祀之,无医人"。这说明当时的医者很少,人们生病之后,主要靠巫术。

湖北物产丰富,有许多中药材,在唐代作为贡品送到京城。荆州进贡栀子、贝母、石龙芮,峡州进贡五加皮、杜若,黄州进贡连翘、松萝、虻虫、乌蛇,襄州进贡麝香、姜。进贡的土特产之中,有的是作为饮食的奢侈品,有些却是作为治病养生的药物。

道教注重身体修炼,道士对身体、颐养、仙药均有独到的知识体系。武昌(今鄂州市)道士刘元靖以"服气"之术闻名,被敬宗皇帝召入宫中,传授

① 元稹,周相录. 元稹集校注:上册[M]. 上海:上海古籍出版社,2011:195.
② 元稹,周相录. 元稹集校注:上册[M]. 上海:上海古籍出版社,2011:305.

长生之术。

随州有位俗姓胡的紫阳道士，服食朝霞之气，使得诗人李白敬佩不已。李白从安陆白兆山到随州拜访他。李白记述："吾与霞子元丹、烟子元演，气激道谷，结神仙交。殊身同心，誓老云海，不可夺也。历可天下，周求名山，入神农之故乡，得胡公之精术。胡公身揭日月，心飞蓬莱。起餐霞之孤楼，炼吸景之精气。延我数子，高谈混元。金书玉诀，尽在此矣。"①李白还作有《题随州紫阳先生壁》："神农好长生，风俗久已成。复闻紫阳客，早署丹台名。喘息餐妙气，步虚吟真声。道与古仙合，心将元化并。"

唐代，道教徒热心钻研医术，湖北道士中有一位名医王彦伯，因其没有撰写医书传世，很少有人知道此人。偶尔读到今人熊贤君所著的《湖北教育史》，他在书中说："隋唐时期，湖北的科学技术取得了一定成就。在医学方面，王彦伯代表湖北医学的最高成就。江陵人王彦伯本为道士，精研医术，练就了切脉的硬本领，登门求医者络绎不绝。他不仅医术高明，医德也很高尚，亲自指导煎药，亲行指导患者服药，疗效十分明显。"②

笔者查阅历史文献，注意到唐代段成式在《酉阳杂俎》记载：

> 荆人道士王彦伯，天性善医，尤别脉。断人生死寿夭，百不差一。裴胄尚书子，忽暴中病。众医拱手。或说彦伯，遽迎使视。脉之良久，曰："都无疾。"乃煮散数味，入口而愈。裴问其状，彦伯曰："中无腮鲤鱼毒也。"其子因鲙得病。裴初不信，乃脍鲤鱼无腮者，令左右食之，其候悉同，始大惊异焉。

由这条材料可知，王彦伯注意到食物与疾病的密切关系，对日常生活中的食物有精到的研究，实践经验特别丰富。

---

① 李白. 冬夜于随州紫阳先生餐霞楼送烟子元演隐仙城山序[M]//董诰. 全唐文：第二册. 上海：上海古籍出版社，1990：1565.

② 熊贤君. 湖北教育史：上卷[M]. 武汉：湖北教育出版社，1999：50.

《唐国史补》记载："王彦伯自言医道将行，时列三四灶煮药于庭。老少塞门而请。彦伯指曰：'热者饮此，寒者饮此，风者饮此，气者饮此。'皆饮之而去。翌日，各负钱帛来酬，无不效者。"由这条材料可知，王彦伯因人因病施治，人生病，有热、寒、风、气之不同，因而要用不一样的药物治疗。

有关王彦伯的资料太少，但仅仅这两条就足以令人敬佩，并感叹中医之神奇。如果王彦伯能够留下医书，把一生的经验传之于世，那就更加伟大了。

二、相关的自然知识

从南北朝到唐代，人们对鱼的种类有着不断的认识，早在6世纪就已经认识到了鱼的颜色的变化。唐代僧道世（617—678）在《法苑珠林·法聪传》记载："梁释法聪临灵泉，有五色鲫鱼。"潘吉星认为："这是6世纪在郢州（今湖北武汉）东南60里灵泉山山泉发现的，旧传旱祈有应，故名。"①

谈到唐代的自然知识，不能不谈到段成式。段成式（约803—863），字柯古。晚唐东牟人，祖籍邹平（今山东淄博东）。他的祖父段谔曾在湖北枝江、江陵等地为官，于是段家"客居荆州"。他一生为宦转徙，曾出任庐陵、缙云、江州刺史等职。他博闻强记，撰写了笔记小说《酉阳杂俎》20卷，续集10卷。其中内容繁杂，涉及自然现象、文籍典故、地产资源、草木虫鱼、方技医药、物产交流等，有些信息出自湖北。

《酉阳杂俎》前集卷五《诡习》记载了养殖的事情。"元和末，均州勋乡县有百姓，年七十，养獭十余头，捕鱼为业，隔日一放出。放时，先闭于深沟斗门内，令饥，然后放之，无网罟之劳，而获利相若。老人的抵掌呼之，群獭皆至，缘衿藉膝，驯若守狗。户部郎中李福亲观之。"文中的均州勋乡县，即属今十堰，汉水流经此处，民间有养殖的传统。

《酉阳杂俎》还记载了医药方面的事情。"王潜在荆州，百姓张七政善治伤折。有军人损胫，求张治之。张饮以药酒，破肉，去碎骨一片，大如两

---

① 潘吉星. 中外科学技术交流史论[M]. 北京：中国社会科学出版社，2012：317.

指，涂膏封之，数日如旧。经二年余，胫忽痛，复问张。张言：‘前为君所出骨，寒则痛，可遽觅也。’果获于床下。令以汤洗，贮于絮中，其痛即愈。”

五代时，孙光宪避居江陵，搜集资料，写了《北梦琐言》。这是一本笔记小说集，涉及唐代及五代的政治、民情风俗，间接可以了解当时人们的自然观念。其中讲述了洞庭湖的变迁；讲了“医者意也，古人有不因切脉随知病源者，必愈之矣”；讲了“荆州文献王好马，不惜千金，没世不遇”；还讲了“唐天复中，成汭镇江陵，监军使张特进元随温克修司药库，在坊郭税舍止焉。张之门人向隐北邻。隐攻历算，仍精射覆，无不中也”。虽小道，似有可观焉。

三、陆羽与《茶经》

唐代陆羽（733—804），字鸿渐，复州竟陵（今湖北天门）人，幼年托身佛寺，好学用功，淡泊功名。传说他21岁时决心写《茶经》，开始对茶进行地域考察，他经义阳、襄阳，往南漳，到四川巫山，向乡民讨教茶事，将各种茶叶制成各种标本，将所见所闻记录下来。760年，为避安史之乱，陆羽隐居浙江苕溪（今湖州）。760年，《茶经》初稿完成后就广为流传，陆羽也因此被后人尊为“茶神”“茶圣”。

《新唐书·隐逸列传》记载：

> 羽嗜茶，著经三篇，言茶之源、之法、之具尤备，天下益知饮茶矣。时，鬻茶者至陶羽形置炀突间，祀为茶神。有常伯熊者，因羽论复广著茶之功。御史大夫李季卿宣慰江南，次临淮，知伯熊善煮茶，召之，伯熊执器前，季卿为再举杯。至江南，又有荐羽者，召之，羽衣野服，挈具而入，季卿不为礼，羽愧之，更著《毁茶论》。其后尚茶成风。时，回纥入朝，始驱马市茶。

陆羽以科学的态度广泛搜集相关信息，以综合的方法研究茶。茶本是生活用品，是从农业中发展出来的商品，但它牵涉的内容十分广泛。茶与其他物类相比,涉及的人事与物象最广。

《茶经》分为3卷10章。

卷上:《一之源》,讲茶的名称、起源、形状、功用、品质。开篇就说:“茶者,南方之嘉木也。”“其巴山峡川,有两人合抱者,伐而掇之。其树如瓜芦,叶如栀子,花如白蔷薇,实如栟榈,蒂如丁香,根如胡桃。其字,或从草,或从木,或草木并。其名,一曰茶,二曰槚,三曰蔎,四曰茗,五曰荈。”

《二之具》,谈采茶、制茶的用具,采茶篮、蒸茶灶、焙茶棚等,涉及16件工具。如采茶工具:“籝,一曰篮,一曰笼,一曰筥。以竹织之,受五升,或一斗、二斗、三斗者,茶人负以采茶也。”

《三之造》,论述茶的种类和采制方法。“凡采茶,在二月、三月、四月之间……其日有雨不采,晴有云不采。晴,采之、蒸之、捣之、拍之、焙之、穿之、封之,茶之干矣。”陆羽认为种茶与采茶的时间性很强,采茶有严格的时间要求,时间的变化影响着茶的价格。

卷中:《四之器》,叙述煮茶、饮茶的24种饮茶用具,如风炉、茶釜、纸囊、木碾、茶碗等。“风炉,以铜铁铸之,如古鼎形,厚三分,缘阔九分,令六分虚中,致其圬墁。凡三足。”其中介绍了一些瓷器,为研究陶瓷史提供了资料:“邢瓷白而茶色丹,越瓷青而茶色绿,邢不如越三也。”

卷下:《五之煮》,讲烹茶的方法和各地水质的品第。陆羽认为各地的山水不同,泡茶的色香味就不同。陆羽在《茶经》中说:“山水上,江水次,井水下。其山水,拣乳泉、石池慢流者上。其瀑涌湍漱,勿食之,久食令人有颈疾。又多别流于山谷者,澄浸不泄,自火天至霜郊以前,或潜龙蓄毒于其间,饮者可决之,以流其恶,使新泉涓涓然,酌之。其江水取去人远者,井取汲多者。”

《六之饮》,讲述唐代以前的饮茶历史与风俗。“茶之为饮,发乎神农氏……饮有粗茶、散茶、末茶、饼茶者,乃斫、乃熬、乃炀、乃舂,贮于瓶缶之中,以汤沃焉,谓之痷茶。或用葱、姜、枣、橘皮、茱萸、薄荷之等,煮之百沸,或扬令滑,或煮去沫。斯沟渠间弃水耳,而习俗不已。”“茶有九难:一曰造,二曰别,三曰器,四曰火,五曰水,六曰炙,七曰末,八曰煮,九曰饮。”

“饮啄以活,饮之时义远矣哉。至若救渴,饮之以浆;蠲忧忿,饮之以酒;荡昏寐,饮之以茶。”

《七之事》,叙述古今有关茶的故事、产地和药效等。其中引用《神农食经》:“茶茗久服,令人有力、悦志。”引用《桐君录》:“西阳、武昌、庐江、晋陵好茗,皆东人作清茗。茗有饽,饮之宜人。凡可饮之物,皆多取其叶,天门冬、拔揳取根,皆益人。又巴东别有真茗茶,煎饮令人不眠。俗中多煮檀叶并大皂李作茶,并冷。又南方有瓜芦木,亦似茗,至苦涩,取为屑茶饮,亦可通夜不眠。煮盐人但资此饮,而交、广最重,客来先设,乃加以香芼辈。”

《八之出》,列举了唐代全国茶区的分布,归纳为山南(荆州之南)、淮南、浙西、剑南、浙东、黔中、江南、岭南等八区,并谈各地所产茶叶的优劣。“山南,以峡州上,襄州、荆州次,衡州下,金州、梁州又下。”陆羽在《茶经》谈到湖北的产茶之地,有峡州、襄州、荆州、蕲州、黄州、鄂州、安州,遍及湖北大部分地区。《茶经》还说峡州的远安、宜都、夷陵生产上等茶。其实,湖北各地的茶叶都有独到之处。陆羽注意到茶的生产完全取决于地理环境。不同的地点,生产不同质量的茶。在气候温和、阴雨多云的丘陵条件下,适宜植茶。早在唐代,茶叶就按地缘而形成特色。李肇在《唐国史补》卷下《叙诸茶品目》介绍了剑南、湖州、东川、峡州、江陵等地的茶叶。

《九之略》,对采茶、制茶用具做了补充说明,认为可依具体的环境,省略某些用具。“其造具,若方春禁火之时,于野寺山园,丛手而掇,乃蒸,乃舂,乃拍,以火干之,则又棨、朴、焙、贯、棚、穿、育等七事皆废。”

《十之图》,记载:“以绢素或四幅或六幅,分布写之,陈诸座隅,则茶之源、之具、之造、之器、之煮、之饮、之事、之出、之略,目击而存,于是《茶经》之始终备焉。”陆羽希望对茶与《茶经》的内容加强宣传,教人用绢素写《茶经》,“陈诸座隅”,“目击而存”。

《茶经》全文不过7000多字,但却是我国古代茶事的全面总结,也是世界第一部茶叶专著。通过以上对10章的介绍,可见其中论述了茶叶的生产、历史、源流、焙制、煮、饮用、掌故、产地、品级、茶道等多方面的内容。其中还涉及地理、气候、水质、植物、哲学、文学等诸多方面的知识。在陆羽的笔下,茶不是类似于蔬菜、谷物之类的单纯物种,而是一系列的物种的综合,是对物性与人性的全面考察。可以认为,陆羽已经开创了茶生态研究的先河,《茶经》是茶生态的奠基之作。

陆羽去世30年后,诗人皮日休在襄阳出生,他也特别喜好饮茶,写了10首咏茶诗,还写了1篇序言。这篇序言被后人作为陆羽《茶经》的序。皮曰休的序言评价《茶经》:“分其源,制其具,教其造,设其器,命其煮,俾饮之者除痟而去疠。”他说,在陆羽之前,人们有“茗饮”的习俗,把茶当作蔬菜一样煮,没有加工。由于人们不知道加工,使得茶难以保存与长途转输。陆羽在《茶经》中介绍了加工方法,普及了制茶技术,使茶叶成了可以存放的饮品。

《茶经》问世之后,“天下益知饮茶矣”。当时卖茶的人甚至将陆羽塑成陶像置于灶上。其后,《茶经》引出了一系列的茶叶书籍。宋代蔡襄有《茶录》,明代许次纾有《茶疏》,清代刘源长有《茶史》,茶文化逐渐成为学术界的热门。1983年,湖北人民出版社出版傅树勤、欧阳勋的《陆羽茶经译注》,值得作为案头之书。

通观隋唐时期的湖北科技,地方官员为农业与水利做了一些有益的事情,民间也重视与生活相关的实用技术,然而自然科学方面的成就依旧相对薄弱,《茶经》是突出的亮点。但与整个大唐盛世的成就相比,湖北的贡献是有限的。

第七章　宋元时期的湖北科技

唐亡以后，中国进入五代十国时期。五代十国时期，中原先后出现梁、唐、晋、汉、周五个政权，史称五代。在南方存在十个国家，其中有个荆南（又称南平）政权，在江陵建都，存 39 年。960 年，赵匡胤通过“陈桥兵变”，夺取了北周政权，建国号宋。元朝（1271—1368）是一个多元的、有作为的朝代，是应当受到重视而又往往被忽略的朝代。宋元时期是文化多元、科技精致、成就卓越的时期。

第一节　时 代 背 景

一、宋元的科技

宋代，一度被学术界称为中国的“文艺复兴”时期，思想文化活跃，科学技术处在当时世界的前列。宋朝与同时期先后存在的辽朝、夏朝、金朝共同创造了宋代的繁盛。

科技的基础是经济。宋朝年度财政收入有一个明显的变化，那就是工商税逐渐增多，比例越来越大。熙宁十年（1077 年）北宋税赋总收入共 7070 万贯，其中工商税达 4911 万贯。这说明，构成国家财政收入主体的，相当一部分来之于工商业，而工商业正是科技发展的基础，宋代周辉在《清波杂录》中记载了当时的工商业已发展有三十六行。三十六行是指酒行、肉行、米行、茶行、柴行、纸行、巫行、海味行、鲜鱼行、酱料行、花果行、汤店行、药肆行、宫粉行、成衣行、珠宝行、首饰行、文房行、用具行、棺木行、针线行、丝绸行、仵作行、驿传行、铁器行、玉石行、顾秀行、扎作行、皮革行、网罟行、花纱行、杂耍行、鼓乐行、故旧行、彩兴行、陶土行。这每一行都有实用技术,实用技术间接推进了古代朴素的数学、材料学、力学、物理学等知识的普及。

我国古代对人类有四项重大发明,其中有三大发明是在宋代完成并得到发展:其一是印刷术。其二是火药。北宋有专门制造火药和火器的官营手工业作坊。其三是指南针。北宋沈括在《梦溪笔谈》里记载了装载指南针的四种方法,并指出了磁针所指方向正南偏东。这是世界上关于地磁偏角的最早记载。

宋代出现许多科学家、发明家,如沈括、秦九韶、杨辉、宋慈、苏颂、毕昇等,其中的沈括是百科全书似的科学家。沈括的重要著作是《梦溪笔谈》,全书十几万字,以笔记体裁形式撰写,分成17类,内容涉及农学、天文学、物理学、数学、地学、医学、化学、水利学等许多方面。如农业方面记载了淤田法、蔬菜防病、茶叶种植;水利方面记载了堤防的修建、测量、合闸;天文历法方面记载了十二气历、天文仪器、岁差,他主张改革旧历法,倡议把四季二十四节气与12个月完全统一起来;数学方面记载了缀术、会圆术、十二律算法;物理方面记载了磁针、阳燧、应声;化学方面记载了石油、盐井、炼丹;地理方面记载了海陆变迁、地震、流沙;生物方面记载了鳄鱼、河豚、两头蛇;医学方面记载了草药、怪病;技术方面记载了锻钢、活字印刷、造船。沈括之所以有如此突出的成就,是因为他重视劳动群众的创造能力,善于发现生活中的些微小事,不断总结并归纳为理论。

1. 天文历法方面

南宋的杨忠辅制定《统天历》,以365.2425日为一年,这个数字与西方1582年颁布公历时的数据完全相同,与现代天文学所测数值相比只差26秒。天文学突出的成就是观天仪器。苏颂和韩公廉等人创造了世界上第一座结构复杂、自动运转的“天文钟”——水运仪象台。仪象台高约12米,正方形的底座宽约7米,分三层:下层是各种传动机械和报时装置;中层设浑象,表现出不同时刻的实际天象;上层装浑仪,观天象。这个仪器的贡献在于:“第一,为了观测上的方便,它的屋顶做成活动的,这是今天天文台圆顶的祖先;第二,浑象一昼夜自转一圈,不仅形象地演示了天象的变化,也是现代天文台的跟踪机械——转仪钟的祖先;第三,苏颂和韩公廉创造的擒纵器,是后世钟表的关键部件,因此,它又是钟表的祖先。”①苏颂官至宰相。1093 年,他辞去官职,专门从事《新仪象法要》一书的撰写工作,1096 年完成,全书 3 卷,有 60 余幅图,绘有 150 余件机械零件。

元代的天文学居于当时世界领先地位。1260 年,元设立司天台,1312 年设立回回司天监。后来还任用了以札马鲁丁为代表的一大批天文学家。郭守敬请求政府派出 14 名专家到全国 27 个测验所实测,经过周密计算,借鉴宋代的《统天历》,在 1280 年完成《授时历》。该历施行了 364 年,是我国古代推算最精确、使用最久的历法。

2. 数学方面

宋代注重普及数学知识。1084 年,秘书省刻印了《周髀算经》《九章算术》等“十部算经”,作为教学用书,这是我国有史以来第一批印刷本数学书籍。当时,贾宪创造了高次方程的数值解法。杨辉提出了在二项式定理中求系数。秦九韶提出了高次方程的数值解法和一次同余式解法。宋代对从事算学的给予鼓励,朝廷把“自昔著名算数之人,绘像于两廊”,如张衡、何承天、祖冲之等。

元代数学家秦九韶著《数书九章》,李冶著《测圆海镜》。朱世杰在 1303 年发表《西元玉鉴》,该书记述了解多元方程组,总结了四元高次联立方程组的求解方法,讲解了消元的解法,列出了高次差的内插公式。

3. 医学方面

宋代医学更加规范,分科更细,有眼科、产科、针灸科等。杨康侯的《十产论》、陈自明的《妇人大全良方》是妇产科著作。钱乙的《小儿药症直诀》是儿科著作。北宋末年编有《政和经史证类本草》。宋仁宗时太医王惟一统一针灸穴位命名,设计出铜铸人体模型,并写出了《新铸铜人腧穴

① 张润生,陈士俊,程蕙芳. 中国古代科技名人传[M]. 北京:中国青年出版社,1981:222.

针灸图经》,使针灸教学科学化。南宋时期的宋慈收录并总结了前人的法医知识,编写出法医学著作《洗冤集录》,其中涉及验伤、验尸、血型鉴定、死伤鉴别、检骨等多方面的理论和实践,同时对毒药和医治服毒的方法也进行了总结。金朝名医刘完素提出火热致病的理论,主张多用寒凉药。刘完素反对泥古不化,主张应考虑气候、环境与人的关系。

元代医学家朱震亨著《格致余论》《局方发挥》等书,倡导"因病以制方"。他与刘完素、张从正、李杲三人被称为金元四大医学家。此外,危亦林著《世医得效方》19卷,内容丰富,其中有使用全身麻醉的最早文献。齐德之撰《外科精义》,综合反映了当时外科的学术成果。忽思慧编著《饮膳正要》3卷,系统介绍了营养与食疗。滑寿撰《十四经发挥》,论述了十四经穴循行部位及病症。

4. 农学方面

元代有三部重要的农学著作流行于世。

大司农司编纂《农桑辑要》,多次印刷,对元代的农业有指导性的意义。全书共有6.5万多字,分作7卷。卷一典训,讲述农桑起源及经史中关于重农的言论和事迹。卷二耕垦、播种,包括整地、选种、作物的栽培。卷三栽桑。卷四养蚕。卷五瓜菜、果实,讲园艺作物。卷六竹木、药草,记载了多种林木和药用植物,兼及水生植物和甘蔗。卷七孳畜、禽鱼、蜜蜂,讲动物饲养。全书辑录了《士农必用》《务本新书》《四时类要》《博闻录》《韩氏直说》《农桑要旨》《种莳直说》等农书。

王祯编《农书》,约13万字,有300多幅图画,分《农桑通诀》《百谷谱》《农器图谱》三部分。如《农桑通诀》综合论述了农、林、牧、副、渔及水利等问题,介绍了我国农事、牛耕、蚕事的起源,阐发了天时、地利、人事与农业生产的关系,讲述了耕、耙、种、锄、粪、灌、树木种植和嫁接,马、牛、羊、猪、鸡、鸭、鹅家禽的饲养以及养鱼、养蚕等生产技术知识,强调了农业生产的根本关键在于时宜、地宜。

鲁明善编《农桑衣食撮要》,约计1.5万字。此书按我国传统的"月令"体裁撰写,以1年12个月分别列举了每月农家所应从事的作业,以及这些作业所应掌握的技术。内容涉及耕作、水利、气象、瓜菜、果树、竹木、药草、桑蚕、养蜂、畜牧等。书中讲到的动植物就有120多种。鲁明善认为:"农桑衣食之本,务农桑则衣食足,衣食足则民可教以礼仪,民可教以礼仪则国家天下可久安长治也。"①

二、湖北的状况

1. 社会发展状况

宋元时期,湖北的建制随着时代变化而变化。宋代改唐道为路,在全国设15路,后增至23路。路下有府、军、州、县制。宋时,湖北以荆湖北路、京西南路为主体。荆湖北路有江陵府、德安府,还辖有10个州,其中的鄂州、复州、峡州、归州属湖北,另6个州属湖南。京西南路有襄阳府,另有7个州,其中的随州、金州、房州、均州、郢州属湖北,其他州属河南。此外,湖北还有施州、兴国军、蕲州、黄州。南宋时,湖北与金国辖区接壤,襄阳、荆州、武昌成为南宋的边防要地。

荆湖北路的首府,长期是在荆南府,即江陵。岳飞在绍兴四年(1134年),自江西九江来鄂州抗金,收复了荆襄六郡,鄂州成为重要的政治军事中心。直到景定元年,即1260年,制置司移治鄂州。宋朝10万户以上的城市增多,汴京、临安、长安、洛阳、南京、成都、泉州、鄂州都是商业中心。

张耒曾在鄂东为官,他在《明道杂志》②记载了黄州的情况,颇为写实。"黄州盖楚东北之鄙,与蕲、鄂、江、沔、光、寿,一大薮泽也。其地多陂泽丘阜而无高山,江流其中,故其民有鱼稻之利,而深山溪涧往往可灌溉,故农惰而田事不修。其商贾之所聚而田稍平坦,辄为丛落,数州皆大聚落也。而黄之陋特甚,名为州而无城郭,西以江为固,其三隅略有垣壁,间为藩篱,因堆阜揽草蔓而已。城中民居才十二三,余皆积水荒田,民耕渔其中。"

陆游的《入蜀记》描述了他经过今荆州石首市附近江边的情况。"九

---

① 鲁明善.农桑衣食撮要[M].北京:农业出版社,1979:15.

② 此乃宋代的一篇历史琐闻类笔记,载于《丛书集成初编》。

日早,谒后土祠。道旁民屋,苫茅皆厚尺余,整洁无一枝乱。挂帆抛江行三十里,泊塔子矶,江滨大山也。自离鄂州,至是始见山。买羊置酒。盖村步以重九故,屠一羊,诸舟买之,俄顷而尽。求菊花于江上人家,得数枝,芬馥可爱,为之颓然径醉。夜雨极寒,始覆絮衾。"这就是一幅农家田园场景。巴蜀的货物先送到夷陵,再运到京城。苏轼有诗描述说:"游人出三峡,楚地尽平川。北客随南贾,吴樯间蜀船。"滨江的沙市已是名镇。宋代王存的《元丰九域志》记录了一些镇名,镇的地位次于县治。沙市是从属于州县的镇市,发展为商旅萃聚的贸易中心。

武汉一带已是全国性的水陆交通中心。今武昌解放路的历史可追溯到宋代,它是在蛇山与长江之间形成的一条街,宋代祝穆的《方舆纪胜》、陆游的《入蜀记》对这条街有描述。武昌有南市,南市在城外,沿江数万家。

元代初年约有5883万人,人口的分布不均匀,社会的发展失衡,主要是北方不安定而南方发达。据元世祖忽必烈时的统计,南方人口很多,南方人口与北方人口的比例是9∶1。北方仅有135万户,南方有1184万户。统治者曾经阻止北人向南方流动,但南边的人口还是猛增。

元世祖忽必烈时在地方上设行中书省,这是我国地方政区省制的开端。当时在全国设立了岭北、辽阳、河南江北、陕西、四川、甘肃、云南、江浙、江西、湖广、征东等11个行省。其中,湖广行省管辖湖南、广西两省以及湖北、贵州、广东三省部分地区,其治所先后在江陵、潭州、鄂州。河南江北行省管辖今河南省黄河以南及湖北、江苏、安徽三省部分地区。从面积而言,元代的行中书省都是一些大的行政区,比明清时期的"省"还要大。如湖广行省管辖有武昌路、岳州路、常德路、澧州路、辰州路、沅州路、兴国路、靖州路、汉阳府、归州、潭州路、衡州路、道州路、永州路、郴州路、全州路、宝庆路、武冈路、桂阳路、茶陵州、常宁州。这个范围显然包括了当今湖南,还有湖北与江西的一些交接地区。

2. 教育与民俗

宋元时期的学术活跃。当时有州县学,属于官学,师资从官吏或学者中选取。元代允许民间办学，各地的私学也有发展，书院有较为独立的文化空间。湖北有宜昌六一书院、光化文忠书院、荆门象山书院、郧阳五贤书院、黄州河东书院、荆州南阳书院、公安竹林书院、麻城万松书院、鄂州南湖书院。这些书院有一定的规模，学术活跃，有利于科技的传播。

社会风俗中，迷信仍然占主要成分。民间流行祭鬼祀神，缺乏科学观念。以九头鸟的传说为例，诗人梅尧臣听到有异鸟鸣叫，当地人以“鬼游”来解释。梅尧臣于是写了一首《余居御桥南夜闻妖鸟鸣效昌黎体》诗。诗言：“尝忆楚乡有妖鸟，一身九首如赘疣。或时月暗过闾里，缓音低语若有求。小儿藏头妇灭火，闭门鸡犬不尔留。我问楚俗何苦尔，云是鬼车载鬼游。鬼车载鬼奚所及，抽人之筋系车辀。昔听此言未能信，欲访上天终无由。”

宋元时期的湖北地方官员重视地方文化建设，出现了一些有作为的官员。如宋代寇準（961—1023），华州（今陕西渭南）人，曾任巴东知县，在闭塞的巴东倡导文化，兴办教育，发展经济。张轼（1133—1180），汉州绵竹（今属四川）人。他在乾道年间担任荆湖北路转运副使、江陵知府，兼荆湖北路安抚使，政声闻于天下。陆九渊（1139—1193），抚州金溪（今属江西）人。光宗时，他主管荆门军，整顿吏治、改革财政，提倡新风，颇有政绩。

特别要说明的是：元代有复杂的户口制度，从事技术的匠户地位低下，不论是医户、窑户，还是矿户、采珠户，都在社会上没有地位。这种制度对于科学技术的发展是不利的。

第二节　农业与水利

一、农　　业

1. 农业管理

为了发展农业，从宋太宗太平兴国七年（982 年）开始，朝廷选择了一批农师，协助地方官员指导农民从事生产。《宋会要辑稿 · 食货一 · 农田杂录》记载:“诸路州府民户或有能勤稼穑而乏子种与土田者,或有土田而少丁男与牛力者,许众户推一人谙会种植者,州县给贴,补为农师。”这些农师熟悉季节与农时,通晓栽培技术,在农民中有一定的威信。政府给予农师一定的薪酬,使农师能全身心投入到农业技术的推广与普及中。

宋英宗时,李周担任施州通判,重视推广农业技术。《宋史》卷三百四十四《李周传》记载:“州介群獠,不习服牛之利,为辟田数千亩,选谪戍知田者,市牛使耕,军食赖以足。”鄂州江陵府驻扎郭杲注重推广农业技术,他在任时“招召佃客,收买耕牛,置造农具,添修庄寨,增筑堤堰,浚治陂塘,垦辟荒田”。[①] 这些措施,调动了农民从事农业生产的积极性,增加了粮食产量。

宋代刻印《四时纂要》《齐民要术》等农业技术书,发放给农民,让农民获得更加科学的种田知识。地方官员也经常编一些农业指导书籍,普及农业知识,如南宋时的鄂州知州罗愿,他曾经发表《鄂州劝农》书,鼓励农民:“日出当作,日入乃息。用天分地,以足衣食。”其文:

国有四民,各分一职。农次于士,盖尊稼穑。日出当作,日入乃息。用天分地,以足衣食。菖叶初生,于是始耕。务限既入,农事转急。禾当播种,乘雨接湿。高田大豆,榆荚为候。三月区处,油麻穄黍。时当謦窌,图葺墙宇。蚕沙麦种,四月收贮。开渠决窦,以待暴雨。月建在午,秧苗入土。女工织作,三伏炎暑。七月芟草,烧治荒田。大麦小麦,上戊社前。禾欲上场,九月涂仓。缉绩布缕,十月多霜。冬至埋谷,预试五种。不宜者轻,宜者则重。腊月粪地,治碓雕桑。脩治农器,向春则忙。四时之务,展转相寻。既有常产,当有常心。鸡豚兼蓄,枣栗成林。我念此州,土多冒占。纷纷刬请,扰扰定验。雨泽空过,失天之时。生意不发,失地之脂。身力不出,枉堕四肢。

① 刘琳,刁忠民,舒大刚,等.宋会要辑稿·食货六三[M].上海:上海古籍出版社,2014:7643.

于私无益，于官亦亏。耕既不深，难行根脉。耘既不勤，众草之宅。粪若不施，谷不精泽。收若不速，风雨狼藉。若能开垦，处处良田。若能灌溉，岁岁丰年。古来开亩，广尺深尺。长亩三条，于中种植。渐锄陇草，爬土亩中。苗根日深，耐旱与风。又有区种，与亩不同。方深六寸，种禾一丛。七寸一区，匀如棋局。区收三升，亩号百斛。用力既到，所收亦多。比之漫撒，效验如何。凡苗之长，全在粪壤。器欲巧便，牛须肥健。其或无牛，以人牵犁。彼此换工，惟在心齐。①

元代传承宋代的重农风气，更加重视农业管理。忽必烈虽然出自游牧民族，但对农业丝毫不马虎，他在执政第二年便设置了专管农业的“劝农司”，后来又改为“司农司”。《元史·食货志》记载：“司农司之设，专掌农桑水利。仍分布劝农官及知水利者，巡行郡邑，察举勤惰。所在牧民长官提点农事，岁终第其成否，转申司农司及户部，秩满之日，注于解由，户部照之，以为殿最。又命提刑按察司加体察焉。其法可谓至矣。是年，又颁农桑之制一十四条，条多不能尽载。”这些农业机构与制度，对于湖北农业发展是有积极作用的。

2. 农业种植

宋元时期的湖北仍然采取传统的农业耕作模式，小农生产，因地制宜，粗放经营。在山区流行刀耕火种，农民烧山垦地，节省劳力，灰烬作为肥料；在地多人少的山岗丘陵，实行广种薄收；在人口密集的城镇附近，流行精耕细作，以提高单位亩产。精耕细作的农业方式最能体现农业技术，但当时的湖北人口不太多，大多数地区都是采用粗放式的农业生产模式。正如王祯《农书·农桑通诀》指出的“顺天之时，因地之宜，存乎其人”，“九州之内，田各有等，土各有差。山川阻隔，风气不同，凡物之种，各有所宜。故宜于冀、兖者，不可以青、徐论；宜于荆、扬者，不可以雍、豫拟”，“江淮以北，高田平旷，所种宜黍、稷等稼；江淮以南，下土涂泥，所种宜稻秫。又南

① 罗愿. 鄂州小集[M]//王云五. 丛书集成初编. 上海：商务印书馆，1935：9-10.

北渐远，寒暖殊别，故所种早晚不同；淮东西寒暖稍平，所种杂错，然亦有南北高下之殊”。

湖北长期种植水稻，水稻有不同的品种，并需要不断改良。宋代从越南引进了占城稻，使南方种植业上了新台阶。占城稻又称旱禾或占禾，属于早籼稻。占城稻的资料，在《宋史·食货志》有记载。占城稻生长期短，自种至收仅50余日，一年可有两熟，甚至三熟。它适应性强，不择地而生，能够抗旱。据史书记载，占城稻“比中国者穗长而无芒，粒差小，不择地而生”。[①]

占城稻的产量比一年一熟的小麦要高1倍，于是很快就广泛地流行于长江流域，从而引发了一场“粮食革命”。据《宋代经济史》作者漆侠的计算，宋代垦田面积达到7.2亿亩。余也非在其《中国历代粮食平均亩产量考略》中也得出，“南方水田，宋一般亩产二石，比唐一般亩产一石五斗，增产22.1%”。可见，无论是面积还是亩产都远远超过前代。自水稻被广泛引进之后，粮食产量的倍数增长以及人口的膨胀，为工商经济的繁荣创造了无比宽阔的市场空间，其结果是，适合种植的江南地区终于确立了经济中心的地位，而宋代的文明水平达到前所未见的高度。

湖北的稻谷产量有明显提高，南宋王炎的《上林鄂州》记载：“湖右之田……计其所得于田者，膏腴之田，一亩收谷三斛，下等之田，一亩二斛。”在此之前，湖北的稻谷很难达到亩产二三斛的（斛，古代的容量单位，一斛本为十斗，后来改为五斗）。

湖北的地理环境有多样性，不仅可以种稻，还可以种麦、麻、豆、粟、桑、蔬等农作物。《宋史·五行志》记载了湖北种麦，“施州，麦并秀两歧”，“黄州，麦秀二三穗”。可见朝廷以麦收作为可喜的现象。由于种麦普及，有的地方甚至可以麦稻并种，形成麦稻两作制，提高了亩产量。据《宋会要辑稿·食货》记载，宋淳熙十三年（1186年）十一月，湖广总领赵彦逾等委托襄阳通判朱佾到宜城一带的木渠核实农作物产量，朱佾调查了大片土地的产量，得出结论：“每一亩夏收麦租三升，秋收粳粟三升。”朱佾甚至建

① 马端临. 文献通考：第四册[M]. 北京：中华书局，2011：95.

议:“异时民力富足,耕垦如法,增收租子,可以此类施行。”

据《建炎以来朝野杂记》甲集卷十六《屯田》,宋代知荆门军陆九渊曾说:“荆襄之间,沿汉沔上下,膏腴之地七百余里,土宜麻麦。”这说明,人们根据土壤而选择农作物种植。

湖北农民重视优良农作物,作为谷种,或作为祥瑞。南宋庆元己未年(1199 年),郑延年到竹山县担任知县。农历四月十六日,有农民李祖振在田间发现不同寻常的两枝麦子。正常的是一茎一穗,而异常的麦子“其一五穗,其一两岐。父老惊喜,叹未曾有此”,“是岁二麦大熟,兆不虚矣”。[①]郑延年专门写了《瑞麦记》,以纪念此事。

宋代出现了专以经营茶园为生的园户,茶叶已经成为商品。北宋在江陵、蕲州等处设置榷茶税务官员,以茶税作为国库收入。《宋会要辑稿·食货》记载:“江陵府务受本府及潭、赣、澧、鼎、归、峡州茶……蕲州蕲口务受洪、潭、建、剑州、兴国军茶。”茶价总额各有具体的规定。元代,湖北仍是重要的产茶区,宜都有峡茶,远安有鹿苑茶,荆门有凤山茶,武昌有云雾茶,大冶有桃花茶,巴东有真香茶,荆州有仙人掌茶,来凤有仙峒茶,蕲春有松萝茶,崇阳有黑茶,归州有白茶。制茶技术更加精湛,许多茶叶都列为贡品。正因为湖北各地普遍种茶,《茶经》一书的产生不是偶然的。

湖北的农作物中有瓜果。西瓜是唐五代时期从国外传入中国的,到了南宋时,湖北已经能够种植西瓜。在鄂西南的施州,咸淳六年(1270 年)立了一块碑,记载了西瓜的传播过程,是国内所见最早的西瓜栽培资料。西瓜碑,又称南宋引种西瓜摩崖石刻,位于今湖北省恩施市舞阳坝街道办事处周河村二台坪,地处宋旧施州城——柳州城西门外。石刻文字记载了郡守秦姓将军到此推广经济作物及种西瓜事,并对西瓜的种类、引种时间、培植方法等进行了重点介绍。碑文从右至左竖刻 10 行,每行 17 字,共 169 字。民国七年(1918 年),恩施县知县郑永禧著《施州考古录》上卷《柳州城》记载了这段文字。碑文为:

---

① 徐学谟. 郧阳府志[M]. 武汉:长江出版社,2007:363.

郡守秦将军，到此栽养万桑诸果园，开修莲花池，创立接客亭及种西瓜。西瓜有四种：内一种云头蝉儿瓜，一种团西瓜，一种细子儿，名曰御西瓜。此三种在淮南种食八十余年矣！又一种回回瓜，其身长大，自庚子嘉熙北游带过种来。外甜瓜、梢瓜有数种。咸淳五年，在此试种，种出多产，满郡皆与支送，其味甚加，种亦遍及乡村，谷刻石于此，不可不知也。其瓜于二月尽则以种须是三五次埯种，恐雨不调。咸淳庚午孟秋朐山秦□伯玉谨记。①

北宋时流行一本《格物粗谈》，旧题苏轼撰。苏轼在黄州生活过一段时间，当时的湖北盛产柑橘，如何贮藏柑橘？《格物粗谈》有一段介绍："地中掘一窖，或稻草，或松茅铺厚寸许，将剪刀就树上剪下橘子，不可伤其皮，即逐个排窖内，安二三层，别用竹作梁架定，又以竹篦阁上，再安一二层。却以缸合定，或用乌盆亦可。四围湿泥封固，留至明年不坏。"②今湖北山区的果农仍然在采用这种传统方法为柑橘保鲜。

元代王祯的《农书》中有《百谷谱》，对各种农作物的品种、特性、栽培、种植、收获、贮藏和利用等知识加以介绍，涉及80多种粮食作物和经济作物的起源、品种和栽种方法。其中谷类有粟、水稻、旱稻、大小麦(青稞附)、黍、穄、粱秫、大豆、小豆、荞麦、胡麻、麻子等，蓏类有甜瓜(黄瓜附)、西瓜、冬瓜、芋、蔓菁、茄子、莲藕等，蔬类有葵、芥、菌子、蒜、葱、韭、茼蒿等，水果有梨、桃、李、梅、杏、栗、桑葚、柿、荔枝、龙眼、橄榄、木瓜、银杏、橘、橙等，竹木类则介绍了竹、松(杉、柏、桧附)、榆、柳、柞、皂荚、漆等，杂类有木棉、枸杞、茶、红花、蓝、紫草等。王桢的分类在当时是很科学的，他被后世称为中国农作物学的奠基人。大司农司编写的《农桑辑要》对当时种植的苎麻、木棉、西瓜、胡萝卜、茼蒿、人苋、莙荙、甘蔗、蜜蜂等都有介绍，将蚕桑生产放在与农业同等重要的地位。《农桑辑要》提倡向北方推广苎麻和棉

① 邓治凡，田发刚. 施州考古录校注[M]. 北京：新华出版社，2004：63.
② 罗桂环，汪子春. 中国科学技术史：生物学卷[M]. 北京：科学出版社，2005：241.

花种植,详细地记载了这两种作物的种植、管理与加工、应用的方法。当时,这几本书在湖北农业种植方面发挥过指导作用。

3. 农业工具

工具是生产力发展水平的衡量标志之一。我国传统农业工具长期停留在同一水平上。犁是用来翻地的,钯是用来平整的,锄是用来松土的,镰是用来割植物的。农民们长年用这些工具从事农业生产,亘古不变。吕祖谦的《薛常州墓志铭》记载了南宋孝宗时,在黄州兴办营田,薛季宣主持其事,卓有政声。他要求营田者配置完整的农业工具:二丁共牛一头,犁、钯、锄、锹、镰刀如牛数。元代王祯《农书》中有《农器图谱》,占全书的4/5,记录了宋元时期流行的农业生产工具、农产品加工机械和各种生活器具,涉及田制、仓廪、舟车、灌溉、蚕桑、织纴、麻苎等20个门类,介绍了257种农业机械,配绘图谱306幅,并加以文字说明。

湖北长期种植水稻,在大面积种稻之前,先在一小块地育秧,秧育好之后就要扯秧,把秧分成小把子,以便插秧。扯秧是个细致活,长久地弯着腰,特别累。人们为了劳作时轻松一些,创作了一种农业工具,那就是秧马。北宋时,苏轼在武昌曾经见到过插秧用的秧马,并写了《秧马歌》,在《秧马歌》加引了一段文字,称赞这种新的工具缓解了辛苦的劳动,值得推广。其文曰:"予昔游武昌,见农夫皆骑秧马,以榆枣为腹欲其滑,以楸桐为背欲其轻。腹如小舟,昂其首尾,背如覆瓦,以便两髀。雀跃于泥中,系束藁其首以缚秧。日行千畦,较之伛偻而作者,劳佚相绝矣。"[①]苏轼注意到制作秧马的材质,木材决定功用;还注意到秧马的形状,形状宜于劳作者舒畅并方便移动。秧马的发明,应当比苏轼看到的时间要早,否则不会在武昌等地流行。苏轼认为秧马是很好的工具,就在江西推广,写诗、撰文、作图,倡导采用。他在《东坡志林》中说:"吾尝在湖北见农夫用秧马,行泥中极便。顷来江西,作《秧马歌》以教人,罕有从者。"江西的农民从事农业劳作,有自己的习惯,对湖北农民发明的秧马有一个认识的过程,所以刚开

① 王文诰. 苏轼诗集[M]. 北京:中华书局,1982:2051.

始时不接受这样一种新的工具。然而,通过苏轼等人的宣传,后来普遍采用了秧马。

二、水 利

农业离不开水利,水利不仅可以防止农作物的旱涝,而且还有利于交通,有利于人们的日常生活。为了保证农业丰收,宋朝鼓励兴修水利。据《宋史》卷九十六《河渠六》记载,宣和元年(1119 年),朝廷规定:“有兴修水利功效明白者,亟以名闻,特与褒除,以励能者。”元代设有管理水利的官员。《元史》卷九十《百官六》记载:“都水监,秩从三品,掌治河渠并堤防水利桥梁闸堰之事。”都水监的级别也不低,秩从三品,说明统治者对水利的重视。

为了提高水上运输能力,宋代官员注意兴修漕渠。据《宋史》卷九十四《河渠四》记载,宋太宗太平兴国三年(978 年),西京转运使程能献建议朝廷“自南阳下向口置堰,回水入石塘、沙河,合蔡河达于京师,以通湘潭之漕”。到了端拱元年(988 年),朝廷计划对这个宏大的漕渠分两段实施,一段“开荆南城东漕河,至狮子口入汉江”,开辟的水路“可通荆、峡漕路至襄州”;另一段是“开古白河,可通襄、汉漕路至京”。今陕西有白河县,与湖北相连接。古白河当为汉水支流。这项工程初步完成了荆南漕河到汉江的部分路段,对当时的社会经济发展起到了一定的作用。

宋仁宗至和二年(1055 年),宜城县令孙永组织民众修复长渠,清理淤积,加固渠岸,恢复机关,使之蓄水,为民田供水,民受其益。为了保证长渠的长效机制,孙永又制定了管理制度。后来,曾巩调任襄州知州,专门写了《宜城长渠记》,称赞孙永的功绩,其文曰:“长渠,至宋至和二年久隳不治,而田数苦旱,州饮者无所取。令孙永曼叔率民田渠下者,理渠之坏塞,而去其浅隘,遂完故碣,使还渠中。自二月丙午始作,至三月癸未而毕,田之受渠水者,皆复其旧。曼叔又与民为约束,时其蓄泄,而止其侵争,民皆以为宜也。……溉田三千余顷,至今千有余年,而曼叔又举众力而复之,使并渠之民足食而甘饮,其余粟散于四方。盖水出于西山诸谷者,其源广;而流于东南者,其势下。至今千有余年,而山川高下之形无改,故曼叔得因其故迹,兴于既废;使水之源流与地之高下一有易于古,则曼叔虽力,亦莫能复也。"[①]据此可知,地方官员不仅领导修复水渠,还参与科学管理,以便更好发挥水渠的作用。南宋时也修过长渠。绍兴三十二年(1162 年),朝廷派京西运判姚岳治理长渠,姚岳实地考察,召集两万名役夫,使长渠的水利功能更加完善。

凡是有利于农业的水利,总是得到民众的支持与文人的点赞。宋英宗时,朱纮为宜城县令,在治平二年(1065 年)修复了当地的木渠。木渠经宜城县东北而流注汉水,年久失修,朱纮发动民众,有钱出钱,有力出力,3 个月就完成了工程。木渠把若干个陂塘、支流连接成一个灌溉网,改善了农业生态环境,民众长期受益。《郧溪集》卷十五中记载了郑獬在治平四年(1067 年)为兴修木渠作记,"治平二年,淝川朱君为宜城令。治邑之明年,按渠之故道,欲再凿之。曰:'此令事也,安得不力?'即募民治之。凡渠所渐及之家,皆授功役锸杵,呼跃而从之,惟恐不及,公家无束薪斗米之费。不三月,而数百岁已坏之迹,俄而复完矣"。[②] 郑獬又写了一首《木渠》诗,诗赞:"木渠远自西山来,下溉万顷民间田。谁谓一石泥数斗,直是万顷黄金钱。去年出谷借牛耕,今年买牛车连连。须知人力夺造化,膏雨不如山下泉。雷公不用苦震怒,且放乖龙闲处眠。安得木渠通万里,坐令四海成丰年。"[③]其中说到"人力夺造化",是对这项水利工程功能的高度评价。朱纮复修木渠,不需要政府出钱,百姓乐而趋功,渠成灌田,数县农民得利,朝廷奖励此事,提升朱纮为大理寺丞。

宋熙宁三年(1070 年)十二月,梓州路转运判官李竦上《乞兴江淮荆楚水利奏》,建议朝廷命湖北境内地方官员"访求境内古来陂堰积年毁坏荒

---

① 宜城长渠记[M]//吴庆焘. 襄阳四略. 洪承越,点校. 武汉:湖北人民出版社,1999:423-424.

② 木渠碑记[M]//吴庆焘. 襄阳四略. 洪承越,点校. 武汉:湖北人民出版社,1999:421.

③ 郑獬. 郧溪集[M]. 台北:台北商务印书馆,1986.

废者”,抓紧时间修复。[①] 太平兴国年间,张咏担任崇阳县县令,带领民众在白泉上源修筑陂堰,凿山为渠,引水入圳灌溉农田,使几百顷农田免除水旱之患。[②]

汉阳的禹王庙是先民对治水英雄的纪念。至迟在南宋绍兴年间,人们就在汉阳龟山临江的坡地建有禹王庙,以后屡有重建。明嘉靖年间,在禹王庙旁修了晴川阁。天启五年(1625 年)把禹王庙改名为禹稷行宫。其建筑为硬山式砖木结构,带有墀斗布瓦屋顶。

元代继续重视水利建设。如元皇庆元年(1312 年),嘉鱼县知县成宣带领民众在江边筑堤,上自马鞍山,下至三角铺。此堤对于预防长江水患,有一定的作用。民间称这一段堤为“成公堤”。

第三节 传统技术

除了农业与水利技术,宋元时期在冶铸、机械、造船、建筑、造桥、纺织、造纸、制瓷、制药、制作漆器等方面也有一些技术,这里做简要介绍。

一、冶铸、机械、造船

1. 冶铸

在大悟县芳畈镇仙人洞曾经发现一处宋元时期的铜矿遗址,洞口在一个孤立的小山中间,矿坑道主巷道为斜巷,走向为南北向,坑道最宽处有 10 米,两壁有灯龛。

在鄂东南发现宋元时期的矿山遗址,如大冶冯家山铜矿遗址、大箕铺石铜井铜矿遗址、曙光马石立铁矿遗址、黄石铁山铁矿西采场遗址等。大冶冯家山铜矿遗址发现木锹、篾箩、淘钵等。大箕铺石铜井铜矿遗址发现有黄铜矿、蓝铜矿、斑铜矿、皮壳状孔雀石。曙光马石立铁矿遗址发现装有

① 宋会要辑稿:食货[M].上海:上海古籍出版社,2014:6126.

② 李怀军.武汉通史:宋元明清卷[M].武汉:武汉出版社,2006:29.

手柄的生产工具及井下跳板,跳板面呈齿梯状,可以防滑。①

1977 年,在大冶铜绿山遗址发现的宋代冶炼炉,有些与炼铜炉有很大的不同。这些炉子排列紧密,炉子小且结构简单,炉缸经过多次修补。通过检验炉渣,发现炉渣是在氧化气氛下形成的,渣中夹带金属粒是钢,因而判断这些炉渣是炒钢时形成的。② 这说明,大冶当时不仅能炼铜,还能炼钢。

由于宋代经常发生战争,因而促进了军器手工业技术的发展。湖北大地出现了类似于现代枪炮的武器。据《宋史》卷三百七十七《陈规传》记载,靖康末年,陈规担任安陆令,他擅长用新武器,以炮石鹅车攻城。有一次攻战中,"规以六十人持火枪自西门出,焚天桥,以火牛助之,须臾皆尽,横拔寨去"。这说的是绍兴年间,陈规守德安,创制了一种管形火枪,把火药装在竹筒里,临阵烧敌。有的火枪长,需两人共持。

北宋,在当阳玉泉寺建有铁塔。塔高 13 级,外为铁壳,内为砖衬,塔心中空,通高近 18 米。据专家介绍,铁塔建造时,先以范铸法铸成分段构件,再逐层搭建。每层由平座、塔身(含斗拱)和腰檐三大铸造构件组成,构件之间的缝隙以铁片垫实。它反映了当时生铁冶铸的水平,代表了高超的建筑技术。③

元代,在冶金方面多头并举。《元史·百官志》记载了工部设有镔铁局,"在都局院造作镔铁、铜、钢、鍮石、东南简铁"。当时流行焖炉固体渗碳法,"这种焖炉炼钢的方法在河南、湖北各地有相当长的历史。那里所用的焖炉是方形的,用土坯砌成。炉的下部设有炉栅,炉栅距地面约半尺高。在炉栅下面四周留有通风口,以便炉子自动抽风"。④

元代铸造了武当山的古铜殿,安置在天柱峰前小莲峰上。铜殿高

---

① 韩汝玢,柯俊.中国科学技术史:矿冶卷[M].北京:科学出版社,2007:146-147.

② 朱寿康,张伟晒.铜录山宋代冶炼炉的研究[J].考古,1986(1):79-81.

③ 孙淑云.当阳铁塔铸造工艺的考察[J].文物,1984(6):86-89,95.

④ 赵匡华,周嘉华.中国科学技术史:化学卷[M].北京:科学出版社,1998:168.

3 米,阔2.8 米,深2.4 米,悬山式屋顶,全部构件为分件铸造,榫卯拼装,各铸件均有文字标明安装部位,格扇裙板上铸有“此殿于元大德十一年铸于武昌梅亭万氏作坊”,是中国现存最早的铜铸木结构建筑。

2. 机械

北宋哲宗元祐末年、绍圣初年,邹浩担任襄州学官(教授),注意到襄阳白沙湖边有一组水转五磨,用于加工麦子。这种靠水流为动力的粮食加工机械,有轮有轴相衔接,巧夺天工,极大地减少了劳动力。于是,邹浩在给友人端夫的诗中表达了赞佩之情。这首诗就是《次韵端夫闻江北水磨》,其文节录如下:

白沙湖边更湍急,五磨因缘资养生。
城中鞭驴喘欲死,亦或人劳僵自横。
借令麦破面浮玉,青蝇遽集争营营。
乃知此策最长利,朱墨岂复嗤南荣。
天轮地轴骇昼夜,仿佛飓扇吹苍瀛。
游江夫人俨然坐,蛟龙不动如石鲸。
只应神物亦持护,我辈何妨双耳清。①

其中说到靠人力拉磨,累得“驴喘欲死”;对机械五磨,应当“持护”。虽然我们现在看不到五磨原物,史书也没有留下绘图,但可以想象这是一种机械,在当地可能不止一组。能够引起邹浩大发诗兴,说明五磨确实是神奇的。通观宋代科技,机械已经达到新的高度,前述苏颂和韩公廉等人在开封创造了结构复杂、自动运转的水运仪象台,相比较而言,在襄阳的白沙湖边造水转五磨,应不是不可能的。

---

① 郭正忠. 邹浩与襄阳的水转五磨:北宋农业加工机械的巨大进步[J]. 江汉论坛,1985(8):68-72.

3. 造船

宋代的湖北经常发生水战,战船的数量与规模很大,技术也应当是空前的。据陆游介绍,他在沿长江入蜀之时,经过了鄂州,看见“大军教习水战,大舰七百艘,皆长二三十丈,上设城壁楼橹,旗帜精明,金鼓鞺鞳,破巨浪往来,捷如飞翔,观者数万人,实天下之壮观也”。[①] 陆游的描述应是纪实,他所见到的应是水军训练。“二三十丈”长的大船之上有城楼模样的设置,舰行进起来也是很快的。这些船大致反映了当时造船的水平。如果说一宋尺约 31 厘米,那么“二三十丈”至少有 60 米。

宋代,农民起义军杨幺在洞庭湖与官兵打水仗,双方大量造船,并在船上安装了攻击性武器,推动了水上军事技术。

元末,陈友谅在武昌城建立大汉政权,造了许多楼船。谷应泰《明史纪事本末》卷三《太祖平汉》记载:“大作舟舰,高数丈,饰以丹漆,上下三级,级置走马棚,下设板房为蔽,置橹数十其中,上下人语不相闻,橹箱皆裹以铁,自谓必胜。”据此可知,船高 3 层,每层有走马棚。船上有几十只橹,规模宏大。这样的大船,即使是在今天,建造也是不容易的。

二、建筑、造桥

1. 建筑

湖北历史上最有代表性的建筑物是黄鹤楼。宋代张栻撰有《黄鹤楼说》,载于他的《南轩集》卷十八。从社会上流传的宋代黄鹤楼图,可见当时的建筑为台阁式,高大宏伟。粗梁柱,大屋檐,稳健端庄。黄鹤楼代表了当时最高的建筑技术。

元代的宗教建筑很多,建筑技术已经达到很成熟的地步。

在武昌临江的蛇山上,元代建有胜象宝塔,塔高 9 米多,底宽 5 米多,外石内砖,塔座周围有精美的雕饰。在武昌城外,洪山上有东山寺(今宝通禅寺)。寺后建有灵济塔(今洪山宝塔),塔有 7 层 8 面,高约 43 米,内外

---

① 王云五. 从书集成初编:入蜀记及其他二种[M]. 上海:商务印书馆,1936:38.

砖石,仿木结构,由下而上,逐层内收。至今仍然巍峨壮观,成为洪山的地标。其实,东山寺的源头在随州的大洪山,山上有大洪山寺,寺里有部分僧侣为拓展佛教影响,来到武昌城外修建了东山寺。

在随州更远的太和山(即武当山),元泰定元年(1324 年)在玉虚岩修建了寺庙,在南岩、太子岩都有道教建筑。多是依山而建,顺其自然,巧夺天工。

民国编修的《湖北通志》卷十五至二十《古迹》记载了元代的许多庙观,表明元代湖北宗教建筑是很发达的。

2. 造桥

宋代的造桥技术值得一提。李焘《续资治通鉴长编》卷十五“开宝七年闰十月己酉”条记载:“上遣八作使郝守浚率丁匠自荆南以大舰载巨竹絙,并下朗州所造黄黑龙船,于采石矶跨江为浮梁。或谓江阔水深,古未有浮梁而济者,乃先试于石牌口。既成,命前汝州防御使灵邱陆万友往守之。”这段材料说的是:宋初发动统一战争,向南进攻南唐。太祖派八作使郝守浚在湖北境内造船,在采石矶一带造浮桥过江,使宋军人马顺利渡江,平定了南唐政权。浮桥的规模与样式现在不得而知,但是,敢于在宽阔的长江上,不畏湍急的江水而架桥,气度非凡,技术可嘉。

在武汉江夏区贺站镇陈六村有一座古桥,是元代至正九年(1349 年)所建。这是武汉地区现存最早,跨度最大,且有明确纪年的一座古桥。桥名南桥,为单孔半圆形石拱桥,全长 36.7 米,桥拱跨度过 10 米,半圆拱的矢跨之比为1:2,属于陡拱桥。桥基立于河床的岩层之上,主体建筑材料为凿磨规整的红砂石块砌筑,黏合材料为糯米浆和石灰。①

三、纺织、造纸、制瓷等

1. 纺织

湖北一直是纺织业发达的地区。襄阳的白縠,织得很薄,成为抢手货。

---

① 祁金刚. 江夏溯源[M]. 武汉:武汉出版社,2008:341.

意大利人马可·波罗记载了襄阳府“生丝产量丰富，并且出产一种与金线混织成的最精美的绸缎”。[①] 江陵、德安等地的绫苎，也颇有盛名。

元代，棉织业在湖北兴起。湖北的蕲州、黄州属于淮南，而文学家马祖常的《石田文集》载有《淮南田歌十首》，说淮南普遍都种上了棉花。其歌云：“江东木棉树，移向淮南去。秋生紫萼花，结棉暖如絮。”既然普遍种植棉花，必然有棉花加工，以棉织布成为纺织业的新技术。至元二十六年(1289年)，政府在湖广等地设置木棉提举司，说明在湖北农村种植成为重要的经济活动。

2. 造纸

宋代的造纸业发达，湖北造纸技术领先，能生产闻名全国的纸张。最负盛名的是鄂州蒲圻县纸。鄂州蒲圻，今为咸宁赤壁市。鄂州蒲圻县纸的特点是不薄不厚，非常匀称。文人陆游曾说：“前辈传书，多用鄂州蒲圻县纸，云厚薄紧慢皆得中，又性与面黏相宜，能久不脱。”[②]又，徐度在《却扫编》下卷记载了当时的一些学者整理文献，“求别本参校，至无差误，乃缮写之，必以鄂州蒲圻县纸为册，以其紧慢厚薄得中也”。[③] 这两条材料说明，鄂州蒲圻县纸已是当时的品牌，成为学人抄书的最爱。

3. 制瓷

宋元时期在全国各地有许多烧制瓷器的窑场，主要在江西、河南等省。20世纪70年代，考古发现在鄂城梁子镇到江夏区湖泗镇之间有一大片古瓷窑遗址，填补了湖北在瓷窑方面的空白。鄂城、武昌是长江中游瓷器生产的重要基地，瓷窑群的年代从五代到元代，长达400年之久，两宋的瓷器居多。考古发现较完整的烧瓷窑炉、烧瓷窑具、各类瓷片。如梁子湖旁边的土地堂乡有一处青山瓷窑，窑炉由火门、风门、火膛、窑床、窑墙、护墙等

---

① 马可波罗. 马可波罗游记[M]. 陈开俊，戴树英，刘贞琼，等，译. 福州：福建科学技术出版社，1981：169.

② 陆游. 老学庵笔记：卷二[M]. 北京：中华书局，1979：19.

③ 王瑞明，雷家宏. 湖北通史：宋元卷[M]. 武汉：华中师范大学出版社，1999：123.

部分组成,出土了青瓷、白瓷、青白瓷。形制多样,釉色光鲜,表现出很高的烧制水平。有学者认为,湖泗镇窑址里的青白瓷具有江西景德镇宋代影青瓷的特点,可以代表南方青白瓷的先进水平。①

湖泗镇一带的瓷窑,每座高七八米到12米,生产的瓷器种类很多,有壶、盘、碟、杯、香炉等,瓷胎有白、褐等色。瓷器通过梁子湖水道,转运到长江沿线交易。② 1988年、1995年,在江夏区王麻湾对宋代一座窑址进行了两次发掘,这个窑有斜坡式龙窑窑膛,出土了一批造型、质地、釉色精美的瓷器标本。1995年,还发掘了湖泗浮山窑,该窑利用地势,窑头在台地的坡下,窑尾高翘在台地顶端,利用自然抽风。窑有保温墙,以瓦支撑窑券顶,窑膛大。这些特点体现了造窑的经验与技术。目前已经发现湖泗窑窑址有170余条窑膛,龙窑的长度一般都在20~50米,其生产产量大,产品远销各地。③ 当地之所以有如此多的窑址,是因为在梁子湖、斧头湖周边的山丘蕴藏着高岭土,还有大片树林,为烧窑提供了物质基础。

4. 制药

宋代张耒在《明道杂志》记载了黄州人以蛇为药,且作为贡品。"其虫多蛇,号白花者治风,本出蕲州,甚贵,其出黄州者,虽死两目有光,治疾有验,土人能捕之,岁贡王府。黄人言:此蛇不采食,蟠草中,遇物自至者而食之,其治疾亦不尽如本草所载。余尝病疥癣,食尽三蛇而无验。黄之东三驿地名岐亭,有山名拘罗,出蜈蚣,俗传其大者袤丈。土人捕得,以烟熏干之,商贾岁岁贩入北方,土人有致富者。"

5. 制作漆器

湖北漆器品牌"库路真",到了宋代可能失传。宋人邢凯《坦斋通编》记载:"予尝至襄阳,问唐时所贡库路真……土人皆不能晓。襄州出髹器,

① 田海峰. 记我省首次发现的两处古瓷窑址[J]. 江汉考古,1981(1):99-100.

② 李怀军. 武汉通史:宋元明清卷[M]. 武汉:武汉出版社,2006:38.

③ 祁金刚. 江夏溯源[M]. 武汉:武汉出版社,2008:161,171.

谓之襄样,意其即此物也。”①

第四节　毕昇与庞安时

一、改进活字印刷的毕昇

宋代,湖北已有雕版刻书。《宋会要辑稿·刑法二》记载了一个案件,是由刻书引起的。其中提到徽宗崇宁三年(1104 年)四月十九日,中书省、尚书省勘会:荆湖南北路有人印刷《佛说末劫经》,要求地方上对“民间所收本,限十日赴所在州县镇寨缴纳焚讫”。在湖北的江陵、鄂州、黄州、蕲州、襄阳等地都有刻书。“总计宋代湖北所刻之书现存二十多种,已知姓名的刻工有一百余人,其中较著名的刻工有周亮、赵褒、邓亮、吴友成、余岩、吴永年、李浩、詹元、张彤、许和、余中、宋琳等。”②

据沈括《梦溪笔谈》记载,由于雕版印刷耗费人力、物力和时间,人们要求改进印刷技术。1041—1048 年,宋仁宗时的平民毕昇制成胶泥活字,他先用胶泥捏成四方长柱体,一面刻上单字,放在火中烧,然后把活字按文稿需要凝为一版,印刷书籍。活字印刷可以节省劳力,每次印书不需再刻整块木板,活字可以依次拼版。③

沈括在《梦溪笔谈》卷十八记载:“庆历中,有布衣毕昇又为活版。”庆历是宋仁宗的年号,从 1041 年到 1048 年。这名布衣到底是哪里的人?一直不清楚。有人说是益州(今成都)人,有人说是杭州人,电影《毕昇》说毕昇在杭州开毕氏活字印书馆,受官府迫害而死。

沈括在《梦溪笔谈》卷二十记载:“祥符中,方士王捷本黥卒,尝以罪配

---

① 王瑞明,雷家宏. 湖北通史:宋元卷[M]. 武汉:华中师范大学出版社,1999:122.

② 李怀军. 武汉通史:宋元明清卷[M]. 武汉:武汉出版社,2006:172.

③ 中国人民政治协商会议英山县委员会,湖北英山毕昇文化研究会. 毕昇 英山:英山文史第八辑[M]. 香港:中国国际文化出版社,2009.

沙门岛，能作黄金。有老锻工毕升，曾在禁中为捷锻金。升云：'其法为炉灶，使人隔墙鼓鞲，盖不欲人觇其启闭也。'其金，铁为之。初自冶中出，色尚黑，凡百余两为一饼，每饼辐解凿为八片，谓之'鸦觜金'者是也，今人尚有藏者。"据此，有人认为，毕昇既是铁匠、冶金能手，还是个印刷高手。也有人认为，卷二十的"毕升"不是卷十八中的"毕昇"，卷十八中"毕昇"的"昇"字是用的繁体字，且比卷二十的"毕升"要早三四十年。对这样一些有争论的问题，我们姑且存疑。

1990 年，在湖北英山发现毕昇墓碑，揭开了毕昇的身世之谜。

据考古专家孙启康介绍，毕昇墓碑的碑石特征为宋元时期常见的圆头碑（即笏头碣），边框雕饰卷草花纹为唐代广泛用作边饰的忍冬花样式，宋代民间碑志流行这种装饰。碑边框顶部为尖券形式，是宋以前建筑门框常用的装饰，元明以后的碑石上逐渐消失了这种装饰。碑心刻毕昇及其妻李氏名讳的神灵牌位，上覆火焰宝珠华盖，下托莲瓣，其装饰手法与浙江宁波天封塔地宫出土的铸于宋绍兴十四年（1144 年）的银质幡幢形牌位形制相同；考妣名讳均为阳刻正书，其字起笔浑圆，收笔藏锋，书体与宋代刊本的印刷体相近，饶有古意，实为宋代墓碑特色。毕昇墓碑的落款时间是皇祐三年，即 1051 年，在庆历之后的 3 年，时间是吻合的。

墓碑发现于英山县草盘地镇五桂墩村的毕家坳，附近有毕家铺，这一带保存有毕昇之孙毕文忠墓等许多宋至明以前的毕姓坟墓。有理由相信，毕昇就是宋时淮南路蕲州直河乡（今湖北英山县，在北宋时为直河乡）毕家铺人氏。当时的英山只是个地名，还没有设县，属蕲州蕲水县管辖。直到南宋度宗咸淳六年（1270 年）始分罗田县直河乡为英山县。当地的宋代历史文化遗存丰厚，考古发现的文物中以宋代的居多。不过，毕昇虽是英山人，但他发明活字印刷的过程，未必是在英山。当时的工匠有流动性，不少刻工到其他地方谋生，在实践中发明活字印刷也是有可能的。①

---

① 中国人民政治协商会议英山县委员会，湖北英山毕昇文化研究会. 毕昇 英山：英山文史第八辑[M]. 香港：中国国际文化出版社，2009：61，100.

为什么湖北籍的毕昇能够改进活字印刷呢？有偶然性，也有必然性。英山县的学者认为："毕昇发明活字版印刷术的时间是1041—1048年，其时淮南大别山一带高山地区就盛行水碓造纸，到中华人民共和国成立初尚存。还有活字版印刷所必需的原料如胶泥、松香、蜂蜡等历来是英山的传统产品，至今还富有资源。"传闻毕昇的上辈人从事手工业或雕版刻印致富，毕昇从小饱读诗书，勤于思考。大别山有天然的胶泥、松香、蜂蜡，为他试验活字印刷提供了材料。然而，印刷时，开始常"高下不平"，字迹深浅不一。他改用"胶泥刻字""火烧令坚"，一字一印，置以铁范，以松脂蜡和纸灰调拌，制成印版，达到了"字平如砥"的要求。

由于"毕昇是英山人"这个消息来得太突然，加上传世文献从来没有相关记载，使得学术界一时间很难接受这么一个事实。于是，中国印刷史研究会专家、武汉地区的专家纷纷到英山实地考察，普遍认定"毕昇是英山人"。时任国家文物鉴定委员会副主任的史树青在"英山县毕昇研讨会"上写了一首诗："名姓昭昭见梦溪，千年寻迹至今谜。英山考古有新获，识得淮南老布衣。"2008年，北京中华世纪坛伫立了英山捐献的毕昇铜像。

文明的进步，离不开信息传播的手段。唐代已有雕版印刷，北宋毕昇在此基础上发明活字印刷。毕昇创制的活字印刷术，比约翰·古登堡在德国发明的活字版早400年，已为中外学者所公认。毕昇用胶泥刻字，嵌在铁版中，上墨印书。毕昇发明活字印刷，大大提高了印刷速度，推动了信息的传播。南宋文学家周必大于绍熙四年(1193年)采用毕昇发明的活字印刷方法，用胶泥铜版刊印自著的《玉堂杂记》。元代的王桢改进印刷术，发明了转轮排字架，试印《崇德县志》，取得了很好的效果。

毕昇发明的活字印刷，据有关课题组研究推测，大致要经过若干个流程：选取黏土，捣碎成粉，筛去杂物，打制泥浆，泥浆脱水，提取泥膏，练成坯泥，做字坯模，制成字坯，反书文字，刻成阳文，入窑烧字，存入字库，取字送排,热药排版,应急烧字,校对印版,润版刷印,拆版还字,装订成册。[①] 然而,毕昇发明活字印刷时并没有受到社会足够的重视。他到钱塘(杭州)推广这一技术,因身份卑微而没有受到重用。他回到故里(今英山县)后去世。

潘吉星认为:"毕昇用上述方法制成陶活字印书,用过的活字传到沈括侄子那里,便将此技术记录下来。毕昇在木雕版、木活字原有技术基础上发明陶活字印刷技术,扩大了活字原料来源,降低了生产成本,促进了活字印刷的发展,对他的历史贡献应给以充分肯定。"[②]

宋代以后,湖北的印刷业兴盛。元代,湖北的书院刻印书籍,以广阅读。王祯的《农书·杂录》载有"造活字印书法",可资参考。揭傒斯的《揭文安公文集》第十二卷载有《江南湖北道肃政廉访使董公神道碑》记载了元文宗时,董守中任江南湖北道肃政廉访使。"刻朱文公《戊申封事》于南阳书院,使学者知格君之道。"据王瑞明先生考证,这里提到的南阳书院是在江夏县,而《戊申封事》是朱熹的奏疏。有学者说,湖北在元代能够开展套色印刷技术。后至元六年(1340 年),中兴路(湖北江陵)资福寺刻印无闻和尚注解《金刚经》,首卷的灵芝图和经注都是用朱墨两色木刻套印。这种技术比西欧第一本套色印刷的宗教文献早 170 年。[③]

二、"北宋医王"庞安时

北宋医学家庞安时(1042—1099),字安常,蕲州蕲水(今湖北浠水)人。他出生于医学世家,20 岁时就是名医。他通贯百家之说,以《内经》诸书理论为指导,擅治伤寒。他著有《本草补遗》《难经辨》等,以《伤寒总病论》6 卷对后世的影响最大。《宋史》卷四百六十二有《庞安时传》。从中

---

① 中国人民政治协商会议英山县委员会,湖北英山毕昇文化研究会. 毕昇 英山:英山文史第八辑[M]. 香港:中国国际文化出版社,2009:145 - 148.

② 潘吉星. 中外科学技术交流史论[M]. 北京:中国社会科学出版社,2012:587.

③ 蔡美彪,周良霄,周清澍,等. 中国通史:第七册[M]. 北京:人民出版社,1983:200.

可知，庞安时崇敬扁鹊，从小“独取黄帝、扁鹊之脉书治之，未久，已能通其说，时出新意，辨诘不可屈，父大惊，时年犹未冠。已而病聩，乃益读《灵枢》《太素》《甲乙》诸秘书，凡经传百家之涉其道者，靡不通贯”。庞安时曾说：“世所谓医书，予皆见之，惟扁鹊之言深矣。盖所谓《难经》者，扁鹊寓术于其书，而言之不祥，意者使后人自求之欤！予之术盖出于此。以之视浅深，决死生，若合符节。且察脉之要，莫急于人迎、寸口。是二脉阴阳相应，如两引绳，阴阳均，则绳之大小等，故定阴阳于喉、手，配覆溢于尺、寸，寓九候于浮沉，分四温于伤寒。此皆扁鹊略开其端，而予参以《内经》诸书，考究而得其说。审而用之，顺而治之，病不得逃矣。”

庞安时重视著书立说，他“欲以术告后世，故著《难经辨》数万言。观草木之性与五藏之宜，秩其职任，官其寒热，班其奇偶，以疗百疾，著《主对集》一卷。古今异宜，方术脱遗，备阴阳之变，补仲景《论》。药有后出，古所未知，今不能辨，尝试有功，不可遗也。作《本草补遗》”。这些医学著作现在大多遗失，仅存着一部《伤寒总病论》。

庞安时的医技相当高明。“为人治病，率十愈八九。踵门求诊者，为辟邸舍居之，亲视饘粥、药物，必愈而后遣；其不可为者，必实告之，不复为治。活人无数。病家持金帛来谢，不尽取也。尝诣舒之桐城，有民家妇孕将产，七日而子不下，百术无所效。安时之弟子李百全适在傍舍，邀安时往视之。才见，即连呼不死，令其家人以汤温其腰腹，自为上下拊摩。孕者觉肠胃微痛，呻吟间生一男子。其家惊喜，而不知所以然。安时曰：‘儿已出胞，而一手误执母肠不复能脱，故非符药所能为。吾隔腹扪儿手所在，针其虎口，既痛即缩手，所以遽生，无他术也。’取儿视之，右手虎口针痕存焉。其妙如此。”庞安时“活人无数”，功德无量。有的人为了治病，在庞安时诊所旁边租房住下来，一直到治愈才离开。这种情况，颇类似当代的住院制度。对待妇女的疑难生产，庞安时能深入思考，不是用药，而是用热水温身，用针灸刺腹，由外及内，使婴儿松开小手，顺利产出。这个“一针救产妇”的医案真是高明。

庞安时对待死亡很安然，不惧死，不多治疗。“年五十八而疾作，门人请自视脉,笑曰:'吾察之审矣。且出入息亦脉也,今胃气已绝。死矣。'遂屏却药饵。后数日,与客坐语而卒。"显然,庞安时的死亡观是与众不同的,相信死亡是自然现象,人力难扭天命,顺从自然,乐观处之。

庞安时精于《伤寒论》,以善治伤寒名闻当世,时人有"庞安时能与伤寒说话"之称。庞安时治伤寒,根据人的体质、地理、气候等分析人的病因。他认为伤寒的病因是"寒毒",由于感受邪气的时间、地域、体质不同,而表现出伤寒、中风、风温、温病、湿病、暑病等不同的症候。

庞安时在《伤寒总病论》的叙论指出"凡人禀气各有盛衰","寒毒与营卫相浑","当是之时,勇者气行则已,怯者则著而成病矣"。寒毒虽已侵袭人体,但其能否发病,则取决于身体强弱与正气盛衰,体质起着重要作用,"假令素有寒者,多变阳虚阴盛之疾,或变阴毒也;素有热者,多变阳盛阴虚之疾,或变阳毒也"。庞安时提出温病与伤寒分治。他认为,温病是外感热病中另一类性质不同的病证,其治疗与伤寒不同,伤寒"有可汗可下之理","温病若作伤寒行汗下必死"。对于温热病,庞安时基本上分为伏气和天行两类。前者是冬时中寒,随时而变病,如春之"温病"、夏之"热病",以及"中风""湿病""风温"等,"其病本因冬时中寒,随时有变病之形态尔,故大医通谓之伤寒焉"。

庞安时在《天行温病论》对流行性的温病做了论述,指出:"天行之病,大则流毒天下,次则一方,次则一乡,次则偏着一家。"他将温毒五大证与四时、五行、经络、脏腑联系起来辨证论治,指出:"自受乖气而成脏腑阴阳温毒者,则春有青筋牵,夏有赤脉拂,秋有白气狸,冬有黑骨温,四季有黄肉随,治亦别有法。"对温毒五大证的治疗,他着眼一个"毒"字,使用大剂量清热解毒,辛温散毒之品,处方多以大量石膏为主。这篇《天行温病论》对于当代社会对付流行性瘟疫有一定的指导意义。

庞安时与苏东坡是同一时期的人物,苏东坡曾在黄州任团练副使的闲职,经常听到庞安时的传闻。苏东坡有一首词《浣溪沙·游蕲水清泉寺》,记载的是他与庞安时的一段友谊佳话:

山下兰芽短浸溪，松间沙路净无泥。萧萧暮雨子规啼。
谁道人生无再少，门前流水尚能西。休将白发唱黄鸡。

苏轼患上左手臂肿的疾病时，发现庞安时虽耳聋，但聪慧过人。两人以手画字，不尽数字，庞安时已全懂其意。苏轼戏语说："余以手为口，君以眼为耳，皆一时异人也。"苏轼的《东坡杂记》《仇池杂记》，均记有庞安时的医迹。苏轼曾称赞庞安时"精于伤寒，妙得长沙遗旨"。

宋代袁文的《瓮牖闲评》，对庞安时的事迹也有记载。宋代张耒在《明道杂志》记载："蕲水县有高医庞安时者，治疾无不愈，其处方用意几似古人，自言心解，初不从人授也。蕲有富家子窃出游倡，邻人有斗者排动屋壁，富人子方惊惧，疾走出，惶惑突入市。市方陈刑尸，富人子走仆尸上，因大惊，到家发狂，性理遂错，医巫百方不能已。庞为剂药，求得绞囚绳，烧为灰以调药，一剂而愈。庞得他人药尝之，入口即知其何物及其多少，不差也。"

由于庞安时卓越的医技，有人把他称为"北宋医王"。庞安时故居，位于浠水县清泉镇龙井村，祖屋为三进三重的建筑，面积约400平方米。庞安时的故居仅有极少数古时的房屋石础、石条等物件遗存，主体建筑是后世修建的。

龙井村有一大奇观。传说有九口井，现剩存两口，龙井村因此而得名。井水冬暖夏凉，色清味甘，春季井口喷雾，下雨前井口常腾起水柱。据传自汉时起即有此井，庞安时用该井井水煎熬汤药，愈者十有八九。传闻有一年大旱，浠水城郭乡杨家铺一带瘟疫流行，可庞安时发现他开的方子在别处灵验，而在这里就不灵了。他来到这里一看，才发现这里的村民吃水、用水不分开，都取自污秽不堪的塘堰。于是，他带着弟子杨可上山寻找水源，开了一口杨井。这口井后来一直发挥作用。庞安时的墓地在其屋后山，名叫鲤鱼地，原名佛屠山，风水名曰"荷叶盖金龟"，地为丑山未向，坐东北偏西南，现今墓地已不复存在，仅有极少散落遗存石条可见。

21世纪以来，浠水县打造庞安时文化遗产，在清泉镇麻桥小集镇附近建有庞安时文化小镇，总面积约1000亩（约0.67平方千米）。主体区包括庞安时纪念馆（故居）、本草植物园及标本展览馆、中国古代名医雕塑馆、中医药学术研究中心；文化区为庞安时中医学院、中医特色门诊区、国学幼儿园、中医中药书法楹联馆、常用医方碑刻；另有中药交易市场、保健疗养中心、药膳（健康小吃）一条街。庞安时的医学遗产正在发挥积极作用，为地方经济文化做出新贡献。

通观宋元时期，尽管宋朝是农耕民族建立的王朝，元朝是游牧民族建立的王朝，但这两个王朝都是有成就的，对科学技术是重视的。科技发展的真正动力是社会的需求，社会需求推动着人们不断发明创造，因此，毕昇改进活字印刷，庞安时撰《伤寒总病论》不是偶然的。可遗憾的是，湖北的科技资料太零碎，使我们不能全面地了解先民更多的贡献，没有办法系统地论述其成就。

第八章　明代的湖北科技

明代是中国古代社会发展的又一个高峰,随着农业、手工业、商业的发展,科学技术水平也达到一个新高度。明中叶之后,江南经济更加发展,思想较为活跃,海外文化开始浸入内地,传统的科学技术趋向于总结,并蕴含着走向近代的因素。

第一节　时 代 背 景

一、明代的科技

明代的政治中心在北京,经济的重心在江南,人才集中于京畿地区与南直隶,科技呈现万千气象。明代的科学技术在各方面取得新的成就。

地理学方面,1405—1433 年,郑和率大型远洋船队到达西洋 30 余国。1536 年,黄衷著《海语》,记录东南亚史地与中国南洋交通情况。1565 年,胡宗宪编《筹海图编》,是阐述沿海防务的兵书。1589 年,利玛窦在华传教时与明朝官员李之藻共同绘成最早的世界地图《坤舆万国全图》。此外,徐霞客著《徐霞客游记》,顾炎武编著《肇域志》《天下郡国利病书》。这些都说明人们的视野已扩大,地理知识更加丰富。

数学方面,1450 年,吴敬撰《九章算法比类大全》。1592 年,程大位撰《算法统宗》,最早记载使用珠算方法开平方和开立方。1606 年,徐光启与利玛窦合译《几何原本》。1613 年,李之藻编译《同文算指》。西方的数学知识传入中国,带来了新的思维。

物理学方面,1637 年,宋应星在《论气·气声》中对声音的产生和传播做出了合乎科学的解释,他认为声音是由于物体振动或急速运动冲击空气而产生的,声音是通过空气来传播的,同水波相类似。方以智在《物理小识》卷二中提出:"宙(时间)轮于宇(空间),则宇中有宙,宙中有宇。"这段话提出了时间和空间不能彼此独立存在的时空观。孙云球制造放大镜、显微镜等几十种光学仪器,并著《镜史》。可见先民在物理方面有了更加深刻的认识,此时已有了一些近代科技的气息。

医学方面,朱橚等编写的《普济方》,载方61739个,是我国现存最大的一部医方书,他还组织编著了《保生余录》《袖珍方》《普济方》。1596年,李时珍著的《本草纲目》在南京正式出版。1601年,杨继洲著《针灸大成》。1617年,陈实功著的《外科正宗》,收集了大量有效方剂。1624年,张景岳撰《类经》刊行。1641年,吴有性撰《瘟疫论》。与卫生防疫有关的,还有1567年在宁国府太平县试行中国人痘接种方法预防天花。种痘预防天花是人工免疫法的开端,是医学史上的重大成就。17世纪,我国种痘技术已相当完善,并已推广到全国。我国种痘法于17世纪初传入欧洲。可见中华医学发展到明代,开始了总结阶段,甚至走向了海外。

农学方面,1376年,俞宗本著《种树书》,记载了多种树木的嫁接方法,如桃、李、杏的近缘嫁接和桑、梨的远缘嫁接等。1406年,朱橚编《救荒本草》,收集414种可供食用的野生植物资料,载明产地、形态、性味及其可食部分和食法,并绘有精细图谱。1511年,中国种植玉米。1547年,马一龙著《农说》,记载了水稻的精耕细耘、密植、育苗、移栽等的种植经验。1617年,赵蛹著《植品》,介绍有关西红柿的种植技术等。1628年,徐光启撰《农政全书》。农业科技更加精致,并且在新品种方面有了研究。

化学、冶炼方面,1521年,四川嘉州(今乐山)凿成深达数百米的石油竖井。1596年,《唐县志》记载了以火爆法的采矿技术。明代已大量用锌,欧洲人在16世纪才了解到锌是一种金属。英国人在18世纪30年代来广州学习炼锌,回欧洲建立了第一座炼锌厂。明代冶金技术领先于世界,对西方有一定的影响。

明代朱载堉(1536—1611),字伯勤,明宗室。在律学、历学、数学等方面都有研究，有人称他为“东方文艺复兴式的圣人”。其父朱厚烷精通音律，对朱载堉的影响和启发很大。1951 年，迁居宫外，致力研究著述。自己种竹，认作律管实验；自制八十一档大算盘，认作开方运算工具。最早提出等比数列和不同进位数的换算的正确的计算方法，首创“新法密率”即十二平均率的数学理论。

明代，西方科技对中国有一定的影响。在中国古代科技向近代科技过渡的过程中，明末徐光启是一个里程碑式的人物。徐光启既重视传统科技，又对西方科技有极大兴趣。他研究传统农业技术，有《农政全书》传世。他译著和介绍西方科技，有《几何原本》《同文算指》《测量异同》等书传世。他对西方科技介绍的贡献，绝不亚于对传统科技研究的贡献。他的贡献也绝不限于书籍，更大的贡献在于积极吸收域外科学文化的精神。他提出“欲求超胜，必须会通”，“溶彼方之材质，入大统之型模”。① 徐光启在数学方面至少有两点贡献：一是借鉴。他根据《几何原本》的原理和方法，论证中国古代数学，使之系统化、理论化。二是创新。他参照《几何原本》，结合《九章算术注》，对“勾股容圆”一题做出新的论证。在水利方面，他与意大利传教士熊三拔翻译《泰西水利》，选择先进的内容，边翻译边试验，加以推广。②

明代译介了许多科技方面的外国书籍，如《测量法义》《表度说》《泰西水法》《几何原本》《同文算指》《乾坤体义》《圆容较义》《天问略》《职方外纪》《远镜说》《寰有诠》《寰宇始末》《五纬历指》《性学粗述》《坤舆格致(矿冶全书)》《建筑十书》《数学札记》《各种精巧的机械装置》《测量全义》《天体运行论》《哥白尼天文学概要》《地中海航海术》《远西奇器图说》《泰西人身说概》《人身图说》《西国记法》《崇祯历书》《旋韵图》《几何法》《太西算要》《西儒耳目资》《历学小辨》《日月星晷式》《浑盖通宪图说》《经天该》等，涉及的语种多、国家多、学科多，对中国人的科技知识与观念都产

---

① 王重民. 徐光启集：下册[M]. 上海：上海古籍出版社，1984：374 - 375.

② 马敏. 中国文化概论[M]. 武汉：华中师范大学出版社，2002：368 - 369.

生影响。

二、湖北的状况

“湖广”作为行省名始见于元代。元至元年间,朝廷置湖广行省,所辖范围很大,包括今之湖北、湖南、广东、广西四省区。明代所建湖广布政使司仅辖今湖北、湖南两省区。湖广布政使司以武昌为治所,辖武昌府、汉阳府、荆州府、襄阳府、黄州府、承天府(钟祥)、德安府(安陆)、郧阳府。政府官员主要负责教化、税收、治安等事务,没有专门从事科学技术管理的职守。

明代的湖广地区,区位重要,经济兴盛,受到朝廷重视。《明宣宗实录》第六十四卷记载了宣德五年三月丙辰“湖广,东南大藩,襟带湖江,控引蛮越,实交、广、黔、蜀之会。人民蕃庶,商贾往来,舟车四集”。

湖北有发达的水陆交通,在长江、汉江沿岸形成了一些重要的商业集镇,诸如汉口、沙市、宜昌、樊城等。相应地,教育、文化也有所发展,出现了一些文化名人,如公安“三袁”(袁宗道、袁宏道、袁中道)、嘉鱼“二李”(李承芳、李承箕)、黄安“三耿”(耿定向、耿定理、耿定力)、竟陵钟惺、蕲春李时珍与顾景星、罗田万全等。人文的兴盛,预示着新的科学技术人才涌现。

不过,这时期的湖北,总体上还是农耕时代的沉闷湖北,保持着秦汉以来的旧貌。明代的湖北是一片泽国。江汉平原是辽阔的湿地,从钟祥以下,东达汉口,西到荆州,南到长江,曾是云梦泽的主体,是典型的泛滥平原。置身其中,一望无涯,尽是湖底淤积的肥沃土壤,放眼就是水泽、荆草、飞鸟。汉水的下游,靠近长江处,不仅仅是江汉平原上的一条飘带,更是扇形的众多河汉与星罗棋布的湖泊,水草与汪洋一片。清初的顾祖禹在《读史方舆纪要》卷一百二十七“汉水”条转引方志说:“汉水由荆门州界折而东,大小群川咸汇焉。势盛流浊,浸淫荡决,为患无已。而潜江地居污下,遂为众水之壑。一望弥漫,无复涯际。汉水经其间,重湖浩淼,经流支川,不可辨也。”乾隆年间修纂的《汉阳府志》卷三记载:“(嘉靖)三十五年,孝感九嵕山多狼,食人。”狼多得吃人,这种情况现在不敢设想。崇祯“十五年,汉阳大旱,有虎”。清顺治十八年“汉阳旱,有虎灾”。在荆楚之地,在接近平原之地,明清时还有老虎活动,情况罕见。这说明当时的生态还较为原始。

明代的湖北仍然流行祭祀祷告之类的迷信活动。乾隆《汉阳府志》卷四十七记载了明代汉阳府地方官员王叔英的《祷雨文》,其文:“天不施霈泽于兹土殆三越月矣。……叔英今谨待罪于坛壇之次,自今日至于三日不雨,至四日则自减一食,至五日不雨则减二食,六日不雨则当绝食,饮水以俟神之显戮。诚不忍见斯民失种至饥以死。惟神其鉴之,惟神其哀之。”这类祷雨迷信活动在明代一直很流行。比起宋元时期,明代的湖北方志增多,为我们了解湖北明代科学技术提供了新的资料来源。①

第二节　农业与水利

作为内陆农耕大省,明代湖北的科技主要是围绕农业展开的。与以前不同的是,农田的开垦与管理、农作物的品种以及水利等方面有了新的变化。

一、垸　　田

明代,随着人口的增加,为了满足人们生活的需要,湖北加快了农田改造与利用的速度。特别是平原湖区的垸田面积增多,人们把湖泊地带挡水的堤圩,或以堤所围住的地区,称为垸。对于垸田,嘉靖《沔阳志》第八卷记载:“沔居泽中,土惟涂泥……故民田必因地高下修堤防障之。大者轮广数十里,小者十余里,谓之曰垸。”垸有高下,田有水陆,建闸剅以通消泄,沟洫分明,旱涝有备。

江汉平原的农民大规模开展农田整治,垸田是主要方式。垸田可分截

① 根据《中国地方志联合目录》等书可知,现存涉及湖北的明代方志约有37部,即2部通志、11部府志、9部州志、15部县志。

河与围湖两种。其中截河又可分两种,一是围垦因人为堵塞长江、江水的分流穴口而形成的废弃河道;二是围垦逐年淤塞的河港。围湖也分两种,一是筑堤保护滨湖地区已有的田地;二是筑堤围湖涸水为田。[1] 在垸田的过程中,主事者一般要度量地形地势,要修堤,立闸,开沟,这实际上是农田水利的系统工程。有大垸,有小垸,垸套垸,环环相应,充分利用水,控制水,形成最佳水土关系,以确保农业的丰收。

二、农　作　物

湖北从上古的新石器时代就开始种植水稻,稻米是人们的主要口粮。因此,人们重视种稻技术。嘉靖《罗田县志·物产》记载了稻米四大类44个品种,说明人们注重水稻的种类,在选种时注意优质品种,有科学种稻的意识。当时,已经有了一些公认的优良稻种。

在明代之前,鄂西北的山区河谷盆地的农作物以黍、稷、荞等杂粮为主,高寒的山地以燕麦、苦荞为主,农作物品种单一,产量低,不能为大量人口的生存提供足够的粮食。移民进入郧阳之后,普遍种植玉米、马铃薯等农作物。这些农作物对自然条件要求较低,农植技术要求不高,成为人们新的主要粮食。

明代的湖北人能够种植哪些蔬菜?万历《郧阳府志》卷十二《物产》记载的蔬菜有葱、韭、蒜、茄、芦芹、葡萄、王瓜、冬瓜、芥、丝瓜、木耳、笋、青菜、白菜、莙达、莴苣、薤、匏、苋、葫芦、茼蒿、菠菜、甜瓜、龙瓜豆、菜瓜、蔓青、蕨、南瓜、刀豆、春不老、苦瓜、扁豆、荠、胡荽、赤根菜、葑、岩菜、荷、蒌蒿、南豆、荔、灰条菜、白花菜等。这些说明,人们对植物的认识还是较为丰富的。

农村广泛种树,特别流行经济树种。清光绪《德安府志》卷三《物产》记载了檀树是一种好木材。"农人以叶开之迟早,占岁之水旱,极验,名之曰'拗'。檀,叶堪为饮,色味不减安化茶。"说明农民对植物的观察细致,并且了解其功能。

---

[1] 吴成国,张敏.荆楚古代史话[M].武汉:武汉出版社,2013:206.

明代农业的突出特点就是农作物品种增加，如玉米、番薯、马铃薯、西瓜等。

1. 玉米

玉米是禾本科玉蜀黍属一年生草本植物，雌雄同株，异花授粉，植株高大，是重要的粮食作物和饲料作物，在世界上的种植面积和总产量仅次于水稻和小麦。玉米又称玉蜀黍，原产美洲，明代时传入中国，入药始载于《滇南本草图说》。我国玉米的主要产区在东北、华北和西南山区。玉米由于产量高，品质好，适应性强，栽培面积发展很快。李时珍的《本草纲目·谷之二》记载了玉米，表明在李时珍之前湖北就已种植玉米了。李时珍记载："玉蜀黍种出西土，种者亦罕。其苗叶俱似蜀黍而肥矮，亦似薏苡。苗高三四尺。六七月开花成穗如秕麦状。苗心别出一苞，如棕鱼形，苞上出白须垂垂。久则苞拆子出，颗颗攒簇。子亦大如棕子，黄白色。可炸炒食之。炒拆白花，如炒拆糯谷之状。"中医学认为，玉米益肺宁心、健脾开胃、利水通淋。

明代中期以后，大量流民涌入荆襄山区，种植玉米等农作物。玉米不像稻谷那样需要水田，比较耐旱，因此田间管理较为简单。加上玉米不仅可以作为主食，还可以酿酒，受到农民普遍欢迎。

2. 番薯

番薯，一年生草本植物，原产南美洲，现在在全世界的热带、亚热带地区广泛栽培。番薯传入中国的时间约在16世纪末，从南洋引入中国福建、广东，而后向长江、黄河流域及台湾地区。番薯，湖北人称之为甜薯、红薯、红苕。万历年间，在我国东南沿海就有种植。在明代湖北是否已开始种植番薯，历史文献中还没有见到。李时珍的《本草纲目》也没记载番薯，说明李时珍在世时，对番薯没有印象。不过，《本草纲目》没有记载的物种，在现实生活中未必就没有。直到清代，赵学敏为《本草纲目》补漏，编著《本草纲目拾遗》，记载了番薯，说其性甘，平，无毒。《本草纲目拾遗》成书于乾隆三十年（1765年），距《本草纲目》刊行已近200年。当时，在湖北已经广泛种植番薯了。

3. 马铃薯

马铃薯,属茄科一年生草本植物,与小麦、稻谷、玉米、高粱并称为世界五大作物。马铃薯原产于南美洲安第斯山区,人工栽培历史最早可追溯到公元前8000年到公元前5000年的秘鲁南部地区。中国是世界马铃薯总产量最多的国家。

马铃薯因酷似马铃铛而得名,此称呼最早见于康熙年间的《松溪县志·食货》。马铃薯,湖北人称为土豆,有的地方称为洋芋。马铃薯适宜于丘陵、山区种植。凡不能种水稻、小麦的地方,却有可能种植马铃薯、番薯等耐旱作物。

清代,在湖北的山区呈现出多元化种植,即在平地种稻,在山地种马铃薯、番薯。同治《恩施县志·风俗·地情》记载:"环邑皆山,高山以包谷为正粮,间有稻田,种植收获恒迟,贫民则以种薯为正务。最高之山,惟种药材。近则遍植洋芋,穷民赖以为生。"

4. 西瓜

西瓜,一年生蔓生藤本。从西瓜的名称来看,有来自西方之意。中国历代王朝的兴废,有着很大的变迁,版图的广狭也代有不同,当初西瓜并不是我国的原产物,而是来自西域的异国物。①

在传世文献中,胡峤在《陷虏记》最早记载了西瓜。胡峤,生卒年月不详,字文峤,五代后晋时期华阳(今安徽绩溪华阳镇)人,曾为后晋同州郃阳县令。契丹会同十年(947年),他作为宣武军节度使萧翰掌书记随入契丹,后来在周广顺三年(953年)回到中原。根据在契丹7年的见闻,胡峤写成记述契丹地理风俗的《陷虏记》数卷。胡峤在辽上京附近(今属内蒙古)见到并品尝西瓜,还引入了西瓜种植的方法。后隐居不仕。

李时珍在《本草纲目》卷三十三《果部》记载:"胡峤《陷虏记》言:'峤征回纥,得此种归,名曰西瓜。'则西瓜自五代时始入中国,今则南北皆有,而南方者味稍不及,亦甜瓜之类也。二月下种,蔓生,花、叶皆如甜瓜。七、

---

① 王坚,尹文山,魏大钊,等. 西瓜[M]. 北京:科学出版社,1981.

八月实熟,有围及径尺者,长至二尺者。其棱或有或无,其色或青或绿,其瓤或白或红,红者味尤胜。其子或黄或红,或黑或白,白者味更劣。其味有甘、有淡、有酸,酸者为下。……其瓜子曝裂取仁,生食、炒熟俱佳。皮不堪啖,亦可蜜煎、酱藏。"李时珍查阅了陶弘景的《本草经集注》后,发现其中曾记载:"永嘉有寒瓜甚大,可藏至春者。"他认为这种寒瓜便是西瓜,所以他推测"盖五代之先,瓜种已入浙东,但无西瓜之名,未遍中国尔"。

西瓜"消烦止渴,解暑热。疗喉痹。宽中下气,利小水,治血痢,解酒毒。含汁,治口疮"。然而,吃多了有副作用。李时珍说:"西瓜、甜瓜皆属生冷。世俗以为醍醐灌顶,甘露洒心,取其一时之快,不知其伤脾助湿之害也。《真西山卫生歌》云:'瓜桃生冷宜少飧,免致秋来成疟痢。'是矣。又李鹏飞《延寿书》云:'防州太守陈逢原,避暑食瓜过多,至秋忽腰腿痛,不能举动。遇商助教疗之,乃愈。'此皆食瓜之患也,故集书于此,以为鉴戒云。又洪忠宣《松漠纪闻》言:'有人苦目病。或令以西瓜切片曝干,日日服之,遂愈。'由其性冷降火故也。"

潘吉星考证:"西瓜从西亚传入中国今新疆境内当在9世纪,10世纪初移种至北方,再向南移种,至明代已南北皆有之。"①

三、农　　具

农具是衡量农业科技水平的重要尺度。明代,人们试图改进生产工具,郧阳的田间出现了人力耕地机械。

嘉靖二十三年(1544年),江西人欧阳必进(1491—1567)由浙江布政使任右副都御史,抚治郧阳。当时牛疫流行,耕牛几乎死尽,百姓只好用人拉犁耕地,辛苦而不见功效。欧阳必进查到《旧唐书·王方翼传》有一段记载了唐高宗永淳元年(682年)夏城都督王方翼(622—684)"造人耕之法,施关键,使人推之,百姓赖焉"。于是找来几个工匠,创制人力耕地机草图,亲自动手仿制,装置机关,用人力通过滑轮绞动绳索牵引耕犁,就这

① 潘吉星.中外科学技术交流史论[M].北京:中国社会科学出版社,2012:360.

样造出了人力耕地机。同治《郧阳府志·官师志》也记载了欧阳必进“仿唐王方翼遗制,造人耕之法,施关键,使人推之,省力而功倍,百姓赖焉”。

这种人力耕地机,没有留下绘图,不得其详。但是,明天启七年(1627年)王徵撰《代耕图说》提供了一些相关的信息,从中可知:由分别设立在田地两头的“人”字形木架,每架各装有一个辘轳,在辘轳中段缠以绳索,索中间结一小铁环,环与犁上曳钩,自如连脱。辘轳两头安上十字交叉的橛木,手扳橛木,犁自行动。使用时三人合作,两头各一人交递相挽,中间一人扶犁。人力耕地机具有省力高效的优点,深受农民的欢迎。1978 年 10 月,在南昌举行的中国古代农业科学技术成就展览会上,便展示了明代欧阳必进在十堰任上发明的人力耕地机,受到众人的好评。

四、水　利

明代,由于水患日益严重,推动了湖北人对水利的关注。为了发展农业,水利工程同步进行。洪武二十七年(1394 年),朝廷谕令全国兴修水利。湖北的基层地方官员重视水利,积极引导人们兴修一些新的沟渠,并维护原有的水利设施。嘉靖以前,江汉平原还盛行“江清不易淤”的说法,而万历年间却出现了严重的浊化现象。万历《湖广总志·水利志》记载:“近年深山穷谷,石陵沙阜,莫不芟辟耕耨。然地脉既疏,则沙砾易崩,故每雨则山谷泥沙尽入江流。而江身之浅涩,诸湖之湮平,职此故也。”

山区重视水利,如崇阳县修筑了石枧陂。明代中后期,郧阳府重视水利建设,修建或维修了多处水利设施,如郧县武阳、盛水二堰,郧西的千工堰等。弘治十五年(1502 年),郧阳抚治王鉴之组织人力,维修郧县武阳、盛水二堰,“规模宏远,制度精密,蓄泄有时,斡旋有机,视昔则十倍有加焉”。[1] 当时,均州修筑石板滩蓄水堰。房县有澈濔堰,据王世贞《澈濔堰斗门碑记》,明代万历年间的房县令朱衣在当地大兴水利,“凿石为斗门,

① 王鉴之.重修武阳、盛水二堰记[M]//柳长毅,匡裕从.郧阳文化论纲,武汉:湖北人民出版社,2012:307.

大者三，小者三十有五，中为官七十余，上溢则版以障之，下涸则启以泄之”。

凡对民众做过有益事的地方官员，民众就会想方设法纪念做事者。保康县县城的后山有一口古井，得名于明代知县苏惠和。弘治十一年（1498年），苏惠和看到民众到河里取水太远太险，就组织民众凿渠引水入井，大大方便了民众。民众称此泉为苏公泉。

明代的方志中注重搜集与水利科技相关的文献，如嘉靖《沔阳州志》卷八《河防》。但其中最值得注意的是万历《湖广总志·水利志》（以下简称《水利志》）。

万历《湖广总志》的作者徐学谟，曾4次在湖北任职，在他担任左布政使时纂修了《湖广总志》（保存在《四库全书存目丛书》）。徐学谟虽然不是水利专家，但他对水利很重视，其中的《水利志》对明代万历年间和万历之前的水利情况做了介绍。如汉阳县“郡城与武昌对峙，大江环抱东南，汉江合溳水、沔水、沌水与大江会于郡北”；安陆县涢河“绕城西，东流入云梦泽，会汉水入江”。这些记载真实地反映了明代江河与城镇的关系。《水利志》中还收录了反映当时水利思路的重要文献，如《请修长堤疏》《川江石坝志略》等，这是明代官员为了应对洪水，提出的修堤主张。当代学者尹玲玲认为：“万历《湖广总志》开创了专修水利堤防志的传统，且其《水利志》记载详细、分析透彻、立论系统。其后历修之湖广总志、通志，湖北、湖南通志均很好地继承和发扬了这一传统，各水利志、堤防志、堤堰志一脉相承，且体例日趋完备。这使我们系统研究两湖平原大堤的历史发展和防洪、河湖的历史演变、堤垸陂塘水利格局、区域开发与自然保护之人地关系等成为可能。”①

湖北沿江有几条重要的防汛大堤。

长江中游最容易发生洪水的是荆州段，早在东晋永和元年（345年）至

---

① 尹玲玲．明清两湖平原的环境变迁与社会应对［M］．上海：上海人民出版社，2008：141．

兴宁二年(364年),荆州刺史桓温令陈遵沿江陵城筑金堤。这是关于荆江大堤最早的记载。明初,湘王在荆州修筑枣林岗至堆金台的阴湘城堤。正统年间,荆州知府钱晰增筑了数十里黄潭堤。成化初年,荆州知府李文仪为加强堤防,以石块加固。尽管有荆江大堤,但由于技术条件有限,难以防范大洪水。从明弘治十年(1497年)至清道光二十九年(1849年),荆江大堤溃口达34次,平均约10年发生1次。中华人民共和国成立后,在原有堤防基础上,修筑了现代的堤防。

武汉大堤全长约73千米,是明代正德年间开始修建,清代不断续修与维护,清末修了汉口堤。

金口槐山矶石驳岸,位于武汉江夏区金口街槐山一带长江边,始建于明嘉靖年间,由于槐山矶突兀江边,漩流湍急,为防止山体被江水冲刷,于是地方官员组织民众修了这一驳岸。驳岸全长247米,平均高度7米,分3层台阶依山就势而筑。这是长江上仅存的一处古代航运建筑设施,已列为湖北省文物保护单位。[①]

黄广大堤在黄梅、武穴(原广济县)一带的长江北岸,长约87千米,是明永乐二年(1404年)在民垸的基础上修建的。

汉江是长江的重要支流,五代时期就在汉江边修堤,明代建成了从钟祥至武汉的堤防。[②]

早在明代,就有人提出在长江三峡修建石坝,并开展了实践。此事记载于《川江石坝志略》,该文出自明代地方官员陈瑞。陈瑞,福建长乐人,嘉靖癸丑(1553年)进士。他在担任巡抚湖广赞理军务都御史时,“目击民艰,亟思有以拯之”。嘉靖四十年(1561年),陈瑞与地方官员一同考察长江三峡,注意到江水弥漫,两岸多积石。他想到“夫治水之策二:在杀其源,疏其委。今源委既远,难于为力。若于上流少加阻遏,以缓水势,使下流以渐而通,是亦治水之一策也。况岸有积石及天生石梁,因以垒石坝数

① 祁金刚. 江夏溯源[M]. 武汉:武汉出版社,2008:330.
② 周魁一,谭徐明. 水利与交通志[M]. 上海:上海人民出版社,1998:28-29.

十座,或者可挽狂澜万一”。于是,陈瑞联络地方官员,动员民力,在夷陵州境、归州境、巴东县境内的滩地修坝,大约在一年之内就修了二十几座坝。《川江石坝志略》记载:“坝身长十丈,阔五丈,高一丈五尺,屹然相向。”

陈瑞等人修的这些大坝,在当时曾经起到过遏水的作用,民众为之欢欣鼓舞。“自祷神垒坝之后,江水旋涨旋消,真为神异。且水流纡缓,堤岸不溢,穴口不穿,民得粒食。此十五六年来所未见者。”但是,由于当时建坝没有钢筋水泥,加上设计简单,时间仓促,大坝后来都被冲垮了,现在已不见踪迹。虽然陈瑞曾经要求地方官员每年不断增加大坝高度与厚度,但由于人事变动,后继者没有新的投入,这也是大坝被冲垮的重要原因。

然而,幸亏陈瑞撰写的《川江石坝志略》传承于世,使我们得以了解明代发生过的修坝壮举。现在看来,陈瑞等人的实践是非常了不起的,可以称得上是最早在三峡上修水利工程的杰出人物。①

明代,湖北地方官员利用已有的水文与河沙知识,发挥主观能动性,改造自然环境,值得学习。在尹玲玲所著的《明清两湖平原的环境变迁与社会应对》一书中有很好的论述。

在武昌的江边有一个地名叫陈公套。嘉靖《汉阳府志》卷二《方域志》记载:“弘治辛酉(1501年),武昌知府莆田陈公晦有巧思于所属管家套,以小舟数百,载铁器沉水中,并渡,急棹犯其高,沙随水去。一夕,套口遂深阔。乃号令汉阳商人,使移舟套中,更其名曰陈公套。”这事说的是武昌与汉阳两府之间为争夺深水港以利于自己的经济发展,而以人力干预改变江流动力特性,从而改造沙洲和港口形态的实例。武昌知府陈公晦在几百条船上绑载铁器,沉入水中,然后鼓棹小船在这一带急速行驶。洲沙被铁器掀起,水流冲刷泥沙,使江面得到疏浚。于是,大船才能进入停泊,港口的商业贸易得到了保证。武昌的人民感恩于陈公晦,把原名管家套的港套改称为陈公套。

---

① 《川江石坝志略》全文见之于尹玲玲的《明清两湖平原的环境变迁与社会应对》。

明万历年间,熊廷弼在武昌复兴路南端修了一座3孔石拱桥,长32米,宽5米,跨巡司河。此桥中间留有两条闸槽,枯水时引江水流入汤逊湖、南湖以灌溉农田;如遇长江汛期,就以木板为闸,中间筑土,防止水患浸淹民田。① 今江夏区有熊廷弼公园,纪念熊廷弼在湖北的政绩。

人为创造沙洲的情况,在明末也有事例。据乾隆十三年(1748年)修的《汉阳县志》卷五《山川》记载,崇祯末年,明朝的官员左良玉在武昌驻军,“以沌水为荆沔下流,恐贼舟乘间而至,乃用巨舰二只载以铁石沉之沌口。未几,果然成小洲,直塞江沌之间。二十年来,且广数十丈矣”。可见,当时的人已经知道,在江中以重物抵立,使沙泥淤积成洲。

治理三峡的航道,先民也做过许多努力。《入蜀记》卷六记载了西陵峡内的新滩因滑坡而造成堵塞。皇祐三年(1051年),归州地方官员赵诚上疏请凿滩,动员民力,用80天时间清除航行的障碍。到了明代,新滩又出现严重滑坡,影响航行。天启四年(1624年),地方官员再一次开展了大规模的疏滩工作。②

第三节 传统技术

明代成化年间,汉水改道,形成汉口。明末清初,汉口沿江有了许多码头,有了一系列社会行业,如饭馆、旅馆、茶馆、戏馆、妓馆、会馆、烟馆、赌馆、典当馆、武馆、医馆。各种人群也应运而生,如码头的搬运工人、修理工人、各种手工业者、买办、江湖浪人,因而就有了纷繁的行业社会。

明代流行的三十六行概念中,技术层面的行业,比起宋代明显增多。民间有歌谣概括三十六行,如“一耕二读三打铁,四五航船磨豆腐,六木七竹八雕花,九纺十织织布郎,十一裁缝做衣裳,十二是个修锅匠,十三卖杂货,十四打磨工,十五皮匠鞋子绱,十六拉锯木匠苦,十七和尚做外场,十八

① 祁金刚.江夏溯源[M].武汉:武汉出版社,2008:267.

② 周魁一,谭徐明.水利与交通志[M].上海:上海人民出版社,1998:194.

尼姑清弹唱，十九道士唱凤凰，廿僮子数的土地堂，廿一叮当算命的，廿二相面看眼光，廿三打卦穿长衫，廿四渔鼓道情唱，廿五樵夫在山上，廿六郎中卖假药，廿七兴乐把戏唱，廿八打拳强身体，廿九做百戏的武艺强，卅十下雨出门去修伞，卅一天晴出门磨剪刀，卅二最脏修屋的，卅三挑的八根系，卅四重丧花轿行，卅五是个剃头匠，最后一行看牛郎。上行下行三十六行，行行总出状元郎，若问看牛哪一个，就是皇帝朱洪武”。

一、建　筑

明代洪武年间，在鄂西北的均州建有均州城，是一座规范而实用的古城。“城周 8 里，高 2.5 丈，宽 1.2 丈。壕深 3 丈，宽 6 丈。”城垣大体呈正方形，分别有东、南、西、北门，另有方便行船的上、下水门。北门还有一瓮城。城墙外层全部用青砖垒砌而成，民间说“铁打的均州”，意在说明其坚固性。①

明代，在湖北西北部的武当山，兴建了规模庞大的道教建筑群。永乐年间，明成祖朱棣大建武当山，历时 12 年，建成 9 宫、8 观、36 庵堂、72 岩庙、39 桥、12 亭等 33 座建筑群，嘉靖年间又增修扩建。整个建筑群绵延 140 里，在峰、峦、坡、岩、涧之间疏密相宜，集中体现了中国古代建筑艺术的优秀传统，以及道教“天人合一”的思想，堪称中国古代建筑史上的奇观。从净乐宫到天柱峰，这些建筑群根据其赋予的等级，严格按典章制度安排。天柱峰主殿金殿采用了建筑等级中最高等级——重檐庑殿、九踩斗拱、黄色，殿体各部分采用失蜡法铸造，遍体镏金，无论瓦作、木作构件，结构严谨，合缝精密，显示中国铸造工业发展的高度水平。遇真宫大殿和太和宫大殿皆为单檐歇山。紫霄大殿为紫霄宫的正殿，是一座重檐歇山式木结构殿堂。也是座抬梁式大木结构的道教建筑，其结构、布局科学合理，艺术风格协调统一，同自然环境融为一体。

位于武当山镇东的“治世玄岳”牌坊始建于明嘉靖三十一年（1552

① 刘森淼. 荆楚古城风貌[M]. 武汉：武汉出版社，2012：232.

年),为进入武当山的第一道门户,又名玄岳门,系石凿仿大木建筑结构,三间四柱五楼牌坊。此坊全用卯榫拼合,装配均衡严谨,坊身装饰华丽,雕刻精工,运用线刻、圆雕、浮雕等方法,雕刻了人物、动物和花卉图案等,是南方石作牌楼的佳作,也是明代石雕技艺的珍品。武当山的复真观有五云楼,也叫五层楼,高15.8米,是现存武当山最高的木构建筑。它采用了传统的营造工艺,最顶层是"一柱十二梁",即在1根主体立柱上,有12根梁枋穿凿在上,交叉叠搁,计算周密。

丹江口市的青塘村是明代大修武当山时烧制琉璃瓦的地方。笔者在此调查,发现这里的琉璃瓦随处可见,其中不少是完整的,有上瓦、下瓦等,在有的村民家中,还发现有窑上制瓦坯用的石碾子等。据青塘村原书记吴全发介绍,村里原有72座官窑,规模很大。然而,这些官窑大多在民国前就被填埋了,现在仅剩下十几处遗址。明代修筑武当山时,从各地调配物资,如木材等,均有账本,但已散失。武当山建筑材料均可在当地解决,如附近的安陆就有石灰。荆楚各个县里的方志对当地的物产都有详细记载,如《安陆县志补》(清陈廷钧纂)中的《物产》记载了石灰,说:"吾邑惟白兆山产此,堪供数县之用。农隙日,贫民业此者颇获利。"

明代的楚王府保存了传统建筑风格,地点选在武昌蛇山中峰的高冠山,坐北朝南,东西宽2里,南北长4里,正门在今紫阳路一带,称镇楚门。王府内有800余间房屋,井然有序,体现了王室的威严。

二、纺　　织

农耕社会是男耕女织的社会,纺织技术决定了织物的数量与质量,女性普遍具有手纺的能力。

湖北城乡到处都有织房,所织棉布主要是拿到市场上销售。因此,棉布的质量日益受到重视。湖北的棉布深受外地欢迎,清初顺治年间刻印的《孝感县志》记载了明代的棉布,"有长三十三尺,宽一尺五寸者为大布,细薄如绸"。光绪《孝感县志》专门引用这条材料。这说明明代孝感地区民间的纺织技术达到了很高的水平。万历《湖广总志·风俗志》记载了德安府的应城等地“男女恒纺木棉花为粗布，贸易四方，以聊生耳”。

三、制　　陶

农耕民族有悠久的制陶历史，人们的生活离不开陶器，各种实用的与精美的陶器体现了手工技术的传承与创新。

明代，在江夏区金口青埠湾有青埠湾窑场。金水河在此拐了一个“之”字形的弯，水流向北2.5千米便进入长江。窑址建在金水河拐弯处的台地上。这里有大量的制砖黏土和便利的水运条件。据当地群众说，早在唐朝就开始置窑烧砖，传说有72座窑。明代此地仍为官置窑场，产品主要供应武昌城、南京城及龙泉楚藩王陵园的营建。在南京中华门城墙上发现有金口烧制的青灰砖。尺寸为长41.5厘米、宽20厘米、厚11厘米。一侧模印有“武昌府金口镇”字样，在武昌也发现金口烧制的大青砖。在江夏区龙泉发现的有“官”字大青砖，长44厘米、宽24厘米、厚10厘米，及边长28厘米、厚8厘米的“金砖”（铺地砖），龙纹瓦当，在青埠湾窑址都采集到了标本砖，证明当时青埠湾窑烧制的产品主要供应这些地方。

第四节　万全与李时珍

一部《湖北科学技术史》，最占分量的是农业与医学。明代的湖北医学尤其突出，明代湖北籍的裴天锡、朱盛球、黄道淳等，医术精妙、医德高尚，世人称道。潜江人刘若金（1585—1665）是本草学家，字云密，号蠡园逸叟。刘若金在崇祯末（1644年）曾擢升刑部侍郎，旋晋尚书，明亡后隐居，钻研医学，编著《本草述》32卷，载药691种。书中的分部和先后次序，多与《本草纲目》不同，分水、火、土、金等30部，权度药物生成之时以及五气、五味、五色，以明阴阳升降之理；较之前人“属火属水、入心入肾”，自成一说。明代江夏人罗炼，习儒通医，为人治病，常获良效。尝为御史李某及楚王妃周氏等疗病获愈。传闻有医著传其子。后因见其子在酒醉时为人诊病，责之以生命为儿戏，怒而将所撰医书焚毁。

这里,侧重介绍明代鄂东的两大医学家万全与李时珍。他们不仅是湖北的名医,而且是中华中医里程碑式的人物。

万全与李时珍都生活在黄州,但不是一个县,一个在罗田县,一个在蕲春县。两人都从事医学,但学有专攻,一个偏重于医方,一个偏重于药物。两人在世时都颇有声名,但不知什么缘故,从未谋面,更谈不上什么学术交往。在他们各自的著述中,也几乎没有谈到对方的成果。在中国古代社会,信息相对闭塞,人与人的联络极其有限,何况中医讲究门户之见,两人还有年龄差异。这可能是万全与李时珍没有交集的原因。鉴于万全比李时珍年长20岁,故按出生先后论述如下。

一、万全与《万密斋医学全书》

万全(1499—1582),号密斋,生于罗田县大河岸的医学世家。其祖父兰窗公,号杏坡,豫章(今江西南昌)人,以幼科闻名乡里,惜早卒。父亲万筐,号菊轩,继承祖志仍为小儿医,成化十六年(1480年)因兵荒流落于罗田,后娶妻生子,遂定居于罗田。

万全自幼学儒,起初想走科举之路,经审查推荐而成为在公办学校中免费读书的廪生,因科场不得志,弃举从医。由于万全家世代以"医药济世",有深厚的家学渊源,加上本人刻苦钻研,他的医学造诣极深。万全行医,主要活动在罗田、蕲水、麻城、黄冈、武昌、郧阳等地。他医德高尚,奉行"老吾老以及人之老,幼吾幼以及人之幼""视人之子如己之子",治病不记嫌隙宿怨,不论贫富贵贱,深受民众爱戴。他还多次开办学馆,教授生徒,至老不辍。在嘉靖至万历年间,万全誉满鄂东。

万全著有《万密斋医学全书》,包括《养生四要》《保命歌括》《伤寒摘锦》《广嗣纪要》《万氏女科》《片玉心书》《育婴秘诀》《幼科发挥》《片玉痘疹》《痘疹心法》,共10种108卷。自明、清以来反复刊行,其中一些传入日本、朝鲜等国,在亚洲和东南亚等国家也有深远的影响。

《万密斋医学全书》何时成书?学术界公认是在嘉靖二十八年(1549年)成书。有的学者认为这部大型医书的成书时间应当延长,如湖北省中医药研究院的毛德华认为：万氏撰成诸书经历了自嘉靖二十八年（1549年）至万历十年（1582年）卒世前的30余年时间，确定《万密斋医学全书》的成书年代，应定于撰成诸书时间的下限，即万历十年（1582年）。明代所刊《万氏全书》早佚。现存最早版本为1654—1659年万氏五世孙万达的刻本。次为1712年汉阳张坦议视履堂刻本。再次为1724年金溪胡略清畏堂刻本。1741年定名为《万密斋医学全书》。1778年之后又有忠信堂刻本，具体刊年不详。当代通行本为1981—1986年罗田县校注的铅印本。①

从《万密斋医学全书》可知，万全广泛继承传统医学理论，以《内》《难》为本，精研《脉经》《本草》，博采仲景、河间、东垣、丹溪诸家之说，养成了厚实的中医理论基础。他治学严谨，从不轻易盲从。如钱乙《小儿药证直诀》载有益黄散补脾胃，时人多效之，而万氏则认为"益黄散治脾胃虚寒太甚，神品之药也，以补脾胃之虚则误矣"。因方中丁香辛热助火，火旺土愈虚，又因青陈皮泻肺，丁香大泻肺与大肠，肺为脾之子，脾实当泻子，今脾虚本当补而反泻其子，则脾土更虚。故补脾胃不宜用益黄散，而用异功散为宜。万全对钱乙遣方用金石毒药过多也提出了中肯的批评。

万全以儿科、妇科、内科、养生见长。

在儿科方面，万全在家传十三方的基础上归纳出小儿3种病因，提出不滥吃药、以预防为主的方针，颇有创见。万全在总结前人经验和长期临床实践的基础上，进一步完善了小儿的生理与病理理论，提出"三有余、四不足"之说，即"肝常有余、心常有余、阳常有余，脾常不足、肺常不足、肾常虚、阴常不足"。如《幼科发挥》云："肝常有余，脾常不足者，此都是本脏之气也。盖肝乃少阳之气，儿之初生，如木方萌，乃少阳生长之气，以渐而壮，故有余也。肠胃脆薄，谷气未充，此脾所以不足也。"所谓有余不足，并非指一般虚实而言，更非"邪气盛而实，精气夺则虚"的病理状态，而是首先以小儿生理发育特点立论，进一步论证小儿病理特征。如"肝常有余"在

---

① 毛德华.《万密斋医学全书》版本源流考[J].中华医史杂志，1996，26（2）：97－102.

生理上指小儿生长发育迅速，如草木萌芽，生机勃勃。此全赖肝主生发之气的旺盛。而病理特点是指小儿感邪之后易化热化火，引动肝风。又如“脾常不足”，在生理上指小儿生长发育迅速，对精血津液的需求比成人更迫切，而脾主运化功能尚未健全，为适应机体不断生长的需要，脾胃须不断完善，增强其腐熟运化各种营养精微物质的能力；反映在病理上则指小儿若饮食不节、寒温失调等易引起脾胃运化失常而致脾胃病。万全的“不足有余”论进一步充实了钱乙论小儿“易虚易实，易寒易热”的病理特征，为指导儿科临床治疗，提供了系统的理论依据。

万全在探讨小儿常见病、多发病的病因病机上，提出不少新的见解。他认为急惊风与慢惊风都是症状，必须审致病原因。他认为急惊风有三因：感受风寒湿热发热而失治者，为外因；内伤饮食发热而失治者，为内因；由惊恐客忤中恶得之者，为不内外因。在临床表现上分为急惊风证，包括脐风发搐、泻痢发搐等；急惊风变证，指由惊风反复发作而成痫证；急惊风类证，如天瘹似痫、痓虫病似痫等九种疑似证与之鉴别；急惊风后遗症，有急惊风变成痫者、急惊风成瘫者、惊风后喑不能言者等。其论述之详尽，丰富了前人理论，为后世进一步研究提供了理论依据。

万全十分重视小儿的胎养，在《育婴秘诀》卷首详细论述了有关胎养及保育的原则和方法。具体分为：①预养以培其元，即“调元之意也”；②胎养以保其真，即“保胎之道也”；③蓐养以防其变，即“护产之法也”；④鞠养以慎其疾，即“育婴之教也”。他强调胎养之道重点在于保孕期母体安健，必须做到“调喜怒，节嗜欲，作劳不妄，而气血从之，使诸邪不得干焉”。若有疾时，审病轻重，药性宜忌，处以中和之品，勿伤胎孕。万全还重视精神调摄，防止大惊卒恐伤及神志。此外，他强调幼儿早期教育的重要性，如提出“教以诚实，勿使欺妄”，即道德品质的教育；“遇物则教，使其知之”，以培养勤奋好学的精神；“教以恭敬”“教之以正言”，即注意讲究文明礼貌等。

在妇科方面，万全阐明了妇女的生理、病理特点，提出了以培补气血、调解脾胃的见解，这在中医妇科史上有深刻的影响。

在内科方面，万全擅长变通。《痘疹心法》记载：“邑训导马公顺，蜀人也，一孙五岁出痘，至八九日脓成将靥，忽腹痛烦哭，大便秘，马骇甚。予曰：‘此结粪也，当急下之。’马公曰：‘痘疮首尾不可下，今当收靥，中气要实，敢下耶？’予思不急下，加腹胀、气喘且不救。乃作桂枝汤，暗入酒蒸大黄，煎服，下燥粪，腹痛即止，痘靥而安。马公知之，谢曰：‘非子通变，几误此孙。’”

万全对疑难病症用简单疗法，《幼科发挥》记载：“本县户房吏阎姓者，麻城人也。子有虫痛，黄瘦，腹中时痛，口馋，如有肉食则痛不发，一日无肉则痛发也。请先翁治之，翁命予前往。见其子甚弱，不敢下，乃思一计，只用苦楝根皮，放肉汁中煮食之，单服三日，下虫如蝌蚪者一盆，色黄黑，后以养脾丸调理而安。阎厚谢。”

在养生方面，万全的《养生四要》有集中论述。《养生四要》列方110余首，载药240余种，为妊娠、婴幼儿至百岁老人提供了一套完整的防病治病、强身用药的措施，对养生保健、预防疾病、优生优育等方面具有独到的见解。他提出：“养生之法有四，曰寡欲，曰慎动，曰法时，曰却疾。”寡欲是养生学的第一要义。所谓寡欲，包括有食、色两方面。万全认为：“饮食、男女，人之大欲存焉，口腹之养，躯命所关。”房事上，他反对方士之说“必绝谷，必休妻，而后可以长生”的言论，提出“欲不可纵，纵欲成灾，乐不可极，极则生悲”。饮食上，他主张食物多源、食量自节，“饮食多少，当有分数”，“喜食之物不可纵口”，“五味虽能养人，多食则反伤人”。以一日三餐为宜，“三餐之外不多食也”。他还提出了“春食麦与羊，夏食菽与鸡，秋食麻与犬，冬食黍与彘”的具体食疗措施。

万全倡导治未病。他在“却疾篇”说：“与其病后才服药，弗如药前能自防。”“不治已病治未病。”他还说：“善养生者，当知五失：不知保身一失也；病不早治二失也；治不择医三失也；喜峻药攻四失也；信巫不信医五失也。”他倡导打坐，瞑目闭口、静心养志、呼吸定息，以养元真。提出：“目宜常瞑，瞑则不昏。”“齿宜数叩，叩则不龋。”“腹欲常摩，摩则谷不盈。”

万全的养生理论比世界卫生组织提倡的“合理膳食、适量运动、戒烟限酒、心理平衡”的养生理念早几百年，内涵更全面、更先进。

万全的著作深入浅出，明白易懂，有一部分是用诗词的形式写的，便于学习和记忆。这些书均收入《四库全书》，颁行天下。据《万氏家谱》记载，还有37种抄本未付印，现除《万氏秘传外科》和《万氏家传点点经》两部外，其余均已失传。

万全是与李时珍齐名的医学大家，明代已有“万密斋的方，李时珍的药”之说。县、府、布政使司、巡抚中常有人请他治病，曾两获罗田知县朱云阁、湖广右布政使孙应鳌亲书“儒医”牌匾，时人称为“神医”。其辞世后，清康熙皇帝追封其为“医圣”。康熙四十七年(1708年)，罗田知县沈廷桢为其重树墓碑并题写碑文，碑文中有“国朝加封医圣”字样，字迹至今清晰可见。

万全的许多独到见解也为后世所推崇。如清代医学家沈金鳌、武之望，日本医学家汤本求真、丹波元坚，朝鲜医学家许浚等，都在自己的著作中援引了万全的理论，并给予很高评价。

万全有10个儿子。皆习父从医有医名，分别是长子邦忠、次子邦孝、三子邦正、四子邦治、五子邦宁、六子邦和、七子邦成、八子邦靖、九子邦瑞、十子邦化。孙子10人，多为从祖辈习医行医。万机是万全第四子邦治的儿子，号有范，善治痘症，是万氏族中有声望的人物。玄孙万达是邦正的曾孙，生于明末。字通之，清顺治十一年(1654年)至十六年(1659年)辑刻《万密斋医学全书》。

1999年，国家中医药管理局将万全列为我国明、清两代30名著名的医学家之一。罗田县现有万密斋医院，由罗田县中医院改名，是湖北中医药大学教学基地，湖北省中医院、湖北省人民医院技术协作医院。注册的“万密斋”商标6类59项，被评为黄冈市知名商标和湖北省著名商标。

二、李时珍与《本草纲目》

1. 以毕生精力撰写《本草纲目》

李时珍(1518—1593)出生在蕲春县蕲州镇瓦硝坝的一个普通人家。

李时珍的天资并不好，他在《遗表》中曾说："臣幼苦羸疾，长成钝椎。"李时珍4岁时，身体瘦弱，时常生病，这或许成为他后来学医的原因之一。一个经常吃药的人，必然对药物更加熟悉，并期盼能有神药治病。何况他的祖父、父亲都是行医之人。

李时珍生性迟钝，不太擅长做机灵的事情。人生的许多事情都是由拙到聪，由笨到灵。李时珍所处的那个时代，有王阳明那样的"心学"大思想家，也有袁宏道那样倡导"性灵"的大文学家，而李时珍对于这些依靠心机的学术思想文化没有太多的兴趣。人生在世，各有各的位置。李时珍选择了做资料性编排的工作，做辛苦的田野调查工作，做有益于人们身体健康的工作。

李时珍从小有一段较好的起跑线。他读书期间，表现出勤奋刻苦的精神，被全家人看好。父亲李言闻希望李时珍能够参加科举考试，获取功名。嘉靖十年(1531年)，14岁的李时珍在父亲的陪同下，到黄州府(今黄州区)首次参加科举考试"童试"。功夫不负有心人，李时珍旗开得胜，取得了秀才的资格。嘉靖十三年(1534年)，嘉靖十六年(1537年)，嘉靖十九年(1540年)，李时珍3次赴武昌，参加乡试，结果都落第了。他毅然决定不再参加科举，跟着父亲学医。

大约在李时珍32岁的时候，他萌发了编补医药书的念头。因为，他发现许多旧有的药物书籍不能满足实践需要了。最为流行的《神农本草经》记载的药物有限，书中采用的三品分类法已不实用。《经史证类本草》流行400多年，也有待充实与完善。学人的良心、医家的责任感、个人的抱负，促使李时珍开始积累资料，试图重修本草类文献。"本草"是一类医药书的统称，古代有大量关于中草药的著作以"本草"命名。"本草"一名始见于《汉书·平帝纪》。不过，专门记载图书流行情况的《汉书·艺文志》没有著录本草类书籍。到了南朝梁时，阮孝绪在《七录》开始著录《神农本草经》。

李时珍35岁时，即嘉靖三十一年(1552年)，他尝试着编《本草纲目》。在此之前，他读了南宋朱熹编撰的《资治通鉴纲目》。《资治通鉴纲目》仿效《春秋》《左传》，创立了“纲”与“目”。按照时间顺序记载史事，记载一事时，首先标列提要，之后叙述具体内容。这种体裁称为纲目体。李时珍试图按这种纲、目体对草药进行分类。

从38岁到41岁，李时珍在楚王府任医职。在楚王府期间，李时珍经常到民间采风，他利用出诊的机会，到武昌蛇山观音阁寻方问药，增长见识。武昌毕竟是比蕲州大的城市，名医云集，医籍亦多，李时珍因此交游范围扩大了，视野也更加开阔了。

嘉靖三十七年（1558年），朝廷征召名医补太医院之缺，楚王推荐41岁的李时珍到太医院任职。李时珍来到了明朝都城，在太医院工作。这是当时中国最高医疗机构，李时珍结识了更多的名医知识，并且了解到更多的医学知识。在太医院，正值不惑之年的李时珍抓紧时间搜集本草文献，大有收获。任职1年，李时珍感到工作时有太多的局限，不能完全支配自己的时间，虽有虚名，但并不是自己所向往的，于是托病离开了京城。在京城的时间虽然短暂，但对李时珍的人生有很大影响，他注意到整个国家急缺一部完善的本草书，有必要尽快动手编纂。

万历六年（1578年），《本草纲目》终于大功告成。按李时珍在卷一序例末段的说法：“始于嘉靖壬子，终于万历戊寅，稿凡三易。”历经27年之久，本草巨著终于在一个平民的手中完成了。

书虽然编写完成，但刻书需要资金。李时珍开始联系刻印事务。他到黄州、武昌寻找书坊，由于所需资金巨大，而李时珍只是个清贫的民间医生，没有人愿意印行。

万历八年（1580年），李时珍到江苏太仓拜访王世贞。王世贞曾经担任湖广按察使，此时已罢官在家，被李时珍的精神所感动，应李时珍之请，为《本草纲目》写了《序》。王世贞在《序》中记载了李时珍当时的自我介绍：

时珍，荆楚鄙人也。幼多羸疾，质成钝椎，长耽典籍，若啖蔗饴。遂渔猎群书，搜罗百氏。凡子史经传，声韵农圃，医卜星相，乐府诸家，稍有得处，辄著数言。古有本草一书，自炎皇及汉、梁、唐、宋，下迨国朝，注解群氏旧矣。第其中舛谬差讹遗漏不可枚数，乃敢奋编摩之志，僭纂述之权。岁历三十稔，书考八百余家，稿凡三易。复者芟之，阙者缉之，讹者绳之。旧本一千五百一十八种，今增药三百七十四种，分为一十六部，著成五十二卷。虽非集成，亦粗大备，僭名曰《本草纲目》。愿乞一言，以托不朽。

万历十八年（1590年），搁置了12年之久的《本草纲目》终于在金陵藏书家胡承龙的支持下开始刻板，李时珍用毕生精力编著的百科全书式的巨著开始排成铅字了！

万历二十一年（1593年），76岁的李时珍赶赴疫区为百姓治病，不幸因病去世。有人认为是疲劳所致。由于《本草纲目》部头宏大，印刷技术有限，李时珍生前没有见到印成的《本草纲目》。这是令他遗憾的事情。

1596年，《本草纲目》（金陵本）问世，使人们一睹了李时珍一生的心血之作，李时珍开始名噪一时。接着，江西、杭州、合肥争相刻印，扩大了《本草纲目》在全国各地的发行量。另有一些书商刻印精简本《本草纲目》，使得不仅从医者可以人手一册，普通文人雅士也乐于阅读与收藏，并作为治病与养生的案头书。

《本草纲目》52卷，约190万字，载有药物1892种，收集药方11096个，插图1160幅，分为16部60类。收录植物药有881种，附录61种，共942种，加上具名未用植物153种，共计1095种，占全部药物总数的58%。李时珍参考历代医药等方面书籍925种，按自然演化系统对植物进行分类，要比亦是分类学家的林奈早200年。

《中国中医古籍总目》收录1912年以前的《本草纲目》版本就有82种之多。1606年，《本草纲目》首次传入日本。

2011年，李时珍的《本草纲目》被列入联合国教科文组织《世界记忆名录》。

2. 对李时珍《本草纲目》的评价

在诸多的研究中,湖北当代医学史专家叶发正对李时珍的科学贡献有全面的论述①,此处结合学术界其他成果,归纳如下。

(1)李时珍在医学上的突出贡献。

第一,创“脑为元神之府”说。人的精神思维活动是在心,还是在脑?中医把心作为主导的器官,但李时珍认为人的精神意识活动是由脑指挥的。语出《本草纲目》卷三十四辛夷条。“元神”指人的精神意识活动。这一“脑主神明”的见解,改变了长期以来“心主神明”的说法。李时珍的“脑为元神之府”是在前人关于“头”和“泥丸宫”的认识基础上发展而来的。如《素问·脉要精微论》说:“头者,精明之府。”《黄帝内经》认可“心主神明”的观点。《素问·六节藏象论》也说:“心者,生之本,神之变也。”汉代以后医家指出头是神的聚注之地。如《金匮玉函经·证治总则上》说:“头者,身之元首,人神所注。”孙思邈《千金方·灸法门》说:“头者,人神所注,气血精明三百六十五络皆上归头。头者,诸阳之会也。”道教早在魏晋时期就有了“泥丸”“泥丸宫”的概念。所谓“泥丸”指脑神,所谓“泥丸宫”就是指头脑。《黄帝内经》将头分为九宫,九宫的中间一宫为“泥丸宫”,“泥丸宫”的功能是主神、藏神。“脑神精根字泥丸”“泥丸百节皆有神”“脑神九真皆有房”。《内观经》说:“泥丸君,总众神也。”南宋医学家陈无择《三因极一病证方论》说:“上丹产于泥丸宫,百神所聚。”

在李时珍之前,医家认识到脑是神的汇聚、居住之地,气血、经络皆上奉于脑;脑中元神能通过七窍的感受来分析事物、认识事物,进行抽象思维。尽管当时医家对脑神已经有较为科学的认识,但由于受到传统中医学脏腑中心论的制约,还不敢大胆、彻底突破心为“君主之官”“神明之府”的框架,因而对脑主宰思维、记忆等方面的探讨还不深入。

李时珍明确提出“脑为元神之府”,认为人的思维、情感等均为脑所主管,这个观点在相当长的时期内还没被接受,直到清代解剖学家王清任在

① 史世勤,贺昌木. 李时珍全集[M]. 武汉:湖北教育出版社,2004:3675-3680.

人体解剖观察基础上提出"灵机记性在脑"说，从而发展完善了李时珍的"脑为元神之府"理论。

第二，开创肾间命门学说。中医经典《难经》提出左肾右命门之说，后世名家如王叔和、滑寿等医家皆从之。然《内经》无此论。李时珍提出命门"在七节之旁，两肾之间"的创见，认为命门和三焦的关系是"三焦即命门之用，与冲、任、督相通"，并谓"鼻为命门之窍"说。尝著《命门考》《命门三焦客难》等书，惜原篇已佚，其辞不可复得。然在《本草纲目》《奇经八脉考》等书中间有涉及。在李时珍的影响下，中医界加强了对命门的研究，形成了学术派别。

第三，对奇经理论的总结与阐发。奇经八脉与十二经都是中医经络学说的重要组成部分，古人对十二正经叙述较多，而忽略奇经八脉。李时珍纠正了医家轻视奇经八脉的传统，强调了奇经八脉与十二正经的互补关系。《奇经八脉考》记载："奇经凡八脉，不拘制于十二正经，无表里配合，故谓之奇。盖正经犹夫沟渠，奇经犹大湖泽，正经之脉隆盛，则溢于奇经。"奇经对十二正经起蓄溢和调节作用。

《内经》只提到经脉和络脉的作用功能，并没有说明奇经八脉的作用功能。《难经》对奇经八脉有所论述，李时珍在《难经》的基础上，明确了奇经八脉参与全身的气血灌注的功能，认为奇经八脉和十二正经在生理上相互联系、相互依存，在病理上相互转变、相互影响。

李时珍对奇经八脉的循行途径，生理、病理特点，临床情况，都有论述，使得中医的经络学说更加完善。

第四，使脉学规范化。李时珍纠正《脉书》中的一些错误，系统地归纳了脉象，把脉象扩大为 27 种，得到后世的认同。他编的咏脉诗，有利于脉学的普及。《濒湖脉学》一直是中医脉学的入门必读书。

第五，李时珍充分肯定了金代李东垣创立的"脾胃为元气之母"的学说，在此基础上，他发展了脾土为本的医学理论，强调培土健脾有利于脏腑机能的调理，有利于营养物质的消化、吸收，血液的营造。

第六，李时珍发展了药物和方剂按其性能进行分类的十剂理论。中医总结方剂功用繁多,南朝徐之才提出十剂之说:宣剂、通剂、补剂、泄济、轻剂、重剂、滑剂、涩剂、燥剂、湿剂。李时珍在此基础上,逐条修正,广敷其义。如湿剂,徐之才认为"湿可去枯,白石英、紫石英之属也"。中医实践认为这种说法欠妥,李时珍认为应该更正为"润可去枯",并将白石英、紫石英改为麦冬、地黄、枸杞、萋根之类生津养血药。李时珍发展的十剂理论,已经在临床上作为辨证施治的准则。

李时珍不仅著书,而且贡献了许多临床经验,他曾经撰写《濒湖医案》,把平时积累的体会编写成册,可惜此书已佚。然而,《濒湖医案》中的若干医案保留在《本草纲目》之中,使后人仍然可以受益。读者可以查看《本草纲目》中"发明"项,李时珍在介绍升麻、延胡索、补骨脂、仙茅等药物时,都谈到了此中医案,为后人提供了鲜活的实例。

此外,李时珍在医疗技术方面也有许多创新,如他倡导用冰外敷膻中降温,治疗高热昏迷的物理降温法;把瘟疫病人衣物于甑上蒸过,以防传染他人的蒸气消毒法;用药物烧烟熏室以达到预防瘟疫的空气消毒法;以葱管吹盐入玉茎内,治小便不通及转脬的导尿法等。这些都是李时珍从实践中体会总结的经验,丰富了中华医学。

(2)李时珍在药学方面的贡献。

第一,扩大了本草学的内容。本草学初创于《神农本草经》,其中记载药物365种。到了宋代,出现《经史证类备急本草》,药物增至1746种。李时珍编《本草纲目》时,广采明代前41家本草的成果,摒弃重复,合并种类,得1518种。在此基础上,他新增三七、土茯苓、锁阳、半边莲、樟脑、淡竹叶、紫花地丁等药物374种,使《本草纲目》中药物总数达到1892种,成为我国古代本草史上记载药物总数最多的一部著作。他新绘制药图1100余幅,新增药物附方5126首。还在书中广征博引,增加了大量的内容,不论是内容还是形式上,都极大丰富了本草体系。

第二,采用了先进而合理的药物分类。在《本草纲目》问世之前,本草学有两种分类方法:一种方法是《神农本草经》把药物分成上、中、下三类;另一种方法是按药物基原的自然性质分类;也有两者的结合。明代以前诸家本草在药品分类上较为粗糙，李时珍在药品分类上做了重大的改进。他以“析族区类，振纲分目”“物以类从，目随纲举”“从微至巨”“从贱至贵”作为药物分类的指导思想，将药物归为 16 部 60 类，初具现代植物学分类的规模。如在山草类中，把桔梗科的沙参、桔梗连排；把伞形科的柴胡、防风、独活连排等。这就具有与现代科学双名法相同的性质。明代以前动物学分类较为笼统，李时珍改变了旧本草鱼、虫、鳞、介不别和禽、兽笼统归类的缺点，把动物分成虫、鳞、介、禽、兽五部。这种“从贱至贵”的分类思想，与近代自然科学关于特质世界是从无机到有机，生物是从简单到复杂、从低等到高等的发展规律是一致的。

第三，纠正了历代本草中的一些偏误。李时珍注重对历代本草的考证，以“正误”作为使命。他对前人记载的每一味药物，都要从分类、名称、品种、产地、生性、形态、种植、炮制、气味、功能、主治等方面考证，一方面查阅文献，另一方面从实地调查中互证。凡是不确切的记载，都要纠偏。《本草纲目》中的“正误”“释名”“发明”等项目中都贯穿了李时珍的考证。其中，有些是分类失当，有的是名实不符，有的是形态有误。这样一些纠偏，在临床上有重要意义。如雄黄、芫花、水银、丹砂等有毒性，不宜轻服或久服。而旧本草中却视为珍品，说久服可以益寿延年，成仙不死。李时珍对旧说进行的纠正，对于临床施治极为重要。对待古代医学中的传说，李时珍采用了更加科学的态度。在旧本草中，孙思邈引黄帝书云丙午日食鸡、雉肉，“丈夫烧死目盲，女人血死妄见”；《名医别录》言“人探巢取鹳子，六十里旱，能群飞激散雨”等记载，李时珍分别加以批驳。

第四，规范了本草学著作体例结构。《本草纲目》的体例结构先进，创建了我国有史以来最完备的古代药物学著作的标准体例和结构。书中的药名之下，有释名、集解、正误、修治、气味、主治、发明等目，还有附方，组成了单味药的纲目系统。此外，在“百病主治药”下，以病名为纲，病因、病机为目，目下又分列各自治疗药物的子目，构成临床用药的纲目系统。这样，纲中有目，目中有纲，各个系统，纵横交错，有机结合，纲举目张，有条不紊。

第五，《本草纲目》的某些内容可以与现代科学对接。《本草纲目》收录花类药物80多种，海洋类药物86种，矿物类药物222种，为当代药物学提供了宝贵的资料。《本草纲目》记载的许多病症与药物，可以与现代医学相对应。《本草纲目》记载的皮肤病种类近600种，核定的病症命名有100多种，治疗皮肤病的药物有480多种，治疗皮肤病的医方有1100多种。当代中医根据《本草纲目》提供的信息治疗皮肤病取得了积极的疗效。《本草纲目》记载的各种骨伤科药物207种，外科诸疮92种，诸虫伤323种，诸兽伤92种，烫伤104种，丰富了传统中医外科，在当代仍在发挥作用。《本草纲目》记载治疗痛风的药物有83种，对于活血化瘀、通络止痛是有临床效果的。《本草纲目》中有450种药物可以用于口腔病的防治，促进了人们的口腔卫生。

《本草纲目》记载的美容剂有20多种，分为内服与外用。内服药有利于调整脏腑功能，调和气血；外用药可以祛风解表，活血通络。当代美容医学，根据《本草纲目》的记载，制成丸剂、散剂、膏剂、酒剂、粥剂，用于内服；制成涂剂、粉剂、洗浴剂、漱剂、液浸剂、露剂、染剂，作为外用。《本草纲目》还记载了许多美容食物与食疗方，非常实用，满足了人们爱美的要求。

可见，《本草纲目》的内容全面，论述系统，有新增药物与药方，亦有新见解，形成了新体系，把本草学推向新水平。

3. 李时珍在科学创新精神方面的遗产

李时珍的贡献不仅在于医学与药物，还在于创新的科学思想。李时珍传承祖国医学的优秀思想，不墨守成规，不守一隅之见，坚持创新，独树一帜。回顾历史，有成千上万的人著书立说，写出了汗牛充栋的著作，然而，流传下来的书只是凤毛麟角。这是什么原因呢？是因为许多人没有太多的创新，著述的价值有限，于是被时代淘汰。

(1)敢于做超越前人的事情。

李时珍编写出宏大的《本草纲目》，这是一桩超越前人的大事，填补了本草学中的薄弱环节，满足了社会的要求。此外，李时珍还写了一些前人没有写过的书，如李时珍为研究蕲州蛇的药性，写了《白花蛇传》。此书已佚，部分内容保存在《本草纲目》之中。他之所以关注本地的药物资源，是受父亲李言闻的影响。李言闻曾经写过《蕲艾传》《人参传》。可见有著书的家传。蕲州有四宝，即蕲竹、蕲艾、蕲龟、蕲蛇。李时珍父子敏锐地注意到家乡的特产，精心搜集资料，开展了应用性地医学研究，成绩卓著。

（2）敢于全方位创新。

李时珍在编修《本草纲目》时，在体例上创新、分类上创新、药理上创新、运用上创新，在观点上也有创新。没有创新，就没有李时珍人生的成功。

第一，在体例上创新。

《本草纲目》在体例上改变了《神农本草经》按上、中、下三品划分医药的方法，改为更加合理的 16 部，按自然属性有序编排，这就是创新。

李时珍在介绍药物时，专门设置了“发明”项，以便阐发自己对该药的看法。有学者统计，《本草纲目》不仅记载了其他医家的“发明”项 122 条，另有 759 条“发明”都是李时珍贡献的。如滑石，以前的医家讲得较为简单，而李时珍对滑石做了全新的“发明”：“滑石利窍，不独小便也。上能利毛腠之窍，下能利精溺之窍。盖甘谈之味，先入于胃，渗走经络，游溢津气，上输于肺，下通膀胱。肺主皮毛，为水之上源。膀胱司津液，气化则能出。故滑石上能发表，下利水道，为荡热燥湿之剂。发表是荡上中之热；利水道是荡中下之热；发表是燥上中之湿，利水道是燥中下之湿。热散则三焦宁而表里和，湿去则阑门通而阴阳利。刘河间之用益元散，通治表里上下诸病，盖是此意，但未发出尔。”

第二，在内容上创新。

李时珍撰写《本草纲目》时，就搜集到的 41 家本草书籍，他反复地认真阅读前人的记录，综合各种信息，进行分类、取舍、裁剪、考订，耗尽了一生精力，创造了本草学的新高峰。他批评洪武时期徐用诚编的《本草发挥》认为此书虽然搜罗了李东垣等人的资料，但“别无增益”，只是汇编而已。于是李时珍特别注意自己在编《本草纲目》时一定要在内容上创新。

有学者研究，《本草纲目》中水部收录的药物有 13 种，其中 11 种是李时珍新增加的；土部收录药物 61 种，有 21 种是李时珍新增加的。如香炉灰,即香燃烧后落入香炉的灰烬。李时珍记载:“跌扑金刃伤损,罨之,止血生肌。香炉岸,主疥疮。”因为香炉灰被写进了《本草纲目》,使民间更广泛地采用它外敷治创伤出血。

李时珍精心研究每一味药物,《本草纲目》中新增本草药物374种,这都是他长期观察与积累的结果。

李时珍不盲从。有人提出艾叶性寒、有毒,李时珍通过研究,提出了完全不同的看法,对艾叶的药性与功能有很高的评价,他说:“艾叶生则微苦太辛,熟则微辛太苦,生温熟热,纯阳也。可以取太阳真火,可以回垂绝元阳。服之则走三阴,而逐一切寒湿,转肃杀之气为融和。灸之则透诸经,而治百种病邪,起沉疴之人为康泰,其功亦大矣。”蕲春因此一直大力发展艾叶种植,加之有李时珍名人的效应,蕲春民间普遍采用艾叶治病,形成很大的艾叶医药市场。

李时珍有辨析。他对菊花的药性有自己的分辨。有的菊花味苦,有的菊花味甘。李时珍明确指出:“菊有两种,苗花如一……甘菊一种可食,仍入药饵。其余黄白二花,皆味苦,虽不可饵,皆可入药。”“真菊延龄,野菊泄人。”李时珍还注意到防葵与狼毒容易混淆。他说:“防葵乃神农上品药,黄帝、岐伯、桐君、雷公、扁鹊、吴普皆言其无毒;独别录言中火者服之,令人恍惚见鬼。……别录所列者,乃似防葵之狼毒功用,非防葵也。狼毒之乱防葵,其来亦远矣,不可不辨。古方治蛇瘕、鳖瘕大方中,多用防葵,皆是狼毒也。”

李时珍有新发现。曼陀罗花是一种植物,有毒性。李时珍用其泡酒,亲自体验其药性,然后写进了《本草纲目》。这是中药史上第一次把曼陀罗花写进本草类书籍中。李时珍注意到曼陀罗花有麻醉作用,还发现曼陀罗花是可使人兴奋之物。相传此花:“笑采酿酒饮,令人笑;舞采酿酒饮,令人舞。予尝试之,饮须半酣,更令一人或笑或舞引之,乃验也。……热酒调服三钱,少顷昏昏如醉。”

李时珍有新记录。有一种药叫牵牛子,李时珍把它用于治病。有人认为汉代名医张仲景没有用过此药,今人也不应当用此药。李时珍却认为,张仲景时本草系列没有牵牛子,是因为张仲景不知道此药。如果他知道了此药,也是会用的。

李时珍有新见解。针对民间流行吃胡椒,李时珍在《本草纲目》记载了胡椒对他这种体质的人不利,少吃胡椒,减少疾病。“胡椒大辛热,纯阳之物,肠胃寒湿者宜之。热病人食之,动火伤气,阴受其害。时珍自少嗜之,岁岁病目,而不疑及也。后渐知其弊,遂痛绝之,目病亦止。”“辛走气,热助火”,胡椒导致眼疾。李时珍有了这样的亲身体验之后,深感药物因人而异,饮食习惯亦能决定人的身体好坏。

李时珍的创新贴近生活。他注意到民间生活的小窍门,在煮河豚或团鱼时,放入橄榄枝,可以调解鱼鳖之毒;在煮鱼内骨刺时,放入仙子能透骨软坚。显然,李时珍把医学与营养学、烹饪学结合起来,并与饮食生活相联系,以食养辅助治病,作为养生的重要手段。对于河豚的药性,李时珍有创新性的解释,他曾说:“荆芥反鱼蟹河豚之说,本草医方并未言及,而稗官小说往往载之。”“荆芥乃日用之药,其相反如此,故详录之,以为警戒。”又按《物类相感志》言:“河豚用荆芥同煮,三五次换水,则无毒。其说与诸书不同,何哉?大抵养生者,宁守前说为戒可也。”

李时珍能用科学观点解释自然现象。先民一直认为月亮上有桂树与嫦娥,而李时珍指出月中并没有桂树与嫦娥,月面的形象实是“山河之影”,而“月中落桂”也是一种自然现象,非“月中有桂也”。当时,太和山五龙宫产的“榔梅”,道士们说成是吃了“可以长生不老的仙果”。李时珍不信道士们的话,发现它的功效跟普通的桃子、杏子一样,能生津止渴而已,是一种变了形的榆树的果实。

李时珍还理清了一些现象。《神农本草经》记载了芸薹是一味药物,但各家注释说不清楚。李时珍访问老农,得知芸薹就是油菜。芸薹头一年下种,第二年开花,种子可以榨油。李时珍在《本草纲目》中有清楚的注释。医书中常常出现“鹜与凫”,药物学家众说纷纭。李时珍引屈原《离骚》中的“将与鸡鹜争食乎”,“将泛乎若水中之凫乎”,指出诗人把“鹜”与“凫”对举并称,就是它们不是同一种禽鸟的明证。李时珍指出“鹜”是家鸭,“凫”是野鸭子,药性不同。

第三,在批评中创新。

李时珍对以前一些医书上存在的问题,勇于纠正。如泽漆、大戟本是两物,有的书却合二为一了;南星、虎掌本是两物,有的书却当作两物。李时珍还纠正了“草子可以变鱼”“马精入地变为锁阳”的传说。

李时珍的本草学有自己的思想。与明代以前的医书相比,《本草纲目》没有采纳符咒之类的方法,摒弃了这些与巫术相关的治病手段,表明李时珍的科学思想更进了一步。

李时珍之所以敢于批评,是因为他在实践中获得了知识的底气。任何一名中医大夫,都需要到大自然中认药、采药,甚至还要制药,还要学习民间治疗疾病的方法。李时珍常年到各地采风,读社会这本“无字书”,调查民间流传的医药信息,访谒精通中医的高人达士,兼或给人治病以谋生。在今湖北、湖南、河南、江西、安徽、江苏等地都留下了李时珍的足迹。对于所见所闻,李时珍后来都写进了《本草纲目》。例如,李时珍由京城返程回家的路上,一边观风察俗,一边了解沿路的药物。他从车夫那里了解到“旋花”可以治疗筋骨疼痛,就把这个收获写进了《本草纲目》之中。

李时珍勤于实验,善于研判,认真做出科学的结论。他经常对传统的医方加以创新。在“慈石”一条就记录了一则运用“东垣羌活胜风汤”加减的创新性医案:“慈石法水,色黑而入肾,故治肾家诸病而通耳明目。一士子频病目,渐觉昏暗生翳。时珍用东垣羌活胜风汤加减法与服,而以慈朱丸佐之,两月遂如故。盖慈石入肾,镇养真精,使神水不外移,朱砂入心,镇养心血,使邪火不上侵;而佐以神曲,消化滞气,生熟并用,温养脾胃发生之气,乃道家黄婆媒合婴姹之理。制方者宜窥造化之奥乎?”他利用古方,结合患者具体症状,创新地进行了成功的实验。

试设想,如果李时珍没有创新,他的《本草纲目》怎么可能在明末就被医学界普遍接受,怎么可能被译成多国语言出版,怎么可以在500年后仍然是践行中医者的必读书。创新是科研的生命与灵魂,是文明成就的价值所在。可以说,《本草纲目》是传承与创新的典范。在中医本草这个领域,李时珍的本草学可以说是一个高峰。它这个高峰是以无数个山峰作为基础,不论是文字、内容、方法还是观点,《本草纲目》都是本草学的集大成者。

4.《本草纲目》中与自然科学相关的知识

一部关于中国古代科学技术史的书,主要是技术史,自然科学的内容往往是极少的。因此,中国古代很少有纯粹的自然科学的书籍,但许多书籍中包含有与自然科学相关的知识。明代古籍中不乏这种情况,如江西人宋应星在《天工开物》中记述冶炼技术时,把铅、铜、汞、硫等许多化学元素看作是基本的物质,而把与它们有关的反应所产生的物质看作是派生的物质,从而产生化学元素概念的萌芽。有些文史哲方面的书籍中也有一些科技方面的信息,如湖南人王夫之在《思问录・外篇》中提出了关于生物体新陈代谢的观念,他说:"质日代而形如一……肌肉之日生而旧者消也,人所未知也。人见形之不变而不知其质之已迁。"

这里,试对李时珍《本草纲目》中涉及的自然科学知识做简要介绍。

(1)矿物学知识。

李时珍在《本草纲目》中对矿藏的地域分布、矿的品种、矿物质的成分,都有描述。他认为找金要以植物作为线索,"山有薤,下有金"。识金的方法是根据颜色,"金有山金、沙金二种,其色七青、八黄、九紫、十赤,以赤为足色"。

李时珍注意到矿物之间的某种关系,他在《本草纲目》卷九石脑油中记载:"国朝正德末年,嘉州开盐井,偶得油水,可以照夜,其光加倍。沃之以水则焰弥甚,扑之以灰则灭。作雄硫气,土人呼为雄黄油,亦曰硫黄油。近复开出数井,官司主之。此亦石油,但出于井尔。"然后评价说:"盖皆地产雄、硫、石脂诸石,源脉相通,故有此物。"石油与雄、硫、气在地层中相通,不是孤立的矿藏现象。

(2)化学知识。

《本草纲目》记载了276种无机药物的化学性质以及蒸馏、蒸发、升华、重结晶、沉淀、烧灼等技术。周嘉华等人认为:"在近代的化学知识和矿物知识传入中国之前,《本草纲目》所收载的药物和所反映的无机化学知识应该说已达到了很高的水平。"①

《本草纲目》记载了人工制作醋酸铜、从草木灰中提取碱以及用植物蓝制染料蓝靛的方法。

《本草纲目》"水银粉"条记载了制造水银粉的方法。所谓水银粉,现代的化学名称是氯化亚汞。先民很早就能够用明矾或绿矾作为配方,生产水银粉。虽然这些方法不是湖北人发明的,但李时珍做了宣传。

《本草纲目》介绍了烧酒。关于蒸馏酒的生产工艺,明代已能采用多种原料,用固态发酵醅来蒸取。

《本草纲目》还介绍了酱油。酱油是我们生活的必需品,如何制作酱油?李时珍说:"用大豆三斗,水煮糜,以面二十四斤拌和,罨成黄。每十斤入盐八斤,井水四十,搅晒成油,收取之。"有学者认为这是酱油制作的第一次详细记载,并把这类事情列为应用微生物学的范畴之中。②

李时珍注意到纯金属、金属、金属氯化物、硫化物等一系列的化学反应。当时,社会上的方士散布食金饮玉,以之作为长生不老的灵丹妙药,《抱朴子》云:"服金者,寿如金;服玉者,寿如玉。"李时珍在《本草纲目》认为金与玉是有药性,但金、玉也有毒性,有不适合人体之处。人体是血肉之躯,怎么可能让金、玉在肠胃久滞?社会上还有人认为水银是一种奇特的物质,晶莹剔透,闪闪发光。于是,有人滥用水银,导致死亡。李时珍观察到水银的药性有毒,认为不可轻易食用。他在《本草纲目》的"水银"条说:"大明言其无毒,本经言其久服神仙,甄权言其还丹元母,抱朴子以为长生之药。六朝以下贪生者服食,致成废笃而丧厥躯,不知若干人矣。方士固不足道,本草其可妄言哉?"李时珍认为,江湖上的方士用水银骗人钱财,而从事医药学的人与方士不一样,撰写的本草类书籍一定要讲究科学性,不能混同于方士。

---

① 周嘉华,王治浩.化学与化工志[M].上海:上海人民出版社,1998:119.

② 罗桂环,汪子春.中国科学技术史:生物学卷[M].北京:科学出版社,2005:360.

潘吉星认为:“《天工开物》虽大部分据作者调查而写成,但也有不少地方引自前书,尤其是《本草纲目》被引用达 20 余次……《乃服·造红花饼法》《五金》中造胡粉、黄丹法,《丹青》中升炼银朱,《曲蘖》中造神曲法,《珠玉》中玛瑙种类及测试法及《五金》中制铜合金原料等处,都直接引自《本草纲目》有关卷,而未言明。”①

显然,古代关于科技史的文献中有自然科学的一些内容,值得珍视。虽然这些内容与现代的自然科学不能画等号,但有相通之处,不能抹杀。

5.《本草纲目》的国际影响

明清以降,许多国家纷纷翻译和评价《本草纲目》。

18 世纪前半叶,在澳门行医的法国人旺德蒙德在当地中国人的帮助下,收集《本草纲目》中记载的 80 种无机矿物药标本,编写了一份材料寄回法国,但没有发表。法国科学家杜赫德编《中华帝国通志》,书中第三卷节录了《本草纲目》,介绍了中医的基本理论。

英国生物学家达尔文称《本草纲目》为“中国百科全书”。达尔文在《动物和植物在家养下的变异》一书中,引用了《本草纲目》中关于鸡的 7 个品种和金鱼家化的资料。瑞典生物学家林奈比李时珍晚出生大约 200 年,林奈在其撰写的《自然系统》中提出生物分类。因此,我国有学者专门研究了李时珍和林奈各自分类学的传统及其突破,重点比较了两者分类体系的异同。有人甚至称李时珍是林奈、达尔文的启蒙老师。我国科技史学者潘吉星专门研究了达尔文涉猎的中国古代科学著作,注意到达尔文在研究鸡的品种时,被当时在伦敦不列颠博物馆图书馆的东方部主任伯奇告知:“在 1596 年出版的中国百科全书中曾经提到过 7 个品种,包括我们称为跳鸡或爬鸡的,以及具有乌毛、乌骨和乌肉的鸡,其实这些材料还是从各种更古老的典籍中收集来的。”但潘吉星认为:“《本草纲目·禽部》那时还无西文译作,由此笔者判断必是达尔文向伯奇咨询,由他请本馆通晓汉文的馆员将馆藏《本草纲目》替达尔文摘译出来。”达尔文在其《动物和植

---

① 潘吉星. 天工开物导读[M]. 成都:巴蜀书社,1988:29.

物在家养下的变异》中表示:“在中国古代百科全书中曾经提到过双重距的事例,其发生或可看作是相似变异的一个例子,因为某些野生鸡类如孔雀鸡就有双重距。”潘吉星认为:“此材料亦来自《本草纲目》,时珍引唐人孟诜《食疗本草》(约706年)称‘诜曰,鸡有五色者,玄鸡白首者,六指者,四距者。’上述说明,达尔文论鸡时所引‘1596年出版的中国百科全书’,肯定是指《本草纲目》。”[①]对于这个研究结论,叶笃庄专门给潘吉星写了一封信,称赞潘吉星:“解决了我多年来未曾解决的一个问题,即达尔文著作中的《中国古代百科全书》的问题。”[②]

李时珍在国际上获得很多殊荣。1951年,在维也纳举行的世界和平理事会上,李时珍被列为古代世界名人。在俄罗斯莫斯科罗蒙诺索夫国立大学的科技长廊上,一直摆放着李时珍的雕像,勉励着大学生勤奋学习。1956年,中国科学院院长郭沫若为李时珍题词:“医中之圣,集中国药学之大成,《本草纲目》乃1892种药物说明,广罗博采,曾费30年之殚精,造福生民,使多少人延年活命!伟哉夫子,将随民族生命永生。”把李时珍称为医圣,与儒圣孔子一样,这是中国人对李时珍最好的回报。[③]

明代湖北的科技,资料太少,所以本章以很大的篇幅介绍了李时珍与《本草纲目》。本章原打算专门写一节介绍明代湖北形成的自然科学知识,但内容都在《本草纲目》之中,只好把搜集到的材料合并到了关于李时珍的一节中。由此可见,虽然世界已经开始出现早期近代化,但明代的湖北科技仍然是传统的科技,以农业技术为主,以中医为闪光点,明代的湖北科技处在变革的前夜。

---

① 潘吉星.中外科学技术交流史论[M].北京:中国社会科学出版社,2012:298-299.

② 潘吉星.中外科学技术交流史论[M].北京:中国社会科学出版社,2012:295.

③ 李时珍的事迹,请参看拙著《医中鸿儒 本草巨擘:李时珍传》,此书由华中科技大学出版社2018年出版。

第九章　清代的湖北科技

清朝是中国古代的最后一个王朝。清朝的名称得自于阴阳五行学说。术士认为朱明属于五行之火，火能克金，而“清”旁有水，水能灭火，因此由金更名为清。清朝从1644年入关到1911年，共267年。清前期国势日强，清后期江河日下。以1840年的第一次鸦片战争为断限，即道光年间为断，清代前后各为一段。学术界以1840年以前为封建社会，1840年以后为半殖民地半封建社会。嘉庆、道光年间的社会震荡最剧烈，其后一蹶不振。

第一节　时代背景

一、清代的科技

清朝虽然是关外游牧民族建立的王朝，但清前期的几个皇帝却是很有作为的，对新生事物的重视丝毫不亚于明朝皇帝。康熙皇帝就是一个较为开明的皇帝，他对西方科技有兴趣，甚至愿意学习与采纳。他请传教士南怀仁、白晋等人进宫讲授几何、天文、解剖等知识。他任命南怀仁主持钦天监工作，支持钦天监建造了天体仪、黄道经纬仪、赤道经纬仪、地平纬仪、地平经仪、纪限仪等，利用西方的测绘理论对中国版图进行全方位测量。这次测量实际上由传教士白晋、雷孝思、杜德美等人领导。他们先后测量了京师附近的长城、东北松花江和黑龙江流域，以及西北、华东、华中、西南各省和新疆等地，共测得641个经纬点，绘制成《皇舆全览图》，完成了中国乃至世界测绘史上的空前壮举。尽管康熙喜好西方科技，但他仍采用八股取士,大搞文字狱,没有把科技提高到应有的位置。

清朝有一批学者,身兼官员与科学家的身份,在科技方面有专长,或在自然科学方面有所成就。

天文学家薛风祚最初学习中国传统天文历法,后向耶稣会士穆尼阁学习西方历法。他主张中西兼通,在《历学会通》中说:“中土文明礼乐之乡,何讵遂逊外洋?然非可强词饰说也。要必先自立于无过之地,而后吾道始尊。此会通之不可缓也。”

王锡阐精通天文,撰《晓庵新法》《五星行度解》等。他坚持观天,几十年如一日,自创了日月食的初亏和复圆方位角的计算方法。他还比较中西历法,主张扬弃性地接受西方历法。《畴人传·王锡阐传》记载其语:“考正古法之误而存其是,择取西说之长而去其短。”他不崇洋媚外,敢于坚持真理,积极参与讨论。当耶稣会士汤若望指责《大统历》有两春分、两秋分、周天度数分法,王锡阐一一辨析,以理服人。

方以智对西方传来的科学知识采取分析地接受。他在《物理小识·自序》中说:“万历年间,远西学入,详于质测,而拙于言通几;然智士推之,彼之质测,犹未备也。”所谓质测,就是自然的结构性质、变化规律等;所谓通几,就是哲学。在方以智看来,西方在自然科学知识方面有精到之处,但也有所不足。

蒙古族历算学家明安图在乾隆时任钦天监监正。当时从欧洲传进3个有关三角函数的解析式子——割圆三法(圆径求周、弧背求正弦、弦背求正矢),但只有公式,没有公式的证明方法。中国学者曾长期苦于知其然而不知其所以然。明安图经过30多年的深入研究,写出了《割圆密率捷法》4卷,不仅创用“割圆连比例法”证明了3个式子,而且进一步创造了弧背求通弦、通弦求弧背、正矢求弧背等一系列的新公式。他是中国用解析方法对圆周率进行研究的第一人。

王清任在医学上有突出的成就,著有《医林改错》。他强调解剖学知识对医病的重要性,并对古籍中有关脏腑的记载提出了疑问。他通过对尸体内脏的解剖研究,绘制成《亲见改正脏腑图》25种,改正了前人的一些错误。这是我国中医解剖学上具有重大革新意义的著作,为祖国解剖学的发展做出了有益的贡献。

鸦片战争时期,西方列强用大炮轰开了中国的大门,中国人领教了"船坚炮利"的利害。魏源提出"师夷长技以制夷",其中就包括了学习西方的炮舰、火器等技术。

游访过欧洲的王韬对西方科技大加赞扬,他认为中西文化的很大差异在于科技,他在《漫游随录·制造精奇》中说:"英国以天文、地理、电学、火学、气学、光学、化学、重学为实学,弗尚诗赋词章,其用可由小而至大。"他认为只有国家和官吏鼓励科技,科技才可能发展。

1862 年,清政府设同文馆,聘请数学家李善兰为天文算学馆总教习。李善兰曾创造"尖锥术",其独特的思维方式已接近微积分。李善兰与伟烈亚力合译的《几何原本》是一部完整的、高质量的译著,其中还介绍了西方的符号代数学、解析几何、微积分。很有意思的是,李善兰仍用中国数字而不采用阿拉伯数字,甚至用天干地支等字代替外文字母。此外,李善兰与艾张瑟合译了《重学》,在《谈天》一书的序言中驳斥了阮元对哥白尼学说的误解,举出了大量事实证明地球自转。

华蘅芳与人合译了《代数术》《三角数理》《微积溯源》等,把对数、概率等数学知识传入中国。

徐寿是系统介绍西方近代化学知识的学者,他与人编译了约 13 种 120 卷书,大多是化学书,如《化学鉴原》风行一时。他根据西文名字第一音节确定了化学元素名。徐寿还与人创办"格致书院",从事科普工作。

洪秀全领导的太平军几次占领武昌,洪仁玕在《资政新篇》提出了一些崭新的思想,如奖励科技文明、保护专利权、鼓励开矿、发展交通和通信。可惜这些建议没有受到重视,在当时也不可能实现。

在戊戌变法时期,维新派宣传变法图强,倡导科学。严复翻译出版的《天演论》风靡一时,激发了知识分子学习西方科技的兴趣,进化论思想开始深入人心。当时,民族工业有初步发展,全国兴办了一些与国计民生相关的工厂,使科技在民族工业有所推广。

1900年以后,中国学生留日形成一个高潮。留学生学习理工科的情况越来越普遍。辛亥革命前后,中国民族资产阶级崛起,科技日益受到社会关注,人们的科学意识越来越浓。

二、湖北的状况

清朝前期,湖北与湖南统属湖广行省。到康熙年间,湖北与湖南分开,湖北成为独立的行省。《清史稿·地理十四》记载:"明置湖广等处承宣布政使司。……清康熙三年,分置湖北布政司,始领府八:武昌、汉阳、黄州、安陆、德安、荆州、襄阳、郧阳。并设湖北巡抚。雍正六年,升归州为直隶州。十三年,升夷陵州为宜昌府,降归州直隶州为州属焉。以恩施县治置施南府。乾隆五十六年,升荆门州为直隶州。光绪三十年,升鹤峰州为直隶厅。东至安徽宿松。五百五十里。南至湖南临湘。四百里。西至四川巫山。千八百九十里。北至河南罗山。二百八十里。广二千四百四十里,袤六百八十里。面积凡五十八万九千一百一十六方里。北距京师三千一百五十五里。宣统三年,编户五百五万五千九十一,口二千三百九十一万七千二百二十八。共领府十,直隶州一,直隶厅一,县六十。"湖北在康熙年间的行政领地有八府,即武昌、汉阳、黄州、安陆、德安、荆州、襄阳、郧阳,与现在的湖北在区域上有所不同。

清初的王夫之注意到明清时期楚地的生态环境趋好,人文也趋好,超过北方。他在《思问录·外篇》指出楚地在汉以前是荒蛮区域,"而今为文教之薮";晋、燕在隋唐以前是经济文化发达区域,今不如昔。"学术、节义、事功、文章皆出荆、扬之产。"西南诸地"渐向文明"。

清朝出现"湖广填四川"的人口流向。由于战争造成社会动荡,加上四川偏僻和富庶,所以有大批的流民从湖南、湖北进入四川谋生。据《清高宗实录》卷三百十一记载,从乾隆八年(1743年)到乾隆十三年(1748年),就有24万人入川。有关资料说,川陕一带的土著之民十无一二,湖广客籍占一半。

清朝,武汉逐渐成为经济文化中心——一个典型的码头城市、商业物流城市。武汉的主要行业为食盐、大米、竹木、纺织品、币材、典当等。武汉有最大的米市,"湖广熟,天下足"。两湖、四川各地的粮食经过各个层次的收购,先运到汉口,然后再由江浙、江西、广东等地商人将米粮运销各地。三镇还是淮盐运到内地销售的最大口岸。淮盐溯长江而上,运到汉口,再销到湖南、湖北等地。汉口年分销淮盐占其总产量的一半左右,因此,被称为"销盐第一口岸"。汉口"盐务一事,已足甲天下"。

晚清,随着西方文化的进入,湖北城乡到处是外来商品,如洋油、洋布、洋火、洋伞、洋画、洋车。1875 年,招商局在汉口设立轮船公司,标志着民族轮船运输业在汉口的立足,开辟了以轮运为主导的水路航路。

需要说明的是,从行政区划而言,1899 年,清政府设置夏口厅,治所即今汉口,始有三镇之别。对于汉口的变化,民国《夏口县志》的作者在《叙例》中说:"铁路既开,盈廷交赞,南皮张公,首成京汉。马如游龙,车如流水,爰开马路,陆行者喜。火轮上下,不假风帆,爰开航路,水行者安。关山间隔,民气斯顿,电报设局,千里一瞬。置邮传命,向资马力,自设邮政,广通消息。"①可见,人们对于社会的新变化是欢迎的态度。

光绪三十三年(1907 年),鄂省官绅在武昌成立改良风俗会,倡导科学,反对迷信,把戒缠足、戒鸦片、戒迷信作为会旨。当时流行以张之洞名义编写的《学堂歌》,主张抛弃烟枪,不再缠足,不妄信风水,反对迷信,对科学普及起到了较好的作用。

晚清,湖北同全国一样出现了留洋学习西方科技的情况。在学习现代科技文明的过程中,年轻人不仅在国内学习,而且走出国门到海外学习。如詹天佑学成回国,成为杰出的工程师,曾在湖北大展身手。

但在民间,宗教仍然非常流行。道光《安陆县志》卷十二《坛庙》记载了明清时期安陆县有许多庙宇,如社稷坛、神祇坛、先农坛、城隍庙、淮渎庙、龙王庙等。罗暹春《新修城隍庙记》也有记载:"乾隆三十五年冬,暹春衔思命来守德安。至之日雪霁,未受印,即暮谒城隍神,以心祷曰:'风雨

① 武汉市地方志办公室.民国《夏口县志》校注[M].武汉:武汉出版社,2010:651.

时,五谷熟,神其于我德安民作福,以波及我守土。守土有所不能官,神其助予!'"

第二节 以农业为中心的传统科技

清代的湖北,处于内陆的农业型社会。人们对农业技术相当重视,清初的张履祥撰《补农书》,总结了南方农业生产经验,对土壤、肥料、物种、耕作、水利都做了有益的介绍。晚清,湖北有官办刊物《农学报》(1901年)、《蚕学月刊》(1904年)、《湖北农学会报》(1905年,月刊),这说明地方政府重视农业技术的研究与宣传。

一、整 治 农 田

农田是立农之本,清代江汉平原的农民兴修垸田。所谓垸田,就是以堤坝隔开外水,在堤内有独立的水利系统,增加农田。据民国十年(1921年)修纂的《湖北通志·建置志·堤防》统计了清末荆州府各县垸田。围湖造田的态势有增无减,并且大修堤防。例如,江陵县境的江堤,西起万城,东南抵拖茅埠,全长约126千米,俗称万城堤。万城堤在万历年间曾经溃决,乾隆五十三年(1788年)大水淹没江陵城后,改民堤为官堤。历史上大堤频遭溃决。《荆州府志》记载:"故筹荆江堤防者,莫不以万城为首要焉。"于是,地方官员多次组织民众修缮万城堤。

湖北有些地方的垸田构成了较为完整的农业生态系统,其规制与质量明显提高。人们在垸内设蓄水的湖塘,还有排泄的沟渠,可以调控水量,应对旱涝。雍正《湖广通志·水利》记载:"各围垸内出水、积水之区,或则有港,或则有塘,或则请建有闸,或则疏通有沟。……港则设之溷口,塘则立有剅沟,闸则因时启闭,以资蓄泄,以资灌溉。"圩垸形成了有防洪堤、间堤、防渍堤、调蓄湖、排灌沟渠、剅管等设施,既能防洪、排涝,又兼备灌溉的水利系统,成为湖区水乡农业生产的重要保障。

农民改变山田。山区间也有一些平地,平时干旱,洪水来了就淹,影响农业收成。有些地方官员组织民众改造环境,使一些不毛之地成为良田。如恩施来凤县县令因为主持了几处水利工程,而受到民众的爱戴。同治《来凤县志》卷十五“水利”条记载:“县西南及东隅沙坨坪、桐梓园、牛车坪等处,地平无泉,旧皆荒废,故有茅草滩之名。前令张公董工开凿为渠三道,一引红岩溪水灌沙坨坪;一引龙洞桥水灌桐梓园;其西南则自伏虎洞导流,牛车坪得灌焉。”

农民勘测土地。在兴修水利的过程中,需要进行地理勘测,因势利导。同治《房县志》卷二“水利”条记载了当地的山民“多有借山水而灌溉者;有修凿土塘以蓄灌者;有见彼山山洞有水,从下截流就上,顺山形而越翻冈岭为渠者”。这或多或少反映了劳动人民的智慧。

农民改良土壤。道光《蒲圻县志》卷四“乡里风俗”条记载:“蒲圻多山,而为田长阴寒,故麦少收宜种三稻,早稻六月熟,迟稻七月熟,晚稻八九月熟,皆以石灰粪之,使暖。”用石灰粪使农田变暖,有化学因素。尽管农民不知道酸碱中和的道理,但在实践中知道土壤的温度与质地决定着庄稼的收成。

二、多种经营

清代,湖北已经大面积种植玉米、番薯、马铃薯等外来农作物,特别是在山区,农民掌握了种植经验,以这些农作物作为主要的经济生活来源。至于黍、稷、菽、粟、芝麻等,都有种植,品种日多。

1. 种水稻

水稻是农村中普遍种植的农产品。江汉平原地势平坦,土地肥沃,水源充足,宜于种植水稻,水稻的品种亦多。乾隆年间编修的《授时通考》记载了全国各地的一些水稻品种,其中就有湖北蒲圻县、咸宁县、汉阳府、蕲水县、罗田县、黄梅县、德安府、枝江县的水稻品种。水稻品种的培育,是农民生产经验的总结。

有些地方能够种植连作稻。为了提高稻作产量,一年之中在同一块地种植两次稻谷。康熙八年(1669 年)刊刻的《汉阳府志・物产》就记载了连作稻。乾隆《江陵县志·物产》记载了一岁两熟的稻种,“曰云南早、毛瓣之、冻黏子三种,此三种一岁两熟”。其中还记载:“江邑各稻种类甚多,其谷之红、白、大、小不同;芒之有、无、长、短不同;米之坚、松、赤、白、紫、乌不同;大要高田、坡田则宜早稻,湖田则宜晚稻。”光绪《孝感县志·土物》记载了种稻的时间,“六月刈早禾,七月插晚禾,十月刈晚禾”。这些都体现了农业技术经验。

2. 栽棉花

江汉平原除了种谷,就是种棉花,人们已经意识到棉花有不同的品种。棉农选择花大丝长的棉种,以获得更高的亩产。同治《监利县志》卷八《风土》记载:“棉有白、紫二种,绒深厚而温暖,产者不一处,惟监利最擅名。”

湖北农村普遍种植棉花,棉纺织业很发达。农民家中普遍有纺机,男耕女织。乾隆《随州志·物产》记载:“地产木棉,人习为布。”道光《安陆县志·风俗》记载:“自乾隆以来,男事耕耘,女勤纺织,商贾云集,财货日繁。”

一般而言,农历八月摘取棉花,十月纺织,十一月给布料染色。农户以农业为主,全年其他时间都可用来纺纱织布制衣。有的人善纺纱,有的人善织布。织布比纺纱更具有技术性,同治《来凤县志·风俗》记载:“妇女善纺棉,不善织布。乡村四时纺声不绝,村市皆有机坊,布皆机工为之。”这说明来凤县有的乡镇在纺织方面已形成技术优势,纺织业有了技术分工。汉阳有的织工可每天织一匹布,乾隆《汉阳县志》卷三《物产》记载:“妇女老幼,机声轧轧,人日可得一匹,长一丈五六尺。”

湖北优质的棉布成为畅销商品。同治《监利县志·风土》记载:“所产吉贝大布,西走蜀黔,南走百粤,厥利甚饶。”

3. 植桑养蚕

清代,湖北流行植桑养蚕,但丝劣利薄,丝织业不兴旺。晚清,张之洞督促有关司道筹款设立蚕桑局,派员到浙江购买桑苗及应用器具,分发给州县使用。地方政府还从浙江招募匠师来鄂传授技艺,要求在农务学堂讲授蚕桑技术,在工艺学堂讲授织绸技术。[1] 1894 年,在武昌望山门设立缫丝局,有 300 余台缫丝车,培养技术人才,力图振兴缫丝业。

4. 种树采漆

湖北的山区有大片漆树,西部从北到南,郧西、房县、保康、南漳、归州(今秭归)都有漆树。如同治《保康县志 · 物产》记载:"树有漆,野者最佳。"可见,当地有人工栽培和野生的两种漆树。同治《郧县志 · 物产》记载了采漆方法,"漆,夏至后以刀划树,蚌壳承之,日未出时收之,遂为漆"。道光《竹溪县志 · 艺文》中有一首《竹溪竹枝词》记载:"行行直到鸡心岭,一路人家漆树多。"这说明漆树沿路成片,都是有种植人管理的。鄂西南的利川毛坝、恩施大集等地生产坝漆,成为品牌。山区的漆农与漆工,掌握了较好的造漆工艺,成为专职的匠人。

桐油是保护木器的油漆,湖北的山区处处种有油桐树,而恩施的来凤县一直有种油桐的风气。油桐是经济作物,是农民致富的来源。《来凤县志 · 风俗》记载:"以故江右楚南贸易者麇至,往往以桐油诸物顺流而下,以棉花诸物逆流而来。"

5. 树上采蜡

蜡是女贞等木樨科树上分泌出的一种物质,可以用于密封、防腐、润滑等。湖北、湖南等地一直盛产白蜡。明末绥宁知县包汝楫在《南中纪闻》专门谈到提取白蜡的过程:"楚地产白蜡,而湖北尤多。取蜡之法,于四月内将蜡虫置女贞树上,虫吸树脂,两三月后,渐长如蚕,遂吐蜡卷抱树枝,莹白成片,九月间采取,煎熬作饼。"

6. 种植木耳

木耳的营养价值很高,对于山民而言是经济来源的重要部分。如何生产优质木耳,关键是要采用适合的木材。清人严如熤《三省边防备览》卷九《山货》记载了川陕楚三省边界种植木耳的方法,"择山内八九年、五六

---

① 湖北省地方志编纂委员会. 湖北省志:大事记[M]. 武汉:湖北人民出版社,1990:71.

年花栗、青桐、梓树用之,不必过大。每年十月内将树伐倒,纵横山坡上,雨淋日晒,至次年二三月间将木立起,二三十根攒一架,再经淋晒,四五月内即结木耳"。湖北房县至今仍盛产木耳,沿用此法。

7. 种茶

清代,鄂东南的山区成为生产茶叶的重要地区。蒲圻县(今赤壁市)的羊楼洞镇是一个重要的集散地,种植、采摘、加工、贸易,形成"一条龙"服务。茶叶畅销到蒙古草原及俄罗斯。这时的茶叶特别重视加工技术,茶叶的品质取决于加工。

制茶工艺包括干燥、揉卷、烘焙、拣选、包装等。崇阳县流行的工艺是用锅炒杀青,精心搓揉,其砖茶颇受欢迎。同治《崇阳县志》卷四《物产》记载了制茶工艺。"采粗茶入锅,用火炒,置布袋揉成,收者贮用竹篓。稍粗者入甑蒸软用。稍细之叶,洒面压成茶砖,贮以竹箱,出西北口卖之,名黑茶。"

传统制茶,均为手工。晚清开始流行机制茶叶。1865 年,俄商在汉口开设顺丰砖茶厂,在长江边修建了顺丰砖茶厂码头。为了提高产品数量,1898 年,在汉口成立了机器焙茶公司,在羊楼洞茶区设置了茶叶压延机,用于制茶。1906 年,粤商唐寿勋在汉口采用机器制茶,生产的红砖茶制品在颜色、香味、外观、干燥等方面都受到好评,所产红砖茶于 1915 年在巴拿马赛会上获得一等赤金奖。

8. 种药材

清代,湖北各地有药市,药材有不同的品牌。章学诚在修湖北志书时记载:"天南星、半夏则出荆州,苍术则出京山,桔梗则出黄陂、孝感,玉竹、五加皮则出兴国,艾出蕲州。"①

恩施山区的许多农民认识药材,有些人甚至放弃农业,转向种药材与采药材。同治《恩施县志》卷十一《艺文》收录了嘉庆年间恩施知县詹应甲

① 章学诚. 湖北通志检存稿一:食货考[M]//章学诚. 章氏遗书:第 19 册. 北京:文物出版社,[1922].

的一首《种药吟》："施州西北曰木抚，地最高寒无沃土。山人不解艺禾黍，剪尽荆榛开药圃。药种分贻不贷牛，药苗倒插能避暑。板桥蒿坝百余家，大半药师兼药户。刀耕火耨笑人忙，抛却农书翻药谱。"

清代，有一批河南怀庆府的药农来汉经商，他们住在汉口的宝寿桥一带。后来，来此做生意的人越来越多，这一带逐渐形成一个市场，人们就把这些药商定居的地点称为药帮巷，又称他们为怀帮。康熙二十八年（1689年），在药帮巷建有怀庆会馆，因馆内供奉有"药王"孙思邈像，又被称为药王庙，药材业的商人与药师经常聚集到庙里，逐渐形成了药业同业公会，在每年农历四月二十八日"药王"生日时举行活动。中华人民共和国成立之后，药王庙成了药帮巷小学校舍。

烟草有提神的作用，民间还意识到烟草有一定的药用价值。湖北山区丘陵之地宜于种植烟草，鄂北的均县就以种烟草闻名。《均州志·土产》记载："草则淡巴菰，俗名烟，其气辛，能御瘴疠。"

林则徐（1785—1850）在湖北主政时，在武昌、汉口、汉阳等地设立禁烟局，销毁烟具、烟膏。林则徐还亲自收集各种药方，配制药材，生产戒烟药，以此推动了对传统药材功效的认知。

9. 养鱼

湖北的河湖多，淡水生物丰富，人们因此积累了一些相关的知识。光绪《蕲水县志》卷二记载："邑西南一带，居民近江湖，得水族之性，故多善渔。而取鱼之具为网、为罟、为钓、为罩、为箔之类不一。"

1897年，张之洞委托美国农学教习白雷耳前往武昌、大冶等地考察农情，由湖北候补知府汪凤瀛陪同。白雷耳考察之后，向张之洞递交了一份报告，有15条内容，其中列举了农民所缺乏的农业科技知识，如选种方面，"所见小麦、油菜、蚕豆各种子，并不选择坚好肥硕之品"；农具方面，"所用齿耙、锄、犁等农具均笨拙，翻土既不能深，碾土又不能细，所用耕牛大车，蹇缓无力"；棉花种植的土壤方面，"嫌太湿、太冷、太酸"。张之洞受到触动，决定兴农学，办农务学堂，于是在武昌卓刀泉筹办湖北农务学堂，聘请农学专家讲授化学、农机、种植等课程。洋务新政时期，全国各地设立的农务学堂多达58所，而湖北就有48所，占当时全省各类实业学堂总数的70%以上。①

三、兴 修 水 利

清代，地方官员的重要职责之一就是督率水利，当时有了岁修制度。康熙十三年(1674年)，经工部议准，沿着长江、汉水的官员必须各自负责属境内的堤垸水利修防，夏秋要防汛，冬春要岁修。康熙三十九年(1700年)，朝廷要求地方官员每年都要利用农闲汛隙，组织民众开展堤防的加高培厚。②

乾隆《汉阳府志》记载了汉阳的生态。卷十二附有《秋粮官米说》，记载了汉阳府的一个个村落，以及村落的地理形胜、粮食税收等。“村落则有南湖嘴、张大渡、季余家垸、宝家嘴、洪山庙、黄沙庙、尉武山、补锅岭、鸭港桥等九处，地势高下不同。如南湖嘴、张大渡、季余家垸则逼近官南湖、宝家嘴、洪山庙、黄沙庙，则又地势平坂，无冈陵丘垤，每当发水之时，外有大江之水由火巷浸灌而入，内有襄河、府河之水由平塘灌进，故自南湖嘴以至黄沙庙等六处，素称畏水之乡。”

鄂西南山区广泛采用节省人力的水车、筒车。同治《恩施县志》卷七“风俗”记载：“筒车转水溉田，尤为事半功倍。其制，于溪流近岸处竖木为架，缚竹为大轮，以竹筒周缚轮外，口皆向上，置流水中，水激轮行，筒载水转旋而上，注于木枧，由此递引入田，大约一具，可灌田数十亩，较桔槔之制，尤为不劳人力。”人们意识到筒车比桔槔更省力，更有功效，因而利用山形地势尽量采用筒车供水。

湖北人读书当官，到外地任职，发扬重视水利的传统，致力发展经济。李堂(1723—1795)，字也升，沔阳(今仙桃市)人，乾隆七年(1742年)进士。在浙江湖州任官时，注重水利，疏浚72处渍水。江夏人陈銮(1786—

① 唐惠虎，朱英. 武汉近代新闻史：上卷[M]. 武汉：武汉出版社，2012：173.
② 张建民. 湖北通史：明清卷[M]. 武汉：华中师范大学出版社，1999：257.

1839)，嘉庆二十五年(1820 年)进士，在全国各地担任要职，官至两江总督。他特别重视农业，任苏松太道时，募民疏浚吴淞江口，兴修华亭海塘等，使农业得到保障。

外籍人员到湖北任官，因地制宜，不能不重视水利。以嘉庆十一年(1806 年)至二十二年(1817 年)任湖广总督的汪志伊(1743—1818)治绩最著。治理的重点是四湖地区。他还督令修筑荆江、汉江大堤等。著有《湖北水利篇》。

林则徐(1785—1850)担任湖广总督时，注重水利，建立了汛报制度。他要求相关的州县在临水顶冲的地方，设立水位标志桩，填写"水位报单"，及时上报汛情。他还颁发《防汛事宜》十条，对各项防汛准备工作进行周密部署，落实各个地段的防汛责任人。[①] 林则徐提出了"修防兼重"的方针。他要求有堤防的州县将修筑的工程限期培修完毕，先由道府官员验收，待秋伏大汛，他还会亲自到各处验查。正是由于林则徐以身作则，督办得力，其主持的堤防修筑工程，为保障江汉沿岸州县的生命财产做出了重大贡献。

张之洞(1837—1909)在湖北主政时，也很重视水利。他维修了武金堤，旧有堤为道光年间湖广总督周天爵所建。张之洞在其基础上，增加了高度，涸出田亩。他还修了从武昌到青山的武青堤。《张文襄公治鄂记》有记载，"堤增筑一丈余不等，堤面一律宽二丈"。为了调剂水流，在武昌修了武泰闸，在青山修了武丰闸。1905 年，张之洞又督修了汉口后湖长堤(后世称为张公堤)，把原来汉口的面积扩大了好多倍。该堤是由外国工程师穆氏具体设计，全长 17 千米。

良好的水利总是惠泽百姓，百姓必然感恩戴德。道光《安陆县志》卷二十二《名宦》为那些爱护民生的官员立传。乾隆年间的官员罗暹春为德安太守时，修龙头石堤，人称罗公堤。民间还保存着"罗公堤铭"，篆文。其文曰："南流定，万家宵，洲平衍，衣食兴，永久弗忘其心。"

---

① 袁北星. 荆楚近代史话[M]. 武汉：武汉出版社，2013：13.

但令人遗憾的是,好多古代的水利设施已被废弃。1986 年,在天门县横林区白沙村的汉江干堤内河滩上发现了一座道光年间的刭闸。该刭闸通长 65 米,宽 1.8 米,高 2.1 米,内空高为 1.5 米,其断面呈弧顶门形。闸由 600 多块石头砌成,闸底由 2000 多根长 2.2 米的杉木打成排桩,作为基脚。时移物易,河床因上游流下的泥沙淤塞而抬高,使这座刭闸被埋入 3 ~4米深。① 现在的江汉干堤也已向外移距刭闸 400 米。

第三节 传 统 技 术

一、采矿与冶铸

湖北应城有丰富的石膏,清代时享誉天下。光绪《应城县志 · 风俗》记载:"石膏,所产甲于天下。"人们追逐利润,投资矿业,间接推动了对石膏的认识。光绪《德安府志 · 物产》记载了应城附近的白兆山生产石灰,供应到几个县。人们对石灰的功能有所了解之后,用其作为肥料,还可以杀虫灭草,改良土壤。

宋荦(1634—1713),河南商丘人,被称为"康熙年间十大才子"。他"性嗜古,精鉴赏"。康熙三年(1664 年),宋荦担任湖广黄州通判。黄州府黄冈县齐安驿有一片山,"所谓聚宝山者,断岭颓冈,累累皆粗石"。宋荦在齐安驿一带得到 16 枚奇石,写《怪石赞》。言其或如僧坐蒲团,或如鸳鸯覆卵,或如红蜀锦、赤城、贝叶、棋子、蟾蜍、鬼面、虾蟆、鹳眼、杨妃瘢。分别起"宜春胜""达摩影"诸名。如"红蜀锦,大如栗,文采如织"。赞曰:"我有红锦,其色斑斓。不出蜀道,乃在宝山。薄言采采,濯以潺湲。文章之瑞,奇丽之观。"这篇具有文学色彩的文章,对于后世了解地下资源有一定的帮助。

黄州的矿藏不多,但仅有一江之隔的对岸,矿藏非常丰富。清顾祖禹

① 张益民.天门县发现清代闸[J].江汉考古,1986(3):89.

《读史方舆纪要》卷七十六记载:"铁山县北四十里有铁矿。……又北二十里为白雉山,周五十里有芙蓉峰、狮子岭、金鸡石诸胜,山南出铜矿,晋、宋以来,俱置铜场钱监,后废。今山口墩,或谓之铜灶,其遗迹也。"

晚清,随着洋务运动的发展,出现了新的探矿高潮。同治二年(1863年)春夏间,美国地质学家彭北莱到中国考察地质,对鄂西秭归香溪一带含煤地层开展研究,采得古植物化石,后经纽伯利鉴定属中生代,遂将该地层命名为归州煤田。①

光绪元年(1875 年),盛宣怀(1844—1916)受命往湖北办理勘查煤铁矿事宜,把煤矿开采的矿址定在了广济,并成立了湖北煤铁开采总局和荆门矿务局。1877 年,盛宣怀偕英国矿师郭师敦探得一处富矿——大冶铁矿,含铁量高达 64%。据张之洞向清廷的奏折《勘定炼铁厂基筹办厂工暨开采煤铁事宜折》记载:"查明大冶县铁山,实系产旺质良,取用不竭,距江边黄石港仅 50 余里。兴国州产有锰铁,尤为炼钢所必需,适于大冶接界。"1891 年,大冶铁矿正式开采。这是我国第一座用机器开采的露天铁矿。1908 年,汉阳铁厂、大冶铁矿、萍乡煤矿合并为汉冶萍煤铁厂矿有限公司。

二、造纸与印刷

湖北有丰富的造纸原料,如江汉平原的稻秆、鄂南的竹子等。光绪《武昌县志·物产》记载:"有火纸,捣嫩竹为之,马迹乡尤多。"

因为资源丰富,所以可以造出不同质量的纸。京山县生产的纸"洁白精致",蒲圻县生产的纸"厚薄紧慢皆得中"。这些优质纸行销全国。

在南漳县的漳河源,有造纸作坊。作坊主人姓陈,世代以造纸为业,鼎盛时的陈氏家族富甲漳河源。陈家造纸工艺的原材料毛竹和石灰均取自南漳的山水,造纸主要靠人工和漳河水的水动力,其制作步骤与《天工开物》中记录的蔡伦造纸基本一致。直到 20 世纪,陈氏仍传承着古法造纸

---

① 湖北省地方志编纂委员会. 湖北省志:大事记[M]. 武汉:湖北人民出版社,1990:36.

术。郧阳城有文渊堂等印刷馆、堂。同治五年(1866年),木刻印刷了《郧县志》。①

清代流行雕版套版印刷地图,杨守敬与邓承修合著的《历代舆地沿革险要图》就是在光绪五年(1879年)由东湖饶氏开雕。其中有图66幅,均以“古墨今朱”双色雕版套印。清末,杨守敬还编绘和刊印了历史地理图《水经注图》,也是采用了“古墨今朱”双色套印。② 由于印刷技术新颖,产生了较好的市场效果。

1859年,湖北巡抚胡林翼在武昌创立江夏书局。1867年,湖广总督兼湖北巡抚李瀚章创办湖北书局于武昌。后与民办的崇文书局合并,称崇文书局。这些出版机构是采用新式印刷术的主体。1888年以后,武汉的报刊开始采用欧美传入的机器印刷。报上可以刊载照片,增加了新闻效应。1907年,官办的武昌白沙洲造纸厂建成,主要设备是比利时制造的造纸机1台,年生产能力为680吨,生产连史纸、包纱纸和印刷用纸。③

三、民间手工技术

清代,汉口与朱仙镇、景德镇、佛山镇合称天下四大名镇。康熙年间,刘献廷在《广阳杂记》中说:“汉口不特为楚省咽喉,而云、贵、四川、湖南、广西、陕西、河南、江西之货,皆于此焉转输,虽欲不雄天下,不可得也。天下有四聚,北则京师,南则佛山,东则苏州,西则汉口。然东海之滨,苏州而外,更有芜湖、扬州、江宁、杭州以分其势,西则惟汉口耳。”这就是说,汉口在“四聚”中具有特殊地位。伴随着商业的发展,手工技术受到市场的刺激,呈现较发达的态势。

湖北民间时常以柳条为原料编织工艺品和实用品。清时在鄂豫边界

---

① 《郧县志》编纂委员会. 郧县志[M]. 武汉:湖北人民出版社,2001:327.

② 张树栋,庞多益,郑如斯. 中华印刷通史[M]. 北京:印刷工业出版社,1999:258.

③ 张树栋,庞多益,郑如斯. 简明中华印刷通史[M]. 桂林:广西师范大学出版社,2004:257.

的唐河边有一个程河镇，镇上许多人家都在农闲时编制柳制品，有平编、木编、精编、钉编、拧编、立编等类别，品种繁多，成为全国柳编名镇。[①]

湖北农村有一些以石雕为业的工匠。如大冶保安镇尹解元村的村民便因该村后山丰富的青石蕴藏，开山取石，靠石雕谋生。村里年代最久远的珍品是"关帝诗竹"石碑，已有300多年历史。据说，这块石碑是村里一位被称为"杜陵二曲居士"的艺人于乾隆五十五年（1790年）所刻，与现存西安碑林的"关帝诗竹"石碑出自同一人之手。至今，尹解元村的石雕技艺仍被传承和发扬着。[②]

宜都市五眼泉镇也是湖北著名的石雕之乡，周围几个县的人们都到这个镇子采购石雕产品。五眼泉弥水桥村的弥水桥，始建于同治年间，至今还在发挥作用。

清代，汉口的一些里巷里居住着一些手工业者，久而久之，这些里巷因这些手工业者而得名，如打扣巷、筷子巷、灯笼巷等。还有打铜街、衣服街、造纸街、白布街、绣花街等。据皮明庥等人的考证，清末武汉有手工作坊4800户，从业人员1万多人。

道光年间，黄陂人曹月海（1807—1877）来到汉口，锻打菜刀。在制刀时注重选料、锻坯、夹钢和淬火，掌握了"走得稳、夹得紧、贴得平"的技术操作方法。制成的菜刀既钢且柔，刀刃锋利，刀子前薄后厚，能切剁兼用。由于生意兴隆，就把店名取为曹正兴。同治七年（1868年）曹正兴的第二代传人扩大了店面，产量大增。

汉绣，其源头可以追溯到战国时期的楚地刺绣。清代初年，汉绣在荆州流行，经长江水路流传到武汉。咸丰年间，官方在汉口设有织绣局，集中省内各地民间绣工为朝廷官员缝制衣裳和饰品。光绪年间，在汉口万寿宫一带，聚集了32家绣货铺，形成绣花街。随着汉绣的流行，产品覆盖许多领域，如日常生活用品、舞台文艺戏剧用品、壁挂装饰用品、宗教文化用品、

---

① 陈绍辉，邓丹丹，陈文华. 荆楚民间工艺[M]. 武汉：武汉出版社，2014：61－63.

② 陈绍辉，邓丹丹，陈文华. 荆楚民间工艺[M]. 武汉：武汉出版社，2014：69－73.

民间庙会用品。技术方面,汉绣采用铺、平、织、间、压、缆、掺、盘、套、垫、扣等方法表现复杂的物象,运用下针果断的齐针,以求图案边缘整齐。汉绣还采用分层破色法,层层向内走针套色,使画面线条硬朗而有立体感。① 江夏金口人吴文琇(1835—1890)在武昌司门口的青龙巷学习汉绣,后来开设了吴永源绣庄,并被清政府武昌绣局聘为专职高级技师。1862 年,太平军攻打武昌,吴家迁到洪湖府场镇,开设了吴兴发绣铺,拓展出了洪湖汉绣。1911 年,吴家福兄妹刺绣的《荷花仙子》等作品在武昌两湖劝业场内工商品陈列厅展出,引起轰动。一时间,吴氏汉绣名声大振。②

晚清,江陵荆缎享誉全国。其制作工艺独特,使用河溶生丝,采用丝光法。上色用玫瑰色打底,盖以金黄色,十分艳丽。

在鄂西土家族地区,流行土家锦,又名西兰卡普,是我国少数民族的名锦之一。土家锦以深色的棉线为经线,图案纹样因受巴楚文化影响,夸张而富有象征意义。③

荆州楚式漆器古往今来享有极高的声誉。荆州博物馆收藏出土的漆器有几千种,多是精品。在荆州城内,一直有漆器作坊,生产的金漆盆、金漆桶、朱漆盒最受欢迎。到了清代,荆州生产的金漆盆盘成为品牌。

苏恒泰伞厂创设于同治三年(1864 年),注重制伞原料,对伞骨、伞柄、桐油、皮纸等的选材用料都十分讲究。制作中有严格的工艺,以确保每把伞能用 10 年左右。厂里雇工曾经有百余人,后来又发展成连锁店。1906 年,苏恒泰采用了包销方式,专门经销以苏恒泰为牌名的雨伞。年销量达 8 万把。

鄂南地区,民间流行木雕。今咸宁市的通山县、通城县等地老房屋仍不乏精致的木雕,有镂雕,还有浮雕。房屋的门楼、门柱,家具中的床、柜,都是经过精心加工的工艺件的组合。笔者在曾参与的湖北省古民居博物

① 陈绍辉,邓丹丹,陈文华. 荆楚民间工艺[M]. 武汉:武汉出版社,2014:12 - 14.
② 陈绍辉,邓丹丹,陈文华. 荆楚民间工艺[M]. 武汉:武汉出版社,2014:18.
③ 陈绍辉,邓丹丹,陈文华. 荆楚民间工艺[M]. 武汉:武汉出版社,2014:41.

馆（现建于黄陂区木兰湖旁）的部分调查工作中，得知许多老宅的雕件都是经过多年准备，最终才促成房屋盖成。例如，有一座称为“半部世家”的赵氏房屋，被称为“民间故宫”，其上的木雕与石雕十分精致。

黄陂的泥塑历史悠久，而且种类丰富。最具代表的是木兰山的菩萨神像和汉阳归元寺的罗汉。道光年间，汉阳归元寺需要制作罗汉，黄陂匠人王煜父子为之制作了500个罗汉。与我国其他寺院罗汉不同的是，归元寺的罗汉采用了“脱胎漆塑”工艺。先是用黏土塑出罗汉形象，然后用生漆作黏合剂，将夏布或丝绸一层层贴附上去，再用生漆将混合的膏灰、木粉调匀涂刮，阴干后再打磨抛光，背留一小孔。等到漆干透后，往孔中注水，化泥为浆，使塑像成为空心，然后封住小孔，描彩贴金。这种工艺避免了泥制菩萨或木制菩萨的局限性，产品较轻，质地坚硬，不怕潮，能防水，不生虫。①

鄂西南地区多为吊脚楼样式的民居建筑。据建筑专家考察，当地吊脚楼主要使用杉木。杉木树体高大，纹理通直，结构细致，材质轻软，加工容易，不翘不裂，耐腐防虫，耐磨性强且有芳香气味。吊脚楼极少部分用铁钉加固，其他均以卯榫嵌合，屋柱用大杉木凿眼，柱与柱之间用大小不一的杉木斜穿直套连在一起。②

以上这些技艺，都是延续几百年几千年不变的技艺。这些技术人才反过来也张扬了地方文化，形成地域特色品牌。光绪《武昌县志·风俗》记载：“（武昌）县属无奇巧工匠，攻石之工资于大冶，攻木之工资于蒲圻，攻金之工资于兴国，安徽太湖亦多有之；制皮革者资于江夏，制竹器者资于黄州府之蕲水。”可见，大冶的石匠，蒲圻的木匠，阳新的金匠，江夏的皮匠，蕲春的竹匠，在当时已经受到社会普遍认同。

据《夏口县志》记载，宣统二年（1910年），清政府在南京举办南洋赛会，评选各地的名优产品。汉口提交的产品中有4个获得一等赤金牌奖，

① 陈绍辉，邓丹丹，陈文华. 荆楚民间工艺[M]. 武汉：武汉出版社，2014：122.
② 刘炜，李百浩. 荆楚名居荟萃[M]. 武汉：武汉出版社，2012：165.

分别是美粹学社的绣字、彩霞公司的绣画、肇兴公司的新式绸缎、兴商公司的茶砖。获得二等镶金银牌奖的有周鼎孚的轧花机、雅森永的漆器、向洪盛的仿古铜器等。这些产品除了具有艺术性之外,在技术方面也有称绝之处。①

晚清,随着西方工业技术的进入,对传统手工业是有冲击的。如沙市开埠之前,荆州商贾很少与汉口、重庆、长沙以外的商埠进行大宗贸易。荆沙市场以川盐、布匹、米谷为主要商品。开埠之后,随着各式洋行的相继建立,大量洋货进入,主要有洋纱、洋布、染料、车糖、海产品、煤油、洋伞等。招商局以"快利""固陵"两轮定期行驶汉宜线。"自上海、武汉纱厂投产后,机制棉纱价格下跌,农户自轧、自弹反不如买机制棉纱合算。……使用机制棉纱织布所具有的需时较少,织布容易,布面光滑平整等优点,越来越被广大织户所认识。"②

但与长江下游的一些地区相比,湖北人仍有着浓厚的重本轻末思想。光绪《黄梅县志》卷六《风俗》记载了黄梅一带,"其工匠无土著,率四方来者,取相通而食,凡开张百货,通盐利者,又皆三吴、徽、歙之人"。光绪《京山县志·风俗》记载:"民鲜淫巧,工多粗劣,且不能为逐末计。"这种情况一直持续到20世纪。

第四节 洋务与科技

一、伴随"欧风美雨"的科技

1858年,清政府被迫签订《中英天津条约》,增开汉口为通商口岸。其后,沿江出现了英、德、俄、法、日等国租界。先后来汉设领事馆或代理领事

① 武汉市地方志办公室.民国《夏口县志》校注[M].武汉:武汉出版社,2010:664.

② 《荆州百年》编纂委员会,荆州市政协文史资料委员会.荆州百年[M].北京:红旗出版社,2004:34-38.

的国家有英国、法国、俄国、美国、德国、日本、意大利、比利时、墨西哥、挪威、荷兰、刚果、秘鲁、瑞典、丹麦、瑞士、葡萄牙、芬兰、西班牙、奥地利、菲律宾、印度、巴西等23个国家。这些国家和地区带来了“欧风美雨”,其中也包含着科学技术。

在传播科技的西方人中,尽管绝大多数人是传教士,但也有医生、学者。如英国医生合信编著的《博物新编》于1855年出版。这是第一本介绍西方自然科学知识的书籍,颇有影响。英国人傅兰雅于1863年被清政府聘为北京同文馆英文教习。1868年,傅兰雅在江南机器制造总局翻译馆从事译书工作,创办并主持科技杂志《格致汇编》。他与徐寿(1818—1884)长期合作,先后翻译了《化学鉴原》《法律医学》《代数学》等多种西方近代科学技术著作,对中国人了解西方科技是有贡献的。

1887年,在汉口创刊的中文报刊《益文月报》,由汉口基督教会主办,华人杨鉴堂主编。内容为“首论天文、地理、格物之学,次载一切新机、新法及略选各省近事,未录诗词歌赋及医学”。这份报刊宣传科学知识,实是为了适应当时社会的需求。[①]

汉口开埠之后,西方的科技迅速进入湖北。汉口的英租界内创立了汉口电灯公司,专供英租界内用电。1906年,宋炜臣创办既济水电公司,使武汉市民也用上了电灯。

1864年,英国基督教循道会传教医生费·波特·史密斯(中文名为施维善)夫妇在汉口汉正街金庭公店挂牌应诊。后来,在这个小诊所的基础之上创建了武汉最早的西医医院,即今武汉市第四医院。两年后,施维善在汉口出版了他主编的《保免拦除》(西医临床疾病防治法),宣传西方医学。到清末,武汉三镇先后共建有外国教会医院9所,共有卫生技术人员114名。[②] 1895年,美国天主教在沙市康家桥开设天主教诊所。其后,瑞

---

① 刘望龄.黑血 金鼓:辛亥前后湖北报刊史事长编[M].武汉:湖北教育出版社,1991:5.

② 涂文学.武汉通史:中华民国卷(下)[M].武汉:武汉出版社,2006:320.

典等国的传教士也先后到湖北各地开办诊所,传播西医。①

1881 年,严添承在学习了日本的照相、洗相技术后,在黄鹤楼旁开设了显真楼照相馆,使武汉市民体会到光学的奇妙。

外国的建筑技术也随之传入湖北。建于 1861 年的英国领事馆,又称英国工部长官官舍,是武汉最早的领事馆建筑。1865 年,英国人发德辅来汉从事建筑工程,承建了汉口的麦加利银行大楼。该工程在施工前就有精细的设计图纸,采用英制尺码。1876 年,上海路天主堂建成。该堂是意大利传教士余作宾设计的经典之作,属罗马巴西里卡式建筑风格。1907 年,在设计江汉关大楼时,择优选中了上海著名的英商斯蒂华达生·斯贝司建筑工程公司的建筑工程师辛浦生设计的图纸。当时武汉建筑业的繁荣,也催生了本土的营造厂。据统计,武汉三镇的营造厂共计 595 户,按规模大小定为甲、乙、丙、丁四等。其中最负盛名的是浙帮沈祝三于 1908 年创办的汉协盛营造厂。

1873—1874 年,俄国人巴提耶夫将顺丰砖茶厂迁至汉口俄租界。顺丰砖茶厂设有发电厂,采用新式蒸汽机压制砖茶。有人认为,顺丰砖茶厂的机器大生产特征标志着武汉近代制造业的诞生。《中日马关条约》签订之后,国外厂商在湖北兴办的工矿企业数量明显增多,所涉及的范围也更加广泛了。在武汉开办的工厂企业中,以蛋品加工业发展最为迅速。汉口英商和记蛋厂是外商在汉兴建的最大规模的机器制蛋厂。其冷冻蛋制品的输出,出口量占全国一半以上。汉口也是华中地区最大的棉花集散市场,棉花集散数量列国内三大棉花转运市场之首。1903 年,英商平和洋行在汉开办分店,自备水压机 3 部,经营棉花打包业。1905 年,日本大阪棉花株式会社也在汉口开办了棉花打包厂,每昼夜可打包 1000 件。②

1903 年,英国驻汉领事馆率先在武汉使用汽车。这是在湖北大地第

---

① 《荆州百年》编纂委员会,荆州市政协文史资料委员会. 荆州百年[M]. 北京:红旗出版社,2004:55.

② 彭小华. 品读武汉工业遗产[M]. 武汉:武汉出版社,2013:3.

一次出现的汽车。这辆美制福特汽车名叫“来路卡”，启动靠手摇，没有电气设备。1908 年，法商利通洋行从法国带来技术更先进的汽车，使用以蒸汽为动力的四缸发动机驱动，用脚控制变速器。到 1910 年，武汉已有 20 余辆汽车。①

1904 年，荆州将军恩存向朝廷上奏，批准把原工艺学堂改建为八旗工艺厂。该厂安装了日本织布机 120 台，挑选闲散旗人学艺，传授纺织、刺绣、裁剪、造花、养蚕等技术。清末时，荆缎与荆庄大布、金漆盆盘并列为江陵三大名产。八旗工艺厂生产的荆缎采用优质蚕丝，织出的荆缎经手工绞压、踩碾、定型而成，手感柔软滑润，异常耐磨，行销全国。②

1905 年，上海科教仪器馆在汉口设分馆，为各类学校提供实验仪器、化学药品、标本模型等。这些实物对于科普发挥了很好的作用。

二、张之洞与科技

晚清时期，全国兴起了洋务运动。洋务派注重引进西方科技，做了一些推动科技发展的事情。按学术界的观点，洋务运动可以分为前后两个时期。1862—1881 年以自强为中心，侧重于军事工业。当时兴办的江南制造总局、福建船政局等军用工厂设有翻译馆和洋学堂，培训科技人才，翻译西方科技书籍。1882 年，洋务运动进入以求富为中心的阶段，允许官商合办工厂，民族工业有所发展，科技的传播更加普及。先后办了钢铁厂、纺织厂等企业。这是中国近代工业的第一代，工业科技开始起步。其间，译出了西方的许多科技著作，有《代数》《微积溯源》《格致致蒙》《声学》《光学》《电学全书》《西医略论》等，使中国人对西方科技有了更多的了解。尽管甲午战争失败，洋务运动宣告破产，但对科技的传播，其功不可磨灭。

---

① 皮明庥，邹进文. 武汉通史：晚清卷（下）[M]. 武汉：武汉出版社，2006：26.

② 《荆州百年》编纂委员会，荆州市政协文史资料委员会. 荆州百年[M]. 北京：红旗出版社，2004：62－63.

湖北是洋务运动的重镇，张之洞在湖北主政时重视科技。[①] 张之洞从1889年任湖广总督直至1907年，其间除1894—1896年和1902—1903年外，督鄂17余年。他主持创办了汉阳铁厂、汉阳兵工厂、自强学堂、湖北师范学堂、湖北图书馆、湖北印书局等，还派遣大批学生赴日本等国留学，为湖北的经济和文化教育事业的发展做出了很大贡献，是现代武汉的奠基人之一。毛泽东对张之洞在推动中国民族工业发展方面所做的贡献评价甚高，他在20世纪50年代曾说："提起中国民族工业、重工业不能忘记张之洞。"

张之洞把在广州筹办的洋务事业移到武昌。他在武汉开办的工厂中，重工业占据一半。汉阳铁厂是他最费心的官办企业。为了兴办汉阳铁厂，张之洞组织专家以科学方法勘探矿藏。勘探技术人员发现湖北大冶的铁矿资源丰富，矿藏质量亦佳。"含铁质百分之六十四，矿质露出山面者约二千七百万吨，在地中者虽历百年，采之不竭。"[②]有了这个科学依据，张之洞于1890年兴建汉阳铁厂，在汉阳龟山北麓设湖北铁政局，总办蔡锡勇聘请"洋匠"迈尔任总监工。1893年陆续完工。雇请外国技工40余人，中国各类工匠3000余人。车间用钢铁做梁柱、桁架、行车架，用铁瓦做屋面，形成钢铁结构特色的厂区。还从比利时订购了100吨(248立方米)炼铁炉2座，从英国订购了10吨马丁炉(Martin furnace，即平炉)1座，5.5吨贝塞麦转炉(Bessemer converter)2座以及轧钢设备。马丁炉钢用于生产鱼尾板等零部件，贝塞麦转炉钢用于轧制钢轨。

汉阳铁厂是中国第一个规模较大的钢铁厂，也是当时亚洲最大的钢铁联合企业，共有炼铁厂、熟铁厂、贝色麻炉钢厂、马丁炉钢厂、钢轨厂、钢材厂等十个分厂。1894年投产，标志着我国的冶铁工业进入近代化。汉阳

---

① 张之洞(1837—1909)，直隶南皮(今属河北)人，与曾国藩、李鸿章、左宗棠并称"晚清中兴四大名臣"，有《张文襄公全集》传世。张之洞的身份不过是清朝的地方官员，但他有远见卓识，重视科学技术与经济的结合，对湖北早期现代化做出了重要的贡献。

② 许同莘.张文襄公年谱[M].北京:商务印书馆,1944:71.

铁厂的规模宏大、技术先进，引起了中外有识之士的惊叹。《东方杂志》（1901 年 7 月版）载："汉阳铁厂之崛起于中国，大有振衣千仞、一览众山之势，证诸领事之报告，吾人预知其不可量矣。中华铁市，将不胫而走各洋面，必与英、美两邦角胜于世界之商场。"

1896 年，汉阳铁厂改官办为商办，由盛宣怀接办。之后开发了江西萍乡煤矿，解决了焦煤问题。钢铁质量与产量不断提高，不仅为国内的铁路提供了钢材，还行销到了美国、日本及南洋群岛。①

然而，汉阳铁厂的冶炼技术有短板，生产出来的钢轨容易脆裂，受到用户抵制，销路不畅，长期亏损，到 1903 年，转炉停产。产品质量没有达到预期的目标，张之洞派李维格②携带矿石、焦炭、生铁、钢材等样品，于 1904 年 3 月赴日本、美国和欧洲考察，将所带样品进行化验。化验结果表明，由于钢中含磷量高，超出了钢轨允许的含磷量，磷高钢铁冷脆，所以发生脆裂。李维格提出购置新机，改造炉座，聘请外国新工程师。经过改建、扩建和技术改造，汉阳铁厂的钢铁质量明显上升。1908 年，汉阳铁厂扭亏为盈。1914 年 2 月，在意大利首都举办的世界博览会上，汉冶萍公司的钢铁产品获得最优等奖。③

除了汉阳铁厂，张之洞还于 1894 年建成湖北枪炮厂，下设炮厂、枪厂、炮弹厂、炮架厂、枪弹厂五个分厂，约 1200 名工人。④ 工厂设备较为先进，

---

① 湖北省地方志编纂委员会. 湖北省志：大事记［M］. 武汉：湖北人民出版社，1990：60.

② 李维格（1867—1929），字一琴，吴县（今江苏苏州）人，中国钢铁冶金界的先驱，近代钢铁专家，汉阳铁厂的主要开拓者之一。他曾经到英国留学，有扎实的专业基础知识。1905 年，李维格担任汉阳铁厂总办（厂长），全面负责汉阳铁厂的改建和扩建工作。1907 年，李维格主持在汉口湛家矶创建了扬子机器制造厂。

③ 中国科学技术协会. 中国科学技术专家传略：工学编冶金卷 I［M］北京：中国科学技术出版社，1995：序 4－6.

④ 1904 年，湖北枪炮厂改名为湖北兵工厂；1908 年，改名为汉阳兵工厂。1911 年之后，该厂放弃了造炮生产，专制枪支。直到抗日战争全面爆发前，该厂一直是中国生产轻型兵器的最大厂家。

主要采用德国技术,但关键技术仍由德国工程师控制。该厂在当时一度有"东方克虏伯"[1]之称,标志着中国近代军事科技的起步。张之洞之所以引进德国的军火制造技术,是因为当时德国在这方面的技术最先进,仿照德国技术可以使中国自造枪械的能力提高到世界领先水平。湖北枪炮厂生产的"汉阳造"步枪,是对德国1888年式7.9毫米口径毛瑟枪的改良。自1895年湖北枪炮厂正式投产至清朝灭亡,该厂共出产步枪12万余支。

在湖北枪炮厂的建设过程中,张之洞重用了科学家徐建寅(1845—1901)。徐建寅是徐寿之子,出身于科技世家。1890—1893年,徐建寅参与开办湖北铁路局。1900年5月,经湖广总督张之洞向朝廷奏调,徐建寅来鄂督办保安火药局兼汉阳钢药厂总办。徐建寅日夜操劳,只3个月便将保安火药局建成投产。接着,徐建寅又承担了无烟药厂研造之事。湖北枪炮厂建成后,时逢八国联军入侵中国,外洋火药不再向中国出口,中国人没有掌握关键技术,造不出弹药。徐建寅临危受命,亲自研炼,于1901年研制成功。1901年3月31日,徐建寅继续试制,拌药房机器突然爆炸,与在场的员工同时罹难,时年57岁。徐建寅一生致力于军工科技,因科技而殉职,被胡适誉为"第一个为科学的牺牲者"。他著有《造船全书》《兵学新书》等书传世。

张之洞在湖北还建立了水泥厂。建厂之前,张之洞安排技术人员做资源调查,派人把湖北境内大冶黄荆山采取的矿样寄到德国,委托出使大臣找德国化学家"叠次考验精详",认定"大冶黄荆山的矿石乃是生产水泥的石灰石最佳原料"。这才下定决心,在湖北建立了水泥。该厂也是近代中国最早开办的水泥厂之一。湖北水泥厂生产的宝塔牌水泥,在宣统二年(1910年)被清政府农工商部选送到南洋劝业会参展,获得金牌。[2]

1890年,张之洞在武昌文昌门外的江滨建湖北织布局。1892年,建成

---

① 克虏伯是德国垄断资本家、军火制造商家族名。

② 袁北星.荆楚近代史话[M].武汉:武汉出版社,2013:159-161.

投产。织布局由英国人德金生任总监,雇有外国工匠,以及本地纺织技工约3000名。工厂采用机器生产,改变了数千年的手工生产方式,使湖北近代纺织技术向前迈了一大步。张之洞还建有纺纱局、缫丝局、制麻局,与织布局合称"四局",为华中近代纺织业奠定了基础。在此之前,湖北的手工纺织技术落后,土布不敌洋布。张之洞从英国购买了一批纺纱机,请外国技师传授纺织技术,培训了中国最早的纺织工人。由于采用了新技术,提高了生产力,产品有了竞争力,汉口进口的洋布大为减少。

1902年,张之洞在武昌兰陵街兴建两湖劝业场,展销工业产品,宣传两湖制造的各种新巧机件。继张之洞之后,1909年,湖广总督陈夔龙在武昌平湖门组织了"武汉劝业奖进会",分为天产部、工艺部、美术部、教育部、古物参考部陈列展销,宣传手工技术。

张之洞在湖北设立商务局,推行劝导、奖励商业的政策。武汉由内贸型的商业重镇一跃而为国内屈指可数的国际贸易商埠。1899年,汉口进出口贸易出现腾飞之势,贸易总值达到空前巨额,上升为9000多万海关两。1902年,再创历史最高纪录,突破1亿海关两。1908年3月4日,《民主报》载:"汉口商务在光绪三十一二年间,其茂盛较之京沪犹驾而上之。"

湖北省第一条铁路修建于清末。1890年,张之洞指示修建。1892年,从大冶到石灰窑的铁路建成,解决了铁矿石的运输问题。湖北还修建了芦汉、粤汉、川汉三条铁路,聚集了一批铁道技术人员。1906年,汉口至北京正阳门全长1200余千米的芦汉铁路通车,并改称京汉铁路。这是纵贯中国南北的第一条铁路。汉口有江岸车站、大智门车站、循礼门车站、玉带门车站。1936年,粤汉铁路通车,在徐家棚、鲇鱼套有车站,标志着武汉成为贯穿中国南北的中枢点。

晚清,湖北加快了通信科技。1883年,南洋大臣左宗棠奏准架设宁汉电报线路,第二年宁汉线竣工,于汉口老熊家巷河边招商局内设电报局,开通了湖北官督商办的第一条电报干线。1886年,汉口至武昌过江水线工程竣工,在武昌三佛阁(今解放路)设武昌电报局。1890年,张之洞在湖北扩展支线。到1910年,湖北与北京、重庆、成都等地都有了畅通的电报电信。[①]

值得提出的是:1885年,辜鸿铭应邀入两广总督张之洞幕府,被张之洞委任为"洋文案"(即外文秘书)。1889年,张之洞调任湖广,辜鸿铭随赴武昌,在湖北住了14年。湖北新政策划,大多与辜鸿铭有关,如汉阳铁厂、兵工厂,功莫大焉。[②]

第五节 科技与教育

一、洋务时期的科技教育

早在1867年,张之洞担任湖北学政,非常重视教育。他的教育思想集中体现在他著的《劝学篇》。[③]《劝学篇》有24篇,主张"中学为内学,西学为外学;中学治身心,西学应世事"。先明内学,择西学以用之。立学堂,修铁路,采用西技西艺。其中的《外篇》主张向西方学习西政、西史、西艺。所谓西艺,就是西方各类科学技术,包括算、绘、矿、医、声、光、化、电等。在《益智》中,张之洞谈到"西智",说:"自强生于力,力生于智,智生于学。孔子曰:'虽愚必明,虽柔必强。未有不明而能强者也。'人力不能敌虎豹,然而能擒之者,智也;人力不能御大水、堕高山,然而能阻之、开之者,智也。岂西人智而华人愚哉?欧洲之为国也多,群虎相伺,各思吞噬,非势均力敌不能自存,故教养富强之政,步天测地、格物利民之技能,日出新法,互相仿

---

① 湖北省地方志编纂委员会.湖北省志:大事记[M].武汉:湖北人民出版社,1990:51.

② 辜鸿铭(1857—1928),福建惠安人,生于马来西亚槟榔屿。学贯中西,精通英语、法语、德语、拉丁语、希腊语、马来语等九种语言,获13个博士学位,是清代精通西洋科学、语言兼及东方文化的中国第一人。

③ 张之洞的《劝学篇》于1898年刊行。先后译成英文、法文出版。1900年,纽约出版的英文本,译名为《中国唯一的希望》(*China's only hope*)。

效，争胜争长。且其壤地相接，自轮船、铁路畅通以后，来往尤数，见闻尤广，故百年以来焕然大变，三十年内进境尤速……夫政刑兵食，国势邦交，士之智也；种宜土化，农具粪料，农之智也；机器之用，物化之学，工之智也；访新地，创新货，察人国之好恶，较各国之息耗，商之智也；船械营垒，测绘工程，兵之智也。”这段文字说明张之洞是非常重视教育与科技的。他的这些思想，在实践中也有所体现。

1869 年，张之洞在武昌创办了经心书院。甲午战争之后，张之洞认为要挽救中国之危亡，必须经史与西学相济，两相并重。1890 年，张之洞主张把传统的书院改变成新式学校。改变经心书院的管理体制，把山长改为监督。1897 年，经心书院改变学习内容，将传统的经解、史论、诗赋等内容作为学生课余自学，而新设外政、天文、格致、制造四科。为避免专业方向过于狭窄，又将原设四种改订为天文、舆地、兵法、算学四科。经心书院的后山上设有天文台，有仪器设备，供观测天象用。①

1890 年，张之洞于武昌营坊口都司湖畔创建两湖书院。② 据张之洞 1891 年在《咨南北学院调两湖书院肄业生并单》中所言：“课士之法，分经学、史学、理学、文学、算学、经济学六门。”③显然，这时书院开设的课程，已由过去单纯重视儒学，转变为重视知识的均衡性。不过，算学、经济学这两门课程一直缺少老师，开设较为困难。书院还增加了测绘地图等课程内容，附于地理学之中。1896 年，两湖书院重颁学规课程，强调学习西方的科学文化，聘进了一批学有专长的教师，均为著名学者，如舆地学的邹代钧、杨守敬，兵法史略学的陈庆年，算学的华蘅芳、汤金铸、曹汝英，测绘学的罗照沧，化学的徐振清，天文学的贾文浩，博物学的王季征。④ 此外，李维格也曾在书院任教。

---

① 熊贤君. 湖北教育史：上卷[M]. 武汉：湖北教育出版社，1999：177.

② 1903 年，两湖书院改为文高等学堂，亦称两湖大学堂。

③ 高时良，黄仁贤. 中国近代教育史资料汇编：洋务运动时期教育[M]. 上海：上海教育出版社，2007：816.

④ 熊贤君. 湖北教育史：上卷[M]. 武汉：湖北教育出版社，1999：181.

1892 年,湖北兴办了矿务局工程学堂,请外国人授课,学习煤炭和铁矿石等方面的知识,并结合湖北的矿藏进行分析与研究。美国学者毕乃德在《中国最早的现代官办学校》(*The Earliest Modern Government Schools in China*)中记载:"中日战争前开办的最后一类政府主办的现代学校是湖北省矿务局所属采矿工程学堂。1890 年 4 月,一个分析湖北、湖南两省煤炭和矿石的实验室设立于武昌。1891 年 7 月,组办一个班级研究分析煤炭和铁矿石的方法。1892 年 6 月,这个班级扩充成为学堂,增加了化学和物理两门课程。到了 1895 年,该校有 20 名学生受教于牛津大学硕士 Henry H. Robinson 和 Low Kuo-Jui 以及其他中国教师。"①

1896 年,张之洞在武昌黄土坡鄂园(今首义路 71 号)对面创立湖北武备学堂,其中特别强调军事科技,在其颁发的《招考武备学生示并章程》中说到办学的缘由:"湖广为长江上游,南北枢纽……外洋各国,于兵事讲求日精,器械既殊,营垒亦异,地图阵法、军装医药无一不穷极精微。"因此,新开设的湖北武备学堂"讲堂功课如军械学、算学、测量、绘图学、枪炮机簧理法、枪炮诸件用法、子弹引信药力理法、子弹引信各件用法、枪队炮队马队营阵之要、营垒桥道制造之法、山川险易攻守进退之机"等都要作为学习内容。②

1897 年,张之洞委任陈庆年为湖北译局总办,翻译了《格致学丛书》《化学全书》。张之洞注意到日本学习西学走在中国前面,翻译西书可以先从翻译日文书籍入手。

1906 年,张之洞筹办的两湖总师范学堂在武昌正式招生,学习课程以经学、教育学为重点,但也学习算学、地理、物理、化学、博物等课程。理化专科学生重点学习物理、化学、代数、几何、三角、图画等课程,博物专科学

---

① 高时良,黄仁贤. 中国近代教育史资料汇编:洋务运动时期教育[M]. 上海:上海教育出版社,2007:590.

② 高时良,黄仁贤. 中国近代教育史资料汇编:洋务运动时期教育[M]. 上海:上海教育出版社,2007:527.

生则重点学习植物、动物、生物、物理、化学、矿物、代数等课程。教物理、化学、博物的为日本人，教西学的则大多是留学归国生。这所学校为湖北、湖南等地培养了师资。①

1906年，张之洞还在武昌昙华林兴办了湖北军医学堂，教授近代西方医学及解剖学，学生近百人。

1909年，在武昌通湘门兴办了测绘学堂。分三角、地形、制图三科，学习三角测量、地形测绘学、制图学、理化、数学等课程。后来，该校改名为湖北陆军测量学校，培养军事测绘人才。

晚清，武汉与北京、福州、上海、天津、南京、广州等地一起，为近代自然科学培养了一些知识分子。有学者统计，位于武昌的湖北矿物工程学堂在1892年毕业了20名学生，湖北自强学堂在1893年毕业了120名学生。②

晚清，湖北地方官员重视留学。张之洞等人认为，读外国书籍不如到外国去学习，到日本留学比到欧美留学要经济一些。湖北留日学生，学习的专业包括工科、理科、农牧、医药、染织等，分布在早稻田大学、明治大学、铁道学校、测量专门学校等。1898年，张之洞派知州姚锡光到日本考察各类学校，姚锡光回国写了《东瀛学校举概》，介绍了日本学校的情况，为湖北举办新式学校提供了信息。

1903年，中国留日学生湖北同乡会主办的《湖北学生界》在日本东京创刊。第1期发表的《开办章程》介绍了该杂志的体例，设立实业、理科、医学、地理等栏目，专门从事科学宣传。

据日本学者统计，1904年，中国各省留学生约3000人，其中湖北有423人，皆属张之洞所派者。③ 截至辛亥革命前夕，湖北留日学生累计达

---

① 皮明庥，邹进文. 武汉通史：晚清卷（下）[M]. 武汉：武汉出版社，2006：234.

② 杜石然，林庆元，郭金彬. 洋务运动与中国近代科技[M]. 沈阳：辽宁教育出版社，1991：193.

③ 实藤惠秀. 中国人留学日本史[M]. 谭汝谦，林启彦，译. 北京：生活·读书·新知三联书店，1983：36.

5000 人,位居全国第一。至 1911 年,湖北留学欧美人数约 200 人。①

二、教育改制中的科技教育

1901 年,清政府诏令各地办新式学堂。

1902 年,清政府颁布了《钦定学堂章程》,史称“壬寅学制”,是我国教育史上正式颁布但未实行的第一个学制。壬寅学制规定,中学第一年就要学习算学、博物、物理、化学。而后是癸卯学制,在壬寅学制的基础之上,规定学生要学习地理、算术、代数、几何、簿记、三角、生理、卫生、矿物、物理、化学等,科技知识更加详细。女子可以上学,还要学习家事、园艺、缝纫等课。湖北的青少年开始受到近代的新式教育,对于掌握的自然知识有具体的要求,如植物学要了解普通植物之形态分类解剖生理生态分布应用;动物学要了解普通动物之形态分类解剖生理习性分布应用;矿物学要了解普通矿物及岩石之概要;物理学要了解力学、物性、热学、音学、光学、磁学、电学;化学要了解无机化学与有机化学。②

清政府颁布的学堂章程中对各学科的教育目的和内容做了具体规定。如地理学,不能再讲传统的堪舆,而要讲地文、地质之名类功用,讲中国地理幅员大势,讲地球与天体之关系,讲水陆气象。在《奏定大学堂章程》的格致科中有地质学门,课程包括地质学、矿物学、岩石学、化学实验、矿物学实验、古生物学、晶象学、矿床学、普通动物学、骨骼学、植物学等。③

在清政府的倡议下,湖北地方官员兴办实业学堂。这时的学堂偏重于工业与农业,注重实用型人才的培养。

当时最有示范性的学校是湖北自强学堂。1893 年,张之洞在武昌设立。在其向光绪帝上奏的《设立自强学堂片》中陈述了他开设自强学堂的

① 王肇磊. 传统与现代:清代湖北城市发展与社会变迁研究[M]. 北京:中国社会科学出版社,2014:126.

② 曲铁华,李娟. 中国近代科学教育史[M]. 北京:人民教育出版社,2010:117 - 142.

③ 唐锡仁,杨文衡. 中国科学技术史:地学卷[M]. 北京:科学出版社,2000:489.

理由。他认为“盖闻经国以自强为本”，“自强之道，以教育人才为先”，故取“自强”二字。自强学堂初创时设置了方言、格致、算学、商务四门课程。张之洞认为：“方言学习泰西语言文字，为驭外之要领；格致兼通化学、重学、电学、光学等事，为众学之入门；算学乃制造之根源；商务关富强之大计。”办学者意识到化学等学科是基础性学科，是“众学之入门”。

1898年，在武昌创设湖北农务工艺学堂。在这个学堂中，分农务与工艺两部分。在农务学堂，主要学习农业科学技术，侧重学习美国的农业技术。学生一边学习基本理论知识，一边到田间实践。学校特别重视农作物的种子研究，对蚕豆、油菜、豌豆、大麦、小麦等都开展了实验，或研习新式农具。在工艺学堂，开设的课程有汽机、车床、绘图、翻砂、打铜、木工、漆器、竹工、洋蜡、玻璃等工艺，培养工程师与技工。有学者评价说：“设湖北农务工艺学堂，是洋务派探索中国求富捷径的结晶，代表着洋务派对民用工农业学堂的关注。”“这是中国近代最早为探索传统手工业和农业改造与富民强国之路而设立的实业学堂之一，代表着湖北近代学校的另一种特色。”①

张之洞等人意识到工业的发展离不开钢铁，舟车器械无一不是钢铁所成。既然办了钢铁厂，就要源源不断地培养相关的人才，从而提高竞争力。在这之前，1892年，汉阳钢铁厂选出10名工人，由翻译俞忠沅率领到比利时的郭克里尔厂学习冶炼技术，这是近代湖北第一次派工人出国学习技术。1905年，李维格接任汉阳铁厂总办，提出办学的建议。得到盛宣怀同意后，在厂内办起了学堂，分设化算学堂、炼铁学堂、炼钢学堂和机械学堂四部分。首次招收12～14岁的学生30名，培养技术人才。李维格非常重视技术人才的培养。他在主持工作时分析了造成汉冶萍公司困难的原因，深感“洋工程师”的刁难掣肘，把办厂人员不懂技术、缺乏本国技术人员列为第一原因。于是他积极办学，在临终前还把所置产业的1/3，捐赠给苏州东吴大学（现苏州大学），资助贫寒学生，发展教育事业。

---

① 熊贤君. 湖北教育史：上卷[M]. 武汉：湖北教育出版社，1999：194，198.

1906 年,兴办了湖北铁路学堂,为交通运输业培养人才。有识之士注意到铁路在经济发展中起着至关重要的作用,社会需要实用的专才。学生学习铁路相关的技术知识,并且经常参观考察,注重实践教学。

1907 年,在武昌兰陵街创办了手工善技场。场内分设纺织、五金、木作、制革等手工工艺,招收学徒,为兴办实业提供专门人才。

晚清,湖北的书院应时而动,主动调整课程,加大理工科的内容。学生不仅学习传统的人文学术,还加强了对天文学、地理学、算学、兵学的学习。为了应付外国入侵,学生们把越来越多的精力用于学习兵法之学。其中包括兵法测绘学,讲求测量山川海道形势、远近营垒、炮台体式;兵法制造学,讲求制造枪炮船雷、行军电报、行军铁路等。① 值得一提的是,湖北各地兴办了不同类型的学校,包括专门培养教师的师范学校。1908 年,蕲州知州陈介庵在蕲州城内办有师范传习所,加设了理化、博物等课程。

1904 年,张之洞撰写了一首《学堂歌》。当时的学生人人会唱,不论是入学、放学,还是出队、操演,都要演唱。其中有自然地理知识,“最尊贵,是太阳,行星地球绕其旁。地球圆,微带长,万国人物生四方。热带暑,寒带凉,南北极下皆冰洋。温带下,中华当,赤道二十三度强。测经度,直线量,京都起算作中央。三百六,全球详,武昌偏西两度强。测纬度,横线长,赤道南北定准望。四十度,北京方,三十度半是武昌。五大洲,非渺茫,地球东半亚洲广。欧西方,澳南方,美洲对我如反掌。阿非洲,西南望,天气毒热地多荒。中国圆,日本长,同在东亚地球上”。还宣传了各门科学知识,“说科学,须兼长,一日六钟并不忙”,“地理学,先本乡,由近及远分方向”,“算数学,简为上,比例代数捷非常。八线表,不用想,能通几何包九章。博物学,穷天壤,卫生益智心开朗。理化学,原质详,配合制造通阴阳。辨炭酸,分硫养,火药全仗硝磺镪。电矿汽,力声光,理化门门有专长”,

① 高时良,黄仁贤. 中国近代教育史资料汇编:洋务运动时期教育[M]. 上海:上海教育出版社,2007:823.

“教智育,开愚氓,普通知识破天荒。物理透,技艺长,方知谋生并保邦”。①这首普及性很高的校歌,对于重视科学与宣传科学起了一定的作用。

三、教会学校对科技的传播

与此同时,传教士在湖北办学,间接传授西方的科技知识。

教会办有小学。武汉的教会小学,除了学《圣经》之外,也学习西学,主要包括算术、地理。

教会办有中学。据《武汉市志·教育志》,武汉的教会中学有伦敦中学、博学书院(中学部)、歌颂学堂、芦汉学堂、圣保罗中学堂、德华学堂、基督教青年中学、文华书院(中学部)、博文书院(中学部)、懿训女子学堂、希理达女子学堂、训女书院(中学部)。② 中学涉及的西学内容更多,据华中基督教教育协会公布的《1915 年中学暂行课程》,西学包括史地、物理、几何、英文、迈尔通史。③

教会办有大学。1871 年,美国圣公会在武昌昙华林办文华书院。1903 年,文华书院成立大学部。这是华中师范大学校史的开端。1909 年,正式取得大学资格,校名为“文华大学校”。学校下设技术科学、神学、中国文学、医学四科。教会学校的管理制度与教学内容,为湖北其他学校提供了借鉴,有利于教育体系的近代化。

教会办有专门学校。1902 年,伦敦会传教医生在后花楼居巷的仁济医院内办了一个大同医学院。这是武汉地区最早的西医高校。课程设置与英国的医校相同,有物理学、化学、解剖学、组织学、生理学、病理学、药物学、治疗学、卫生学、法医学、外科学、内科学、产科学、妇科学、小儿科学、耳鼻喉科学等。首批学生有 11 人。到 1917 年,这个医校并入山东齐鲁大学

---

① 苑书义,孙华峰,李秉新. 张之洞全集:第六册[M]. 石家庄:河北人民出版社,1998:4258 -4265.

② 熊贤君. 湖北教育史:上卷[M]. 武汉:湖北教育出版社,1999:256.

③ 熊贤君. 湖北教育史:上卷[M]. 武汉:湖北教育出版社,1999:328.

医学院。①

第六节 遨游科技之海的名人

一、科学认识论:熊伯龙、范轼

1. 熊伯龙

熊伯龙(1617—1669),字次侯,汉阳(今属武汉市)人。顺治五年(1648年),由拔贡举顺天乡试,名列第一。顺治六年(1649年),中一甲二名进士。历任国史馆编修、内阁学士兼礼部侍郎等职。著有《无何集》《熊学士诗文集》。

熊伯龙精通字母反切之学,知晓西洋天文算法。他利用公务之暇,研读东汉杰出无神论哲学家王充的《论衡》,撰写了《无何集》,目的是"欲以醒世之惑于神怪祸福者"。

《无何集》有14卷,前12卷选辑《论衡》的"辟神怪祸福"之说,兼录其他古书中的有关资料,并加以评论。此书原名《论衡精选》,"无何"语出《荀子·天论》"雩而雨,何也?曰:无何也,犹不雩而雨也"。《无何集》第十三卷,别题《委宛续貂集》,以选录诸家"辟佛教"之说为主,熊伯龙本人所辑。《无何集》第十四卷,别题《勿广余言集》,是无神论言论的拾遗,由熊伯龙儿子熊正笏编。

《无何集》一书初步写成于顺治十七年(1660年)。在熊伯龙生前,这部书一直没有刊行。熊伯龙曾言:"自幼不信神仙鬼怪、祸福报应之说。"在读到《论衡》之前,他写有《适逢说》《鬼辨》,就持有无神论观点。

对于宇宙,熊伯龙认为自然界及其秩序是自然而然的。天是自然的,没有意志,"灾异非天戒","祥瑞非天佑","天不故意造作,自成天地大文章"。熊伯龙试图澄清一种误解,即"古来言天河者,皆云江海之气上应于

① 皮明庥,邹进文.武汉通史:晚清卷(上)[M].武汉:武汉出版社,2006:205.

天,故积气成象”。熊伯龙说天上并不是气,“今钦天监以远镜玻璃之佳者窥天,见天河皆细星所聚而成,非积气也”。熊伯龙认为望远镜是个好工具,可以帮助人们认识天象,“试以昴星论之,人目力不强者,见昴非星,乃白气耳。天河中之星,其细更甚于昴,虽离娄视之,亦不能见,故人只见白气,苟非远镜,亦安能明耶?”①

对于生命,熊伯龙认为人的命与天无关,“人之生死,由于元气”。② 他认定精神依附于形体,说“人老而血气自衰”,死则“精神升天,犹火灭随风散;骸骨归土,犹薪炭之灰在地”,否定人死为鬼的谬论。③

《无何集》在熊伯龙离世后,于乾隆五十九年(1794 年)才在湖北刊行。1925 年,仙桃学者卢弼借得北京大学藏本加以影印。这是《无何集》一书第二次刊行。清人翁方纲题黄鹤楼联云:“千古题诗到崔李,本朝制义在熊刘。”崔李即崔颢、李白,刘是指与熊伯龙同科的状元刘子壮。《清史稿》也说:“开国之初,若熊伯龙、刘子壮、张玉书,为文雄浑博大,起衰式靡。”在顺治年间,朝中制册诏诰多出自其手。

2. 范轼

范轼(1851—1913),湖北黄陂县(今武汉市黄陂区)人,曾在枝江丹阳书院、东湖六一书院等讲课,后任兵部主事。

范轼在《地有四游与地球绕日说》中议论过天地日月之间的关系,反映出当时的自然知识。他在文章中说:“今之谈天者,均言地球绕日之说,始自西人。其证有四:人见斗极出地,北行愈高,南行愈下,更南而两极皆平,又南而北极入地,证一。舟行海上,一东骛而一西驰,久之而彼此相连,证二。船自海上来,必先望见其桅,次及于船,证三。当月蚀之际,二曜相望,中隔地球,则见有圆晕摩月,证四。言之凿凿,固已明辨晰矣。”对于地球围着太阳转这一观点,范轼探讨了中国古代的“地有四游者”,认为“‘四

---

① 熊伯龙.无何集[M].北京:中华书局,1979:59.

② 熊伯龙.无何集[M].北京:中华书局,1979:305.

③ 熊伯龙.无何集[M].北京:中华书局,1979:116.

游者'，四方游走，不拘一处之谓也。夫惟地既圆且动，故得以地球名之。然则《尚书考灵曜》所云'地有四游者'，非以其绕日之轨道，适应四时之寒暑乎"。范轼认为中国古代虽然谈论了日月的关系，但与近代西方的认识是有差别的，不宜妄称中国古代就有了地球围绕太阳转的观点。①

范轼对近代以来的科学技术采取欣赏的态度，主张多加宣传。他在《西国赛珍会有益民生国计说》中说："凡民日用之常，自农具、女工、舟车、兵器，以及百工技艺、饮食服用之微，无不可借力于机器。而机器之法，无不出于金石水火化学算学之中。技虽巧而无以比较之，则不能精益求精，而渐推扩充以收富强之效。"②这段话大致反映了旧式士大夫的新科学观，把科学与日用品联系起来，与国家富强联系起来。

范轼在《振兴商务论》提出向西方学习先进的东西。"西国技艺，英、法、德、美皆为最精。出其唾余以博中国厚利，往往窳朽不堪，甫用即弃。中国甘为所愚，又以受给为讳。思蒙一时之视听，从中饱其私囊。不独兵器然也。岂中国之人不如日本哉？故宜广西法制造。"③

二、天文历算：刘湘煃、李潢

中国古代一向重视天文信息。乾隆《汉阳府志》卷一《天官》引用《尔雅》称荆州属于天上的衡星，而《史记·天官书》谓"翼、轸，荆州"。《汉阳府志》又列了张衡、班固等人的看法，各不相同。所以《汉阳府志》的修志者说："今仍将列史各志与诸家之说并载异同，以存旧例，以待来兹，在好学深思者自能辨其是非矣。"可见，清代的湖北地方官员与学者希望有更多的天文爱好者与研究者，湖北产生一些有名的天文历算学者不是偶然的。

1. 刘湘煃

刘湘煃，生卒年不详，字允恭，江夏（今武昌）人。他天生颖悟，有特别

---

① 范轼，范熙壬. 范氏父子集[M]. 武汉：华中师范大学出版社，2016：146.

② 范轼，范熙壬. 范氏父子集[M]. 武汉：华中师范大学出版社，2016：154.

③ 范轼，范熙壬. 范氏父子集[M]. 武汉：华中师范大学出版社，2016：157.

的才气，钻研古今孤绝之学，作《六书世臣说》。六书为《日知录》《通雅》《历法》《天学会通》《读史方舆纪要》《历算丛书》。

刘湘煃对历算有兴趣，他听说宣城梅文鼎以历算闻名于世，就跋涉千里，登门求教，成为梅文鼎的弟子。

梅文鼎被誉为清初“历算第一名家”，他主张去掉中西偏见，贯通旧法，精乎西学。梅文鼎在其《堑堵测量》中曾说：“夫数者所以合理也，历者所以顺天也。法有可采，何论东西？理所当明，何分新旧？在善学者知其所以异，又知其所以同。去中西之见，以平心观理。”

在跟随梅文鼎学习的过程中，刘湘煃湛思积悟，多所创获，提出了金星、水星绕日公转，有岁轮。梅文鼎甚是欣赏，并受到启发，他说：“刘生好学精进，启予不逮！”梅文鼎在给朋友的书信中说：“金、水二星，历指所说未彻，得刘生说，而后二星之有岁轮，其理确不可易。”因以所著《历学疑问》嘱之讨论，刘湘煃为著订补3卷。

《清史稿》记载：“历法自汉、唐以来，五星最疏，故其迟、留、伏、逆皆入于占，至元郭守敬出，而五星始有推步经度之法，而纬则犹未备。西法旧亦未有纬度，至地谷而后有五星纬度，已在守敬后矣。历书有法原、法数，并为历法统宗。法原者，七政与交食之历指也；法数者，七政与交食经纬之表也，故历指实为造表之根本。今历所载金、水，历指如其法以造表，则与所步之表不合，如其表以推算测天，则又密合，是历虽有表数，而犹未知立表之根也。”刘湘煃撰《五星法象》5卷，梅文鼎深服其说，摘取要点收入《五星纪要》。“湘煃又欲为浑盖通宪天盘安星之用，以戊辰历元加岁差，用弧三角法，作《恒星经纬表根》一卷，及《月离交均表根》《黄白距度表根》各一卷，皆补新法所未及也。所著又有《论日》《月食算稿》各一卷，《各省北极出地图说》一卷，《答全椒吴荀淑历算十问书》一卷。”

刘湘煃还精研舆地、河漕、食货等诸多问题，曾为顾祖禹的《读史方舆纪要》作订正。

刘湘煃学识渊博专深。他的居室“学稼堂”，意在研究一些有益于民生的实学。惜无子，著书多散佚不传。

2. 李潢

李潢（？—1812），字云门，钟祥郢中新堤街人，生于乾隆十一年（1746年），还有学者认为李潢生于1749年。其父李兆钰曾任江南省海州知州。

李潢从小天资聪颖，读书过目不忘。他是在逆境中成长的。李潢小时候，其父亲因蝗害被劾落职，卒于苏州。李潢扶父柩返归故里。豪强为夺其财产诬陷李潢入狱，他在狱中坚持读书，学业益进。乾隆三十年（1765年），云南李因培巡抚到湖北时，察知李潢案冤，李潢由此出狱。出狱的当年参加乡试，取中第一名解元。乾隆三十六年（1771年）参加会试与殿试，取中二甲，赐进士出身。后来，李潢进了四库全书馆，负责数学、历算书籍的整理，使他有机会发挥个人的才华。嘉庆元年（1796年），李潢任京城会试副总裁。

李潢博学多才，精于算学、天文学和音律学。当时有“南齐北纪，不逮钟祥一李”之说，“南齐”为清著名史学家正二品礼部右侍郎浙江天台人齐召南，“北纪”为清著名文学家从一品礼部尚书、协办大学士河北献县人纪昀，“一李”为正二品兵部左侍郎湖北钟祥人李潢。此说从一个侧面说明李潢知识广博，声望崇高。

李潢对《九章算术》《海岛算经》《辑古算经》进行整理注释，著有《九章算术细草图说》《海岛算经细草图说》《辑古算经考注》。

《九章算术细草图说》9卷，是李潢以《九章算术》为底本，由按、草、说、图四部分内容构成。“按”主要是校勘意见，着重校勘戴震未校的部分及孔继涵刻本中的误刻；“草”是根据《九章算术》术文及其刘徽注，列出演算程序；“说”主要是对刘徽注与李淳风注中的文字逐句阐释，亦兼及校勘；“图”即根据术文和注释补的图。此书经沈钦裴校算后于1820年由语鸿堂刊行，并被多次翻刻。

李潢在自序《重差图》中说：“图九，《望远海岛》旧有图解，余八图今所补也。同式形两两相比，所作四率，二三率相乘，与一四率相乘同积。如欲作图明之，第取一三率联为一边，又取二四率联为一边，作相乘长方图之，自然分为四幂。又以斜弦界为同式句股形各二，则形势验矣。旧图于形外别作同积二方,至两形相去辽远者,又必宛转通之,皆可不必也。图中以四边形、五边形立说,似与句股不类,然于本形外补作句股形,则亦句股也。四率比例法,在九章粟米谓之今有,一为所有率,二为所求率,三为所有数,四为所求数,在句股则统目之为率。刘氏注云:'句率股率,见句见股者是也。'今只云同式相比者,取省易耳,异乘同除则一也。"

《辑古算经考注》以《九章算术》的传统方法考注《缉古算经》[①],误者正之,缺者补之,勘误700余字。但书稿未成,李潢即病逝,其弟子刘衡为之补注校订,道光十二年(1832年)由武进李兆洛作序刊行。李兆洛为之序,曰:"辑古何为而作也?盖阐少广、商功之蕴而加精焉者也。商功之法,广袤相乘,又以高若深乘之为立积,今转以积与差求广袤高深,所求之数,最小数也。曷为以最小数为所求数?曰:求大数,则实方廉隅,正负杂糅;求小数,则实常为负,方廉隅常为正也。观台羡道,筑堤穿河,方仓圆囤,刍甍输粟,其形不一,概以从开立方除之何也?曰:一以贯之之理也。物生而后有象,象而后有滋,滋而后有数。斜解立方,得两堑堵,一为阳马,一为鳖臑。阳马居二,鳖臑居一,不易之率也。今于平地之余续狭斜之法,无论为堑堵、为阳马、为鳖臑,皆作立积。观其立积内不以所求数乘者为减积,以所求数一乘者为方法,再乘者为廉法,所求数再自乘为立方,即隅法也。从开立方除之,得所求数。若绘图于纸,令广袤相乘,以所求数从横截之。剖平幂为若干段,又以截高与所求数乘之。分立积为若干段,若者为减积,若者为方,若者为廉,若者为隅,条段分明,历历可指。作者之意,不烦言而解矣。其云廉母自乘为方母,廉母乘方母为实母者之分,开方之要

---

① 《缉古算经》是唐代初期数学家王孝通撰写的著作。王孝通出身于平民,唐高祖武德年间(623年前后)担任历算博士,奉命与吏部郎中祖孝孙校勘傅仁钧制定的《戊寅元历》,提出异议30余条,后被提升为太史丞。王孝通的《缉古算经》涉及20个应用问题。第一题为推求月球赤纬度数,属于天文历法方面的计算问题;第二至十四题是修造观象台、修筑堤坝、开挖沟渠,以及建造仓廪和地窖等土木工程和水利工程的施工计算问题;第十五至二十题是勾股问题。这些问题反映了当时开凿运河、修筑长城和大规模城市建设等土木和水利工程施工计算的实际需要。其中还包括我国现存最早的解三次方程。

术也。先生于是书立法之根,如锯解木,如锥划地,又复补正脱误,条理秩然,信王氏之功臣矣!爰述大旨,以告世之习是书者,无复苦其难读云。”

当代学者评价说:“李潢完成了对《四库全书》中《九章算术》《海岛算经》《缉古算经》的校勘和注释。这三部书都是比较难读而且非常重要的。书中存在错字、漏字的现象很严重,并且书中所用的学术用语与通行的用语完全不同,给人们学习这些书籍带来了很大的困难。针对这种情况,李潢编撰了《九章算术细草图说》《海岛算经细草图说》《缉古算经考注》,为重振算学提供了教材。”①

三、地学:田宗汉、邹代钧、杨守敬、曹廷杰

清代疆域辽阔,统治者很重视地学。乾隆时,朝廷派明安图等人两次到新疆等地进行测绘,最后在《皇舆全览图》的基础上,根据测绘的新资料,制成《乾隆内府皇舆全览图》。在这份地图里第一次详细地绘出了新疆地区。湖北在地理测绘、地理研究等方面也产生了一流的学者。试做介绍。

1. 田宗汉

田宗汉(1839—1906),字云槎,汉川人。

田宗汉家里藏书丰富,还有座“对古楼”。他喜欢舆地学,对《禹贡》等历史地理书籍非常熟悉,钻研了顾祖禹、胡谓等人有关测绘的理论,结识了懂得测绘知识的邹伯章等专门人才。光绪九年(1883 年),家乡汉川受到严重的水灾,促使田宗汉下决心调查汉水。1884—1902 年,田宗汉走遍了湖北境内的整个汉水流域,进行勘察和实地测量。1884 年,绘出《汉川县舆图》,为湖北第一张县域平面图。出版了《汉川图记征实》和《湖北汉水图说》。他在《湖北汉水图说》的自序中说:“他日倘能遂初志,有按图疏浚之一日,则岂特鄙人之厚幸也哉。”

田宗汉是名副其实的地理学家、水文测量学家。在实践中,他既采用

---

① 曲铁华,李娟. 中国近代科学教育史[M]. 北京:人民教育出版社,2010:78.

传统的方法,也采用现代的方法。他以工部尺的标准划定尺寸,以测绳作为量具,还有专门的“指南审度表”,力求测量成果准确。光绪十八年(1892年),朝廷要求各省开展测量,以便编制《会典舆图》。田宗汉接受了任务,与志同道合的宾笠舟、邹伯章、唐白甫、晏榘庵等人组成团队,携带欧洲仪器,在汉水流域实地测量。测量的范围,上到陕西的洵阳县(今旬阳市)和湖北的郧西县交界处,下到汉口,长达1551里(775.5千米),绘制成《汉水全图》,计有35幅图,拼接之后可基本反映汉水全貌。

《汉水全图》的绘制被认为是我国测绘史上的一个奇迹。人们为了表达对田宗汉的崇敬,又因为汉川境内有座著名的卓荦岭,而称他为“卓荦岭奇士”。①

2. 邹代钧

邹代钧(1854—1908),字沅帆,又字甄伯,湖南新化(今湖南隆回)人,从小喜好史地,钻研测绘,毕生从事绘图,是近代地图学的倡导者和奠基人之一,中外彩色地图铜版印刷的创始人。

1886年,邹代钧作为外交随员出使英、俄,对西方的科学技术有了切身的感受。回国后,在两湖书院等学校讲授地理、绘图等课程。

1891年,朝廷为了编制《大清会典舆图》,在武昌成立湖北舆图总局,选任邹代钧为总纂,招专司测绘者16人,分为4路,到州县实地核实图稿。

1895年,邹代钧与好友陈三立、汪康年、吴德潇、邹世可等人在武昌创办译图公会,后改名为舆地学会。舆地学会从事地图译绘工作。邹代钧复兴和推广了三角测量法与经纬度表示法的运用,同时采用统一的比例尺和投影法替代了传统的“计里画方”的方法。参用英、法、俄、日等国地图时,均换为中国舆地尺单位,推进了中国地图绘制向近代科学方法体系的迈进。在舆地学会,邹代钧经手的中外舆图共有700多幅。

1901年,出版湖北新测会典本《光绪湖北舆地图》4卷175幅。1903年,出版了由邹代钧主编的《中外舆地全图》,采用了晕滃法表示地貌,测

---

① 皮明庥,邹进文.武汉通史:晚清卷(上)[M].武汉:武汉出版社,2006:78-80.

绘技术在精度上有突破性进展。这是我国公开出版的最早的一本(教学)地图集。

邹代钧著述宏富,还著有《京师大学堂中国地理讲义》《直隶水道记》《中国海岸记》《会城道里记》《中俄界记》《蒙古地记》《日本地记》《西域沿革考》《西图译略》《英国大地志》《西征纪程》《中外舆图》《湖北全省分图》《湖南全省分图》《西藏全图》《皇朝直省图(舆图)》等。有学者评价说:“所撰著《上会典馆书》《湖北测绘地图章程》二篇,堪称是他地图理论和方法的代表作。于西方先进测绘理论如经纬度测量法、三角测量法、多种投影法、等高线法等均加论述,对西方先进的测绘工具及其用法的介绍不胜详尽。”①

邹代钧的侄子邹焕廷曾经跟随邹代钧学习,并到湖北各县实地测量,后来在武昌办了亚新地学社。该社有100多平方米的车间,有两部手摇石印机,编印了200多种地图,是国内大型地图印刷发行社。邹氏世家为近代舆地学做出了重要贡献。②

3. 杨守敬

杨守敬(1839—1915),字惺吾,宜都市陆城镇人。杨守敬11岁时,由于生计而辍读,开始习商,但仍不废学业,白天站柜台,晚间在灯下苦读,常至鸡鸣才就寝。参加科举考试,同治元年(1862年)中举。他曾作为外交随员到日本,了解了日本的近代文化。

杨守敬是著名历史地理学家。他用毕生的精力和学识,运用金石考古等多种方法研究《水经》《水经注》,历经四五十年,撰写巨著《水经注疏》。他还编绘有《历代舆地沿革图》《历代舆地沿革险要图》《水经注图》等。

杨守敬以严谨的地理学态度,对待古籍中的记载。如有人以为庐江水在庐郡的范围内,杨守敬考证庐江水在皖南,发源于三天子都(黄山之一

① 丁海斌.中国古代科技文献史[M].上海:上海交通大学出版社,2015:500.

② 湖北省地方志编纂委员会.湖北省志:大事记[M].武汉:湖北人民出版社,1990:93.

部）的青弋江，而庐江郡却在长江以北。他还指出了历代大学者许慎、应劭、杜佑、全祖望、赵一清、戴震等地理方面的问题，对汪士铎所著的《汉志释地》中的错误多有纠正，并分析了他们失误的原因。张舜徽在其《晦明轩稿》中评价说："守敬治舆地，最号专门……而其一生精力所瘁，尤在《水经注疏》一书，举全祖望、赵一清、戴震诸家谬误，摧陷廓清，无所于让。"杨守敬"考释地名方位，补订郡县变革，均有创建，正因为杨守敬学术成就超出前人，故当时人就把他的地理学与李善兰的数学、段玉裁的小学，并称为清代三绝学"。[①]

4. 曹廷杰

曹廷杰（1850—1926），字彝卿，亦名楚训，枝江人。历史地理学家，尤其精通东北历史地理，是中国近代史上第一个对黑龙江流域的民族、历史、地理、古迹、社会经济做过全面调查的人。

曹廷杰从小熟读史地书籍。父亲绪光，耕读为业，精于地理学。母亲裴氏，训子甚严，常将茶饭从窗口递入曹廷杰书房。曹廷杰在县城读书时，结识乡贤学者杨守敬，遇有难决处，即向杨先生请教。同治十三年（1874年），曹廷杰由廪贡生考取汉文誊录，到国史馆当差。光绪九年（1883年），曹廷杰以候选州判派往吉林，自此他在吉林前后长达30年，先后历任边务文案会办、吉林知府等职。

曹廷杰著述颇丰，最重要的有3本书。

一是《东北边防辑要》。光绪十年（1884年），曹廷杰广泛搜集东北史地资料，参考《开国方略》《大清一统志》《皇朝通典》《圣武记》《方舆纪要》《朔方备乘》《登坛必究》等书，于光绪十一年（1885年）三月撰成《东北边防辑要》。全书约2万字，上下卷。上卷有《盛京险要考》《朝鲜沿革及形势考》《明季三卫分建诸国考》《三姓疆域考》《征东海渥集瓦尔喀部》《库页岛沿革形胜考》《艮维窝集水源合考》《卦勒察考》《吉林根本说 吉林形胜 吉林险要 俄夷情形附》《伊通州沿革形势》。下卷有《征索伦》《征罗

① 丁海斌. 中国古代科技文献史[M]. 上海：上海交通大学出版社，2015：502.

刹》《尼布楚事迹》《分界碑文考》《外兴安岭山脉河道中俄分属考》《黑龙江察边考》《乌底河公中地方考》《界碑地考》《黑龙江险要》。

在《东北边防辑要》中，曹廷杰考论了盛京险要、朝鲜沿革及形势、库页岛沿革、外兴安岭山脉河道、黑龙江险要。曹廷杰以大量的资料阐明明、清两代东北的疆域及其管辖情况，又从东北古代战守险要、边界沿革等方面论证黑龙江流域自古以来就是中国的领土。曹廷杰还考订了索伦族为辽的后裔，清初时黑龙江全境索伦诸部皆称"臣妾"。考订尼布楚为蒙古诸部落游牧采捕之地，林居，以捕貂为业，称为"树中人"。考订三姓疆域曰额登喀喇，其人披发，鼻端贯金环，衣鱼兽皮，陆行乘舟，或以舟行冰上，驾以犬，称为"使犬国"。

二是《西伯利亚东偏纪要》。光绪十一年(1885 年)四月，曹廷杰受命考察边防，经松花江徐尔固入俄国境，考察了黑龙江下游地区，看到了永宁寺碑，并拓了拓片。然后溯江而上至海兰泡，又沿江而下至伯力，溯乌苏里江至兴凯湖，经红土崖，复由旱道至海参崴，再乘海船到岩楚河海口，前后考察了 129 天，行程 8000 多千米。同年十月回到吉林营中，写成《西伯利亚东偏纪要》。全书总共 118 条，绘图 8 幅，是《东北边防辑要》的续篇。

《西伯利亚东偏纪要》有重要的史料价值。1886 年，吉林将军希元从书中摘录 85 条咨送军处备查，又摘录最主要的 35 条送给皇帝御览。书中第 64 条写道："查庙尔上二百五十余里，混同江东岸特林地方，有石砬壁立江边，形若城阙，高十余丈，上有明碑二：一刻《敕建永宁寺记》，一刻《宣德六年重建永宁寺记》，皆述太监亦失哈征服奴儿干海及中苦夷事。论者咸谓明之东北边塞，尽于铁岭、开原，今以二碑证之，其说殊不足据。谨将二碑各拓呈一分。"曹廷杰对永宁寺碑和奴儿干都司衙署所在地的考察，对永宁寺碑文的拓取和研究，为论证明代东北疆域提供了最有说服力的证据。

三是《东三省舆地图说》。光绪十三年(1887 年)，曹廷杰撰成《东三省舆地图说》。此书汇集了曹廷杰有关东北地理、考古发现、民族等方面的学术札记,内容丰富。如关于得胜陀碑、完颜娄室碑、金上京、三姓、白城、韩州等问题的考述,都有他的新见解。

曹廷杰将《古迹考》收入《东三省舆地图说》中。《古迹考》是曹廷杰实地考察东北各地考古成果的汇集。如黄龙府故址在今长春以北,上京会宁府故址在阿勒楚喀城(今哈尔滨市阿城区)以南,唐渤海大氏都城在今宁古塔城西。其他如咸平府、显州、信州、五国城诸处,自古以来史家未能确指其地,经曹氏一一考证得知确切地点。

此外,曹廷杰还非常关注东北的经济发展与技术运用。光绪十二年(1886 年),曹廷杰撰《条陈十六事》,论述了巩固东北边防的 16 件大事,如松花江可试造轮船、扩建吉林机械局和屯垦、采金等。

光绪二十年(1894 年),曹廷杰因母亲去世回家守孝。第二年因吉林边防紧急,朝廷又调曹廷杰到吉林,了解沙俄擅自派人到东北勘探铁路情况。曹廷杰经过跟踪考察,写成《查看俄员勘办铁路禀》一文。1919 年,曹廷杰返回湖北枝江。1926 年,在上海病逝,终年 77 岁。[①]

四、水利:俞昌烈、胡祖翮、王柏心、魏源

清代,湖北产生了几位杰出的水利学者,并有不少关于水利的书籍,在治水方面积累了新的经验。

王概编《湖北安襄郧道水利集案》,2 卷,成书于乾隆十一年(1746 年),书中收录江汉全图,襄阳、当阳、钟祥、荆门、京山、潜江、天门、沔阳诸堤图各一幅和当时的奏稿,还收录了部分碑刻,是研究水利史的重要文献。

王凤生著《楚北江汉宣防备览》,2 卷,收录《楚北江水来源及境内诸水附入考》《楚北江汉现在情形及堤工积弊说》以及江汉宣防略与各县水道

---

① 可参考曹廷杰《曹廷杰集》(中华书局 1985 年版),书前有丛佩远、赵鸣岐写的前言。此外,翟忠义在《中国地理学家》(山东教育出版社 1989 年版)也有论述。罗福惠《湖北近三百年学术文化》(武汉出版社 1994 年版)第四章有专节论述曹廷杰。

堤防说等。此书有道光十二年(1832年)刊本。

倪文蔚著《荆州万城堤志》,10卷,记载了荆州一带河道堤防变迁,涉及水道、岁修等内容。有光绪二年(1876年)刻本。其后,舒惠继续搜集资料,编有《荆州万城堤续志》,有光绪二十二年(1896年)刻本。这两本书为研究清代荆州地区的水利技术提供了宝贵资料。

陈少泉、胡子修辑《襄堤成案》,4卷,载录了明清两代有关汉水流域兴筑堤防闸坝的公文书,有光绪二十年(1894年)刻本,是研究汉水水利的重要资料。①

杜贵墀撰《疏通江汉水利议》(原载于《桐华阁文集》卷三)主张:"冬令水涸,船拖深水之泥沙以积于浅,挖浅水之泥沙以登诸岸,土去水而河深,土登岸而堤固。此又开浚之与堤防相辅而行者也。而挑浚之夫,则取备沿江之水勇;拖浚之舟,则兼用防江之炮船。"这是一个比较务实的举措,就是在冬季,趁水浅之时,挖河中的泥沙以筑堤坝。这样可以使河床变深,堤坝增高,一举两得。

这里重点介绍几名撰有水利著作的作者。

1.俞昌烈

俞昌烈,生卒年不详,字鸿甫,北平(今北京)人。清代道光年间的一名地方官员,曾任黄冈县(今黄冈市)知县。他长期在基层任职,留心水利事务,经验丰富,撰写了与水利相关的著作《楚北水利堤防纪要》。这是清代湖北地区的一部内容丰富、图考并重、资料可靠的重要水利堤防专著。王柏心撰序中记载:"予非知治水也,能言其曲折而已矣;予非能治堤也,能言其险易而已矣。"

《楚北水利堤防纪要》的内容丰富,涉及的水域有长江、汉江、清江、洞庭湖等;地区有松滋、江陵、公安、石首、监利、襄阳、钟祥、荆门、京山、潜江、天门、沔阳、汉川、汉阳、嘉鱼、武昌、江夏、广济、黄梅等;技术方面的有堵漏子、捕獾、开河、土方算法、浚河器具等。

① 丁海斌.中国古代科技文献史[M].上海:上海交通大学出版社,2015:525-528.

俞昌烈研究水利,能够以历史变革的眼光进行审视。如他在书中有一篇《江陵县水利堤防记》,对江陵东北的水域变迁进行考察,说:"三海(即海子湖、长湖)在城东北,水出蛟尾,与澧水合,流汇于三湖。初,江陵平衍,道路通利,以水为险。孙吴时引诸湖及沮漳水,浸江陵以北地,以拒魏兵,号为北海。"俞昌烈又谈到三国、唐代、宋代的情况,特别肯定了宋代孟珙的功绩:"孟珙兼知江陵,修复内隘十有一,别作十隘于外。有距城数十里沮漳之水,旧自城西入江,因障而东之,俾绕城北入于汉,而三海遂通为一;又随其高下为八柜(俗名九隔),以蓄泄水势,三百里间渺然巨浸,遂为江陵天险。"①科学地治理水环境,需要地理知识、水利技术,这是一项系统工程。

湖北的水利,重点是堤防。俞昌烈说:"古今时势不同,江流迁徙靡常,穴口之开断难议复,故今之言水利者,必以堤防为首重焉。"②

堤防不是一条孤立的长条状土堆,而是人们改造自然,在山川之间建筑的智慧结晶。每一段堤防,都事关周边复杂而变动的生态环境。俞昌烈在《荆门州水利堤防记》中说:"汉水自钟祥县石牌流入境,经马良山为小江湖,三面环山,一面滨江,有民堤一道,长五十余里,计九千余丈,保卫四围田亩。偶遭漫溃,不能为邻邑患。于最低处分建二闸,为出水尾闾,以时启闭,而宣泄焉。其下为沙洋镇,自何家嘴起,至王家潭止,而达潜江界,连月堤分工十九段,计长五千零七十二丈,计二十五里,为荆南保障,最关紧要。"③从这段材料可见,闸口是有人管理的,因时而制动。当时的大堤长达几十里,不可能由一个家族或一个村庄修筑,必须是在地方官员的统一协调下实施。

---

① 俞昌烈,胡祖翩.楚北水利堤防纪要 荆楚修疏指要[M].武汉:湖北人民出版社,1999:35－36.

② 俞昌烈,胡祖翩.楚北水利堤防纪要 荆楚修疏指要[M].武汉:湖北人民出版社,1999:45.

③ 俞昌烈,胡祖翩.楚北水利堤防纪要 荆楚修疏指要[M].武汉:湖北人民出版社,1999:61.

《楚北水利堤防纪要》中有一篇《创筑新堤》，强调筑堤要注意的事项，其文曰："筑堤之要有五：勘估宜审势，取土宜远，坯头宜薄，硪工宜密，验收宜严。……不宜于冰雪交加之际，惧冻土凝结，凌块难融，虽重硪不能追透者。亦不宜于夏，恐水至漫滩，无土可取。"①

《楚北水利堤防纪要》有涉及数学、几何的《土方算法》，对圆形、尖形、梭形、勾股斜斜形的计算均有固定的公式。"填实月河形一道，周长六十三丈，弦长三十六丈，中宽十八丈，深三尺。法：以弦长七五折，以中宽乘之，得知四百八十六丈，然后再以深乘之，得一千四百五十八方。"②

《楚北水利堤防纪要》还记载了一些水利测量的工具，如"水平式、三角旱平式、丁字旱平式、部尺式"。如水平式"用木板一块，长二尺四寸，两头及中间凿为三槽，槽系方的，名曰三池……其内有通水槽一道"。③ 其中介绍的浚河器具，有"铁苕帚式、刮地笼、浚河铁篦子式、浚河铁蒺藜式"，主要是用于清除淤积的泥沙。

《楚北水利堤防纪要》还保存了其他一些与水利相关的资料。如张汉的《御史张汉请疏通江汉水利疏》。张汉（1680—1759），乾隆年间的官员，他在疏中说之所以要重视水利，与农业有关。"贵谷重农，必先水利，水利兴，则蓄泄有法，旱涝无忧。"他认识到长江与洞庭湖之间的关系，主张疏通诸河之口。他说："计楚水大者曰江、曰汉、曰洞庭，三者缓急相济，迭为利用者也。查大江发源岷山，出三峡，下彝陵州，约宽十有余里。洞庭居大江之南，方八百里，容水无限，湖水倘增一寸，不觉其涨，江水即可灭四五尺。昔人于江上流采穴口，下流虎渡口、杨林市、宋穴、调弦等口，各杀江水导入洞庭，而复达于江，故水势宽缓而无患。今也仅存虎渡一口，江水一

① 俞昌烈，胡祖翮．楚北水利堤防纪要 荆楚修疏指要[M]．武汉：湖北人民出版社，1999：131．

② 俞昌烈，胡祖翮．楚北水利堤防纪要 荆楚修疏指要[M]．武汉：湖北人民出版社，1999：142．

③ 俞昌烈，胡祖翮．楚北水利堤防纪要 荆楚修疏指要[M]．武汉：湖北人民出版社，1999：144．

发,陡高数丈,无路分泄,田庐即为巨浸,此江水为害之源也。”①

2. 胡祖翮

胡祖翮,生卒年不详,字伯钦,道光年间贡生,汉南人。他长期参加水利事宜,对楚地的水患有颇多忧思,于是撰写了《修防事宜》与《水道参考》,合编成《荆楚修疏指要》。胡祖翮认为“楚本泽国,国赋民命均赖堤防”,应当“相度地势,咨访舆情,清出支河故道”。《荆楚修疏指要》还收录了裘行恕等人撰写的有关堤防的一些文献,作为水利工程的参考。

《荆楚修疏指要》中《岁修事宜引》记载的都是很实用的技术性建议。“岁修堤工,必先详审上年浸漏之处,或系脚空干裂,或系树蔸朽坏,或系獾穴蚁洞,务必量其浅深,开巷夯硪,闭塞坚实,使无再浸。”“岁修取土,必须离堤二十弓。堤外无土可挖,方取堤内。靠堤挖土,损伤堤脚,必致遗误。”②

《荆楚修疏指要》中有一些计算公式,对于从事水利管理很实用。如《土方定价论》中有陆路运土法、陆路方土算法、陆路点板算法、隔水方土算法、隔水点板算法、区别水陆夫弓、区别水陆器具、土硪算法、路短增弓科算、修堤土方算法、加帮汛堤算法、车水取土法等。试举一例:“假如堤脚东十弓,西八弓,面宽东西各二弓,陡高一丈一尺,长六弓。问:该若干方土?答曰:九十方零七分五厘。法将脚宽东十弓,西八弓折作九弓,加面宽二弓,共十一弓,折半得五弓五分,以四归之,得土面一方三分七厘五毫;以陡高一丈一尺乘之,每堤一弓,得土十五方一分二厘五毫,又以长六弓乘之,合问。”③可见,水利取土中的问题、答案、解答的依据,在这段话中讲得清晰明白,容易在实践中操作。

---

① 俞昌烈,胡祖翮. 楚北水利堤防纪要　荆楚修疏指要[M]. 武汉:湖北人民出版社,1999:102.

② 俞昌烈,胡祖翮. 楚北水利堤防纪要　荆楚修疏指要[M]. 武汉:湖北人民出版社,1999:186.

③ 俞昌烈,胡祖翮. 楚北水利堤防纪要　荆楚修疏指要[M]. 武汉:湖北人民出版社,1999:210.

《荆楚修疏指要》中《水道参考》对荆楚水道有总论,又对长江、汉江及其支流都有考述,还对湖泊也有关注。如江与湖的关系,胡祖翮有清晰的论述,他说:"凡水之源远流长者,其势每大而难防,不引而置之宽阔之地以为游波之所,则源之来也必骤,流之承也必壅,欲其宣畅安澜,得乎?江汉之源,其来数千里,奔流横溢,当有以纡回而渟潴之,则湖尚焉。余观荆楚所辖,除高阜各州县无事于湖,以备渍涝外,其武、汉、黄、岳、常、澧诸郡之有湖者,星罗棋布,互相灌输,时吐时纳,均为水利所关;荆、安地始平衍,水易泛滥,求纡其势而缓其流,尤资湖潴。"①湖是江河的"游波之所""安澜之地",湖北尤其如此,因此不能不高度重视湖区在调节江水中的功能。

《水道参考》中还有一篇文章是考证云梦泽的。全文大量引用历史文献,对云梦泽的范围做了独到的论述:"余考'云梦'之称于楚,其别有三:曰土,曰泽,曰薮。侈言之则曰跨江南北,而其实则一,今德安郡之云梦是也。……以其为水所经也则曰泽,水退而草现则曰薮,可田可树则曰土,其别三者而已。他如云梦之宫、云梦之台、云梦之浦,率皆因事寓言,不必实指为何地。"②

3. 王柏心

王柏心(1798—1873),字子寿,监利螺山镇(今洪湖市)人,进士出身,曾为刑部广西清吏司主事,后辞官还乡。他在荆南书院讲学 20 多年,著有多种著作。

《导江三议》,即《浚虎渡口导江流入洞庭议》和《导江续议》上下篇,集中反映了王柏心的治水思想与治江策略。他主张治水以疏导为主,"因其已分者而分之,顺其已导者而导之"。"昔之为防者,犹顺其导之之迹,其防去水稍远,左右游波宽缓而不迫,又多留穴口,江流悍怒得有所杀,故

① 俞昌烈,胡祖翮. 楚北水利堤防纪要 荆楚修疏指要[M]. 武汉:湖北人民出版社,1999:257.

② 俞昌烈,胡祖翮. 楚北水利堤防纪要 荆楚修疏指要[M]. 武汉:湖北人民出版社,1999:273 - 274.

其害也常不胜其利。后之为防者去水愈近，闭遏穴口，知有防而不知有导，故其为利也常不胜其害。”1848 年，荆江南岸的公安、石首、松滋县境和北岸的监利县所辖薛家潭等地溃口，王柏心得知，即赴实地考察，赶写了《导江续议》上篇，主张勿塞决口，藉以分流杀势。1849 年，荆江又发大水，松滋县的高家套和监利县的下车湾溃堤决口。王柏心身临堤段，又写了《导江续议》下篇，提出：“勿塞决口，顺其势而导之……使水土各遂其性而不相奸，必有成功。”“此功一就，江安患弭，人有定居，填淤加肥，租赋尚可徐复。”

1840 年，王柏心读了《楚北水利堤防纪要》，对俞昌烈及其书颇多赞誉，对俞昌烈的人品与才干也非常欣赏，感叹朝廷一直没有重用其人。他说：“鸿甫曩为吾邑尉。丁亥夏，江涨，夜大风雨，水溢出城南堤上，吏民散走殆尽。鸿甫步至堤，持瓴甓为堰，因号呼吏民捧土御之。至晓，水定，堤卒全，人咸壮其节。惜今犹浮湛曹椽也。嗟乎！若鸿甫之才诚得如汉之王景，以谒者行堤，使之乘传督治楚，岂忧水哉！”“夫不悉水之曲折，有能治水者乎？不辨堤之险易，有能治堤者乎？……夫前事之不忘，后事之师也。使守土之吏得是书而思之，引而伸之，先事而防，事至而应，其于以备患不难矣。”

4. 魏源

魏源（1794—1857），字默深，湖南邵阳人。道光进士。主张“师夷之长技以制夷”，学习西方技艺，制造枪炮、轮船，加强海防，抵抗外国侵略。

清代中期，长江与汉水都出现水患，引起了清代官员的重视。道光九年（1829 年），湖北大涝，婺源人王凤生到湖北总理堤工。经过调查，发现湖北的水患难以治理，于是引疾辞职。后来，他撰写了《楚北江汉宣防备览》2 卷、《汉江纪程》2 卷。魏源得知此事后，写了《湖北堤防议》。

魏源在其《湖北堤防议》（原载于《古微堂外集》卷六）中说道：“荆州其川江、汉，据西南建瓴之势，自古不闻为患，而近灾岁告，其堤防几与河、淮并亟。盖大江出峡，至江陵始漭泱横恣，而下游洞庭夏涨，又挟九江之水奔腾出口，以横截大江之去，又东则汉口截之，又东则彭蠡口截之，每相敌相汇,则回逆旁溢,而洲渚莫盛于荆,是为江患。汉水则发源汉中,挟兴安、郧阳万山溪涧之水以东,又受德安、安陆之水于郧口,皆山潦横暴,每夏秋汛,与江争涨,则分脉入江陵之长湖,下达潜、监、沔阳之沌口,港汊纵横,数百里弥望,是为汉患。”

之所以出现水患,魏源分析说宋代已经出现隐患,但由于采取了一些措施,没有形成大的水患。“自宋世为荆南留屯之计,陂堰成田,日就淤塞,而孟珙、汪叶之知江陵,尚修三海八堰,以设险而蓄水;又有九穴十三口以分泄江流,犹未尽夺水以地也。”魏源认为是元、明时期的占田加剧了长江与汉水的水患。“元、明以还,海堰尽占为田,穴口止存其二,堤防夹南北岸数百里。而下游之洞庭又多占为圩垸,容水之地尽化为阻水之区,洲渚日增日阔,江面日狭日高,欲不轶溢为害,得乎?汉自钟祥以下,昔各有支河以杀其势,民贪其肥浊易淤,凡滩唇洲尾,多方围截以成圩,自襄阳南下千余里,则皆大堤以障之。于是汉底亦日高,堤外地日下,溃则破缶,潦则侧盂,人与水争地为利,而欲水让地不为害,得乎?”①

五、生物:陈大章、李元

湖北的生态环境有多样性,清代不乏研究生物的学者。

1. 陈大章

陈大章(1659—1727),字仲夔,号雨山,黄冈人,曾在新洲问津书院学习。康熙二十七年(1688年)进士,授翰林院庶吉士。不久,以母病归隐松湖,著书以终。其于《毛诗》,用功颇深。所作《诗传名物集览》多达百卷,凡三易稿而后成。②

《诗传名物集览》涉及鸟、兽、虫豸、鳞介、草、木等,在考证方面有过人

① 谭其骧.清人文集地理类汇编:第五册[M].杭州:浙江人民出版社,1988:88-89.

② 陈大章事迹见《清史列传》卷六十六、《国朝先正事略》卷二十八以及《四库全书提要》。

之处。虽是训诂著作，但涉及博物知识尤详，提供了丰富的农业生物信息。罗福惠在《湖北近三百年学术文化》中评价此书："许多地方大大超出了经传名物训诂的范围和方法，而近乎成为生物知识的科学普及著作。"①如卷六介绍鱼，称"鱼，鳞物之总名也，万物之类莫繁于鱼"，"武阳小鱼如针，一斛千头"，"鲽鳐鱼，鱼身鸟翼，以夜飞，音如鸾"，"何罗鱼，一首十身，音如犬"，"牛鱼目似牛，形如犊子"，"水猪鱼似猪形，鹿鱼头上有两角如鹿"。卷七介绍麦子，说麦子有许多不同的品种，各地生产的麦子各不相同，南方与北方的麦子在味道、营养上有差别。

陈大章不仅在科学知识方面有所贡献，而且他博研经史，能诗会文，尤山水诗，被称为清代著名诗人。

2. 李元

李元，生卒年不详，字太初，号浑斋，京山孙家桥人。据《京山志·李元传》记载："幼孤贫力学，夜无膏火则默诵。"乾隆三十六年(1771 年)举人。历任四川仁寿、金堂、南充等地知县。任仁寿知县时，亲自参修县志，体裁极为严谨。嘉庆二十一年(1816 年)，托病辞官，载书数万卷而归。毕生坚持治学，撰述极多。刊有《浑斋七种》，包括《蜀水经》16 卷；《音切谱》18 卷；《声韵谱》10 卷，一以顾亭林《音学五书》为鹄；《寤索》3 卷，阐明河洛、太极之说，多前儒所未发；《乍了日程琐记》3 卷；《通俗八戒》1 卷；《蠕范》8 卷。当时通博之士，皆重其书。传闻他还有一些书没有刊行，如《春秋君国考》《拙氏算术辑》等。

李元所著《蠕范》②，是一部动物学著作，将禽、兽、鳞、介、虫等 410 余类动物，按它们的习性分别介绍，试图把握动物的生命规律。李元从 16 个方面加以分析，分别为理(规律)、匹(交配)、生(繁殖)、化(变异)、体(形状)、声(鸣叫)、食(食性)、居(栖息)、性(习性)、制(相克)、材(用途)、知(本能)、偏(弱点)、候(气候)、名(名称)、寿(寿命)。如介绍吐绶鸡(火

---

① 罗福惠. 湖北近三百年学术文化[M]. 武汉：武汉出版社，1994：73.

② 原有乾隆五十六年(1791 年)刻本，现有北京出版社 2000 年版。

鸦),《蠕范·物制》云:“火鸦,火鸡也,山斫木也。大如鸦,青黑色,头有红毛,似鹤顶堆砂。毛毵毵下垂。长项修足,高二三尺……食火炭,亦斫木。”

李元善于观察。他在《蠕范》中提出,动物也是有生活习惯的,如蜂蚁群集、雁行有序、鸳鸯雌雄不离、羊跪食乳等。《蠕范·物理》记载了动物有逆水逆风的行动现象,“鱼逆水而上,鸟逆风而飞”,“逆则动,动则生”。《蠕范·物体》记载:“鲤……黄者每岁季春逆流登龙门山,天火自后烧其尾,则化为龙。”《蠕范·物食》记载了食物对动物的性情与寿命是有一定影响的,“食土者静,食水者乐,食肉者勇,食气者寿”。

李元重视自然万物之间的呼应与联系,他在《蠕范》的序中对“范”做了详细解读,指出:“道范天地,天地范万类,变幻周通,万有不穷。如陶斯模,如冶斯镕,惟妙惟肖,是谓大造之功。涵以日月之精,畅以山川之英,氤氲磅礴,爰有植钝而蠕灵。灵之最,其为人乎?禽兽虫鱼之属或寄而或分,寄焉者暂也,分焉者散也,要之皆范也。”罗福惠教授评价说:“《蠕范》反映了作者某些闪光的思想观点,值得我们珍视。”“该书不仅可以作为阅读中国古籍时了解各种动物名词的工具,也可说是有关动物世界的百科全书。”①

六、医学:叶文机、杨际泰等

清代,湖北在医药与临床这两个方面有新的成就。

1. 叶文机

叶文机,生卒年不详,安徽徽州人。1637 年,到夏口(今汉口)行医,在汉正街鲍家巷口开设了叶开泰药室。为了保持信誉,店堂内高悬两块金匾,一边写着“修合虽无人见”,一边写着“存心自有天知”,表明药店制药绝对是有诚信的。叶文机精通医道,自制成药,以医荐药,药物货真价实,受到市民的好评。

叶文机的孙子叶宏良把药室改成了药店。叶宏良善于理财治家,其子

---

① 罗福惠. 湖北近三百年学术文化[M]. 武汉:武汉出版社,1994:173.

叶松亭成为科举入仕的第一个成功者，官至诰授中宪大夫，晋赠光禄大夫、建威将军。其后，叶名琛（1807—1859）为道光进士。历任广东巡抚、两广总督兼五口通商大臣，还被擢升为体仁阁大学士。《简明不列颠百科全书》《辞海》均有叶名琛条目。

叶开泰非常重视进货渠道，如麝香、冰片、虎骨、红参等药材都有稳定的供应商，确保质优。在药物配制时，严格计算数量；制作中精益求精，从而保证了药效。叶开泰所制名药“八宝光明散”“虎骨追风酒”“参桂鹿茸丸”，经久不衰。当时汉口人有句口头禅：“叶开泰的药——吃死人都是好的”。①

叶开泰药店与北京同仁堂、杭州胡庆余、广州陈李济齐名，号称中国四大中药店。

2. 杨际泰

杨际泰（1780—1850），字平阶，广济（今武穴市）人。杨际泰少时随父从医，毕生从事医学。他博览医籍，每读一书，必穷其理。他结合前贤见解，汇集家传经验和自身30余年的临床实践，著有《医学述要》。该书付印于道光十六年（1836年），系问心堂藏版，凡30册，36卷，数十万言。其书涉及“医学四诊”、“医门八法”、脉象理论、伤寒、温病、外科、儿科、内伤病、妇产科、五官科以及方药等，是一部颇有实用价值的医学全书，堪称近代中医的百科全书。

杨际泰晚年眼见国民深受鸦片之害，心急如焚，有志研究戒毒。他编写了一本《告乡民书》，劝人戒吸鸦片。书中提到吸鸦片有“四耗”（耗神、精、气、血），“十害”（一损精神、二耗脂血、三废正气、四耗钱财、五伤性命、六增丑态、七坏名声、八干列禁、九泄机密、十入膏肓）。

杨际泰广搜验方，了解到鸦片的制作方法后，就在汉口日夜不停地研究戒毒配方。杨际泰的夫人为了帮助杨际泰，在广济老家用身体实验。夫

① 《武汉文史资料》1980年第一辑有《中国四大中药店之一的叶开泰》一文，由叶氏第16代人叶元同口述，可供参考。

人临死前给杨际泰留了一块白绫布,上面写道:"外洋鸦片泛滥中华,多少父老兄弟因吸食鸦片而误其正业,失其意志,荡尽家财,害其身体,目不忍睹。……夫君为此深感忧虑,日夜操劳,为妻虽有此心,惜无能相助。……在你离开家之时,我已买回鸦片大量偷吸,并用你留下的药方,加减交替使用,收效各有不同,点滴体验均已记录在册,以供夫君借鉴。然此时毒已入膏肓,治之晚矣。"杨际泰根据夫人遗留下的亲身体验,加上自己收集的资料,组合出戒毒方剂。杨际泰请人在广济县到处张贴戒鸦片的资料,将解毒消瘾药给吸食鸦片者服用,其治疗效果特佳。华中、华南、华东一带病人纷纷前来求方索药,治愈者无以数计,开创了中国治毒、戒毒的先河。民间称杨际泰是反对鸦片战争的后方英雄,说:"北有杨际泰,南有林则徐。""南有林则徐断绝毒源,北有杨际泰解除病根。"

今武穴市梅川镇杨家垸有杨际泰墓,时常有人前往瞻仰。21 世纪初,有一部关于杨际泰的电视连续剧《此碑无文》,曾在中央电视台电视剧频道播放。[①]

3. 其他

清代,湖北医者众多,更不乏世代行医者。如杨旭东一家数世名医,在武昌贡院街(今楚材街武昌实验中学一带),行医十五代,闻名江楚。新安江的医家程氏也来到汉口,据《程氏家谱》记载,几代人都在汉口开药铺,坐堂行医。前堂卖药,后堂加工,医生坐堂。形成制药、卖药、行医三位一体。

《汉口丛谈》记载了民间的中医大夫,"王彭泽,字五柳,嗜丹青,善医理,悬壶汉口市中,贫者仍不索值"。[②] 嘉庆《汉阳县志》记载了吴家璨,号慎士,汉阳人。以医为业,求治者盈门;医德高尚,遇贫者解囊相济。曾考授太医院医士。

还有江夏名医胥秉哲,著有《诊法精微》,李兰先著有《温病粹言》等医

---

① 戴世民. 吴楚名医杨际泰[M]. 武穴:武穴文化馆,2011.

② 江浦,朱忱,饶钦农,等. 汉口丛谈校释[M]. 武汉:湖北人民出版社,1990:300.

学著述，惠人济世。

不过，此时的民间仍然相信神秘的江湖医道。《汉口丛谈》卷四记载了康熙年间，汉口民间有一隐士，名叫李拗枝（又称李奥机），修炼"服气"。市民有病，不得治，他要病人家属从汉口到岳阳取牛脯，到大别山"觅草一茎若兰者"，竟然治好了病人。[①] 这样的传闻，不足为道。

同全国一样，清代的湖北科技在发展上实际有两条轨道，一方面是西方科技的传入，产生了一批受西方影响的科学家，如邹代钧的近代绘图学；另一方面是传统科技仍旧按原有的样式传播和发展，如杨际泰的医学有集成实用之功效。特别是乾嘉学派注重校考传统科技文献，对《黄帝内经》《九章算术》《水经注》等有扎实的整理。

虽然，传统科技与西方科技各行其是，"井水不犯河水"，传统科技也没有与西方科技对接，但是两者都对社会经济文化发展起着作用。

---

① 江浦，朱忱，饶钦农，等. 汉口丛谈校释[M]. 武汉：湖北人民出版社，1990：390.

第十章　民国时期的湖北科技

民国时期，指1911年辛亥革命推翻清王朝的腐朽统治之后，从1912年到1949年中华人民共和国成立的这段时间。民国时期的湖北科技承前启后，融合中西，注重实践，绽放异彩，在各个方面都出现了新气象。

第一节　时 代 背 景

中华民国不同于此前中国的君主王朝，它是经过资产阶级民主革命斗争而建立的共和国家。民国时期是中国历史上大动荡大转变、半殖民地半封建社会的终结时期。人们追求民主和科学，倡导科学救国、实业救国。

当时，成立了一些研究所，开展了一系列科学研究，如地质所在庐山等地找到我国第四纪冰川遗迹；物理所开创了核物理、金属学、结晶学以及短波的研究；化学所着重于分子光谱、性激素、中药成分的化学分析，化学玻璃的性质及平阳矾矿的利用等研究；数学所开展了数论、代数、微分几何、拓扑学、级数论、数理统计的研究；天文研究所筹建了紫金山天文台，编制了民国历法，开展了天体方位和形态的观测；气象研究所观测并研究了中国气候的变化规律；动物所做了动物分类学研究，后来着重于鱼类生物学、昆虫学、寄生虫学、原生动物学和实验动物学的研究；植物所开展了植物分类学、藻类学、真菌学、森林学、植物生理学、植物形态学、植物病理学及细胞遗传学的研究。我国的工程师们也已经掌握了运用钢筋混凝土建筑高层建筑的技术，还建成了具有国际水平的钱塘江大桥。这时期的科技成果，缩短了我国科技落后于西方的差距，在中国科技史上具有特殊的意义。

辛亥革命之后，湖北也步入了新的历史时期，从传统向现代过渡。

行政上,1912年,废除府、州、厅建制,重新划分,省下设道、县两级政区,湖北有江汉、襄阳、荆南、施鹤诸道,统辖69个县。1926年,北伐军改武昌县为武昌市,改夏口县为汉口市。1927年年初,国民党政府迁汉,把汉口市与武昌市合为武汉特别市。1927年,废除道一级建制,实行省、县两级行政区。1929年,武昌、汉口分治,设置汉口特别市,直属南京国民党政府。1931年,改汉口特别市为汉口市,归属省辖。1932年于省、县之间增设行政督察区;至1949年,湖北省设1市(武昌市)、8行政督察区、69县。另,汉口有时为省辖市,有时为国民党政府直辖的特别市。

经济上,湖北有了较快的发展,逐渐成为华中的商业与金融中心。第一次世界大战之后,湖北经济出现了一个快速发展期,武汉工商业一度仅次于上海。孙中山在《建国方略》中提出对武汉的构想,要把武汉建成中国最重要的商业中心、世界最大的都市之一。然而,由于战争等原因,湖北省内的各个地区发展极不平衡,坎坎坷坷,在动荡中发展。

思想文化上,湖北展现出新的活跃。1919年发生的五四运动高举民主和科学的大旗,使倡导科学成为时代的一种潮流。这时,科学的含义很广,包括自然科学与社会科学、科学方法与科学思想。湖北流行"救亡图存"的思想,社会上流行学习西方的科技知识与科技精神,把科学作为救国强国的重要途径。

五四运动以后,同全国其他地方一样,湖北许多青年人到海外学习西方科技知识,他们或是在海外发展自己的事业,或是回国传授与运用科技,这些人大多成为中国科技界的栋梁,对现代以来的科技发挥了很重要的作用。学术界一度对这些科学家的报国救国之路评价不高,以为当时只有投身革命才是五四运动以来的正确道路。现在的观点普遍认为,不论从事社会革命,还是从事科学教育,都是值得肯定的。事实上,中国当代的科学技术之所以在世界上有一席之地,这与20世纪初的留学活动有关。留学生在海外学习了先进的科技,缩短了中国科技与西方科技的距离,使中国科技很快与世界接轨,为中华民族的崛起做出了贡献。

民国的历史,是中华民族走向近代化的历史。湖北也不例外,有学者列出了汉口走向近代化的时间线索。1864 年,汉口设西医医院。1871 年,汉口设招商局。1884 年,汉口通电报。1897 年,汉口通邮。1900 年,汉口通电话。1906 年,汉口通火车。1908 年,汉口通电。1909 年,汉口通自来水、通汽车。①

为了迎接经济时代与科技时代的到来,民国时期,湖北注重对自然环境与资源的调查。1923 年,应湖北省实业厅的请求,农商部派技师来鄂,调查全省的地质矿产,测绘全省地质总图。截至 1926 年,发表了《湖北地质矿产概说》《振兴湖北矿业意见书》,为湖北省进一步开展地质研究提供了基础。1943—1947 年,国民党政府组织了两次大型的湖北神农架森林探察活动,完成了《神农架探察报告》(1943 年)和《神农架森林勘查报告》(1947 年),20 世纪 40 年代开展的神农架探察是中国现代科学史上的一个重要事件。神农架位于鄂西北,在来凤县档案馆保存有《神农架探察报告》,它是由当时房县县府组织,原农林部中央林业实验所、湖北农业改进所、鄂北农场派专家完成,由房县县长贾文治根据当年神农架探察情况编撰的综合报告。1946 年,湖北建设厅成立了神农架森林筹备处,下半年组织专家到林区勘查,通过对黄柏坝、神农架垭等地的实地调研,注意到林区有 330 余万株冷杉、桦树。专家根据掌握的林区的第一手信息,提出了《神农架森林勘查报告》。②

抗日战争时期,湖北的政治、经济中心一度向鄂西山区转移,当时只有均县、郧县、房县、竹溪、竹山、保康、郧西、谷城、巴东、兴山、秭归、恩施、宣恩、建始、利川、来凤、咸丰和鹤峰等县没有沦陷。抗日战争全面爆发后,鄂西成为湖北抗战后方基地,大量人员转移到鄂西,也包括文化教育科学技术人才。恩施一带的科技发展进入一个新阶段。

民国时期,中国共产党领导的人民革命武装在湖北建立了若干个革命政权。土地革命战争时期成立黄安农民政权,后扩建为鄂豫皖特区苏维埃

① 刘富道. 天下第一街:武汉汉正街[M]. 武汉:崇文书局,2007:192.

② 田子渝,黄华文. 湖北通史:民国卷[M]. 武汉:华中师范大学出版社,1999:670.

政府;成立湘鄂西苏维埃五县联县政府,后改为湘鄂西苏维埃政府。1941年,成立鄂豫边区行政公署,后扩大成立为中原解放区行政公署。1947年年底,分别成立江汉行政公署和鄂豫行政公署。这些革命政权一直坚持宣传科学知识,推广科学技术,促进了经济落后地区的社会发展。

民国时期的湖北加强了科学技术的本土化,科技与农业、实业、教育紧密结合,形成湖北的区域特色。湖北工业总会办有《工业世界》,发表与工业相关的文章。武汉特别市政府秘书处印行有《武汉特别市市政月刊》,张斐然总工程师在该刊1929年6月版发表《武汉特别市之设计方针》一文,提出要规划好城市,建议修建长江大桥与过江隧道,并提出了具体的选址。①

第二节　农业与水利

一、农　　业

湖北一直是内陆农业大省。直到民国时期,支撑湖北经济的主要还是农业。政府让农民附着于土地,固守传统的农业小生产模式,维系着社会的发展。为发展经济,增加税收,政府着力推行土地统计陈报,推广农业技术,不断加强农业管理。

1. 推广农技

湖北地方政府重视农业技术教育。1912年,在原湖北农务学堂的基础上改建湖北甲种农业学校。该校后来更名为湖北第一高级农业学校、湖北省立乡村师范学院、湖北省立农业专科学校。学校曾先后位于武昌宝积庵、南湖等。1938年,因抗日战争全面爆发而西迁至恩施。1940年,学校更名为湖北省立农学院。1945年春,国民党政府农业部招考农业专业人员赴美国进修,湖北省立农学院有10多人参加考试,结果全被录取,居全

① 唐惠虎,朱英. 武汉近代新闻史[M]. 武汉:武汉出版社,2012:19.

国农业院校或农业机关之冠。1945 年 12 月,学校迁回武汉。中华人民共和国成立后,1950 年,学校更名为湖北省农学院。1952 年,由湖北省农学院、武汉大学农学院的整体和湖南农学院、河南大学、南昌大学、中山大学、广西大学、江西农学院的部分系(科)组成华中农学院。

这时期的湖北有了留学西方的农业专家。如农业经济学家陈振先于1936—1938 年担任湖北金水农场场长,采用现代农业学理论管理农场。陈振先(1877—1938)是广东新会人。1904 年,在美国加利福尼亚大学攻读农业专业,获农学博士学位后回国。1908 年,参加学部留学毕业生考试,获农科进士资格。

2. 改良品种

为了发展农业,提高农业效益,湖北注重改良品种,并在广大农村中推广。

20 世纪 30 年代,湖北地方政府与一些民间团体从省外引进优质棉种,建立了武昌徐家棚、天门、江陵、公安、钟祥、随县等棉场,进行全省棉花品种试验和种子繁育,且在广大棉产区推广新棉种。①

1937 年,湖北省政府建设厅把湖北省棉产改进所和农业推广处合并成湖北农业改进所,设在恩施。农业改进所设有农艺、森林、畜牧、兽医、病虫害等小组,负责全省农业技术的改进与推广。这说明,在抗日战争全面爆发后,湖北政府也没有停止对农业技术的管理与推广。据来凤县档案馆编《来凤县民国实录》记载,湖北农业改进所在抗日战争时期搜集各种农作物品种 2000 多个,择优在恩施推广。在农业一向落后的来凤县农村,农民采用的水稻品种有“鄂农 3 号”“桂阳粘 1 号”“大白粘 1 号”“抗战粘”“湘潭云南白”等。小麦、包谷、棉花等品种也有改良。1942 年,恩施县引进优良稻种,先后推广种植约 5000 亩,每亩增产 17% ~22%,这为缓解战时的粮荒做出了贡献。不仅如此,农业改进所还积极推广防治病虫害,1941 年调查清楚当地损坏粮食作物的害虫有 245 种、果树害虫有 33 种、蔬

① 湖北省政府建设厅. 湖北建设最近概况:农政[R]. 武汉:[出版者不详],1933:1.

菜害虫有51种，针对性地生产农药，把除虫菊、鱼藤、薄荷、石灰按比例调配，有效地防止了虫害。如防治稻螟虫，使亩产明显提高。[1]

总体而言，这一时期湖北农业的科技发展十分有限，广大农村仍然采用原始的农作方式，工具仍是犁、锄、耙、锹之类，抵抗自然灾害的能力微弱，生产力水平低下。

二、水　利

湖北的水资源丰富，以稻作农业为主体的湖北农业特别重视水利。为了对付水旱灾，改良灌溉，湖北人不能不重视水利。

1. 长江水利

长江是中华民族的母亲河，是中国水量最丰富的河流。它流经数省，在湖北境内有千余千米，支流有汉水、沮水、漳水、清江、东荆河、陆水、滠水、倒水、举水、巴水、浠水、富水等。

湖北一直是管理长江水文、兴修长江水利工程的中心。民国初年，水利分属内务部与工商部，前者管防洪，后者管农田水利。1922年，成立了扬子江水道讨论委员会，以后又陆续改为扬子江水道整理委员会、长江水利工程总局。这些机构负责水道测量、水文测验和水道整治，兴建水电、灌溉、航运和堤防工程。1931年，成立中国水利工程学会，专家建议统一水政。同年，湖北出现大水灾。湖北省政府在水灾之后，加强了水利建设，对石首以下的江堤进行维修，提升了大堤的高度与厚度。1932年，全国经济委员会江汉工程局接管了湖北省堤防工程业务及管理事宜。1935年，加强了对荆江大堤、东荆河堤的研究与防护。1936年，开展了汉口防水墙工程建设，修筑了汉江罗汉寺到旧口段的18千米堤防。在全国经济委员会的主持下，湖北完成了对全省水道测量、水准测量、汉江水文测量等水利勘

---

① 徐旭阳. 湖北国统区和沦陷区社会研究［M］北京：社会科学文献出版社，2007：190－192.

测,为科学的水利管理提供了依据。①

民国时期,对长江的支流有不同的整治。例如,武汉的江南有一条金水河,它从嘉鱼、蒲圻、咸宁流入江夏县,至金口入长江。金水河流域内三面环山,中间地势低洼,每年春夏之交,长江涨水倒灌,河水无法顺畅下泄而江水又溯流而上,其流域内的农田被淹近百万亩,损失巨大,河畔百姓苦不堪言。1929 年,扬子江水道整理委员会制定了整理金水河的规划,在金口建金水闸②,得到国民党政府批准。1934 年动工,工程由美国人任总工程师,澳大利亚人任工程总监,英国人设计并制造闸门,荷兰人审计工程款的各项开支,施工由中国人完成。③ 工程耗时 1 年,耗资 90 万美元。修成钢筋混凝土结构的三孔闸,是民国时期长江中游最大的涵闸。因为有了钢铁闸门,杜绝了汛期的江水倒灌现象;当长江水位低时,直接开闸放水。两岸的百姓避免了年复一年的洪灾之苦,旱涝保收。为了纪念这个大型水利工程,在闸背修建纪念碑。碑的正面是蒋介石题的"金水闸"三个大字,背面是全国经济委员会撰写的碑文。闸成之后,金水流域形成大片湖荒滩地,武汉行营在此建立了农场,这是湖北省内最大的国营农场。

湖北西部的崇山峻岭之中有很好的水利资源,民国时期,技术工程人员还曾深入神农架林区,提出清理鼋渡河的河道,炸掉巨石,提升水运能力。同时,在林区要择址修建高水坝,以供发电。湖北省政府西迁后,尽管事务繁多,但仍然重视水利。当时实施了郧县劬园渠、利川南坪水道、郧西五渠、宜城南漳长渠、建始广润渠、恩施高桥坝、咸丰灌溉工程等。④ 这些水利工程对于农业发展起到了一定的作用。

当时,中国共产党领导的革命根据地,为了发展农业,也很重视水利建设。在鄂豫皖苏区,先后修建了黄安金牛凉亭水堤、新集陡山河榨河河堤

① 田子渝,黄华文.湖北通史:民国卷[M].武汉:华中师范大学出版社,1999:288.

② 金水闸为卷扬式启闭结构,闸洞四周用钢筋混凝土建筑,闸门 3 块,重 18 吨,承受水压 346 吨,有滚轮、齿轮等装置,由汉口阮顺兴营造厂承建施工。

③ 祁金刚.江夏溯源[M].武汉:武汉出版社,2008:353.

④ 田子渝,黄华文.湖北通史:民国卷[M].武汉:华中师范大学出版社,1999:498.

等。在湘鄂西苏区,1931 年冬大规模修整了境内长江大堤和东荆河堤。其间,修复了监利邹码头,完成了 100 多千米东荆河堤的堵口复堤工程,修筑了沙湖镇丰乐垸和红土垸之间的河坝及潜江田关的一条 3.5 千米长的大堤。[①] 1942 年,中共鄂豫边区组织军民开展兴修水利的"千塘百坝"运动,八字门水洋泉得到开挖修整。

2. 对三峡水电的酝酿

当今的三峡大坝,即长江三峡水利枢纽,位于三峡西陵峡内的宜昌市夷陵区三斗坪,并和其下游不远的葛洲坝水电站形成梯级调度电站,是目前世界上规模最大的水电站,也是中国有史以来建设的最大型的工程项目。

中国对兴建三峡水利工程的设想和探索由来已久。早在 1919 年,孙中山就在《实业计划》大纲中提出"开发三峡水力发电"的设想,英国工程师波韦尔受此影响来中国实地考察后,提出了《扬子江上游之开浚计划》。1929 年,中国工程师陈湛恩发表《扬子江最近之情势及整理意见》,提出开发三峡水电的初步计划。1932 年,由国民党政府发起,国防设计委员会组织专家勘测长江水力发电,写出了《扬子江上游水力发电勘测报告》,拟定了葛洲坝、黄陵庙两处低坝的方案。1933 年,扬子江水道整理委员会编写《长江上游水力发电计划》。1936 年,奥地利人白朗都担任扬子江水利委员会顾问时,也曾研究过改良三峡航道,开发水利资源的问题。1944 年,担任中国战时生产局顾问的美籍专家潘绥建议在三峡建设一座装机容量为 1050 万千瓦的水力发电厂。同年 5 月,美国垦务局总工程师萨凡奇编写《扬子江三峡计划初步报告》,提出在宜昌建设拦河大坝,在三峡段有 5 个坝址方案,其中用拦河坝而无隧洞的开发方式,总计主要发电量 1056 万千瓦。1945 年,国民党政府资源委员会成立了以钱昌照为主任委员的三峡水力发电计划技术研究委员会,并于 1946 年与美国垦务局签订了合作开发条约。

---

① 田子渝,黄华文. 湖北通史:民国卷[M]. 武汉:华中师范大学出版社,1999:375.

资源委员会先后同国内有关部会搜集资料，测量地形，约外国公司钻探地质、航测坝址，派中外工程师70余名分组研究规划与设计，于1948年完成了《扬子江三峡计划概要》，目标是要建设一座大型的，集发电、航运、防洪、灌溉等多功能的水电工程。具体的方案是：坝高225米，坝的下游两岸岩石内安装水力发电设备，发电1000万千瓦以上，倘以宜昌为中心，可以长600千米的输电线向外输送。万吨海轮可上溯重庆。因大坝形成的上游水库可以调节天然流量。亦可下游灌溉用水。[①] 最终由于内战，这个计划没能实现。但毕竟实质性地启动了这项规划的论证，在修建大型水利工程方面，做了资料与技术上的准备。[②]

3. 治水的能人

在长期的治水过程中，湖北涌现出许多水利方面的专门人才。这里，有必要介绍水利工程学家徐国瑞与陶述曾。

民国时期，荆江堤工局长徐国瑞，堪称是一名杰出的水利专家。徐国瑞（1881—1946），字兰田，湖北应山县（今广水市）人。他在任职期间，步行踏勘荆江大堤，对大堤情况了如指掌。1931年，荆江大堤面临险情，徐国瑞坚守大堤，处险不惊，对于有危险的地方精心加固，化险为夷。前任堤工局长徐国彬称徐国瑞“于水利素有研究，并娴吾邑堤务”。1933年，扬子江防汛委员会根据湖南省主席何键的提议，拟堵塞荆江南岸四口（松滋、虎渡、藕池、调关）。徐国瑞致电反对，陈述如果堵塞荆江南岸四口，则荆江之水不能泻，一旦洪水泛滥，鄂境沿江之堤不堪重负，后果严重。不能只顾湘西一隅利益，而忽视荆江全鄂并长江下游各省安全。由于徐国瑞言之有理，有科学预见，扬子江防汛委员会放弃了堵塞荆江南岸四口的方案。徐国瑞在工作之余，注意搜集水利资料，组织人员编写了《荆江堤志》。该志于1937年出版，共4卷，分“水道”“防汛”等13纲，“估验”“土工”等

---

① 张立先，民国三峡记忆：扬子江峡谷计划筹备始末［M］．北京：中国三峡出版社，2017：198.

② 周魁一，谭徐明．水利与交通志［M］．上海：上海人民出版社，1998：184.

25 目,是民国时期的一部水利专志。①

陶述曾(1896—1993),原名翼圣,新洲县(今武汉新洲区)人。陶家的门楣上刻有其祖父所书“道光二十九年大水至此”字样,使得陶述曾从小对水文发生了兴趣。少年时期,他随在河南做知县的父亲陶月波念书。在父亲修沟洫、兴农田的政务工作影响下,他从小对《山海经》《水经注》《地理志》等读物产生了兴趣。1918 年,陶述曾进入北洋大学土木系学习。1924 年,他满怀“实业救国”的热情,回到湖北筹开蕲春寅山煤矿,把公司起名为“振业”,全身心地投入矿山建设。1933—1936 年,陶述曾任河南大学土木系主任。1935 年夏,湖北发生特大洪水,汉江钟祥遥堤溃决。翌年 6 月,他带领河南大学与河南水专的十几名毕业学生,奔赴钟祥参加遥堤堵口工程建设,担任遥堤善后工程委员会工务主任。他运用黄河传统的堵口方法,与汉江的水情、泥沙、地质条件相结合,取得了堵口工程的成功。1946—1947 年,陶述曾担任黄河花园口堵口复堤工程局总工程师。1949 年2 月,他受聘为湖北省政府建设厅厅长。1949 年 8 月,他欣然应聘为武汉大学土木系教授。中华人民共和国成立后,历任湖北省水利厅厅长、湖北省副省长等职务。有《陶述曾治水言论集》传世。

第三节　实业与技术

有实业,就有技术,技术总是与工厂等实业紧密联系的。民国时期,湖北有了不少实业,如化工、煤炭、纺织、机械、印刷、建筑等,并在国内有一定的影响。

以武汉为例,1912—1926 年,武汉有工厂 300 余家。有学者统计,当时机器、钢铁 55 家(汉阳铁厂、扬子机器厂等),水电 4 家(既济水电公司、武昌电灯公司、济生公司、汉阳电气公司自备电灯厂),纺织、轧花 63 家(震

---

① 《荆州百年》编纂委员会,荆州市政协文史资料委员会. 荆州百年[M]. 北京:红旗出版社,2004:416 - 421.

寰纱厂、裕华纱厂等),制革、皮鞋14家(湖北制皮厂、利华制革公司等),印刷16家(中亚印书馆、汉口商务印书馆等),面粉、碾米48家(福新面粉厂、昌顺碾米厂等),榨油11家(元丰榨油厂、新盛油饼厂等),烟酒13家(南洋兄弟烟草公司汉口分公司、康成酒厂等),食品18家(元丰蛋厂、第一面包厂等),火柴、化工工业18家(燮昌火柴厂、太平洋肥皂厂等),建筑14家(华兴砖瓦厂、汉协盛营造厂等),木器18家(周顺洪木器厂、瑞昌锯木厂等)。这些工厂聚集了武汉地区的工程技术人员。①

以黄冈为例,据《广济县志》(1994年版)、《黄冈市志》(2004年版)等书记载,1912年,实业家郭鼎存集资购买一艘木质趸船,创办了武穴利济趸船公司。1914年,蕲水信泰面粉厂始用机器。1918年,陈云山在广济创办了光明电灯厂。1928年,郭鼎存等人共同创办了广武汽车有限公司。1929年,黄梅小池创办机制砖瓦厂。1930年,蕲州创办祥太肥皂厂。

共产党领导的苏维埃革命根据地也办过一些工厂。在湖北的苏区,有制盐厂、造纸厂、五金制造厂、铁工厂、印刷厂、造币厂、农具厂、榨油厂、印染厂、造船厂、制锅厂等,这些工厂在一定程度上推动了山区或经济落后地区的技术进步。虽然苏区的工厂规模不大,时间短暂,技术程度也不高,但却是民国时期湖北技术史不可忽视的内容。在黄安的七里坪、英山的贺家桥等地都建有兵工厂、被服厂等。鄂豫皖兵工厂设有分厂,曾经生产撇把子枪2000余支、汉阳造步枪1800多支。湘鄂西兵工厂有锻工、模型、机械、轻工、子弹等部门。位于阳新龙港镇的鄂东南兵工厂有修理、翻砂、铁工、机械等车间。这些都推动了落后地区机械制造技术的发展。②

抗日战争全面爆发后,国民党政府为了保存工业与科技实力,把沿海的工厂与人才向内地迁移。据初步统计,在上海失守前,共迁出民营工厂148家,机件物资1.24万吨,其中有121家工厂迁到武汉。加上其他地区

---

① 涂文学.武汉通史:中华民国卷(下)[M].武汉:武汉出版社,2006:103-107.

② 田子渝,黄华文.湖北通史:民国卷[M].武汉:华中师范大学出版社,1999:376-378.

的，迁到武汉的工厂有 170 余家。随着工厂的内迁，武汉的科技实力明显增强。不过，随着战事的扩大，武汉的工厂继续内迁，从武汉内迁的民营工厂有 233 家，分别迁到四川、湖南、陕西、广西等省，迁往重庆的有老振兴机器厂、方兴发电机器厂等 83 家，为西南大后方的工业与技术发展，为承东启西做出了贡献。①

随着工业内迁，鄂西也增加了一些工厂。如咸丰化工厂、利川造纸厂、宣恩陶瓷厂、谷城纺织厂、巴东炼油厂、巴东机械厂、恩施纺织厂等。② 偏僻而落后的鄂西山区顿时增加了多个工业门类，并活跃着一批工程技术人员。

一、化　　工

1. 以化工技术办工厂

在兴办实业的浪潮中，湖北出现了一些化工工厂，化工科技是化工工厂在市场竞争中的根本。清末民初的汉口有一个燮昌火柴厂，是由民族企业家宋炜臣创建的。该厂起初生产黄磷火柴，即在火柴头上涂硫黄的火柴。然而，这种火柴常常不安全，遇到高温容易自燃。于是，宋炜臣组织技术人员攻关，以硫化磷火柴取代之。新式火柴避免了不安全因素，且耐风力强，很快就受到市民的欢迎。汉口燮昌火柴厂生产的双狮牌、三猫牌、象牌火柴一直是流行品牌。

说到化工科技，不能不说说吴蕴初。吴蕴初（1891—1953），近代化工专家，化工实业家，中国氯碱工业的创始人，在中国创办了第一个味精厂、氯碱厂、耐酸陶器厂和生产合成氨与硝酸的工厂。吴蕴初于 1913 年在汉阳铁厂任化验师，后来担任厂长。1917 年，又被汉阳兵工厂聘为理化课和

---

① 田子渝，黄华文. 湖北通史：民国卷[M]. 武汉：华中师范大学出版社，1999：421 - 422.

② 湖北省地方志编纂委员会. 湖北省志：工业[M]. 武汉：湖北人民出版社，1995：33.

制药(炸药)课课长。第一次世界大战期间,化工原料短缺,燮昌火柴厂在汉口筹办氯酸钾公司,聘吴蕴初为工程师兼厂长,利用兵工厂的废料以电解法生产氯酸钾。吴蕴初把科学实验与经济相结合,推动了武汉的化工工业发展。

曹琴萱(1891—1940),曹祥泰创始人曹南山的次子,对科学技术有兴趣,投资化工。1915 年,在武昌都府堤创建祥泰肥皂厂,生产"爱华""警钟"等品牌的肥皂。"警钟"肥皂行销广东及华中各省,还销到了南洋。

薛坤明(1885—1945),江苏无锡县(今无锡市)人。薛坤明起初是在洋行做职员,他注意到洋皂的价格昂贵,就产生了自办肥皂厂的想法。趁日本肥皂厂寻找替工的机会,薛坤明进厂学习,加上他懂英文,在工作中把各种桶装原料的名称、出处等都记录下来。晚上回家做试验,对工艺进行反复琢磨,终于掌握了制皂技术。1914 年,薛坤明创建了民信肥皂厂,以廉价的肥皂迅速占领市场。第一次世界大战爆发后,"太平洋"一词已人人皆知,于是薛坤明把肥皂厂改名为太平洋肥皂厂,增加新产品,为军械制造机器生产一种水质肥皂,大获其利。中华人民共和国成立后,这个厂并入武汉化工厂。

2. 应城膏矿促进了化工科技发展

民国时期的湖北化工,应城的膏矿有一席之地,应城曾有"膏都"的美誉。早在明朝嘉靖年间,应城县西北团山北麓,因崩岩而露出了石膏,从此,应城兴起石膏开采业。清朝康雍时期,应城石膏由浅采变为深采,合伙开凿井洞者日多。应城石膏光莹细腻,比其他地方生产的石膏更优质,载运到汉口,以贩四方。1894 年,在应城开矿的洞商组设膏盐公司,在汉口设立办事处。1912 年,应城石膏开始向国外出口。1913 年,湖北石膏公司在汉口开设,专事销售。1917 年,应城洞商达 104 户,井洞达 243 对,全年出口石膏占全国年产量的 90% 以上。据日本学者内田泰司所著的《耐火材料之研究》[昭和元年(1926 年)版]记载,"我国输入石膏,以中国湖北应城为最"。石膏有多方面用途,中医称其有"辛凉"之功能,清热降火,治病除疾。农民将生石膏粉撒进田里,加快禾苗返青。

1924 年春,农商部地质调查所技师谢家荣①、刘季辰受委托,调查鄂北地质,对应城膏盐做了进一步调查,著有《湖北应城膏盐矿报告附石膏说略》。该报告用毛笔行楷书写于黄色毛边纸上,现藏于应城市档案馆。

根据这份报告,可知当时应城膏盐矿的开采技术。膏盐矿主要分布在王家庙、龙王集、潘家集三处。“自王家庙至龙王集二十里间,矿岗连绵不绝,俗称西北二山。”地表有红色页岩,在蓝色页岩间夹有石膏。石膏为主要矿层,蓝页岩中因饱浸盐质,亦为煮盐之母岩。“膏层厚薄不一,自分许至八寸左右。”就矿物种类,石膏可分为二类:一是纤维石膏,色白质净,呈针状结晶,厚数寸许;二是结晶石膏,色灰褐,微透明,夹杂于蓝页岩中,不成层,因质不纯,故弃而不采。膏矿在明末发现于团山庙,“乡人即就出露处顺掘而下,土名‘狗扒洞’。嗣后,渐掘渐深,始开直洞。”起初,各洞仅采石膏,不知能煮盐。

根据这份报告,还可知道当时应城产盐的情况。晚清动荡,交通梗阻,淮盐停运,乡人苦不得盐。宿知废洞积水,其味甚咸,乃汲取以煮菜,其效大著。远近出担水者,不绝于道。膏价有定,洞商不能获利,转以煮盐为正业。采膏既久,利用地下水灌满井中,浸泡半年至 1 年,然后汲取以熬盐。每灶“每日夜能熬得盐五千斤”。“绞盐水时,以三口水之长圆形木桶,用人力绞车或机器汲取。桶底有小圆孔,上盖牛皮,以作活塞。”②

抗日战争全面爆发后,应城许多矿工参加抗日游击队。1942 年,日军下令烧毁矿区盐棚 100 座,封闭洞井 100 余对,膏盐矿业受到毁灭性打击。

还需特别说明的是,应城人陈萌三(1899—1942)是我国膏盐矿业的科技先驱。传闻他参考德国的枝条架浓卤塔法,改进了传统的制盐工艺。然而,关于他的资料很少,生平事迹不详。

---

① 谢家荣(1898—1966),字季骅,上海人。中国地质学家、矿床学家,曾任中国地质学会理事长。著有《中国矿床学》《地质史中成矿作用的新生性、再生性和继承性》。

② 谢家荣. 谢家荣文集第一卷:地质学(一)[M]. 北京:地质出版社,2007:144 - 145.

二、机　　械

工业社会离不开机械,机械反映了工业的科技水平,决定着产品的质量。民国时期,湖北有一些与机器相关的大型工厂,如汉阳兵工厂、周恒顺机器厂、沙市长丰机器翻砂厂。1934 年,在湖北省地方政府的支持下,把武昌文昌门外湖北纺纱局的车间改造为机械厂,增加了翻砂、锅炉等设备。抗日战争胜利后,改组为湖北机械总厂,是武昌造船厂的前身。1948 年年初,武汉工业有动力设备的工厂 233 家,其中机械厂 68 家。

周恒顺机器厂是湖北省历史最长、规模最大的民营机械工厂。1866 年,周庆春将祖业迁至汉阳,创立"周恒顺"牌号,取"天顺不如人顺,人顺需持之以恒,有恒则顺"之意。到了 19 世纪末,周庆春二子周仲宣(1881—1967)继承家业。周仲宣重视技术装备,不断改进机械设备,提高工厂的技术实力。1905 年,周仲宣从上海购进 1 台蒸汽原动机和几台机床。周恒顺在使用蒸汽机以后,很快就自行仿造了蒸汽机。

1907 年,周恒顺机器厂以低于英国洋行 1/4 的价格,争得为顺丰榨油厂制造蒸汽机的生意,并将 100 马力(1 米制马力等于 0.735 千瓦,1 英制马力等于 0.746 千瓦)的蒸汽机如期交付。在蒸汽机底座上铸文"同胞细听,权利须争,我邦能造,不购外人,由知此意,方称国民,专买洋货,奴隶性情……",体现了强烈的民族精神。接着,该厂又试制成功 15 ~ 30 马力的抽水机和 60 ~ 80 马力的起重机等。销路畅通,业务兴盛,周恒顺机器厂不断扩充与发展,产品质量也逐步提高,享誉国内外。1913 年,周仲宣应四川自流井盐场邀请考察盐场,设计制造了提取盐水的全套蒸汽卷扬机,比原来畜力人工提取盐水提高工效 20 倍。1915 年,周恒顺机器厂替甘肃省造币厂制造了成套设备,包括熔炼、碾压、轧片、冲块、压花、摇洗等工作机,以及 500 马力蒸汽原动机和各种传动设备,大小机器近百部。1924 年,成功制造 1 台 100 马力的煤气机。后陆续设计并制造了 25 ~ 240 马力各种不同型号的煤气机,取代蒸汽机,因其可用煤炭、秸秆、木柴甚至糠壳等作燃料,符合中国国情,使用成本降低,性能优良,受到榨油厂、碾米厂、机器厂、发电厂的欢迎,成为周恒顺机器厂主导产品。到1936年,周恒顺机器厂已拥有各类机床60余台,下设4个工场,有职工200余人。1937年,全厂总资产达100万元,厂基占地面积约3000平方米,生产能力、技术水平已居湖北民营机器业之首。

抗日战争全面爆发后,周恒顺机器厂内迁重庆。虽然抗日战争胜利后,该厂是武汉第一家迁回复工的工厂,但已分为周恒顺汉阳厂和重庆厂。中华人民共和国成立后,又先后改名为中南工业部公私合营中南恒顺机器厂、中南动力机制造厂、武汉动力机厂、武汉汽轮机厂、武汉工艺装备厂、武汉第二机床厂。

工厂也是培养技术工人的场所,许多技术工人出自本地的民族工业企业。周仲宣重视员工的技术能力,他还聘请曾在江南制造厂和汉阳铁厂当过技师的胡尊五等人,在厂里传授技术。刘歆生(1875—1945)办的工厂也培养了一些技术工人。《夏口县志》记载:“歆记工厂设歆生路,系邑人刘歆生于清光绪二十七年创办,资本六十万两,每年给学徒百余名,学习各种机器,现各机器厂及铁路各工匠,多出其门。”①

三、能　　源

近代工业促成了能源的发展。民国时期,湖北的水电业迅速兴起。武汉有既济水电公司、武昌电灯公司、汉阳电气公司、大正洋行发电厂等。

既济水电公司始建于1906年,在湖广总督张之洞的提倡下,由宁波商人宋炜臣创办。既济水电公司的电厂1908年开始在汉口送电,表明电力技术在民生中的运用。最初装机容量为1500千瓦,可燃16瓦灯泡2.6万盏。通电设备有大电杆1112根,架设紫铜包皮电缆。因为有了路灯,武圣庙到黄陂街晚上不再黑暗。②

既济水电公司下的宗关水厂,选址宗关上首(今武汉市硚口区水厂一

---

① 武汉市地方志办公室.民国《夏口县志》校注[M].武汉:武汉出版社2020:663.

② 刘富道.天下第一街:武汉汉正街[M].武汉:崇文书局,2007:194.

路汉江边)。水厂的老泵房,由英国工程师穆尔设计,外观酷似欧洲古堡式建筑,始建于光绪三十二年(1906 年)。1909 年 9 月 4 日,宗关水厂通水。一直到武汉解放,宗关水厂始终是汉口唯一的公用自来水厂,取汉江水制成清洁卫生的自来水,供应全城。宗关水厂如今被完整地保留下来,是不可多得的重要工业遗产,它记载了中国近代民族工业和武汉城市的发展历史。

说到能源,不能不说说煤矿学家高寿林。

高寿林(1862—1936),名传柏,汉阳柏林乡人。他 17 岁考入福建马尾海军学堂,学船舶驾驶,后来回汉,任汉冶萍公司德籍总工程师赖伦的翻译。赖伦带着高寿林四处勘探矿山。好学的高寿林努力学习煤田地质、采矿技术、矿山经营管理等知识,深得赖伦的赏识和器重。据《黄石矿务局煤炭志》记载,在赖伦的支持下,高寿林曾负责株(洲)萍(乡)段铁路 90 千米的修建以及株洲至汉阳运煤拖轮、驳船的设计和施工,之后又在萍乡安源煤矿建造流水线作业的洗煤台,并升为矿师。① 1916 年,高寿林到湖北阳新炭山湾煤矿担任矿师。不久,又被邻县的大冶富源煤矿公司聘为总矿师。

富源煤矿创办于 1909 年,位于桐梓堡(今黄石市西塞山区)。当时的富源煤矿,仅仅只是一个年产量大约 3 万吨的老式小煤窑,设备简陋,技术落后。高寿林和副总矿师陈定安一起着手改造富源煤矿。他们对矿区进行了仔细的勘察,拟定矿区开发的总体规划,主张改用西法开采,对矿井做了统一部署,并在桐梓堡开竖井,为接替和开采深部煤做准备。开凿桐梓堡平巷(原源华煤矿大平巷)与太平庵(富源煤矿早期的井口)贯通,统一运煤出道。富源煤矿还与周恒顺机器厂合作制造出当时国内首创的 300 马力柴油机,实现了提升、排水机械化。修建了从井口到江边煤栈的

---

① 据 2016 年 7 月 23 日《东楚晚报》载《黄石口述史》,黄石市民陈良渠介绍,手上有爷爷的“拜把兄弟”矿师高寿林的老照片。照片中,一位头戴毡帽,身着呢子大衣,脚套深筒皮靴的老人,手拄拐杖,表情里透出一股倔强。

运煤轻便铁路，大大降低了运输成本。他们广聘能工巧匠，自制改制设备。20世纪30年代初，富源煤矿达到了十几万吨的年量产，成为实力雄厚的大煤矿。

陶述曾曾在一篇名为《忆高寿林先生》的文章中写道："（高寿林）每天黎明前起床，用早餐后下井。重点到各掘进及采煤工作面，亲巡一次，做必要的技术指导。在十一时后出井，洗澡，午餐。十三时，开调度会，听取各段负责人的汇报，进行具体指示，确定赏罚，并安排下一日的工作。十五至十七时，亲赴地面各车间及建筑工地，巡查指导，即时解决现场的问题。一年三百六十五天，没有规定的假期，寒暑无间，即使春节也照常上班。"① 1935年12月25日，富源煤矿井下突发一起重大穿水事故。当时，高寿林正在外地开会，陈定安发现情况紧急，立刻奔赴现场，安排井下全部采掘工人撤出矿井。陈定安则率领生产和技术干部迅速赶到出事地点应急处理，但水已淹没了退路，18人全部遇难。这次矿难给富源煤矿带来的是毁灭性打击。尤其是年事已高的高寿林，他的得力部下、主要助手和他的一个儿子，都在此次事件中离去。他在精神上难以承受，提出辞职，并回到老家汉阳。次年，高寿林便因病逝世。

四、纺　　织

第一次世界大战之后，棉纺产品的需求量大增，导致棉纺机的需求增加，日本的织布机被大量引进。武汉地区是全国仅次于上海的第二大纺织业中心。

1915—1922年，武汉地区相继兴办了第一纱厂、裕华纱厂、申新纱厂以及震寰纱厂。第一纱厂是由民族商业资本投资兴办的第一家大型纱厂，其规模之大，居华中首位。主要投资者是曾任汉口总商会会长的李紫云。第一纱厂选址于武昌曾家巷江边，设备全由进口。计有纱锭4.4万枚，布机500台。1920年正式投产后，获利颇丰。但由于缺乏科学的管理经验，

① 陶述. 忆高寿林先生[N]. 东楚晚报，2016-07-23.

不久便负债累累。裕华纱厂兴建于1921年,计有纱锭3万枚,布机500台。因严格把控产品质量,注意资金的合理流动,是武汉地区新建的大型纱厂中经济效益最好、经营管理水平最高的企业。申新纱厂于1922年建成投产。20世纪30年代,申新纱厂迎来了企业的繁荣期,纱锭发展到5万余枚。震寰纱厂于1923年正式投产,总计有纱锭2万枚。截至1924年,武汉地区共有大型纺织企业6家(除四大纱厂外,另有官纱局与官布局),中小型纺织工厂70家,纱锭26万枚,布机累计8000余台,从业者2.4万多人。①

1914年,京山城关人查明珠变卖自家田产,购织布机40台,雇工173人,办起京山第一家使用机器生产的私营企业——海宁织布厂。

抗日战争时期,有一部分纺织工厂内迁。1940年,湖北省建设厅在恩施红庙建立了手纺织厂,有101台七七式纺织机。由于缺乏技术工人,建设厅开设了手纺人员训练所,招收学员,推广使用七七式纺织机。后来,鄂西后方各县都建立了纺织厂,并带动了印染业与种靛业的发展,解决了民生需求。

五、建　筑

1. 房屋

民国时期,武汉的建筑技术大量采用钢筋水泥,西方的建筑风格在各地流行。

武汉的租界建筑很有特色。早在晚清,从江汉路到三元里依次有英、法、德、俄、日等国风格的建筑。英租界从江汉路到合作路,俄租界从合作路到车站路,法租界从车站路到一元路,德租界从一元路到六合路,日租界从六合路到三元里。这么大的租界建筑群在全国是不多的。英国的汇丰银行、日本的正金银行、美国的花旗银行和美孚银行、德国的礼和洋行,都在租界的大型建筑中办公。有学者统计,到1937年7月前,武汉现代建筑

① 涂文学. 武汉通史:中华民国卷(下)[M]. 武汉:武汉出版社,2006:107－109.

物有 284 座,其中民国初期建造的有 181 座。建筑的功能各有不同,分别用于工厂、银行、领事馆、教堂、学校、医院、住宅等。①

汉口租界内,最有代表性的建筑是江汉关。江汉关建于 1921—1924 年,占地 1400 平方米,底墙厚 1 ~2 米。大玻璃窗,采光较好。内部平面紧凑,实用性强。设计师是英国建筑师景明,多采用欧洲文艺复兴时期的流行款,有圆柱、拱门、钟楼。还分别从英国采购了水暖器材、卫生设备,从美国定购了大钟。②

就在西方建筑技术进入内地时,武汉地区出现了本土的优秀建筑师。卢镛标(1902—1945),浙江定海人。1922 年,进入景明洋行学习建筑设计。后来独立创立卢镛标建筑师事务所。1934 年,设计中国实业银行大楼。1938 年,设计汉口四明银行大楼。这两栋大楼至今还屹立在汉口江汉路步行街上。卢镛标在建筑设计中,遵守科学规则,但不墨守成规,风格新颖,受到建筑界同行的高度好评。

沈祝三(1877—1940)浙江鄞县(今宁波市鄞州区)人,擅长钻研技术,曾任企业的监工,他带有一支建筑技术过硬的团队,1908 年组建了汉协盛营造厂。沈祝三负责修建了汉口太古洋行一号仓库、璇宫饭店、汇丰银行大楼等。武汉大学的许多建筑是由美籍工程师凯尔斯设计,汉协盛营造厂承建。③ 当时,外国人很信任汉协盛营造厂的技术,乐意与沈祝三合作。如设立了景明洋行的海明斯不仅为沈祝三延揽建筑工程项目,还在建筑技术上提供帮助。景明洋行的建筑设计工程也交由汉协盛营造厂承包修建。双方合作几十年,使景明洋行发展成武汉第一流的建筑设计事务所,汉协盛则发展为最具实力的营造厂。中国的技术人员在与外方合作中提高了建筑技术,也融入了中国人原有的建筑智慧。

武汉的石库门建筑也很有特色。数幢石库门毗连为一排,二排相对而

① 田子渝,黄华文. 湖北通史:民国卷[M]. 武汉:华中师范大学出版社,1999:102.
② 皮明庥,邹进文. 武汉通史:晚清卷(上)[M]. 武汉:武汉出版社,2006:105.
③ 皮明庥,邹进文. 武汉通史:晚清卷(下)[M]. 武汉:武汉出版社,2006:107.

立,形成街道或巷子。厚木板大门,青石为门框。门在中轴线上,进门是天井,三开间,正中是客堂,两旁是厢房。两层楼,可从堂后的木楼梯上二楼。这种建筑形式,既有传统四合院的特色,又有西方别墅的特色,采用了新式的建筑理念,受到市民的欢迎。

2. 桥梁

建筑除了房屋,还包括桥梁等。湖北是千湖之省,还有许多河流,因而桥梁众多,桥梁技术有独到之处。

早在晚清修建粤汉铁路时,湖广总督张之洞就动议在武汉修建长江大桥,但实际的勘测设计始于民国时期。1913 年,詹天佑邀请在北京大学任教的德国专家乔治·米勒带领学生来武汉实地测量,选择在汉阳龟山与武昌蛇山之间江面最狭处作为建桥地点。1921 年,交通部也曾聘请美国专家约翰·华德尔策划建桥事宜,华德尔的选址与米勒的方案基本一致。

詹天佑(1861—1919),字达朝,原籍江西,生于广东南海(今广州),人生的最后 7 年是在武汉度过的。他是我国铁路工程专家,中国铁路工程的先驱,主持修建了我国自建的第一条铁路——京张铁路(今京包线北京至张家口段)。1912 年,詹天佑任粤汉铁路会办、汉粤川铁路会办。1913 年,在武汉创立了中华工程师会,被选为会长。1919 年,詹天佑因积劳成疾,在汉口仁济医院逝世。詹天佑的武汉故居在现洞庭街 51 号,这是他当年自己设计的建筑,现已成为詹天佑纪念馆。

1935 年,粤汉铁路即将全线建成通车。湖北省政府邀请茅以升制订长江大桥建桥方案,茅以升带领的桥梁设计团队主张桥址线为龟蛇线,修建大跨度五孔桥,三孔主孔,跨度是 250 米。1937 年,中国桥梁公司对龟蛇线做了具体的测算。抗日战争全面爆发后,修桥事停摆。1946 年,湖北省政府再次邀请茅以升主持大桥设计工作,成立了武汉大桥筹建委员会。这年 9 月,行政院工程计划团团长侯家源陪同美国专家德克麦、博麦来汉考察桥梁修建工作,提出了《武汉大桥计划报告》,提出采用钢铁结构以适应公路与铁路双方运输的需要。1947 年,武汉大桥筹建委员会提出在汉水上修筑公路桥与铁路桥,与长江大桥相连接。这年,以茅以升为首的专家仍确定桥址为龟蛇线,采用公路与铁路的两用桥,主线采用三孔悬臂拱桥,跨度每孔约 280 米。桥身净高在普通高水位上 28 米,以便万吨船可以通过。①

民国时期,国内外桥梁专家为武汉长江大桥的修建进行了反反复复的调查与讨论,并有了精密的方案,这为中国修建大桥做了很好的准备。

抗日战争时期,为了改善交通,偏僻的鄂西兴起了修建机场的现象。在恩施、来凤、樊城、老河口都修建了小型机场。尽管这些机场一再被日本军机炸毁,但军民反复修建,修建技术不断提高,为抵抗日寇进攻发挥了良好作用。

六、其　他

1. 造船业

湖北有大江大湖,历史上有造船的传统,技术上有很好的基础。湖北最大的造船企业是武昌造船厂,该厂的前身是 1934 年建成的武昌机械厂。后经历了武昌修船厂、湖北省建设厅机械厂等多次调整与发展。1937 年,合并了江汉造船厂。江汉造船厂曾位于白沙洲,在 1935 年建造了“建阳号”客货轮,该船以自制三缸式 200 马力蒸汽机为动力,按英国劳氏规范设计施工,技术质量和航速性能都超过了当时上海合兴船厂建造的“建夏号”客货轮。1936—1938 年,该厂造出了 11 艘 100 ~ 300 吨的铁壳铆钉客货轮。这说明,民国时期的湖北造船已经采用新动力与新设计,是造船技术与实力雄厚的基地。1953 年,正式定名为武昌造船厂。

2. 造纸业

1910 年,位于武汉白沙洲的造纸厂建成投资。该厂原名湖北造纸厂,是张之洞奏明清政府,采取官督商办之策兴建的。厂里的机器都购于国外,多从比利时购进,生产所用原料多是蜀竹、木、棉、草等。工厂不断改进

---

① 田子渝. 湖北新民主革命史:解放战争时期卷[M]. 武汉:华中师范大学出版社,2008:187 - 188.

工艺,可以生产新闻纸、印书纸,受到社会欢迎。抗日战争全面爆发后,白沙洲造纸厂的设备都转移到四川,为西南地区工业发展做出了贡献。

1915 年,在汉口谌家矶也建成一座造纸厂,其机器设备有美国伯格利恩苏位尔公司制造的。抗日战争全面爆发后,主要机器被运到成都,改名为建国造纸厂,后成为川西最大的造纸厂。

1938—1942 年,利用内迁工厂为基础,湖北省建设厅也先后在万县、恩施等地开办了造纸厂。比起过去民间制造的山纸、土纸,新式造纸厂采用机器生产,提高了生产力,节省了成本。

3. 印刷业

印刷是工业的重要组成部分,技术含量高。荆州是湖北的文化重镇,也是一个印刷中心。早在元代就有套色印书业。清代,荆州能够开展木雕版印刷,宾兴馆刻印了《张文忠公全集》《江陵县志》《荆州八旗驻防志》等书籍。1919 年,荆州与沙市有石印局,有 6 台手摇石印机。1920 年,沙市有"崇石印刷公司",雇工近百人。1926 年,江陵县有石印局、印刷厂 80 家,手摇石印机 75 台、活动石印机 4 台。[①]

抗日战争全面爆发之前,武汉有印刷厂 270 余家,拥有各种不同型号和种类的印刷机约 1100 台,从业人员 1 万多人。[②] 抗日战争全面爆发后,湖北省政府内迁恩施,开办了湖北印书馆,主要设备有对开机、四开平台机,圆盘机和手摇铸字机等,印《新湖北日报》及其他读物。郧县有"鄂西北书店印刷社",印刷课本,以供时需。

4. 制茶

湖北是产茶大省,制茶工业发达。民国有兴商砖茶公司、新泰砖茶厂、羊楼洞茶厂等。武汉是近代中国内地最大的茶叶集散市场和消费市场。

---

① 《荆州百年》编纂委员会,荆州市政协文史资料委员会. 荆州百年[M]. 北京:红旗出版社,2004:167.

② 张树栋,庞多益,郑如斯. 简明中华印刷通史[M]. 桂林:广西师范大学出版社,2004:280.

俄国人特别喜欢湖北的茶叶,在汉口开设的阜昌砖茶厂有完善的机器设备,生产的砖茶远销蒙古、俄罗斯。英国也在汉口设有砖茶厂。这些茶厂都配有制茶设备,机械操作。制茶业已成为汉口最大的工业。

抗日战争时期,中国茶叶公司在恩施开办实验茶场,又在宣恩、五峰(今五峰土家族自治县)、鹤峰等县推广制茶新技术,更用机械设备检验红茶、绿茶的质量。

此外,粮食加工工业方面,武汉有金龙面粉厂、裕龙面粉厂、福新面粉厂、五丰米厂、宝善碾米厂、大有机器米厂、元丰榨油厂等。1923 年,顺兴恒碾米厂在生产中首次使用既济水电公司赠送的 15 马力电动机,成为武汉第一家以电为动力的米厂。①

第四节　民间的手工技术

手工技术可按产品或工艺进行分类,如陶瓷手工艺、竹器手工艺、敲制手工艺、编制手工艺、维修手工艺等,这些都属于技术。

民国时期,湖北的汉川、蕲春、麻城有一些产陶区和窑场。

汉川马口镇东南部盛产一种含有钾、钠、钙、铝硅酸盐的泥土,其质地细腻,宜于制陶,特别宜于制作民间实用的坛、壶、钵、盆等生活用品。因为这种陶器不含铅毒,不怕酸碱,用之贮存食物不易腐烂,用之腌泡蔬菜不易变味,马口陶受到社会广泛欢迎,供不应求。马口镇曾有 3000 多人烧制陶器,使制陶业成为一个很大的产业。

蕲春县赤西湖畔有一个民间窑群,称为管窑。管窑取的陶土主要是赤西湖湖底沉积多年的黄色黏土,有黄、白胶泥之分。白胶泥的可塑性好,能制作精致的陶器。陶工首先是选土,然后是和泥、拉胚、画胚、施釉等多个工艺,以松柴作燃料,进行烘、烤、烧,采取唤、增、闭火技术,这些完全靠长期的经验。咸丰六年(1856 年),在埦东南小山坡上兴建了一座小龙窑,成

① 涂文学. 武汉通史:中华民国卷(下)[M]. 武汉:武汉出版社,2006:110.

功烧制出青釉陶。民国时期,管窑仍然兴旺,1936 年试烧成功绿色玻璃釉,扩大了产品种类。

麻城有蔡家山窑,长期生产民用生活陶器、陈设陶器,有 300 多个品种。其陶器的釉色特别好,附着力强,抗蚀性强,晶莹剔透,受到百姓喜欢,被誉为湖北真陶。①

武汉是制作铜响器的中心之一,能制作锣、钹、钗、钟等铜响器。汉锣与苏锣、奉锣、京锣并称我国四大名锣。汉锣的主要制作者有高洪太、汪昌生、黄义兴等数家。高洪太锣厂的创始人叫高青庵(1883—1967),黄陂人,12 岁学习制铜手艺。1914 年,在汉口长堤街开店,前店后厂。铜锣的原料十分讲究,对铜锡的比例有严格要求。制作时对正锤、反锤、实锤、虚锤、轻锤、重锤等技巧的灵活运用,也必须是长期经验的积累,生产出来的锣,才造型优美,音质洪亮而纯正,吃锤省力,成为武汉铜响器的品牌。

广济(今武穴市)有一位知名的竹器艺人章水泉(1892—1962),出生于竹器工匠世家,从小学习竹艺,能够以竹子为原料,制作床、椅子、梳妆台、茶几、龙灯、狮子,工艺精巧。他创造性地把木制家具工艺与竹制工艺结合起来,把单纯的竹制家具发展到多样的竹制工艺。他发明了"包衬"工艺,就是多层次的包沿,不打眼穿榫,精准固定竹器。他还擅长"包沿",加强竹器的稳固性与美观性。他独创了"破竹面",一种制作桌面、椅面的特殊方法,把小竹片拼成像三夹板一样密实合缝的平面,经久耐用。1915 年,章水泉的作品小花竹椅在巴拿马太平洋展览会上获得一等奖。1940 年,其桌椅作品又在日本东京、大阪博览会上获得一、二等奖。②

武汉有一位以木雕船成名的匠人龙云华(1902—1965),出生于武昌,自幼聋哑,一生以制作木雕船为业。1934 年,成立了民生玩船厂。所制小型木船模型,大多被外国人或工艺品收藏者购买。其品牌名称是"龙哑巴

① 陈绍辉,邓丹丹,陈文华. 荆楚民间工艺[M]. 武汉:武汉出版社,2014:160 - 167.

② 陈绍辉,邓丹丹,陈文华. 荆楚民间工艺[M]. 武汉:武汉出版社,2014:54 - 55.

木雕船”。1950年,龙云华被湖北省政府授予“湖北民间老艺人”称号。①

在钟表技术方面,位于汉口江汉路的亨达利钟表店,有最好的修理钟表的师傅,他们广泛搜集各国钟表,拆卸并研究,技术精湛,信誉良好。

这些技术人员传承并创新着手工技术,从不同的层面支撑着湖北的社会发展。

第五节　医　　学

民国时期,中西医在湖北并存。中医顽强生存,西医逐渐扩大影响并成为主要的医疗方式。湖北的卫生工作归民政厅管理,据1937年的初步统计,全省共计有医院、诊所308所,其中汉口31所、武昌18所,其他都分布在省内各地;医护人员1603人,主要是从事西医。②

一、西　　医

民国时期,西医已成为城市医疗事业的主导。1912年,广东人集资在汉口华商跑马场开办武汉第一所私立广东医院。1916年,地方政府把江岸刘家庙治疗所改为平汉铁路江岸医院,这是武汉第一所公立企业医院。1920年,汉口慈善会在汉口(今武汉市第一医院中医部隔壁)办汉口慈善会中西医院,这是武汉最早的一所社团和中西医均有的医院。到1926年,武汉三镇有25所西医医院,其中有10所是教会医院。从业的卫生技术人员有255人。③

1927年,汉口协和医院内设有私立汉口博医卫生技术专门学校,有检验、药剂、理疗、医用机械四个专业。1928年,汉口协和医院内设有协和护士专门学校,并于1933年更名为私立汉口普仁高级护士职业学校,学制

① 陈绍辉,邓丹丹,陈文华. 荆楚民间工艺[M]. 武汉:武汉出版社,2014:91.
② 田子渝,黄华文. 湖北通史:民国卷[M]. 武汉:华中师范大学出版社,1999:327.
③ 涂文学. 武汉通史:中华民国卷(下)[M]. 武汉:武汉出版社,2006:320.

4 年,该校除 1942—1944 年停办外,共培养学生 400 多人。这些职业学校为现代医学培养了专门人才,为武汉一些大医院提供了骨干。

西医也逐渐传入荆州、沙市等地。1918 年,成立了“世界红十字会沙市分会”。起初有天主堂诊所、教会医院,但在民间影响不大。1934 年,成立了沙市西医师公会。1935 年后,随着磺胺类药物和青霉素传入,人们逐渐认识到西医的积极作用。西医的听诊器、体温表、显微镜、X 线诊断机,在 20 世纪 30 年代传到了荆州,提高了诊治的效率。

在沙市采用西医技术的杰出人物之一李星阶(1896—1989),又名李庆衡,湖北黄陂人。李星阶在汉口大同医校学习,后获得英国皇家医学院毕业证书。1917 年,到沙市行医。他参加创建了慈济医院,这是沙市最早的西医院。李星阶通晓内、外、妇、儿、五官诸科,曾为荆门一位女青年成功切除近 10 千克的良性肿瘤,还为一名伤兵做了截肢手术,在当地引起了轰动。他创办了沙市第一所护士学校,在医界享有盛誉。[①]

京山县人周东阳于 1920 年在县城内开设仁济医院,为全县最早的私立西医院。蕲春县人李宝珍(1918—?)生于一个世代行医的家庭。祖父李公乐曾手抄李时珍的《濒湖医案》,父亲李昌澥经常采用《濒湖医案》为人治病。李宝珍是医学博士,在抗日战争中是军医,立有军功。后其儿子、女儿也都与医学有关,有的还是著名的医生。[②]

鄂州市人高欣荣(1905—1997)是知名的妇产科医生。1936 年,到美国约翰·霍普金斯大学医学院研究妇产科。1937 年,到美国明尼苏达大学进修。1939 年,获医学博士学位后,高欣荣响应“医学救国”号召而回国。1945 年,回到武汉,任汉口市立医院妇产科主任。1948 年,在汉口黎黄陂路 48 号创办高氏医院。中华人民共和国成立后,曾先后当选为武汉

① 《荆州百年》编纂委员会,荆州市政协文史资料委员会. 荆州百年[M]. 北京:红旗出版社,2004:387 - 388.

② 湖北蕲春县政协文史学习教文卫委员会. 蕲春文史资料第 14 辑[M]. 蕲春:《蕲春文史》编辑部,2002.

市科学技术协会副主席、第四届全国人大代表、武汉市第二医院名誉院长。

二、中　医

民国时期，中医在湖北的医学中仍然占主要地位。《夏口县志》卷十九《艺文志·子部》记载了几本与传统医学相关的书，如《痘疹慈航》《保幼新书》《医学觉梦集》。《夏口县志》卷十五《人物志》记载了一些德艺双馨的中医大夫，如有个叫黄祚宪的人，“博综岐黄家言，好为人制方，以药饵施人，概不受值，病愈亦不任谢。平生好施予，积有盈余，即散之于人。曰：‘吾以济其不足也。’年八十六卒。乡人之病而不能延医者，至今犹念之”。①

武汉中药店很多，刘有余药堂就是其中之一。刘有余药堂是刘鹄臣于1919年开设的。刘有余药堂善于经营，尤重视医药人才和药品，以重金聘用了制饮片的技师文玉卿、切药的技师姚保臣、制丸散的技师钱显卿等人。药堂内还有内、外、妇、儿、跌打损伤各科医生。为了遵古炮制，提高药品疗效，不惜以重金添置生产设备。为研制“紫雪丹”这一种成药，特定做重约100两的纯银锅一口，在当时同业中是少见的。刘有余药堂还独家创制了儿童喜食的、有健脾功能的“燕窝糕”和居家、旅行常备的良药“长春丹”等。

1919年，马岐山从北京来到武汉，在武昌斗级营，汉口大夹街、汉正街开设马应龙眼药分店。该店用传统医方，采用麝香、梅片、琥珀、珍珠等名贵中药材，讲究工艺，生产的眼药迅速打开了湖北市场。中华人民共和国成立后，眼药店改组为马应龙生记制药厂。

荆州的医疗主要是中医。1936年，有45户中药企业，并且有一些中医名家。如熊雪亭，松滋人，在沙市悬壶，医术高明，临床诊治，往往三方见效。刘寿林，沙市人，为江西一患者治咯血，半年痊愈。刘哲人，长阳县人，曾担任沙市中医公会副主席，在沙市的日门诊常达80人次。刘哲人曾与

① 武汉市地方志办公室. 民国《夏口县志》校注[M]. 武汉：武汉出版社 2020：439.

西医朱裕璋合作,在沙市创办中西医院,尝试两种医学的融通之路。郑显庭,沙市人,1933—1937 年,担任湖北中医专校教务长,并在汉口国医院筹备处诊所应诊;1935 年,出版《丸散膏丹集成》一书。傅茂青,监利县人,精通中药,尤其是名贵药材,且擅长制作丸散膏丹。

沙市有个恒春茂中药店,创办于清咸丰二年(1852 年),全盛时有员工 100 余人。店里能够配制成药,选料认真,遵古法炮制,最畅销的是安宫牛黄丸、紫雪丹、参桂鹿茸丸、十全大补丸等。[①]

值得注意的是,崇阳、通城、黄梅、黄安(今红安县)、礼山(今大悟县)、公安、松滋(今松滋市)、枣阳(今枣阳市)、谷城、保康、远安、宜都(今宜都市)、兴山、秭归、长阳(今长阳土家族自治县)、五峰(今五峰土家族自治县)、鹤峰、宣恩、来凤、咸丰、建始、巴东、房县、竹山、竹溪等县还没有现代的医院与诊所,主要靠中医维系医疗事业。由于从业的中医大夫多是私人诊所,难以统计。

1917 年,华北地区流行鼠疫,湖北也受到一定的影响。冉雪峰(1879—1963)在汉口中山大道永康里开办诊所,积极投入抗疫,在临床实践中采用"太素清燥救肺汤"和"急救通窍活血汤"等方药,收到良好疗效。著有《温病鼠疫问题之解决》《霍乱证与痧证鉴别及治疗法》《麻疹问题之商榷》等。[②] 1923 年,冉雪峰独资创办湖北私立中医专门学校,旨在传承祖国医学,造就真才,前后培养 200 余名中医师。

民国时期,北洋政府与国民党政府轻视中医,有些卫生主管官员甚至提出限制中医。湖北的中医从业人员为了保护国粹,与诋毁中医的势力做了坚决的斗争。1925 年,北洋政府教育部不许中医学校加入教育系统,冉雪峰联合山西中医学校教育长杨百诚等人撰状力争,取得胜利。1929 年 2 月,国民党政府中央卫生委员会试图废止中医,冉雪峰再次站出来,与天

① 《荆州百年》编纂委员会,荆州市政协文史资料委员会. 荆州百年[M]. 北京:红旗出版社,2004:384 - 385.

② 冉雪峰. 冉雪峰医著全集[M]. 北京:京华出版社,2004:1 - 7.

津名医张锡纯结成南北同盟，反对扼杀中医，一时享有“南冉北张”之誉。

抗日战争全面爆发后，冉雪峰捐款组织“湖北国医药界战地后方服务团”，任团长及中医救护医院总院副院长，为抗日将士和难民治病。武汉沦陷前夕，举家避难于四川万县（今重庆万州区）。应诊之余，埋头著书，著有《国防中药学》《大同药物学》《大同生理学》《大同方剂学》《中风临证效方选注》等。他还亲手制作人体骨骼标本，绘制数百幅人体解剖学彩图，旨在进行中医改革与创新。1946 年，由万县迁回汉口，继续悬壶应诊。

1947 年，湖北省中医药公会请愿团团长佘子祥向湖北省参议会第一届第三次大会递送《为争取中医药生存的请愿书》，请求重视中医，并请开设省立中医药学校。①

可以说，民国时期，武汉是守望中医的重镇，冉雪峰是中医的一面旗帜。

第六节　科技与教育

民国时期是趋新的时期，新科技受到普遍的欢迎与重视。湖北的学校纷纷开设科学技术方面的课程，且其分量日益加重，科学知识逐渐普及开来。

清末民初，湖北的武昌是的科技教育重镇。20 世纪初，流行《学堂歌》：

> 湖北省，二百堂，武汉学生五千强。派出洋，学外邦，各省官费数不广。湖北省，采众长，四百余人东西洋。我同学，生此方，切莫孤负好时光。

从中可知，湖北的学校多，学习中西文化已成为一种风尚。

---

① 涂文学. 武汉通史：中华民国卷（下）[M]. 武汉：武汉出版社，2006：318.

一、武汉大学的科技教育

1913年,武昌高等师范学校成立,设有数学物理部,开始了现代数学、物理的教育。第二年,留学日本的植物学家张珽到校任教,学校增设了博物部,开设了生物学课。① 1923年,改名国立武昌师范大学。1924年,改称国立武昌大学。1926年,国立武昌大学与国立武昌商科大学、湖北省立法科大学、湖北省立文科大学、湖北省立医科大学、私立文华大学合并而成国立武昌中山大学。国立武昌中山大学的办学原则是学习科学知识,建设革命新文化。学校的理科设有数学系、物理学系、生物学系、化学系和地质矿物学系。1927年12月,学校被国民党军警勒令离开学校,校产交湘鄂临时政府暂管。

1928年7月,组建国立武汉大学。李四光担任新校舍建筑设备委员会主任。委员会决定在东湖之滨珞珈山建立校舍。校舍发扬了我国古典建筑的传统,吸收了近代建筑的特长,成为大学校园建筑的成功样板。

1932年,武汉大学第一期建筑工程完成。新成立的武汉大学设文、法、理、工、农、医六个学院。学校重视引进海外留学人才,不少教授都是留学欧美的,如1933年全校共聘用教授71名,其中留学英、美、德、法的共有41名,占教授总人数的58%。还经常有外国科学家到武汉大学讲学,如德国研究热带病专家施耐德医生等人,使武汉大学与国际科学技术保持一定的联系。1948年,英国牛津大学正式认可武汉大学毕业的本科生可以进入牛津大学攻读研究生学位。②

武汉大学第一任校长王世杰(1891—1981)是湖北崇阳县人。1911年,考进天津北洋大学采矿冶金科学习。1917年,到法国巴黎大学学习,毕业时获得法学博士学位。他在担任武汉大学校长期间,重视科技人才的培养。

---

① 罗桂环,汪子春. 中国科学技术史:生物学卷[M]. 北京:科学出版社,2005:403.

② 涂文学. 武汉通史:中华民国卷(下)[M]. 武汉:武汉出版社,2006:212.

武汉大学另一位校长王星拱(1888—1949)是安徽怀宁(今安庆市)人。毕业于英国伦敦大学帝国科学技术学院。回国后,在《新青年》等刊物上发表文章,宣传科学知识,反对宗教迷信。1923 年,他在“科学与玄学”论战中,坚持科学的立场。1933—1945 年,王星拱担任武汉大学校长 12 年,实际主持校务前后长达 17 年,为国立武汉大学的发展做出了巨大贡献。著有《科学概论》《科学与人生观》《什么是科学方法》《哲学方法与科学方法》等。为了纪念这位教育家与科学家,武汉大学于 2008 年在樱顶老图书馆旁建了王星拱雕像。

后任的周鲠生(1889—1971)教授在担任武汉大学校长时,也非常重视自然科学,对前沿基础科技理论有前瞻性。1945 年,他在开学典礼上说:“我们知道,有一位先生,两年前曾想出国去研究原子力,当时教育部以为这不是抗战所急需的,竟没有允许。等到最近原子弹打到了日本,大家才恍然大悟原子理论的重要。”①

民国时期,武汉大学的科技人才还有李国平、钱保功等。李国平(1910—1996),广东丰顺人。1940 年,受聘为武汉大学数学系教授,主要从事函数论、数学理论的研究工作,是我国函数论学科的主要奠基人之一。他还倡导并着力推进我国系统科学与计算机科学的发展。著有《半纯函数的聚值线理论》《准解析函数》等。钱保功(1916—1992),江苏江阴人。1938 年,在武汉大学化学系学习,后获理学学士学位。1947 年,赴美留学,成了赫尔曼·弗朗西斯·马克教授在纽约布鲁克林理工学院创建的第一个高分子研究所的第一个中国研究生。在高分子化学和高分子物理方面卓有建树,开创了我国高分子科学研究新领域。

二、其他学校的科技教育

位于武昌的文华大学(华中师范大学的前身)很重视自然科学知识的

① 周鲠生. 要将武大办成五千人乃至万人大学[J]. 国立武汉大学周刊,1945(353).

学习。[①] 学校聘请了一批知名的学者,培养了不少优秀的学生。例如,物理学家桂质廷曾在该校工作。

桂质廷(1895—1961)出生于江陵县沙市镇(今荆州市沙市区)一个基督教神职人员家庭。父亲是沙市圣公会会长兼教会小学校长。1914 年,被保送留美,进入耶鲁大学,先学文科,后转学理科。1917 年,获学士学位。1919 年,进入美国康奈尔大学,研究无线电。1920 年,获硕士学位。1923 年,到美国普林斯顿大学深造,跟随著名物理学家卡尔·泰勒·康普顿研究气体放电和紫外光谱。1925 年,获得博士学位。其论文《在氢、氮和氢、汞、氮混合气中的低压电弧的特性和光谱》发表于美国《物理评价》上。

桂质廷学成回国后,1930—1939 年,任华中大学教授、理学院院长兼物理系主任。1931 年,桂质廷获得卡内基研究院地磁部的资助,利用学校假期,在华北、华南、华西等地区进行地磁巡测,到 1935 年,共测了 94 个点。华北地区的测量结果,发表在 1933 年出版的《中国物理学报》第 1 卷第 1 期上。这是中国人首次巡测自己国境内的地磁常量。之后,桂质廷与他的学生一起,在武昌华中大学校园内,开始常规的电离层垂直探测,取得了从 1937 年 10 月至 1938 年 6 月共 9 个月的探测记录。这是中国首次对电离层的常规观测研究。这项研究取得了两项突破性成果:一项是桂质廷与美国物理学家亨利·乔治·布克几乎同时注意并报道"扩展 F 层"的重要现象;另一项是桂质廷发现武汉地区 F2 层临界频率明显超过了按纬度分布的预期值。

湖北省立医学院是湖北医科大学的前身。1921 年,湖北陆军军医学堂毕业生陈雨苍从德国归来,奏请北京教育部,获部分庚子赔款设立湖北医学专门学校。1923 年(另一说为 1924 年),学校更名湖北省立医科大学,并建立实习医院。1926 年冬,并入国立武昌中山大学。1929 年,国立武汉大学组建后因经费问题停办医科,师生分别转入上海国立同济大学及

---

① 文华大学的前身是 1871 年美国圣公会在武昌横街头,后迁到武昌花园山,即现在的昙华林创办的文华书院。1924 年,在文华大学的基础上,建立了华中大学。

广州国立中山大学医科。1941 年冬,国立中山大学医学院教授朱裕璧(1903—1986)应邀回湖北省筹建医学院。1943 年 2 月,确立以湖北省立高级护士职业学校所在地(今恩施土家族苗族自治州土桥坎沙湾)作为医学院院址,以省立医院为教学医院。1943 年 5 月,湖北省立医学院成立,朱裕璧出任首任院长。1946 年 2 月,学校迁至武汉。中华人民共和国成立后,校名先后改为湖北省医学院、湖北医学院、湖北医科大学,最后合并组建成新的武汉大学。

还有必要提及的是,民国时期,中国共产党人在湖北建立了几处革命根据地,成立了苏维埃政府,创办小学。小学开设的课程有自然、算术。还自编了教材,为科学普及到穷乡僻壤做出了贡献。1947 年,刘邓大军跃进大别山,建立了解放区,恢复了中小学,如洪山第一中学开设了数学、理化、史地、生物等课程。

第七节　科 技 名 人

民国时期,中华大地产生了一大批科学家,如铁路工程师詹天佑、桥梁专家茅以升、数学家陈建功、古人类学家裴文中、气象学家竺可桢、工业化学家侯德榜、物理学家叶企孙、天文学家张钰哲、植物学家胡先骕等。

湖北也产生了一批湖北籍的或长期在湖北工作的科学技术人员,他们为祖国的科学技术发展做出了贡献。如前面提到的化工专家吴蕴初、水利专家徐国瑞、煤矿学家高寿林、中医学家冉雪峰、化学家钱保功、物理学家桂质廷等,他们怀揣科技救国的热忱,施展才华,发光发热,名留史册。他们有的在不同的领域起着领军作用,功勋卓著。他们也有的是二三十岁的年轻人,不仅在海外留学,有着开阔的学术视野,还有着扎实的学术基础,优秀的科研潜质,在学术界初露头角。中华人民共和国成立后,这些科学家大显身手,成为各门科学的栋梁,成就斐然。

以下对前面还没有提到的张子高、李四光、戴芳澜、李济、干铎、鲁桂珍、涂长望、王竹溪、彭桓武、池际尚、朱光亚等学者做简要介绍(按科学家出生年份的先后排列)。①

一、化学教育家张子高

张子高(1886—1976),原名准,字芷皋,枝江董市镇人。化学史家、化学教育家,中国化学史研究开拓者之一。1907 年,毕业于武昌文普通学堂后,任教于枝江县高等小学,教授数学和英文。1909 年秋,考取了北京清华学堂第一批庚款公费留学生赴美留学。1911—1915 年,在美国麻省理工学院化学系学习,受业于国际化学大师亚瑟·阿莫斯·诺伊斯教授,获化学学士学位。在麻省理工学院学习期间,适逢当时在美国留学的赵元任、章元善、任鸿隽等人发起组织"中国科学社",创办《科学》杂志,介绍当时世界上先进的科学成果,张子高是该社最早的会员之一。1916 年,张子高任美国麻省理工学院助理研究员,进行稀有元素分离的理论和实验研究,还对中国特产金属钨进行分析鉴定。

1916 年,张子高回国后,在南京高等师范学校执教,编写讲稿《科学发达史》,系统介绍世界各国科学的发展,介绍了古希腊、罗马的早期科学成就,分析了当时科学发展的新成果、新趋势,论述了科学成就对社会所产生的影响。讲稿于 1923 年由中华书局出版发行。同年,张子高在《申报》五十周年纪念刊上发表了《五十年来中国之科学》一文。张子高重视科学实验,和张江树一道,依据明代李时珍《本草纲目》上的记载,进行了氯化汞制备的实验,取得了成果。这种结合历史文献记载进行实验重演的化学史的研究方法,对今天的科学史研究工作产生了积极的影响。1929 年,张子高当选为中华教育文化基金董事会编译委员会副委员长和科学教育顾问委员会副委员长。

张子高曾在多所高校任教。1916—1928 年,先后任南京高等师范学校(国立东南大学前身)、金陵大学和浙江大学等校教授。1929—1937 年,

---

① 此节可能会漏掉一些著名学者,或者在介绍中有不准确、不全面的地方,恭请读者指正。

任清华大学化学系教授、系主任。1938 年,到昆明西南联合大学任教。抗战胜利后,他重返清华大学任教。1962 年,担任清华大学副校长。1964 年,出版《中国化学史稿(古代之部)》。①

二、地质学家李四光

李四光(1889—1971),原名仲揆,出生于黄冈县(今黄冈市)回龙山一个普通的人家。

1902 年,李四光到武昌求学,在湖北省第二高等小学堂学习。因学习优秀,1904 年,李四光得到官费资助而到日本留学,在弘文书院学习。1905 年,在东京加入孙中山组织的同盟会。1907 年,考入大阪高等工业学校。在日本时,他学习了机械制造、冶金、船舶、电器等实学。这时的李四光,已经具有了科学救国的思想。

1910 年,李四光回国,在湖北中等工业学堂任教。1911 年,李四光到北京参加留学归国人员考试,脱颖而出,被评为“工科进士”。武昌起义后,李四光出任湖北军政府实业司司长。实业司下属设有农事试验场、茶叶讲习所、蚕业讲习所、模范林事试验场、模范大工场、制革厂、造砖厂、两湖劝业场,以及煤矿、铜矿等厂矿企业。这些经济实体多与科技有关,李四光有志于通过科技振兴民族工业。正当李四光准备为发展民族经济大干一场的时候,袁世凯窃位、黎元洪改变了湖北政权的性质,李四光心有不满,于 1912 年 8 月辞去了职务。

1913 年,李四光到英国留学,在伯明翰大学学习采矿,后来改学地质。1918 年,获自然科学硕士学位。

1920 年,李四光接受蔡元培的聘请,回国在北京大学地质系担任教授,主讲岩石学等课程。假期带学生到田野采集标本,还对各地的煤炭资源做了调查。1922 年,李四光与章鸿钊、丁文江等人发起成立中国地质学

---

① 华中师范大学王洪强博士(枝江人)与韦春和博士一直研究张子高,掌握了丰富的资料,近期将推出《张子高评传》。

会,他任副会长。同年,他发表了《中国地势之沿革》。1927 年,李四光从北京南下,在南京的中央研究院地质研究所工作,担任所长。他致力于研究地质学的重要理论、解决地质学上的专门问题,强调野外调查,并与经济建设联系。1929 年,李四光提出构造体系这一重要概念,建立了一系列构造体系类型。抗日战争时期,地质研究所西迁,李四光在广西开展地质调查,对大瑶山地区的第四纪冰川遗迹做了深入考查。

李四光把一生献给祖国的科学事业。早在英国留学毕业时,他就抱定了为地质学献身的决心,他在硕士毕业论文中写道:“近几十年来,科学普遍迅速的发展,影响所及,促使地质学家也要做出应有的贡献。……加上开发矿藏的需要日益增长,使得许多西方地质学家把注意力转向新的角逐场——远东。……我们要求新兴一代的‘黄帝’子孙,认识到自己肩负的责任。”他在地质研究中,坚持实事求是的科学态度,他曾说:“不能为已成的学说压倒。”“不怀疑不能见真理”,要为真理而奋斗。他在《二十年经验之回顾》一文中说:“过去西方的科学大师曾经不得不面对教堂的挑战……今天新的挑战不是来自教堂,而是来自某些国家的政府……科学家应当勇敢地站到知识自由的道路上去。”①

李四光对地质学的贡献是全方位的,最突出的在以下几个方面。②

研究䗴科化石,寻找煤矿。䗴科是保存在地层中的一种微小的古代生物遗体。国外地质学界称䗴为纺锤虫,是古代生于浅海的单细胞动物。李四光通过对䗴科的研究找煤田。我国北部有丰富的煤炭资源,但人们不清楚含煤地层的划分,国外地质学家通过对䗴科的研究,推断煤矿的生成分布规律。李四光曾带着学生在华北到处采集䗴科化石,分析䗴科化石的形态、特征、演化。1923 年,发表《䗴蜗鉴定法》,提出了鉴定䗴类的 10 条标准。1927 年,还出版了《中国北部之䗴科》,通过对䗴类的研究,李四光分析了我国北部石炭纪、二叠纪的含煤地层,对我国煤炭的分布有了宏观的

---

① 罗福惠.湖北近三百年学术文化[M].武汉:武汉出版社,1994:514,515,519.

② 罗福惠.湖北近三百年学术文化[M].武汉:武汉出版社,1994:520-528.

把握，对于地质构造与普查找煤具有重要意义。1929年，为表彰李四光在古生物学和生物地层学的贡献，中国地质学会将葛利普金质奖章授予李四光。李四光写过不少关于煤炭和煤田地质的论著，如《现代繁华与炭》《中国煤的资源》《中国北部古生代含煤系之时代及分布》《中国北部古生代含煤系之分层及其关系》等。

李四光对我国有无第四纪冰川开展了研究。在这之前，外国学者认为我国华北地区在晚近地质时期处于沙漠广布的干旱条件下，不可能有大冰川活动；南方处于暖温带，也不可能有冰川活动。20世纪20年代初，李四光在河北邢台沙河县（今沙河市）的沙源岭、山西大同西南的口泉等地，发现了冰川堆积物、冰川条痕石和冰川移动造成的U谷，还有其他调研信息，认定我国华北地区发育过第四纪冰川。后来，李四光又在庐山、黄山发现了一些证据，得出结论：南方也有冰川的活动。1937年，李四光撰写了《冰期之庐山》，受到国内外关注。李四光在我国发现了第四纪冰川，推翻了国外认为中国没有第四纪冰川的观点，为我国地质调查提供了科学的知识背景，准确地认识了中华大地自然演进的历史。

李四光对地质力学的研究。地质学的范围非常广泛，李四光对地质力学有开创性的探索，在实践与理论两个方面都有宏大的建树。1926年，李四光发表《地球表面形象变迁之主因》，提出"大陆车阀"自动控制地球自转速度的理论，肯定地球自转速率的变化，是地球表面形象变迁的主因，开始创建著名的地质力学。地质学界解释地壳运动，有的认为是垂直运动，有的认为是水平运动，还有的在潮汐作用、地球自转因素、地球失热等方面做了探讨。李四光认为这些看法没有真正说明地壳运动的根本原因，他认为地球是一个旋转的椭球体，其表层能随旋转而做水平运动，产生了张力和挤压力，形成造山运动，从山脉的走向可以得知地壳运动的方向。地球内部的重力作用影响着地球的自转，地球自转的速度变化构成了不同时期的海洋运动与造山运动。他认为，地壳运动的主要原因，是在重力控制下地球自转的离心力时而增大、时而减小的作用。当地球自转速度加快到一定程度时，离心力就增大到使地球整体的形状不得不变成一个有适当扁度的扁球体,地壳物质的分布,也就随之调整。① 1941 年,李四光在福建省永安给迁到此地的厦门大学学生演讲,题目是《南岭地质构造的地质力学分析》,这是他第一次公开提出“地质力学”。20 世纪 60 年代,李四光出版了其经典之作《地质力学概论》一书。

李四光还研究地下石油资源。他研究我国地质构造,归纳出油区的四个地质条件:一是沉积岩层厚度大,岩相不单一,有机物质多,晚近地质时代长期下沉而且幅度较大,对生油储油有利;二是褶皱不强烈,有扭动运动和旋扭运动造成的构造,对油气集中有利;三是储油岩层和它形成的构造埋伏在较浅的地下,对油气保存有利;四是在我国应首先着重于中生代、新生代地层分布的地区。在李四光理论的指导下,我国地质工作者先后勘察到东北的大庆油田、华北的胜利油田等,解决了国家经济发展迫切需要的能源问题。

李四光对地震也有研究。他根据地质力学,认为地震的发生主要是由于地壳运动在岩层中引起的地应力,与岩石抵抗能之间的矛盾逐步发展和激化的结果。他对邢台地震、渤海地震都有预见性的研究。

李四光对家乡湖北很有感情,早在 1924 年,李四光偕同助手赵亚曾,到宜昌、秭归一带调查地质,用英文撰写了《长江峡东地质及峡之历史》。李四光提出关于震旦系新的见解,纠正了外国地质学家的某些错误划分,为构建鄂西地质系统提供了新起点。② 1928 年,李四光参加国立武汉大学的筹建工作。1939 年,被任命为湖北省临时参议会副议长。

中华人民共和国成立后,李四光曾任地质部部长、中国科学院副院长、中国科学技术协会主席等。他是当代中国科技界的一面旗帜。

三、生物学家戴芳澜

戴芳澜(1893—1973),号观亭,江陵人,真菌学家和植物病理学家。

① 马胜云,马兰.李四光[M].北京:金城出版社,2008:85.
② 湖北省地方志编纂委员会.湖北省志:大事记[M].武汉:湖北人民出版社,1990:275.

戴芳澜出生于书礼世家，从小学习勤奋。1914 年，赴美国留学，先后在威斯康星大学、康奈尔大学和哥伦比亚大学研究院学习。1920 年，回到祖国，有志要发展中国的植物病理学科，使之既能为农业生产服务，又能把这一学科的水平提高到国际水平。他奔波于全国各地，在广东开展芋疫病研究，在南京开展水稻病害和果树病害研究，在昆明开展小麦、蚕豆及水稻病害研究。他以植物寄生真菌作为重点研究对象，其中包括锈菌、白粉菌和尾孢菌等与农作物病害关系极大的菌类。他带领植物病理学团队，建立起以遗传为中心的真菌分类体系，确立了中国植物病理学科研系统，对近代真菌学和植物病理学在我国的形成和发展起了开创和奠基的作用。戴芳澜编写了《中国经济植物名录》《中国真菌杂录》《中国经济植物病原目录》等著作。1948 年，他被选为中央研究院院士。①

中华人民共和国成立后，戴芳澜先后在北京农业大学、中国科学院工作，曾担任中国植物病理学会理事长、中国植物保护学会理事长。他在 50 余年的教学和科研中，培养出了大批植物病理学家和真菌学家。

四、考古学家李济

李济（1896—1979），原字受之，后改济之，钟祥郢中人，考古学家、中国考古学之父。1907 年，因李济的父亲李权升迁，全家搬到北京。1908 年，李济在五城中学（北京师范大学附属中学前身）就读。1911 年，考入留美预备学校清华学堂。1918 年，官费留美，入克拉克大学学习心理学和社会学。1920 年，转入美国哈佛大学研究院攻读人类学专业。于是在克拉克大学，获得心理学文学士学位和社会学硕士学位之后，又在哈佛大学获得了人类学博士学位。其间对希腊考古、埃及考古也有涉猎。

1923 年，李济回国，先后受聘于南开大学、清华国学研究院。

1926 年，李济发掘山西夏县西阴村新石器时代遗址，采用“三点记载法”和“层叠法”登录出土文物，成为第一位考古挖掘遗址的中国学者，此

① 张衡. 民国科教精英百人传[M]. 南京：南京出版社，2013：294 – 296.

为中国学者最早独立进行的考古发掘。

1928年,李济出任中央研究院历史语言研究所考古组主任,领导并参加了安阳殷墟、章丘城子崖等田野考古发掘。当时采取了严格的科学方法,对出土物、地下坑穴、墓苑、版筑,全部记录准确的方位与层次,非常严谨,使得发掘工作走上科学轨道,也造就出中国第一批水平较高的考古学者。

李济在其主编的《田野考古报告》(后更名为《中国考古学报》)中倡导"用自然科学的手段,搜集人类历史材料"。

1938年,被推选为英国皇家人类学会名誉会员。1948年,被选为中央研究院院士。年底,随考古组迁去台湾地区。1949—1950年,李济兼任台湾大学教授,并主办考古人类学系。1955—1972年,担任台湾地区"中央研究院"历史语言研究所所长。1979年,病逝于台北。著有《西阴村史前的遗存》《殷墟器物甲编:陶器》《安阳》等。

李济在考古学上有多方面建树,他对考古中地层的情形、实物的层位、实物的现象、区域的关系进行综合性的研究。通过对殷墟的发掘,他认为殷墟文化是多元的,其中的骨卜、龟卜、蚕桑业、文身技术、黑陶、戈等原始于东方;青铜业、矛、空头锛等与中亚及西亚有关;肩斧、锡、稻、象、水牛等与南亚有关。在它们的背后有一大段的历史。[①] 对于青铜器的研究,李济主张运用采矿、冶金、金相、合金等知识,注意青铜艺术与铸造技术之间的关系。对器物的分类,他强调以器物本身的形制特点为主,结合其用途,考虑其材质成分、形状、制作技术,作为分类和定名的基础。

李济经常反思中国古代的科技,对于学者中间存在的思想障碍,他说:"技术高的史学家就能把他的感情贯注到真的史实里,技术低的人往往就由着感情作用不惜创作伪史,但结果总要弄巧成拙。""在我们自己的传统文化里,纯粹知识——亦即现在所谓科学知识,是没有地位的。至少,知识只能算末流。"他举例证明中国传统的"做学问的方法,大底是从天文讲

① 李济.安阳最近发掘报告及六次工作之总估计[M]//张光直,李光谟.李济考古学论文选集.北京:文物出版社,1990:269-283.

起。到了与自己身体有关的、极亲切的部门,倒弄得糊里糊涂了”。①

五、林学家干铎

干铎(1903—1961),别名宣镛,字震篁,广济(今武穴市)干仕垸人,林学教育家。1925 年,留学日本东京帝国大学农学部林学实科,3 年修业期满,在日本农林省目黑林业试验场从事研究工作。1932 年,回国后历任湖北省建设厅农业改进所主任、湖北农业专科学校教授。1941 年,担任国立中央大学森林系教授。

1941 年 10 月,干铎由鄂入川,途经四川省万县谋道溪,见土地庙后面有一株从未见过的落叶针叶大乔木,首先发现水杉这一古老树种。1948 年,干铎与郝文荣、华敬灿合作,在水杉生长地水杉坝山谷 20 余株水杉中,选取了具有代表性的一株,进行树干解析,并将成果《水杉之树干解析》发表于 1948 年 5 月刊行的中央大学森林学研究报告上。水杉被正式命名,引起了世界植物学界的重视,后来被引进世界许多国家。

中华人民共和国成立后,干铎一直在高校任教。1953 年,任南京林学院林学系主任。1956 年,任南京林学院副院长。他教书育人,讲授过森林学、森林经理学、森林计算学、测树学等课程。干铎曾翻译德国 W. 施耐德所著的《测树学及生长量测定法》。② 1959 年,主编的《森林经营规划学》出版,被林业部教育司确定为高等林业院校教学用书。1960 年,主编的《中国林业技术史料初步研究》一书,于 1964 年由农业出版社出版。

六、科技史专家鲁桂珍

鲁桂珍(1904—1991),蕲春人,营养学博士、中国古代科技史专家。鲁桂珍的父亲鲁茂庭是个药剂师,因此她精通中药。她生于南京,早年在

① 罗福惠. 湖北近三百年学术文化[M]. 武汉:武汉出版社,1994:503,506 - 507.

② 干铎翻译完此书后,未及出版就去世了。他所在的教研组油印成册,供内部交流。

金陵女子大学学生理学，后在上海一家医学研究所专攻生物化学。

1935 年，鲁桂珍的未婚夫在抗日战场上牺牲，她辗转到英国留学，师从著名的自然科学史家李约瑟。李约瑟曾问："中国古代科技为什么落后？"鲁桂珍回答说："中国古代科技一点都不落后，家乡的医学名人李时珍就是杰出的代表。"其后，李约瑟开始关注李时珍，关注中国古代科技。1942 年，李约瑟到中国考察科技文化，鲁桂珍陪同。1954 年起，李约瑟陆续出版了其系列著作《中国的科学与文明》，即《中国科学技术史》，其中就有鲁桂珍的贡献。[①] 鲁桂珍一直是李约瑟的中国文化助手，参与李约瑟的工作，也是李约瑟合作最久的亲密助手，并在晚年与李约瑟结成伉俪。曾担任剑桥东亚科学史图书馆副馆长。

李约瑟在《〈中国科学技术史〉编写计划的缘起、进展与现状》一文中谈到《中国科学技术史》第五卷的第五分册，说："这一册主要应归功于鲁桂珍，因为卷内记载了她的两项重大发现。一是内丹的基础理论。我们发现了一本孙一奎著的《赤水玄珠》。他是 17 世纪的一位医师，是个了不起的人物。他阐发了修炼'三元'（精、气、神）的整套理论。这本书给我们提供了很多线索。鲁桂珍第二项发现的重要性不亚于前者，其经过是这样的：有一次她正在批阅李时珍《本草纲目》中有关从人体自身物质中提炼药物的部分，惊诧地发现某种制药过程中使用人尿的数量达 600 加仑之多。我们不禁倒吸一口冷气，惊奇地说：'我的天！这就简直像一家现代的制药厂了！'我们深入钻研之后，发现早从 11 世纪北宋初期起，中国人已经开始从人尿中提炼激素作为药物了。这真是一项杰出的成就。尤其杰出的是，在提炼人尿中的类固醇激素时，竟然采用了皂素沉淀的方法。这真令人难以置信。因为用皂素沉淀十七酮类固醇的方法，在 1915 年才由德国化学家温道斯发明，完全是现代化的方法。"李约瑟接着说："让我再补充介绍一下鲁桂珍的研究成果。近年来，她在研究针灸方面很努力。我们最近出版了一本书，书名是《神

① 郑伯成. 鲁桂珍与李约瑟[M]//李弘. 蕲春文史第 21 辑. 蕲春：《蕲春文史》编辑部，2007.

针——针灸的历史和基本原理》。这实际上是第六卷第三分册的一个组成部分。但是由于针灸技术在西方引起了广泛的兴趣,我们就提前把它出版了。我们听到有人把书名译成'神针',认为译得很好。鲁桂珍还钻研宋慈的《洗冤集录》等,研究中国的法医史。"①

早在1939年,李约瑟博士(当时在剑桥大学生物化学实验室)和鲁桂珍博士(当时在上海雷士德医学研究所)就合写了一篇文章《中国营养学史上的一个贡献》提供给*ISIS*杂志,由于战争的原因而没有付印,直到1951年4月才刊于该刊第42卷。论文中说:"鲁桂珍在从事维生素B_1的生理学实验研究工作时,对人类在古代就把脚气病当作营养缺乏病来加以认识……至少肯定从公元5世纪起,已在中国存在。"由于西方对中国古代文献缺乏检索,因此忽视了中国在营养知识方面的成就。论文的结尾说:"这一方面,以及其他可贵的发现,应当归功于中国古代的文明。同时,食物成分与健康和疾病的关系,只有用西方科学的分析方法,才能结合成逻辑体系。最后,我们认为认真研究中国文献可能会给现代生理学和病理学家以某些有益的启示和线索。"②

1986年,鲁桂珍陪同李约瑟回到蕲春,考察了李时珍所写的药用植物,并多次发表论文。

七、气象学家涂长望

涂长望(1906—1962),出生于汉口。父亲涂含章为生活所迫曾在教堂当厨师,后成为职业传教士。母亲汪美珍受过新学教育,常以伟人故事教育他。

涂长望从小免费进入教会办的学校读书。1920年,就读于武昌博文中学。1925年,考入华中大学。1926年秋,因政局动荡,华中大学无法开学,涂长望转入上海沪江大学科学系,师承美国地理学家葛德石。1929

---

① 潘吉星.李约瑟文集[M].沈阳:辽宁科学技术出版社,1986:11-13.

② 潘吉星.李约瑟文集[M].沈阳:辽宁科学技术出版社,1986:1055-1065.

年,涂长望在上海沪江大学毕业后,回母校武昌博文中学任教。1930 年,考取湖北省官费留学资格,赴英国伦敦大学攻读气象学,师承气象学家沃克爵士,其间写成论文《中国雨量与世界气候》。1933 年,涂长望获得气象学硕士学位,并经推荐成为英国皇家气象学会第一位中国籍会员。同年,进入利物浦大学,攻读地理学博士学位。1934 年,应竺可桢聘请,回国任中央研究院气象研究所研究员。1935 年,任清华大学教授。抗日战争全面爆发后,又先后任浙江大学、中央大学教授。

中华人民共和国成立后,1949 年 10 月,涂长望受命筹建中央气象局,12 月被任命为中国人民革命军事委员会气象局局长。1953 年,军委气象局转为国务院建制,改称中央气象局,涂长望继续任局长。其后,涂长望曾担任全国科学技术委员会书记处书记。1955 年,被选聘为中国科学院学部委员。

涂长望是中国气象事业的奠基人,开创了我国长期天气预报的研究工作,提出要从全世界天气出发,研究大气活动中心、大气浪动及海洋环流与温度、降水的关系,还细致地划分了我国的气候区域。他在长期预报、农业气候、霜冻预测、长江水文预测、气候与人体健康、气候与河川水文关系等气象领域均有杰出成果。主要著作与论文有《中国气候区域》《我国低气压之成因与来源》《大气运行与世界气温之关系》《中国天气与世界大气之浪动及其长期预告中国夏季旱涝之应用》《中国之气团》等。①

八、物理学家王竹溪

王竹溪(1911—1983),名治淇,字竹溪,以字行。他出生于公安县的一个书香门第,祖父、父亲都是秀才。

1929 年,王竹溪怀着“科学救国”的理想,报考清华大学土木工程系,进校后却对物理发生了兴趣,投入到周培源教授名下。1933 年,从清华大学物理系本科毕业,留校攻读硕士学位,撰写的《旋转体后的湍流尾流》发

① 皮明庥,何浩. 湖北历史人物辞典[M]. 武汉:湖北人民出版社,1984:410 -411.

表于《清华大学理科报告》。1935 年,他研究生毕业,考取了清华出国公费留学生。进入英国剑桥大学,师从世界著名的统计物理开拓者之一的福勒教授。1938 年,他以《吸附理论及超点阵理论的一个推广》获得剑桥大学哲学博士学位。毕业后,他放弃国外高薪重聘的机会,回国在西南联合大学任物理系教授。1934—1948 年,他在英国的《皇家学会会刊》和《中国物理学报》等刊物上发表了理论物理学论文,并指导了杨振宁等研究生。1946 年,他随清华大学从昆明迁回北平,顺路回老家公安县,专门看望了中学时代的物理、数学老师罗少玉。

中华人民共和国成立后,王竹溪到北京大学任物理系教授、理论物理教研室主任。1955 年,当选为中国科学院学部委员(院士)。1962 年起,任北京大学副校长。长期从事理论物理特别是热力学、统计物理学、数学物理等方面的研究。在湍流尾流理论、吸附统计理论、超点阵统计理论、热力学平衡与稳定性、多元溶液、热力学绝对温标、热力学第三定律、物质内部有辐射的热传导问题以及基本物理常数等领域取得多项重要成果。王竹溪著《热力学》,由高等教育出版社于 1955 出版,1983 年获得全国优秀科技图书一等奖。

九、物理学家彭桓武

彭桓武(1915—2007)的父亲彭树棠,是湖北省麻城县王岗乡(今麻城市铁门岗乡王岗社区)人,晚清举人,20 岁时补博士弟子员,肄业于两湖书院。1897 年,被张之洞选派往日本早稻田法政专科学校读书。回国后任湖北省师范庚壬堂监学。1904 年,日俄战争在中国东北爆发后,彭树棠调任延吉边务公署参事官兼延吉开埠局坐办,掌管涉外事务,后来担任民国长春县第三任县长。

彭桓武出生于吉林长春。1935 年,毕业于清华大学。1940 年,获英国爱丁堡大学哲学博士学位。1947 年,回国后先后担任过云南大学、清华大学、北京大学、中国科技大学教授。由于彭桓武在学术上有重要影响,他在 1948 年当选为爱尔兰皇家科学院院士。

中华人民共和国成立后，34 岁的彭桓武投身于国防科技。从 20 世纪 50 年代中期开始，彭桓武参与和领导了中国原子能物理和原子弹、氢弹以及战略核武器的理论研究和设计；在中子物理、辐射流体力学、凝聚态物理、爆轰物理等多个学科领域取得了重要成果；在轻原子核理论研究中对分子结构提出了新的处理方法，在量子多体问题研究中提出了自洽场的推广理论。1955 年，被选聘为中国科学院学部委员（院士）。1982 年，获国家自然科学奖一等奖。1985 年，获国家科技进步奖特等奖。1999 年，被授予“两弹一星”功勋奖章。2005 年中秋节，彭桓武给故乡麻城写了一首七律：“今又星稀月正圆，往年交契结诗缘。离巢采酿爱丁堡，归国系情华夏天。桑梓炊烟萦梦里，楚云凡物展花前。请君致意家乡忆，九十衰翁眷念拳。”

十、地质学家池际尚

池际尚（1917—1994），安陆人，中国女地质学家、岩石学家。1936 年，考入清华大学物理系。1938 年，她经同学介绍加入中国共产党，后转入西南联合大学改学地质专业。毕业论文获得中国地质学会设立的第一届“马以思女士纪念奖金”。1946 年，赴美国留学，主攻岩石学，获得宾夕法尼亚布伦茂大学硕士学位。1949 年，她凭借关于“花岗岩化”问题的出色研究成果取得了布伦茂大学哲学博士学位。她不仅阐明了“花岗岩化”的成因机理，改正了构造岩石学权威所提出的成因观点，还提出了一个变形—组构的统一模型。论文发表后，被推荐到伯克利加州大学地质系当了岩石学家特涅尔的科研助理，进行博士后研究。

中华人民共和国成立后，33 岁的池际尚放弃了美国的优越条件，与华罗庚等科学家一起回国。起初在清华大学任教，后因专业调整而到北京地质学院工作。一直从事地质学、岩石学的教学与研究工作，是中国岩石学主要奠基人之一。1975 年起，先后任武汉地质学院地质系副主任、主任、常务副院长。1980 年，被选为中国科学院学部委员（院士）。还先后培养出了叶大年、刘宝珺、莫宣学三位中国科学院院士，亦是国务院前总理温家宝口中常怀念的恩师。

十一、核物理学家朱光亚

朱光亚(1924—2011),生于宜昌一个职员家庭。1927年,全家迁到汉口。1930—1938年,朱光亚先后在汉口第一小学、圣保罗初级中学学习。1945年,毕业于西南联合大学。1946年,进入美国密执安大学(即密歇根大学)研究生院,从事实验核物理的研究工作。其间,发表了《符合测量方法(I)β能谱》《符合测量方法(II)内变换》等论文。1949年,获美国密执安大学物理学博士学位。

1950年,朱光亚回国,任北京大学物理系副教授。后来,朱光亚先后在东北人民大学(今吉林大学)、第二机械工业部四〇一所(对外称中国科学院原子能研究所)等单位工作。1964—1966年,朱光亚参与组织领导了中国第一颗原子弹、第一枚空投航弹、首次导弹与原子弹“两弹结合”试验任务。

朱光亚是中国核科学事业的主要开拓者之一,为中国核武器事业的创建与发展做出重大贡献。由于从事领域特殊的原因,朱光亚生前公开发表的学术论文极少。他分别于1980年当选为中国科学院学部委员(院士),1994年被选聘为中国工程院首批院士。还曾任国防科委副主任、中国科学技术协会主席、中国工程院首任院长、全国政协副主席等。1999年,被国家授予“两弹一星”功勋奖章。

结　　语

民国时期,由于封建帝制已经结束,而五四新文化运动高扬科学与民主大旗,湖北的科技与传统的科技有了质的不同。旧式科技加速向新式科技转换,整体呈现出欣欣向荣的状态。随着一大批民族企业的崛起,带动了科技的发展,尤其在经济领域发挥的一定作用,让人们看到了科技的魅力。武汉成为全国科技传播的重镇,出现了一批杰出的科学家,在湖北学习与研究,做出了骄人的成绩。不过,由于战争与社会动荡,民国时期的湖北科技发展也受到阻滞。各地水平不整齐,各类科技不均衡,对经济发展的作用有限。学术界目前对民国时期的湖北科技成果了解甚少,将来还有必要深入研究。

余论　湖北古代科技对中华文明之贡献

中华民族有5000多年的悠久文明，祖国每个地区都对中华文明有不同程度的贡献。历史上，湖北对中华文明有哪些贡献？湖北先民的发明创造与科学技术有哪些领先？其中有哪些中国之最？这些问题似乎一直没有人梳理，是一团乱麻或一头雾水，当撰写完《湖北科学技术史》，就想给这些问题以初步的回答。

基本结论是，湖北先民对中华文明的贡献是全方位的，湖北古代科技在中华科技中是有重要贡献的。这里所说的重要贡献，主要指对人类文化的丰富与进步而言，对中华民族的"身份认同"而言。这些贡献都是在历史上有鲜明烙印的，有积极作用的，极具聪明才智的，散发着永久魅力的，都是我们不应当忘记而且应当为之建立丰碑的。至少在以下18个方面，湖北的科技史可以大书特书。

科技源头方面。史前，先民在湖北创造了家园，构建了中华文明的摇篮之一。从200万年前的"建始人"到6000年前的大溪文化，文化连绵不断。屈家岭文化的蛋壳彩陶技术，堪称一绝。5000年前的石家河遗址是长江中游地区已知分布面积最大、保存最完整、延续时间最长、等级最高的新石器时代聚落遗址。石家河文化时期的琢玉技艺十分精湛，处于当时人类社会最高水平。传世文献中记载的神农炎帝史实，正好与新石器时代的考古发现相映证，说明湖北是中华先民最先跨入文明门槛的地区之一。

农业方面。湖北先民很早就开始种植水稻，为农业文明做出贡献。在8000年前的城背溪文化遗址中发现了人工栽培稻，说明宜都等地的先民已能人工培植水稻。其后，在湖北大地一直生活着"饭稻羹鱼"的农耕民族，创造了"湖广熟，天下足"的江汉粮仓。湖北科学技术史，本质上是围绕农业展开的技术史。湖北是内陆农业省份,民众的主体是农民,农耕经济生活是其主要的模式。因此,诸多技术都与农业有关,如历法、水利、建筑、医学等。湖北科学技术史可以说是农耕文明科技史的缩影。

种植方面。湖北先民种植了各种各样的植物,并编写了丰富的栽培文字资料。先民擅长竹艺,南朝刘宋时期的戴凯之撰写了中国第一本《竹谱》。先民喜好茶道,唐代陆羽撰写了中国第一部《茶经》。

水利方面。湖北先民与水共生共荣。先民开展了沮水工程、木渠、白起渠、芍陂、期思陂等水利工程建设,对长江、汉江、众多湖泊的水文有大量记载,并不断修建堤防,营建了人地和谐的水环境。

矿冶方面。湖北先民早在商周时期就开矿冶铸,为中华青铜文明做出卓越贡献。大冶铜绿山一直是矿冶中心,不仅贡献了大量的矿藏,还摸索出领先的开采技术。楚国铸造的青铜器数量巨大,不仅能分范合铸,还采用了失蜡法、镶嵌法。楚人很早就掌握了冶炼生铁的技术和铸铁柔化技术,比西方要早得多。晚清汉阳铁厂是中国第一个规模较大的钢铁厂,标志着我国的冶铁工业进入近代化。

建筑方面。湖北先民善于因地制宜,修建城池。位于荆州的纪南城气势宏大,设计精密,引流入城,构成水道交通网,形成楚国都城设计一大特色。章华台雄伟而华丽,被称誉为"天下第一台"。武当山的道教建筑群是中国古代建筑史上的奇观,被列为世界文化遗产。

丝织方面。湖北先民擅长织造丝织品,工艺精美。马山1号楚墓出土了大量保存完好的丝织品,有些成品,今人难以仿制。清代,湖北的优质棉布畅销全国,湖北的丝织品享誉海外。

天文学方面。湖北先民积累了丰富的天文学知识。楚人甘德用肉眼观察到了木星的卫星——木卫三。清初天文学家刘湘煃撰《五星法象》,提出了金星、水星绕日公转的观点。

地理学方面。湖北先民早在史前就注意到对环境的选择,长期的生活经验使先民积累了丰富的地理知识。晚清的田宗汉实测汉水流域,绘出《湖北汉水图说》。杨守敬撰写巨著《水经注疏》,并编绘有《历代舆地沿革图》等。邹代钧推动了近代新式地理绘图的发展。

数学方面。湖北先民精于计算。战国时期楚国的《算表》实用而先进,是迄今所见我国最早的计算文献。它比目前所见的古代十进位乘法表年代早,其数学与计算功能超过了里耶秦简九九乘法表和江陵张家山汉简九九乘法表。江陵张家山汉墓发现的《算数书》是战国秦汉之际数学知识的结晶,其中提出了不少数学难题,推动了人们对数学的研究。清代的李潢整理注释古代的算术文献,编撰有《九章算术细草图说》《辑古算经考注》。

声学方面。湖北先民喜好音乐,对声音有特别的领悟。楚国乐器八音俱全。曾侯乙编钟能演奏美妙的音乐,每个钟的音律十分精准,64 件编钟形成一个完美的发声整体,声音宽广厚重,体现了无比高超的声学造诣和调音技术。东晋陈遵在荆州修筑金堤,采用了声学技术。

光学方面。湖北先民精于琢磨。魏晋时的鄂州能生产精美的透光镜,青铜镜体不透光,但对着光源时,镜背面铸造的纹饰可映射到镜面前方的墙面。

生物方面。湖北先民善于观察。历代方志中,对水生生物都有详细记载。清代的陈大章撰《诗传名物集览》,对古代的生物知识进行了详细考释。李元著《蠕范》对 410 类动物开展了研究,试图创造研究动物的一套范式。

化学方面。湖北先民关注万物的变化,有多方面探寻。楚国制漆工艺的发展,无论是生漆的脱水或植物油的熬制都可以看作是高分子化合物的加热聚合问题,可以说是我国古代漆化学的萌芽。

医学方面。湖北的名医多,医籍多,发明多。江陵张家山汉墓出土医籍《脉书》《引书》。晋时,荆州无名氏医生成功实施了兔唇外科手术。王叔和撰写了我国第一部完整而系统的脉学著作。宋代庞安时撰《伤寒总病论》,明代万全撰《万密斋医学全书》,都是中医学临床的经典。李时珍因撰中国药学之大成《本草纲目》而被称为药圣。杨际泰有丰富的临床经验,并开创了中国治毒、戒毒的先河。

方法方面。湖北先民尝试多种科学方法,取得多方面成就。如系统方法,楚国司马蔿掩制定了"度山林""鸠薮泽""辨京陵""表淳卤""数疆潦""规偃潴""町原防""牧隰皋""井衍沃"等九条措施管理楚国农业、土地、生态。

精神方面。湖北先民勇于求索,丰富了中华民族的科学精神内涵。楚国屈原的《天问》提出 178 个问题,以浪漫的想象,给人类设定了众多的思考难题,开启了对宇宙的全方位探索。明清以降,先民主动学习西方科学技术,促进了中国传统科技的转型与创新。

传播方面。湖北位于华中,是接纳、融合、传播科技的重镇。湖北科技史是八方辐辏的科技交融史。东南西北的民众不断迁移于此,如中原文化不断南移,吴越文化逆江而上,江西填湖广,把各地的科技人才与信息带到了湖北,丰富了湖北古代的科技。毕昇改进活字,提升了印刷技术,有利于科技信息传播。

纵观湖北科技史,在历史长河中不是平缓流淌的,而是有起有伏,有高潮与低潮。在春秋战国时期的楚国、明清以来的湖北,科技呈现出两个高潮,这在中国科技史上有举足轻重的地位,在世界上也有一定的影响。湖北籍或在湖北长期工作过的科技人才,史不绝书,贡献卓越,特别是民国时期出现了群星灿烂的局面。

通观历史上的湖北科技,湖北先民做过许多的贡献。贡献存在于考古发现的一件件遗物中,存在于传世的一本本古籍中,存在于民俗的一段段传说中。尽管有的昙花一现(章华台),有的潜移默化(失蜡法),有的断断续续(陶艺),有的存而复失(人力耕地机),有的微不足道(秧马),但都是贡献。换言之,有过的就是贡献,传续的就是贡献,所有存在过的都是贡献。当下的中国人,如果能再创造一些属于新时代的新贡献,必定可以增强中华民族的内力,增强我们的自信,增强我们屹立于世界强国之林的活力!

主要参考文献

1. 李约瑟. 中国科学技术史[M].《中国科学技术史》翻译小组,译. 北京:科学出版社,1978.
2. 杜石然,范楚玉,陈美东,等. 中国科学技术史稿[M]. 北京:科学出版社,1982.
3. 王玉德. 发生与交融[M]. 南宁:广西人民出版社,1989.
4. 后德俊. 楚国科学技术史稿[M]. 武汉:湖北科学技术出版社,1990.
5. 高介华,刘玉堂. 楚国的城市与建筑[M]. 武汉:湖北教育出版社,1995.
6. 刘玉堂. 楚国经济史[M]. 武汉:湖北教育出版社,1995.
7. 湖北省地方志编纂委员会. 湖北省志:地理(下)[M]. 武汉:湖北人民出版社,1997.
8. 后德俊. 光耀东方:楚国的科技成就[M]. 武汉:湖北教育出版社,1999.
9. 武家璧. 观象授时:楚国的天文历法[M]. 武汉:湖北教育出版社,2001.
10. 吴国盛. 科学的历程[M].2 版. 北京:北京大学出版社,2002.
11. 史世勤,贺昌木. 李时珍全集[M]. 武汉:湖北教育出版社,2004.
12. 孟修祥. 楚国科技[M]. 武汉:湖北人民出版社,2004.
13. 涂文学. 武汉通史:中华民国卷[M]. 武汉:武汉出版社,2006.
14. 王胜利,后德俊. 长江流域的科学技术[M]. 武汉:湖北教育出版社,2007.
15. 田昌五,安作璋. 秦汉史(修订本)[M]. 北京:人民出版社,2008.

16. 路甬祥. 走进殿堂的中国古代科技史[M]. 上海:上海交通大学出版社,2009.
17. 汪建平,闻人军. 中国科学技术史纲(修订版)[M]. 武汉:武汉大学出版社,2012.
18. 尹弘兵,黄莹. 荆楚古墓揭秘[M]. 武汉:武汉出版社,2012.
19. 刘玉堂,赵毓清. 中国地域文化通览:湖北卷[M]. 北京:中华书局,2013.
20. 黄中骏. 荆楚音乐[M]. 武汉:武汉出版社,2014.
21. 张硕. 长江流域的丝织刺绣[M]. 武汉:长江出版社,2015.
22. 王玉德. 文化视野的中国古代科技[M]. 武汉:华中科技大学出版社,2017.
23. 王玉德. 医中鸿儒 本草巨擘:李时珍传[M]. 武汉:华中科技大学出版社,2018.

后　记

湖北编纂出版《荆楚文库》以来，先后出版了《湖北文学通史》《湖北道教史》等许多专门史著作，但一直缺少一本关于湖北科学技术史的著作。主事者联系湖北省科学技术史学会，于是，在2017年9月，笔者代表学会与湖北科学技术出版社签订合同，决定承担这本《湖北科学技术史》的编写工作。

接受任务之初，笔者在湖北省科学技术史学会的群里发声，动员会员们分头承担专题。这是因为，科学技术史涉及跨学科知识，包括理科与文科。理科遍及天文、地理、农学、水利、数学、物理、化学、生物学、医学、矿冶、手工技术等广泛的领域；文科涉及科技古籍、科技团体、科技人才、科技政策、科技传播、科技教育、科技活动、科技刊物、科技作用、科技地位等纷繁的内容。非纠合多个学科的学者，难以玉成其事。然而，湖北省科学技术史学会的每个会员都有各自的科研任务，无法参与，所以，很难在较短时间内组建一个齐心协力的学术团队共同完成这个项目。

笔者想到清代史学家章学诚曾经说过："众人修史，难免参差不齐。"如果有十几个会员参写，虽然各有学科优势，但将来交来的稿子在风格、内容、观点方面仍会产生不少新的问题，甚至会出现内容重复、前后矛盾、交稿拖拉的情况。于是，笔者决定单枪匹马做这件事。尽管笔者已年过花甲，精力已大不如以往，且不擅长科学技术史，但想到了业师张舜徽先生于70多岁才开始写《中华人民通史》，并毅然完成了巨著。余虽不才，愿学焉，向张先生学习，利用余生，多做一点有益的学术工作。

一当铺纸捉笔，才深感湖北科学技术史真不容易写。一方面是因为历史上的湖北是从属于中央王朝的局部地区，中国古代科技的主要事项与管理均在王朝的首都,而湖北从没正规做过王朝首都,因此,科技的思想与政策、科技最杰出的人才、科技最重要的事情都不在湖北,而且各门科技融入全国科技之中,很难把湖北的科技从中剥离出来。另一方面,湖北的科学技术史资料是极为有限的,湖北科学技术史的研究一直处在起步阶段,既缺乏专深的科学技术专门史研究,又缺乏宏观的整体研究。《湖北科学技术史》的写作,只能从编纂开始,筚路蓝缕,力争有所新意。

写作中,笔者对自己的要求是:尽量从经史子集的文献中,特别是方志中寻找史料;尽量查阅考古成果报告,特别是最新的考古资料;尽量借鉴已经发表的学术成果,特别是近期的著述;按时间线索,按设定的几个板块,把科学技术史写得饱满一些。写作中,紧扣主题,有几分材料说几分话,不尚空言,不出花腔。文笔不必精彩,叙述力求朴实。

现在呈现在读者面前的这本书,不敢妄言研究,惭知不够深入,且有诸多遗憾,然而还是希望能为热爱科学技术史的朋友提供一本有益的普及读本,为湖北文化增添一处可供赏析的天地,为科学技术史学界将来进一步研究提供一块重新出发的基地。

湖北科学技术史的研究,即将重新出发。这里,笔者还有一些期许,亦是这本书还没有完成的任务,希望与学会同人一起,今后在全面与具体上下功夫。所谓全面,是要研究在中华五千年文明史背景下的湖北科学技术的基本线索、发展水平、地域特点、时代规律、学科关系、社会制衡、经验教训等,从而更完整地认识湖北科学技术史的原貌。所谓具体,是应当开展湖北农业技术史、湖北医学史、湖北水利技术史、湖北数学史等十几个专门史研究,开展先秦湖北科学技术史、秦汉湖北科学技术史、明清湖北科学技术史等若干个断代史研究,从而更清晰地认识湖北科学技术史的本原。此外,还要做一些个案研究,诸如一个人物、一个事件、一本书,从而更深刻地认识湖北科学技术史的元素。只有做好宏观、中观、微观的研究,才可能对湖北科学技术史有科学的真正的复原,从而把湖北科学技术史研究推向新的水平,并为祖国科学技术的新腾飞做出新贡献。

湖北省有厚重的科学技术史资源,有众多的科学技术史爱好者与专深的科学技术史研究者。湖北省科学技术史学会成立30年来聚集了一批学者,已经出版了一系列的科学家传,并在组织编写湖北科学技术史丛书。湖北省科学技术馆重视普及科技史,已建成几万平方米的新展馆。笔者深信,在中华文明日益辉煌的21世纪,湖北的科学技术与科学技术史研究必将取得更多的成就。

本书在写作过程中,参考过众多的成果,书中各章多次引用了章开沅教授等主编的《湖北通史》、皮明庥教授等主编的《武汉通史》、后德俊研究员著的《湖北科学技术史稿》。诚如本书《绪言》交代过的,还参考了山东、云南等省已经出版的科学技术史著作,还有科学技术史与考古方面的学术论文,对这些著述的学者一并表示感谢!特别是湖北科学技术出版社的编辑与《荆楚文库》的编辑精心校稿,改正了初稿中的多处错误,令笔者汗颜,值得深表谢意。

拙稿付梓之际,不胜惶恐,以小学生一般的心情,准备接受读者、特别是专家们的批评与指教。

王玉德

2020年春于武汉桂子山